中国轻工业“十三五”规划教材

3ds Max 三维动画制作技法（基础篇）（第2版）

3D Animation Making Techniques by Using 3ds Max: The Basis (Second Edition)

彭国华　陈红娟　编著

電子工業出版社
Publishing House of Electronics Industry
北京·BEIJING

内 容 简 介

本书采用 3ds Max 2014 版本，通俗易懂地讲解了 3ds Max 初级建模方法、中级建模方法、高级建模方法、材质、灯光以及 3ds Max 在动画制作领域的应用。作为 3ds Max 的基础培训教程，本书既全面又具有一定难度，读者按照本书实例进行训练，可以对 3ds Max 有一个全面的认识。

本书内容工具命令与精彩实例相结合，并配有丰富的教学资源，包括视频和教学课件等。

本书可以作为高等院校动画、环境设计及相关专业的教材，也可作为培训教材或自学参考资料。

图书在版编目（CIP）数据

3ds Max 三维动画制作技法. 基础篇 / 彭国华，陈红娟编著. —2 版. —北京：电子工业出版社，2015.3
普通高等教育“十二五”规划教材・艺术与设计
ISBN 978-7-121-24531-2

Ⅰ. ① 3… Ⅱ. ① 彭… ② 陈… Ⅲ. ① 三维动画软件－高等学校－教材 Ⅳ. ① TP391.41

中国版本图书馆 CIP 数据核字（2014）第 240041 号

策划编辑：章海涛
责任编辑：章海涛　　特约编辑：何　雄
印　　刷：河北虎彩印刷有限公司
装　　订：河北虎彩印刷有限公司
出版发行：电子工业出版社
　　　　　北京市海淀区万寿路 173 信箱　邮编：100036
开　　本：787×1092　1/16　印张：18　字数：480 千字
版　　次：2009 年 7 月第 1 版
　　　　　2015 年 3 月第 2 版
印　　次：2025 年 8 月第 16 次印刷
定　　价：82.00 元

凡所购买电子工业出版社图书有缺损问题，请向购买书店调换。若书店售缺，请与本社发行部联系，联系及邮购电话：（010）88254888。

质量投诉请发邮件至 zlts@phei.com.cn，盗版侵权举报请发邮件至 dbqq@phei.com.cn。

服务热线：（010）88258888。

第2版前言

Preface

近年来，随着动画产业的不断发展，全国高等院校新增动画专业或者新成立的动画院校超过200所，由美国Discreet公司开发的3ds Max作为目前PC机上最流行的三维动画制作软件功能强大，可以被广泛地应用于影视特技、电视广告与栏目包装、建筑表现与漫游动画、动画短片制作和游戏制作等领域，3ds Max已经成为高等院校动画等专业的必修课。为了让广大的三维初学者对三维动画有一个整体的认识和快速入门，本书作者从多年的三维动画教学经验出发，按照初学者接受知识的难易程度，由浅入深地布局本书内容，既通俗易懂，又全面完整，目的是帮助初学者快速掌握基本操作，同时教会初学者使用3ds Max进行三维动画制作的技法和正确途径，为以后从事影视片头动画、建筑漫游动画、角色动画等专业方向打下坚实的基础。

本书经过一年时间进行了修订，采用3ds Max 2014进行介绍，其组织结构按照基础理论讲解、方法简介、实例练习的顺序由浅入深地介绍了三维动画的制作流程、初级建模、中级建模、高级建模以及材质与灯光等重要方面的内容。

本书由12章构成，分别为：第1章三维动画概述，第2章3ds Max 2014基础知识，第3章建模方法与思路，第4章3ds Max初级建模——修改建模，第5章 修改建模实例——星际争霸游戏模型，第6章3ds Max中级建模——复合几何体建模，第7章3ds Max中级建模实例，第8章3ds Max高级建模——编辑多边形建模，第9章3ds Max高级建模实例，第10章3ds Max材质基础，第11章3ds Max灯光基础知识，第12章材质灯光实例。

本书提供丰富的教学资源，包括高清晰的视频，以及完整的教学课件和教材中涉及的案例场景和贴图等文件，以一种更有效、快捷的学习模式，贴近学习者自身学习的条件和需求，激发学习兴趣，为快速进入专业三维动画领域铺平道路。这些教学资源采用两种方式提供给作者：① 二维码（见封面和扉页）扫描，读者可以通过扫描二维码获取；② 网站下载，读者可以登录到http://www.hxedu.com.cn，注册之后进行免费下载。

本书可作为高等院校三维动画专业、环境艺术设计专业等专业相关课程的教材，也可作为培训教材或自学参考资料。读者按照本书的教学进度进行授课或学习，并且配合教学资源，对书中的经典实例进行反复训练，并认真完成课后思考与练习，可以对3ds Max有一个全面、系统的认识，达到中级培训班水平。

与本书配套的另一本教材为《3ds Max 三维动画制作技法（动画篇）》（电子工业出版社，ISBN 978-7-121-11550-9），有兴趣的读者可以自行购买。

本书由陕西科技大学设计与艺术学院彭国华副教授和陈红娟副教授共同编写，第 1、2、3、4、6、8 章由陈红娟老师编写完成，第 5、7、9、10、11、12 章由彭国华老师编写完成。衷心希望读者通过本书的学习有所收获。在此特别感谢电子工业出版社在本书的修订出版过程中对作者的帮助，正是由于他们的辛勤劳动和责任心，才使得本书能够顺利修订。

尽管作者全力以赴，但错误在所难免，望广大读者不吝提出宝贵意见。如果读者在阅读的过程中有问题和建议，欢迎与本书作者联系共同探讨，E-mai：pengguohua@sust.edu.cn。

作　者

目　录

Contents

第1章

三维动画概述

本章重点：

① 了解国内外三维动画发展历史。

② 了解三维主流软件及运用领域的基本概况。

③ 掌握三维动画的制作流程。

学习目的：

认识国内外三维动画的发展历程、三维动画的应用领域，初步了解三维软件的特点和三维动画的制作流程，增强学习 3ds Max 三维动画制作的兴趣，对三维软件有一个宏观、总体的认识。

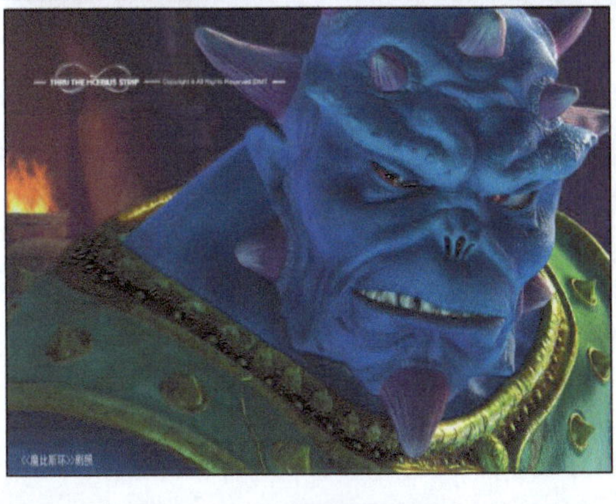

1.1 3ds Max 三维动画发展历程

3D Studio Max，常简称为 3ds Max 或 MAX，是 Discreet 公司开发的（后被 Autodesk 公司合并）基于微机系统的三维动画渲染和制作软件。1996 年，Kinetix 推出 3ds Max 后，3ds Max 迅速成为了三维制作领域的明星，在 3ds Max 2.5 和 3ds Max 3 版本中，其功能逐渐完善，并已经足以完成各种大型的工程制作。

3ds Max 是一套在全世界范围应用广泛的建模、动画及渲染软件，其功能满足了生动的动画创建、游戏开发及独特的造型设计的需要。在经历过多个版本的升级之后，3ds Max 的功能和使用变得更加完善，为艺术家和动画工作者提供了更广阔的创作空间。

当前，3ds Max 的最新版本是 3ds Max 2014（如图 1-1 所示），本书全部内容围绕 3ds Max 2014 展开。

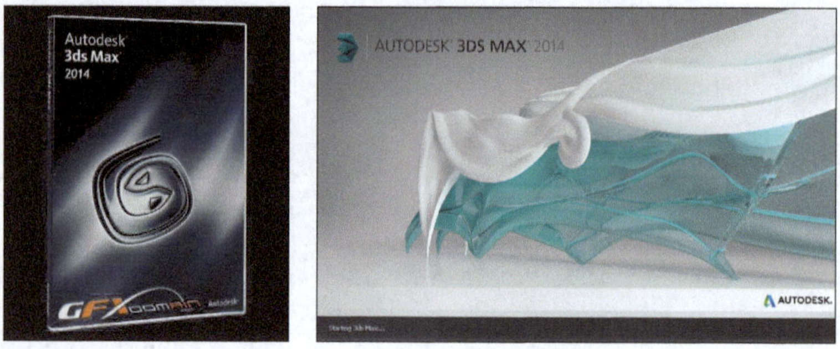

图 1-1

3ds Max 广泛应用于广告、影视、工业设计、建筑设计、多媒体制作、游戏、辅助教学及工程可视化等领域。拥有强大功能的 3ds Max 被广泛地应用于电视及娱乐业中，如片头动画和视频游戏的制作，深深扎根于玩家心中的劳拉角色形象就是 3ds Max 的杰作。在影视特效方面，3ds Max 也有一定的应用。而在国内发展相对比较成熟的建筑效果图和建筑动画制作中，3ds Max 的使用率更是占据了绝对的优势。不同行业的应用对 3ds Max 的掌握程度的要求也不同，建筑方面的应用相对来说局限性大一些，只要求单帧的渲染效果和环境效果，只涉及比较简单的动画；片头动画和视频游戏应用中动画占的比例很大，特别是视频游戏对动画的要求要高一些，如游戏《古墓丽影》（如图 1-2 所示）影视特效方面的应用把 3ds Max 的功能发挥到了极致。

图 1-2

一直以来，3ds Max 功能强大，扩展性好，它的建模功能强大，在角色动画方面具备很强的优势，丰富的插件也是其一大亮点，操作简单，容易上手。与强大的功能相比，3ds Max 可以说是最容易上手的三维软件。同时，与其他相关软件配合流畅，3ds Max 做出来的效果非常逼真。

Autodesk 公司 2013 年 4 月份发布了 3ds Max 2014，在其官方网站上可以看到 AUTODESK 更换了全新网站风格，新版本有着更多令人振奋的功能，很令人激动，例如：① 贴图支持矢量贴图，放大不会有锯齿；② 集群动画变得异常方便和强大，在场景中简单的画几笔，就可以产生动画交互的人群；③ 增加角色动画、骨骼绑定、变形等；④ 增强粒子流系统 PF mPartical；⑤ 增强动力学解算 MassFX 和带动力学的粒子流，用来创建水、火、喷雪效果；⑥ 增强能产生连动效果的毛发功能；⑦ 支持 DirectX 11 的着色器视窗实时渲染、景深等，优化加速视图操作；⑧ 增强渲染流程功能，直接渲染分层输出 PSD 文件；⑨ 透视合成功能采用了 SU 的相机匹配功能，在相机匹配完成后，可以直接使用平移、缩放并连同背景一起操作；⑩ 多用户布局方式，现在可以为每个用户保留不同的快捷键设置和菜单等；⑪ 增强二维、三维和 AE 的工作数据交互，及 MAYA、SOFEIMAGE、MUDBOX 等数据转换整合；⑫ 3ds Max SDK 扩展和自定义。

在 3ds Max 2014 的帮助下，创作者将能在更短的时间内创作出更高质量的三维作品。

1．国外三维动画发展历程

1982 年，迪斯尼（Disney）推出第一部计算机动画电影——《Tron》（电子争霸战），如图 1-3 所示。

1995 年 11 月，Disney 与 Pixar 合作，诞生了划时代的全 3D 制作电影《玩具总动员》，如图 1-4 所示，其制作过程运用了动画软件 SoftImage，在面部动画、水波模拟及大场面制作上都有不小的突破，尤其是对水纹的处理，每格胶片上都有数百万颗数字化的水滴，呈现出动画片中前所未有的模拟水景。

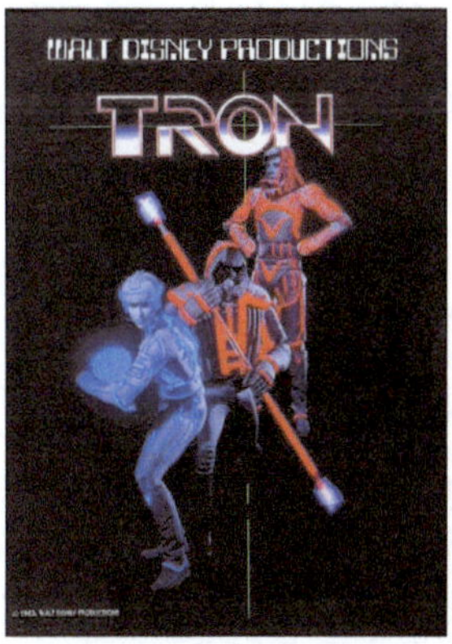

图 1-3

图 1-4

1998 年，《泰坦尼克号》获得多项奥斯卡大奖，它的成功在很大程度上归功于计算机三维动画的大量应用：利用基于 SGI 平台下的三维动画创作系统 SoftImage/3D，制作出了几百个在船甲板上的乘客，利用动作捕获系统捕捉演员表演的各种动作，利用影视后期特技效果制作系统 Inferno/Flame/Flint 等，把所拍摄的轮船模型镜头合成在由三维动画制作的场景中（如图 1-5 所示），其杰出的三维动画制作获得了影视和传媒界的一致好评，由此宣告了计算机三维动画时代的到来。

图 1-5

近年来，三维动画电影和三维特技在电影界扮演越来越重要的角色，三维动画电影深受影视观众好评。电影《阿凡达》、《怪物史莱克》、《冰河世纪》、《飞屋环游记》、《功夫熊猫》等一次次创造电影票房神话，如图1-6所示。

图1-6

三维技术在游戏方面达到了空前繁荣，三维游戏更是逼真的视觉享受与身临其境的体验效果吸引着众多爱好者，游戏产业在欧美发达国家产值超过电影。目前，美国动漫游戏产业已经连续4年超过电影业，成为最大的娱乐产业；英国包括动漫产业在内的创意产业是该国第一大产业；日本动漫产品出口值远远高于钢铁出口值；韩国动漫游戏产业产值与汽车产业不相上下。《魔兽世界》、《红色警戒》、《波斯王子》、《星际争霸》、《反恐精英》等游戏深深吸引游戏玩家，如图1-7所示。

图1-7

2. 国内三维动画发展历程

1990年，北京第十一届亚运会为我国计算机动画带来了关键性契机。中央电视台、北京电视台在当时电视转播中首次采用了计算机三维动画技术来制作电视片头。从此以后，计算机动画技术开始在我国迅速发展。随后，北方工业大学与北京科教电影制片厂、北京科协合作，于1992年制作了我国第一部完全用计算机编程技术实现的科教电影《相似》，并正式放映。1995年的《秦颂》是一部制作精良、场面恢弘、明星荟萃的历史大片，阿房宫就是由计算机三维动画技术制作完成的，如图1-8所示。

1998年，北京三辰动画公司制作的动画片《蓝猫淘气3000问》中有40%以上的镜头是用三维动画技术制作而成的。该动画片利用三维动画技术再现和还原了许多人们无法亲眼目睹或亲身经历的精彩画面，如天体运动、大陆漂移、原子弹爆炸、火山、地震、细胞分裂、纳米技术等，如图 1-9 所示，使人如临其境，融知识与娱乐于一体，极大地增强了国产卡通动画的艺术感染力和视觉冲击力。

图 1-8

图 1-9

2005 年，荣获第十四届中国金鸡百花电影节“最佳美术片”提名的《魔比斯环》如图 1-10 所示，其制作历时 5 年，是我国首部全 3D 高清动画电影。

图 1-10

2007 年，杭州国家动画产业基地的杭州玄机科技信息技术有限公司制作的全三维武侠动画长篇《秦时明月》，如图 1-11 所示，该片主要由 3ds Max 完成。在动作上，为了打造电影级的武打场面和镜头效果，投巨资采用 Motion Capture 技术，捕捉角色的动作场面，并首次在国产动画片中采用最新的 3D 渲染技术，其渲染效果兼具手绘动画的精美细腻和三维动画的强烈动态演出效果，带给观众新鲜完美的观影体验。它的上映标志着我国三维动画技术的应用达到了一个崭新的水平。

图 1-11

但是对比国际动画的发展水平，我国动画产业只是刚刚起步，尤其是三维动画技术，无论在三维动画的应用制作上，还是在理论的研究水平上，都与国外存在一定差距。但是近年来，国家加大动画产业相关投入，动画人才培养逐步与国际接轨，国内有众多三维动画公司如雨后春笋一样迅速崛起，一些跨国公司也纷纷进入中国，国家相继建立了一批动画基地，成立了一批国家重点实验室。这对我国动画产业尤其是三维动画制作的发展起到了非常大的推动作用。相信不久的将来，中国动画也将在全球动画行业占有一席之地。

1.2 国内三维动画应用的主要方向

3ds Max 是 Autodesk 公司出品的最流行的三维动画制作软件之一，提供了强大的基于 Windows 平台的实时三维建模、渲染和动画设计等功能。在国内，3ds Max 主要被广泛应用于建筑表现与漫游、影视广告与栏目包装、动画短片与游戏制作等方向。

1. 建筑表现与漫游动画

建筑效果图与建筑漫游动画制作是现在国内三维设计软件应用最广泛的领域。在 2002 年，鸟巢和水立方的建筑漫游动画就已经完成（如图 1-12 所示），全方位向世界展示北京奥运场馆的恢宏气势，也帮助世界人民进一步了解中国，了解奥运。建筑效果图和漫游动画能够在建筑地产项目未完成以前将最终效果展示出来，能实现预知项目完成结果的效果，可以说，现在每个建筑地产项目，大到城市规划、城市形象展示，小到家庭装修设计（如图 1-13 所示），都使用了三维动画技术。

2. 影视广告与栏目包装

近年来，每当打开电视，我们就会被构思新颖、形式多样的电视广告和栏目包装所吸引。如何吸引观众的眼球，如何提高电视频道的收视率，越来越得到相关媒体的重视，其中三维动画技术以其新颖的创作手法、神奇的创作效果和高效的性价比日益渗透到电视节目制作领域。国内知名的栏目包装策划公司有完美动力、5DS、世纪工厂等，创作了很多大家熟悉的经典作品，如图 1-14 所示。

图 1-12

图 1-13

图 1-14

在电影特效制作方面，3ds Max 得到了很好的检验，国产电影《功夫》中的很多特效镜头也用到了 3ds Max 的三维特效技术（如图 1-15 所示），给人很强的视觉冲击力。

图 1-15

水晶石数字科技有限公司成立于 1995 年，现已经成为亚洲数字视觉展示最大规模企业，它致力于以数字化三维技术为核心，提供与国际同步的全方位数字视觉服务。图 1-16 是由北京水晶石数字科技有限公司完成的《大国崛起》三维特效。

图 1-16

3．动画短片制作

动漫产业是国内继 IT 产业后又一个具有高经济增长点、急待发展的新兴产业。因为其艺术审美及复杂制作工艺的要求，导致产业链条延伸很长且覆盖面扩展很广，这一行业特点决定了它对于人才需求的多层次化。国产动画短片《秦时明月》是近年来国产动画片的一个亮点，主要使用 3ds Max 完成，娴熟流畅的角色动画和卡通化的场景设定（如图 1-17 所示）增强了众多中国动画人的信心，国产动画片的春天就要到来了。

图 1-17

广州蓝弧文化传播有限公司是定位于专业三维动画制作和影视后期制作的高科技文化传播有限公司，拥有国际先进的动画制作系统，并在多年的实践中建立了自己特有的高效管理模式和制作流程。蓝弧文化已完成了超过 10000 分钟的原创动漫作品，如《迪比狗》、《果宝特攻》（如图 1-18 所示）、《百变机兽》、《猪猪侠》等。

图 1-18

4. 游戏制作

随着计算机、网络技术的发展，平面模拟三维的游戏正在被三维计算机游戏所取代。一些战争、探险或竞技体育类游戏只有做成全三维才能更吸引玩家，让人身临其境，如《红色警戒》（如图 1-19 所示）、《古墓丽影》（如图 1-20 所示）、《魔兽争霸》（如图 1-21 所示）、《半条命》（如图 1-22 所示）、《极品飞车》（如图 1-23 所示）等。国产三维网络游戏也正在蓬勃发展，由于 3ds Max 的高效、可操作性和开放性，最受游戏公司的欢迎。

图 1-19

图 1-20

图 1-21

图 1-22

图 1-23

1.3　3ds Max 三维动画制作流程

三维动画的制作流程大致分为 7 个阶段：构思动画，故事板，建立模型，赋予材质，设置灯光和摄像机，动画设置，渲染合成输出，如图 1-24 所示。

我们可以把这个过程看成拍摄一部电视剧或电影的过程。

首先，构思情节。编剧是电影、电视剧拍摄的前提，也是三维动画制作的纲要，三维动画设计师犹如电影、电视剧的编剧，构造一个感人的故事情节。其次，模型的创建犹如影片拍摄场地的演员与道具，是动画制作的物质基础。模型建立后，还要给模型赋予适当的材质，就像给演员穿上适当的服装和化妆一样；为了烘托气氛，还必须进行灯光的设置，恰如其分的灯光能更好地感染观众；动画设置用来设定相关物体的运动，指定摄像机的运动轨迹，也包括摄像机镜头的切换。最后是渲染合成输出阶段，包括先制作一段段的动画后，再利用一些剪辑软件把这些动画片段“串”起来，还要根据剧情需要进行剪辑、衔接与不同场景过渡处理等。

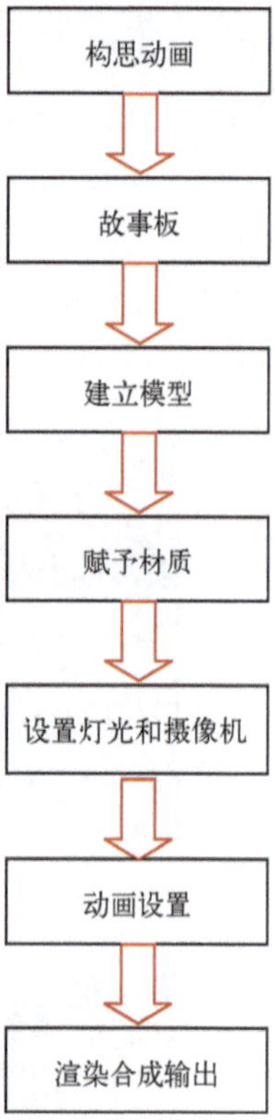

图 1-24

本章小结

本章主要介绍了国内外三维动画的发展历程、三维动画的应用领域，读者将初步了解三维软件的特点和三维动画的制作流程，增强学习 3ds Max 三维动画制作的兴趣。

习题 1

1. 简述计算机三维动画的发展历程。
2. 国内三维动画运用的方向有哪些？
3. 简述三维动画的制作过程。

第2章

3ds Max 2014 基础知识

本章重点：

① 了解 3ds Max 视图操作。
② 熟练掌握 3ds Max 主要工具的运用。

学习目的：

了解 3ds Max 的视图操作和主要工具的运用，初步掌握 3ds Max 的基础操作，为以后进一步学习三维动画奠定基础。

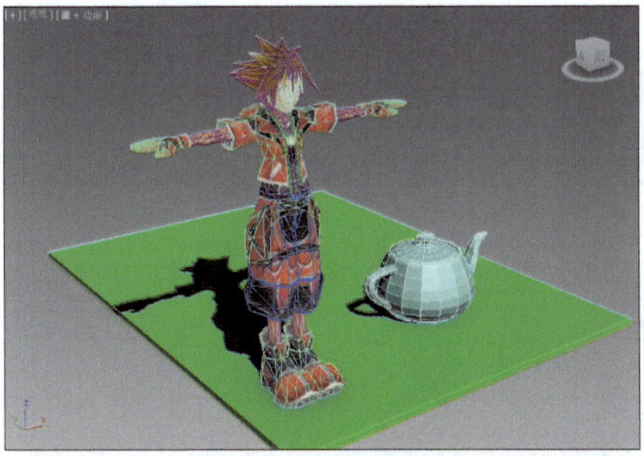
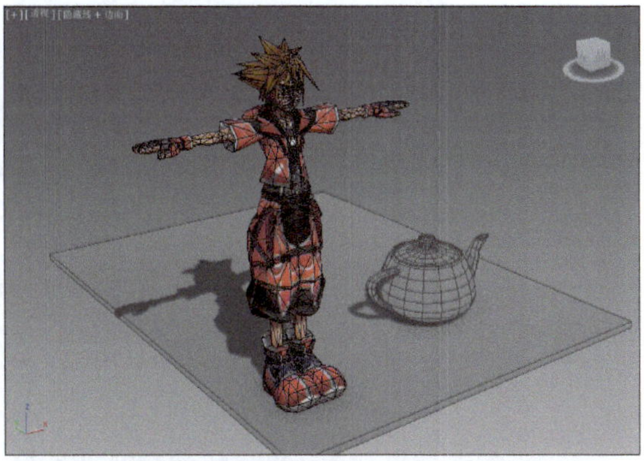

2.1 3ds Max 2014 软件安装

3ds Max 2014 软件可登录 AUTODESK 官方网站（www.autodesk.com.cn）下载免费试用版。

打开下载的 3ds Max 2014 安装文件夹，单击安装程序中的 setup 安装文件，进入软件安装界面，单击“安装”，输入产品序列号。3ds Max 2014 要求在 64 位系统下安装，整个软件安装过程为 15 分钟左右，图 2-1 是软件安装画面截图。软件全部安装完成后，显示安装项目明细，如图 2-2 所示，软件安装完成。

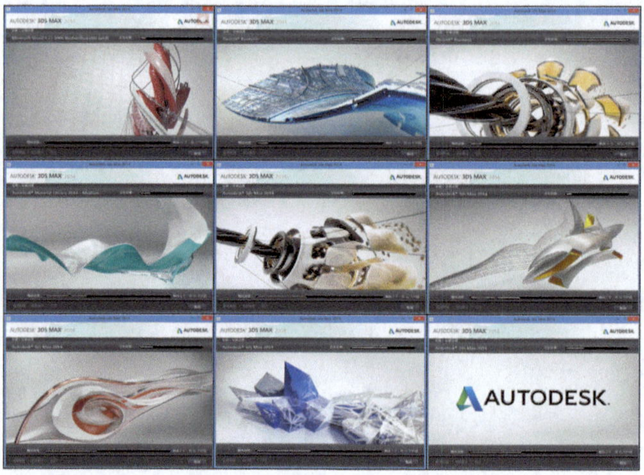

图 2-1

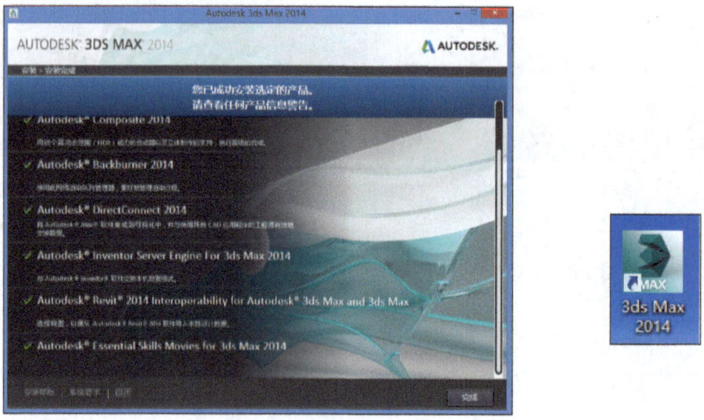

图 2-2

3ds Max 2014 软件安装完成后，在桌面上会增加 3ds Max 2014 图标，第一次运行时会进入注册画面，软件提供 30 天免费试用。

2.2 视图操作

2.2.1 3ds Max 2014 工作界面

3ds Max 2014 启动后默认界面是黑色界面，与以前较低版本的灰色默认界面有所不同（如

图 2-3 所示)，会出现自带的基础入门操作视频。

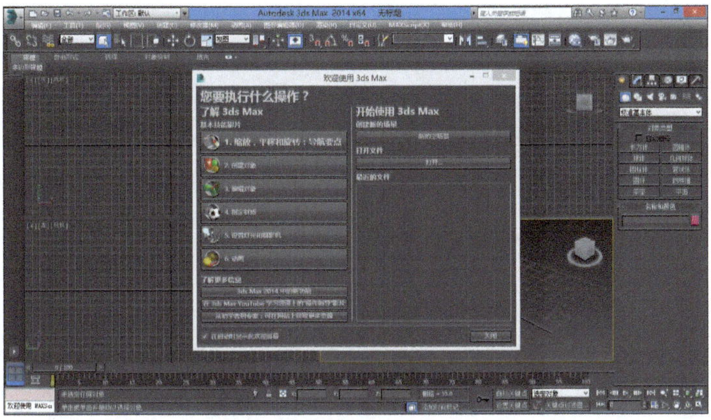

图 2-3

单击不同的模块，会播放相应的教学视频文件，能帮助初学者了解 3ds Max 2014 常用的基础操作，如图 2-4 所示。

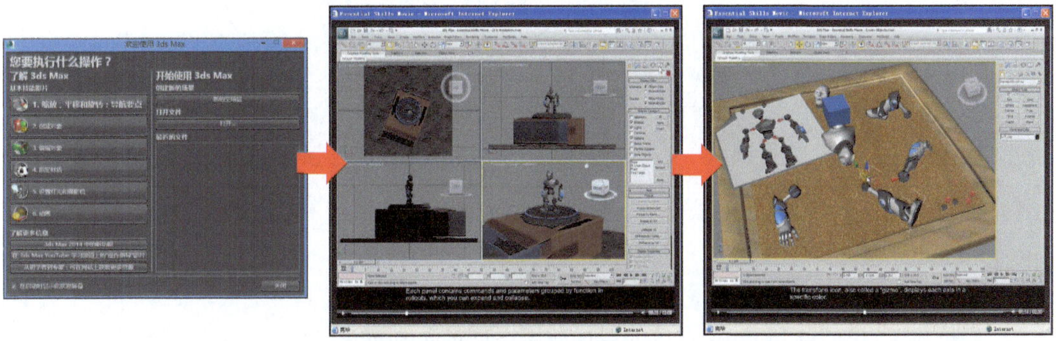

图 2-4

3ds Max 2014 灰色界面较为常见，本书内容将采用灰色界面进行讲解，下面讲述 3ds Max 2014 黑色界面与灰色界面的切换方法，大家可以在学习过程中灵活使用。

在【自定义】菜单中有【加载自定义用户界面方案】命令，在弹出的加载 UI 界面选项中选择【ame-Light】界面文件，界面将变为灰色，选择【DefaultUI】默认 UI 界面文件时，界面将变为 3ds Max 2014 默认的黑色，如图 2-5 所示。

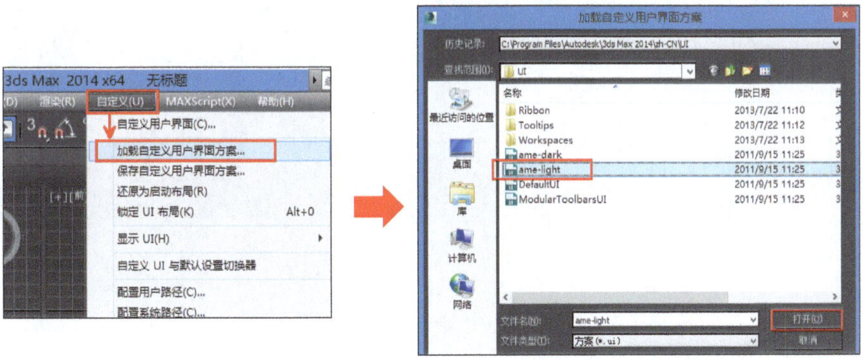

图 2-5

界面修改完成后，会出现如图 2-6 所示的提示，也就是说，以后运行软件都会是现在更改的界面效果。

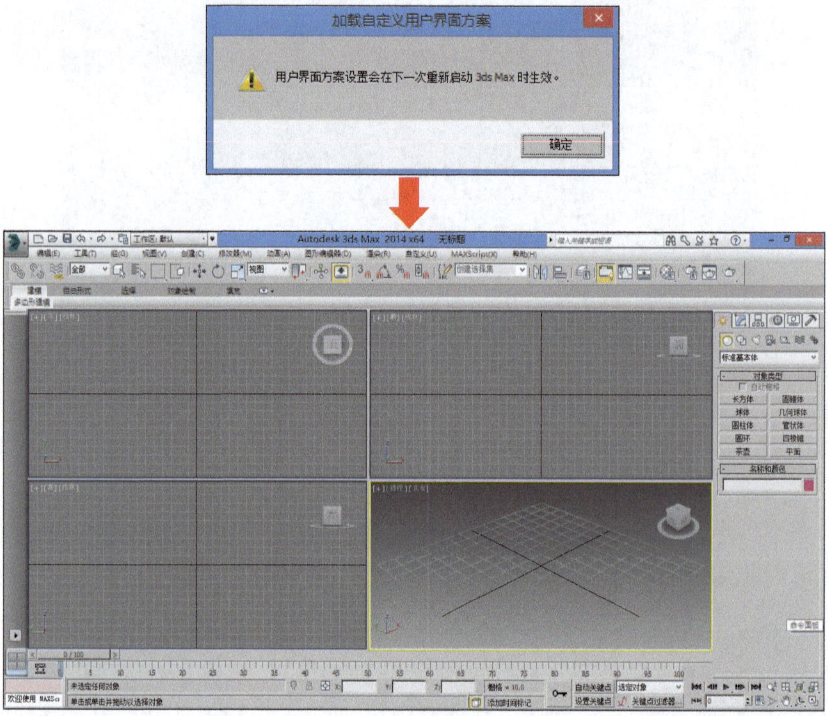

图 2-6

初学者由于不注意操作等原因，会将界面排列位置搞乱或某个工具栏丢失，如果界面工具面板丢失或位置异常（如图 2-7 所示），可以使用加载用户自定义截面方案命令对界面进行恢复。

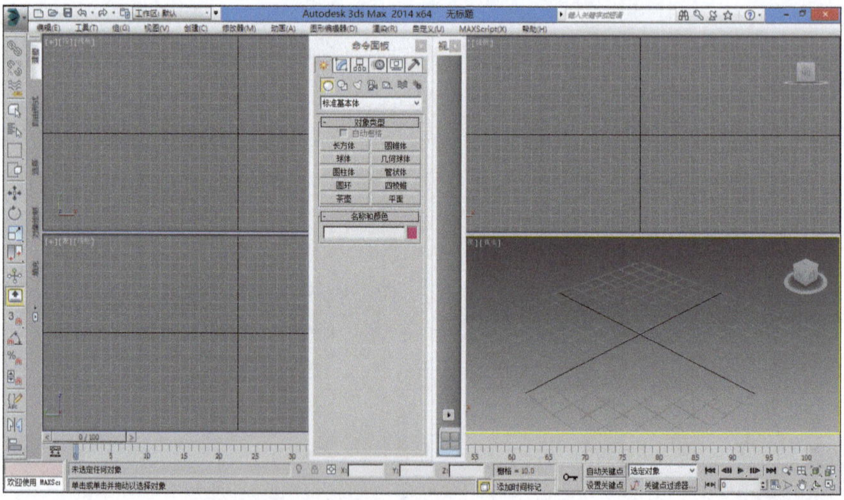

图 2-7

3ds Max 2014 工作界面主要由 9 部分组成：标题栏、菜单栏、主工具栏、帮助信息栏、视图工作区、命令面板、状态栏、动画控制区和视图控制区，如图 2-8 所示。

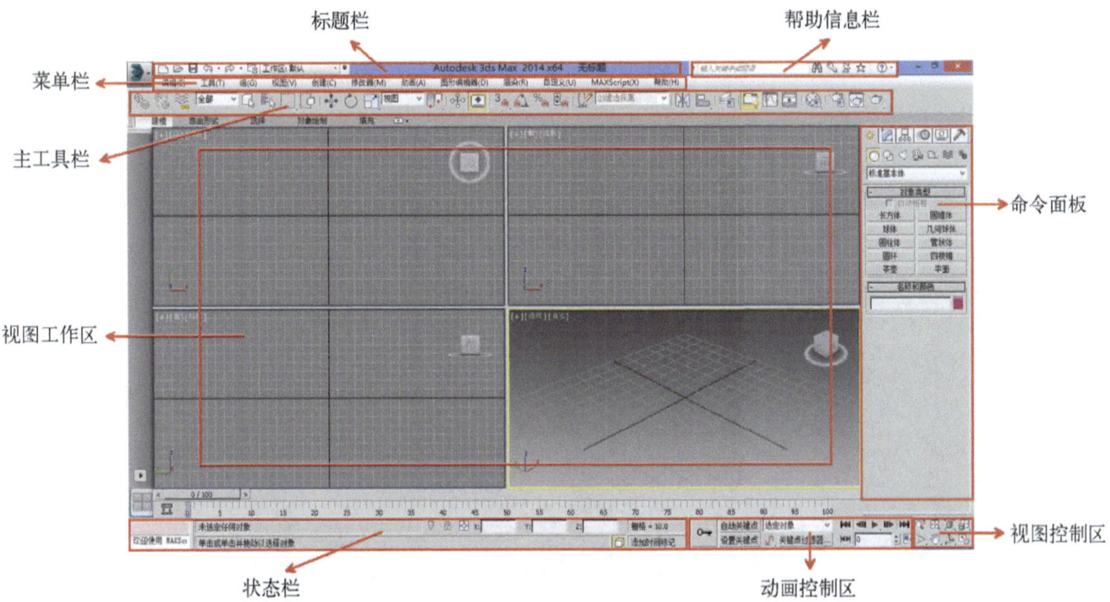

图 2-8

标题栏：显示用户所使用的版本信息和当前场景名称。

菜单栏：操作命令以菜单的形式划分归类。

主工具栏：常用的主要工具。

帮助信息栏：帮助信息栏搜索、查询。

视图工作区：完成三维设计的主要操作界面。

命令面板：集中创建、修改等主要命令。

状态栏：显示当前鼠标的 x、y、z 轴的位置和一些命令的使用帮助信息。

动画控制区：控制动画的记录方式和动画的播放。

视图控制区：控制视图工作区中物体显示的大小、观察角度等信息。

为了增加视图工作区的面积，便于视图操作，可以在【主工具栏】空白处单击右键，在弹出的快捷菜单中将【视口布局选项卡】和【Ribbon】选项关闭，如图 2-9 所示。

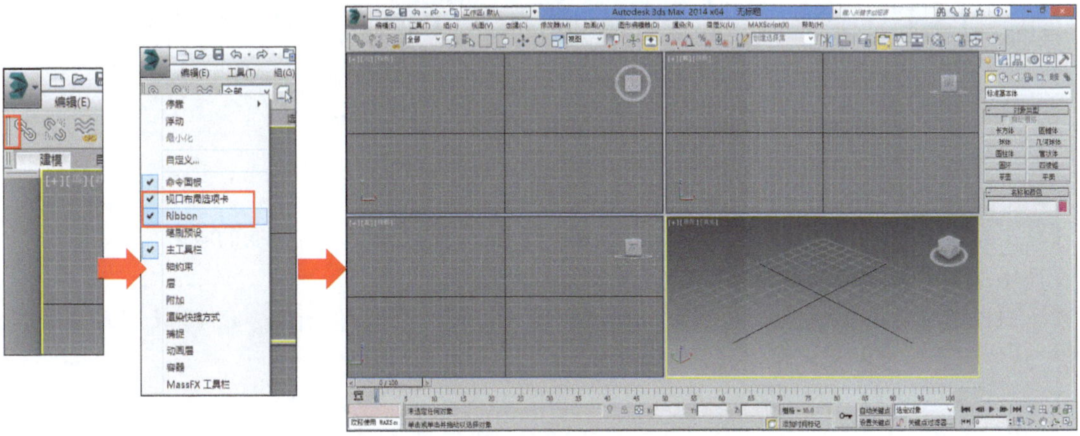

图 2-9

2.2.2 三维物体的显示方式

使用命令面板的创建三维物体命令在视图工作区创建三维物体时，会发现物体在视图上有两种显示方式：线框模式和实体模式。默认在前视图、顶视图、左视图中物体显示为线框模式，而在透视图中物体显示为实体模式，如图 2-10 所示。

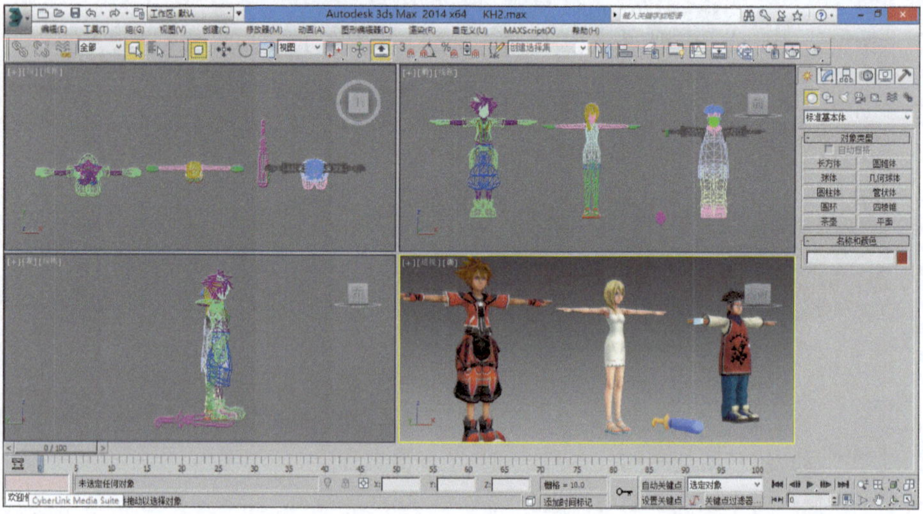

图 2-10

3ds Max 2014 物体的显示方法有很多，可以在任何视图的右上角第三栏显示模式中对其进行修改（如图 2-11 所示），显示模式的修改只是方便在视图中参看物体，对渲染、灯光、动画等操作无效。

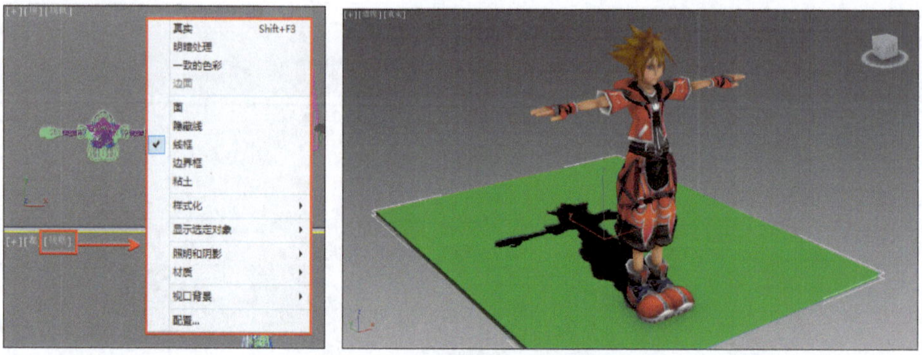

图 2-11

【真实】显示模式：速度最慢，立体效果最好，能通过默认灯光计算物体间的阴影。

【明暗处理】显示模式：速度快，实体显示，无阴影。

【一致的色彩】显示模式：速度慢，物体自发光，有自身阴影。图 2-12 为【明暗处理】与【一致的色彩】显示模式的对比。

【边面】显示模式：在实体显示的基础上增加网格线显示。

【隐藏线+边面】显示模式：在实体显示的基础上增加黑色网格线显示，无材质物体显示灰色。图 2-13 为以上两种显示模式的对比。

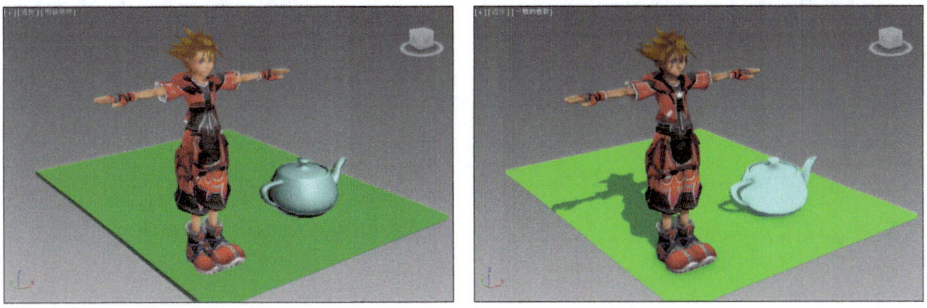

图 2-12

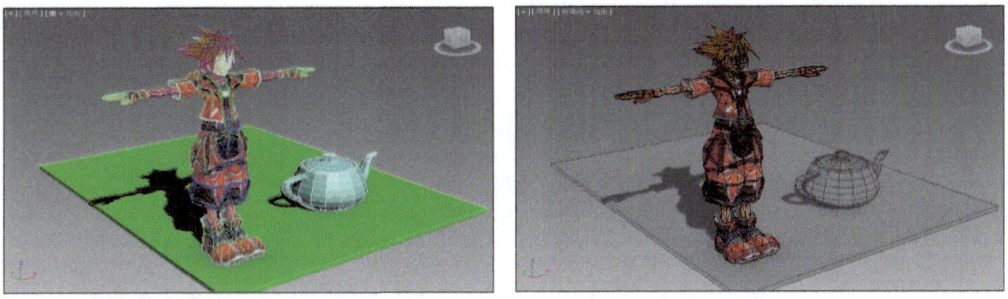

图 2-13

【面】显示模式：相对线框模式耗费系统资源更多，如果场景较大，刷新速度较慢，优点是在透视图中观察三维物体更加真实，立体感强。

【线框】显示模式：速度较快，查看物体比较准确，通常在前、左、顶三视图中使用。图 2-14 为以上两种显示模式的对比。

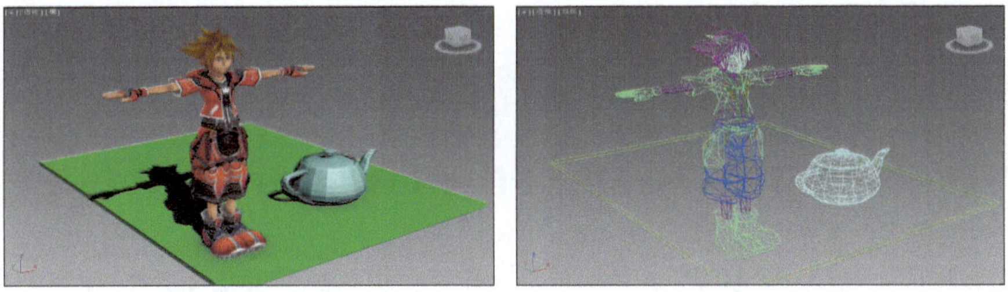

图 2-14

【边界框】显示模式：速度最快，便于显示很复杂的场景。

【粘土】显示模式：类似 Zbrush 中的显示模式。图 2-15 为以上两种显示模式的对比。

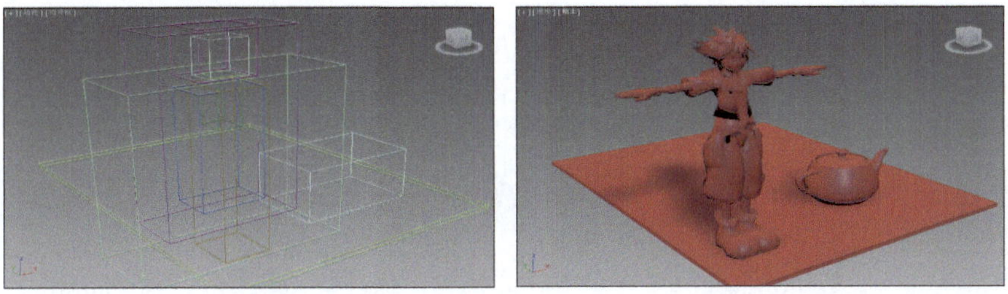

图 2-15

在【样式化】中有其他几种显示模式（如图 2-16 所示），如 Photoshop 中的滤镜效果可以用来查看三维场景的风格化效果，建模过程中不建议使用。

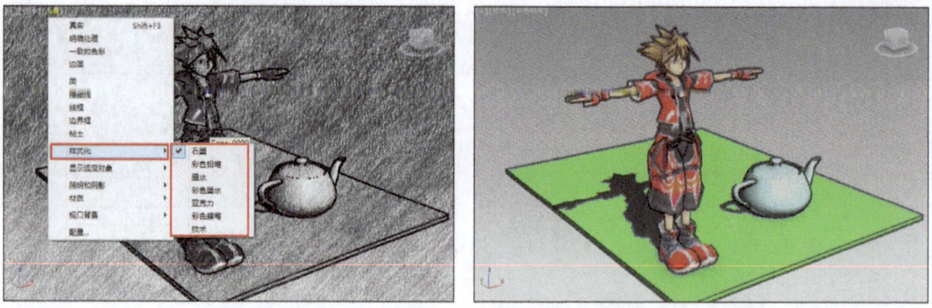

图 2-16

【半透明】显示模式：选择物体后按 Alt+X 组合键，能够在实体的基础上半透明地显示物体，看到物体的内部。

线框、实体、实体+线框、半透明四种显示模式的对比如图 2-17 所示。

图 2-17

3ds Max 2014 中常用的物体显示模式有 4 种，分别是【线框】、【面】、【边面】、【半透明】。

不同显示模式的切换方法如下。

①【线框】显示与【面】显示模式切换：在【线框】模式下按 F3 键，切换为【实体】模式；在【实体】显示模式下按 F3 键，也能切换到【线框】模式。

②【边面】显示模式：在【实体】显示模式下按 F4 键，能够实现【实体+线框】显示，再次按 F4 键，则取消。

③【半透明】显示模式：在【实体】显示模式下按 Alt+X 组合键，将物体切换为【半透明】显示模式，再次按 Alt+X 组合键，则取消。

2.2.3 视图的布局与设置

3ds Max 2014 默认的视图工作区由 4 个视图构成，分别是顶视图【Top】、前视图【Front】、左视图【Left】和透视图【Perspective】，如图 2-18 所示。

顶视图、前视图、左视图都是正投影视图，它们没有近大远小的变化，透视图是我们观察物体体积大小的重要窗口，具有近大远小的透视关系，符合视觉感觉。

更改视图的显示位置可以通过快捷键来进行。视图的快捷键是视图英文名称的第一个字母，顶视图为 T 键，前视图为 F 键，左视图为 L 键，透视图为 P 键。在建模过程中，有可能在不注意的情况下将视图错误改变，我们可以通过相应的快捷键将它调整回来。

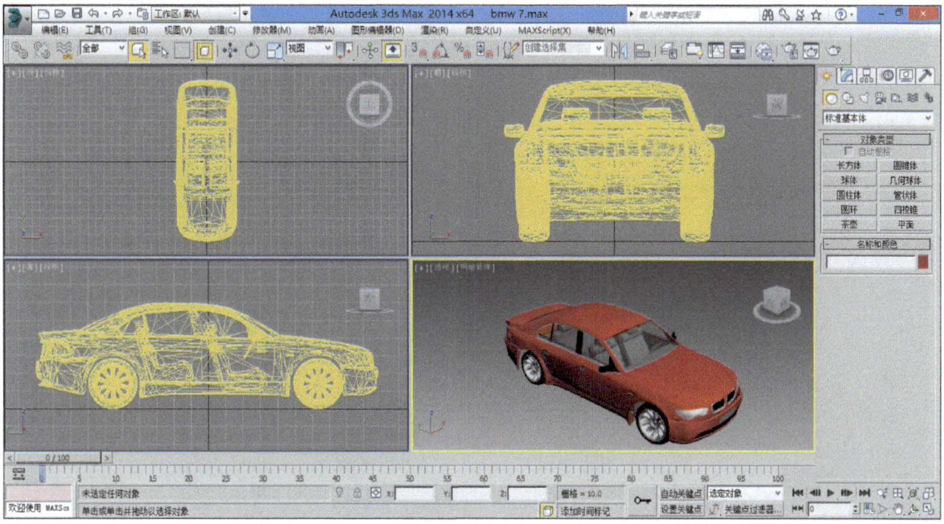

图 2-18

视图窗口布局是可以重新设定的，视图窗口的显示方式可以根据模型的形状需要进行不同的位置结构划分，如图 2-19 所示。

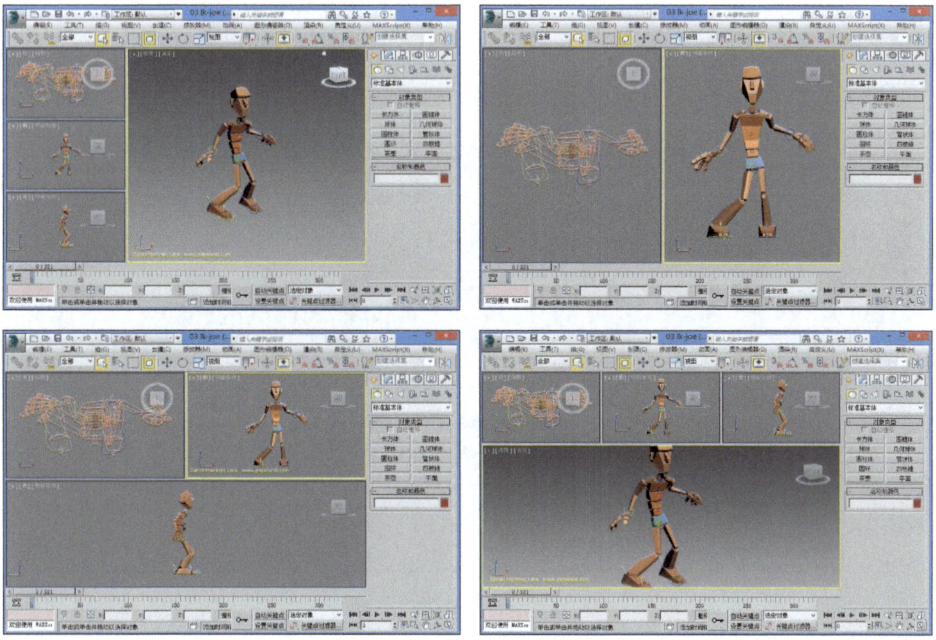

图 2-19

注 意

软件中将“视图窗口”或“视图”翻译为“视口”。

视口设置的改变方法：在任何一个视图左上角“+”上单击右键，在弹出的菜单中选择【配置视口】，然后选择【布局】面板，选择需要的视图布局模式即可，如图 2-20 所示。

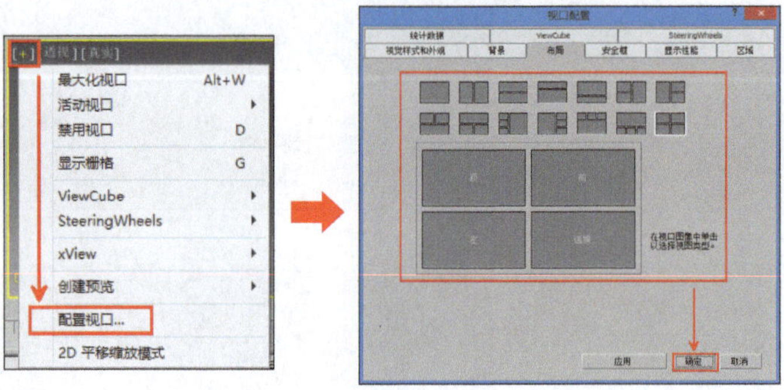

图 2-20

另一个简单的方法是在【视口控制区】中单击右键，弹出视口设置面板，选择【布局】选项卡，效果如图 2-21 所示。

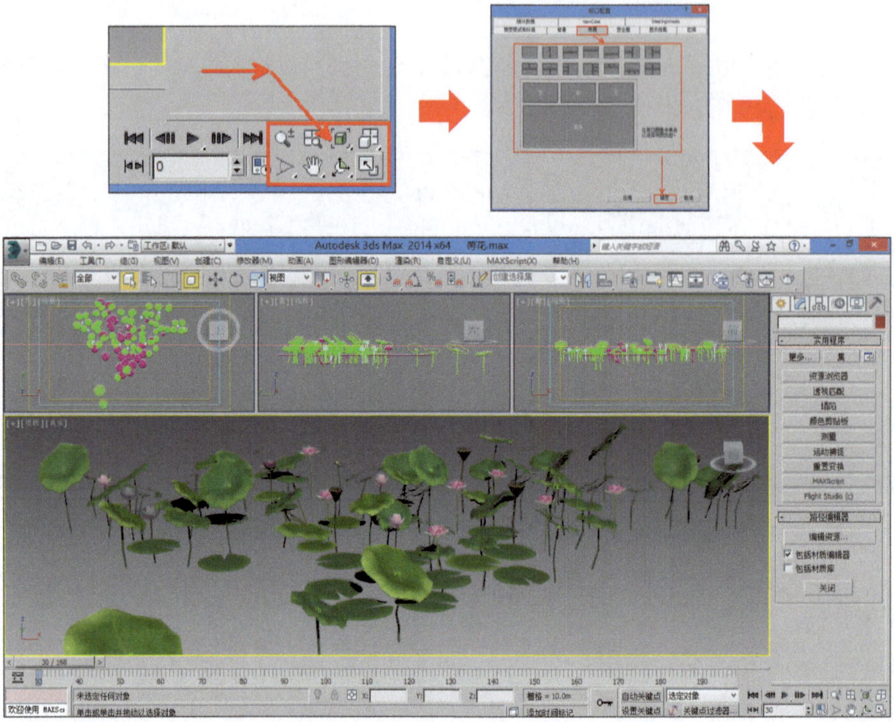

图 2-21

2.2.4 视图背景

3ds Max 2014 默认的视图背景是网格辅助线框，用来辅助建模，有时如果感觉辅助线框妨碍我们观察三维形体，可以将辅助线框隐藏（如图 2-22 所示），其快捷键是 G 键。

视图背景除了可以隐藏线框，还可以调入背景参考图，调入背景参考图能使我们更快、更准确地完成三维模型。调入背景参考图的方法是：激活某一视口（如前视口），按下视图窗口背景调入快捷键 Alt+B，弹出视口背景面板，在文件选项中选择需要载入的背景图片文件（如图 2-23 所示），单击【确定】按钮完成。

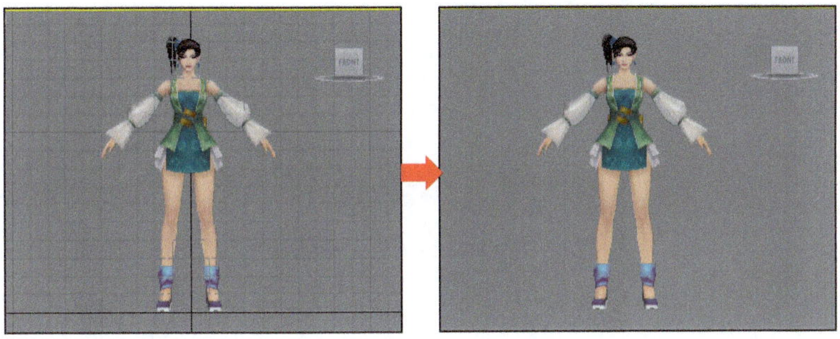

图 2-22

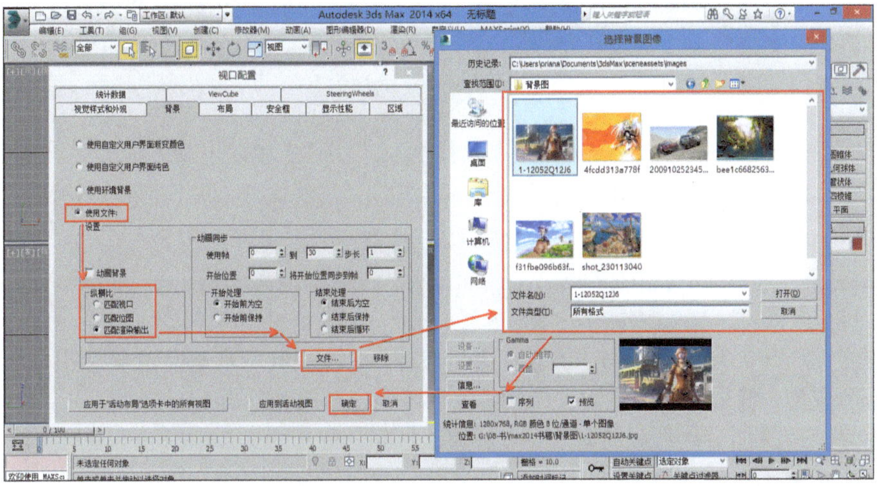

图 2-23

透视图加载背景参考图的效果如图 2-24 所示。

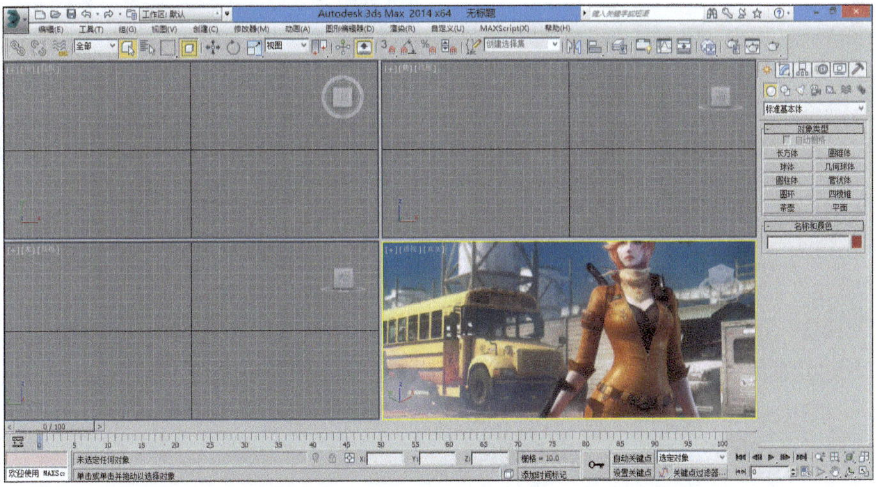

图 2-24

注 意

4 个视图可以依次使用 Alt+B 组合键载入 4 张不同的位图，如图 2-25 所示。

图 2-25

背景参考图的去除方法是：在视图左上角显示模式字体上单击右键，在弹出快捷菜单中选择【视口背景】→【纯色】或【渐变颜色】（如图 2-26 所示），默认顶、左、前视图是纯色，透视图是渐变色。

2.2.5 物体的隐藏与冻结

在建模的过程中，场景中的物体的数量会越来越多，视图的刷新速度越来越慢，为了更快、更好地完成场景模型，我们会对已经建造完成的物体用到隐藏或冻结命令。

隐藏或冻结物体的方法是：选择需要隐藏或冻结的物体并单击右键，在出现的快捷菜单中选择相应的命令，如图 2-27 所示。

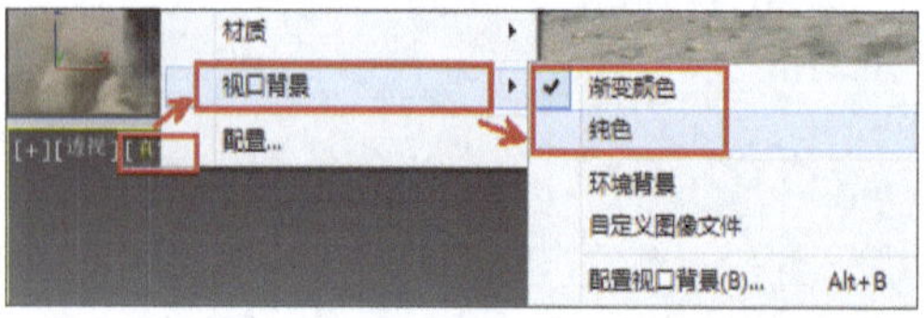

图 2-26

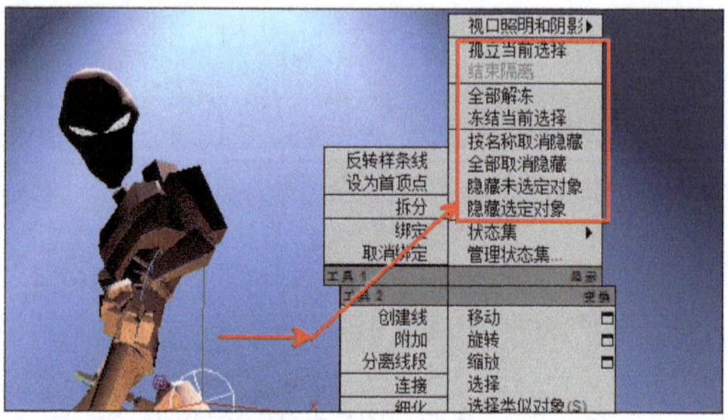

图 2-27

【全部解冻】：全部冻结的物体恢复正常选择。

【冻结当前选择】：冻结选择的对象。

【按名称取消隐藏】：隐藏物体很多时，可以按名称取消隐藏某一物体。

【全部取消隐藏】：全部取消隐藏所有物体。

【隐藏未选定对象】：隐藏未选定的全部物体。

【隐藏选定对象】：隐藏选定的对象物体。

注　意

冻结的物体在视图上会以灰色显示，在解冻以前不能被移动、旋转等。

2.3 工具栏主要工具介绍

主工具栏中有常用的工具，如图 2-28 所示，在屏幕分辨率为 1280×1024 的情况下，能够全部显示，如果低于该分辨率，只能显示主工具栏的一部分。我们可以将鼠标放置在主工具栏的边缘空白处单击并拖动，从而显示隐藏的工具。

图 2-28

2.3.1 撤销与重做工具

撤销与重做工具能够撤销与重做刚刚执行的命令，如物体位置移动、旋转、参数改变等。默认情况下，撤销与重做的次数各 20 次。撤销的快捷键是 Ctrl+Z，重做的快捷键是 Ctrl+Y。

2.3.2 链接工具

链接工具能够将一个物体链接到另一个物体上。链接完成后，被链接的物体是子物体，链接到的物体是父物体。子物体进行移动旋转缩放变换操作的时候不会影响到父物体，父物体移动旋转缩放的时候会影响到它的子物体。这就是物体间的父子关系。

如果想 A 物体链接到 B 物体上，具体操作方法是：选择 A 物体，再选择链接工具，从 A 物体上按住鼠标左键并移动到 B 物体上，释放鼠标左键，B 物体闪烁一次，链接完成。A 物体是 B 物体的子物体，B 物体变换的时候，A 物体会跟随 B 物体变换。

解除链接命令是针对子物体的修改工具。选择子物体，单击解除链接工具，子物体的属性自动去除。

2.3.3 选择与变换工具

选择与变换工具是 3ds Max 2014 中使用最多的工具，对物体进行修改时都必须先选择物体，它们分别是：选择过滤器、选择工具、按名称选择工具、选择框的形状、交叉与窗口、移动、旋转与缩放，如图 2-29 所示。

选择过滤器是指在复杂的场景中过滤掉不想选择的物体，准确选择需要控制物体的工具，如图 2-30 所示。【全部】：能够选择所有物体。【G-几何体】：只能选择三维物体。【S-图形】：只能选择二维物体。【L-灯光】：只能选择灯光。【C-摄像机】：只能选择摄像机物体。【H-辅助对象】：只能选择帮助物体。【W-扭曲】：只能选择空间扭曲物体。

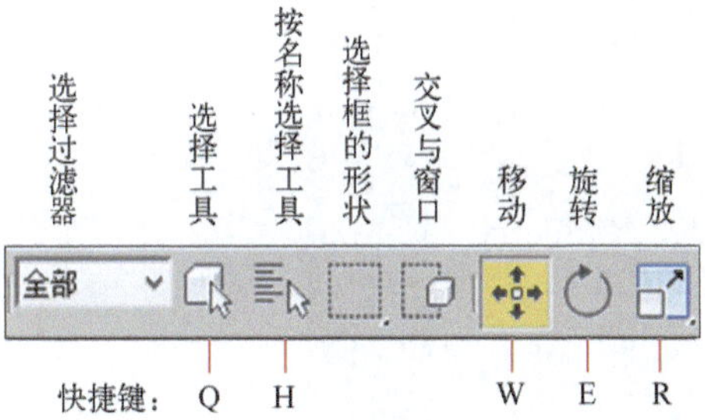

图 2-29

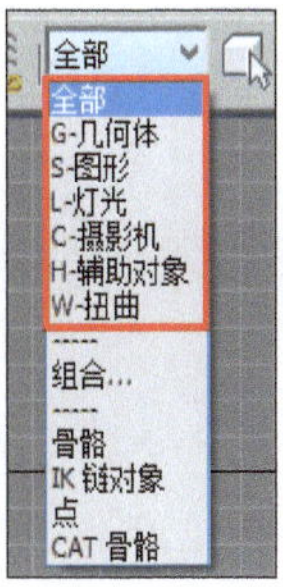

图 2-30

注　意

在复杂的三维场景中，选择过滤器在后期选择修改灯光、摄像机或特定物体时是非常有用的。

选择工具：快捷键是 Q，只能对物体进行选择，被选中的物体的线框色显示为白色。

按名称选择工具：快捷键是 H，在弹出面板上能够准确地按名称选择对象。

选择框的形状：除方形外，还有其他几种（如图 2-31 所示）。

交叉与窗口：两种选择模式，是交叉模式，只要画出的选择线碰到了物体的边界线框就能够被选择；单击交叉模式按钮则是窗口模式，选择线框必须全部包括物体才能够被选择。如图 2-32 所示，如果是交叉模式，三个物体都会被选择；如果是窗口模式，只有圆形的球体一个物体能够被选择。

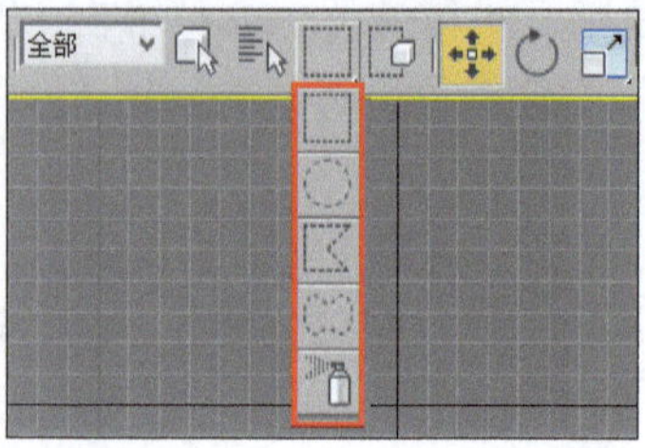

图 2-31

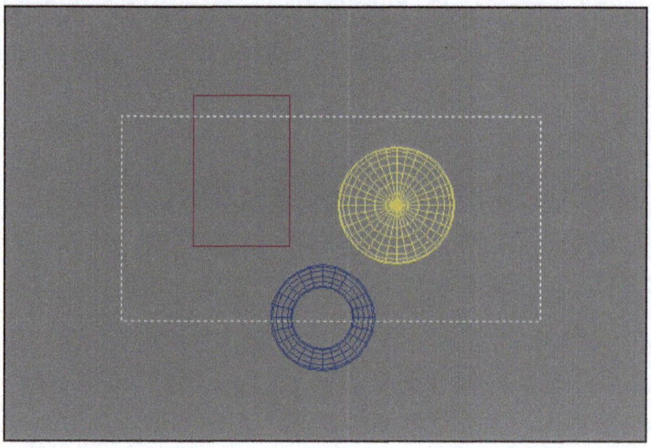

图 2-32

移动、旋转、缩放工具：都有选择的功能，可以称为选择并移动、选择并旋转、选择并缩放，能对物体进行移动、旋转、缩放变换操作。

2.3.4　角度捕捉工具

在使用旋转变换工具旋转物体的时候，旋转的角度是不太准确的，通常由小数点后两位构成。角度捕捉工具能使旋转物体到规定的角度上，默认情况下是 5°，单击角度捕捉工具，再旋转物体，旋转的角度将会以 5° 为单位变化；右键单击角度捕捉工具，能够对捕捉的角度进行设置，如图 2-33 所示。角度捕捉工具的快捷键是 A。

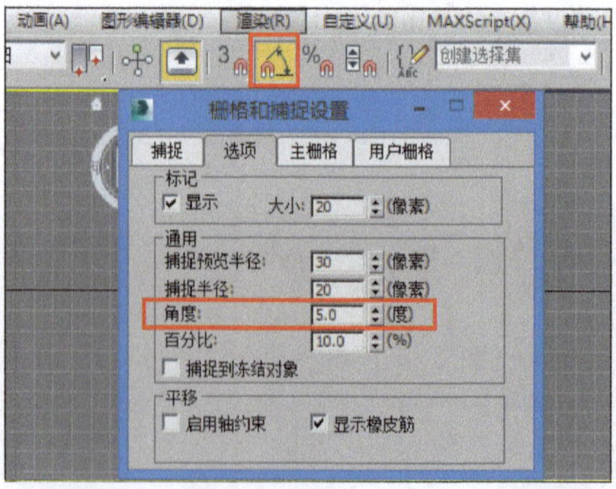

图 2-33

2.3.5　镜像与对齐工具

镜像复制工具：选择要镜像的物体，单击镜像工具，出现镜像复制面板（如图 2-34 所示），选择正确的轴向，Offset（偏移）表示复制后物体轴心移动值，选择 Copy（复制）选项。单击【OK】按钮，完成镜像复制。

对齐工具：如果两个物体要进行对齐，可以使用对齐工具。选择 A 物体，再单击对齐工具，然后单击 B 物体，弹出对齐面板，如图 2-35 所示，从中调整正确的轴向和对齐的位置。

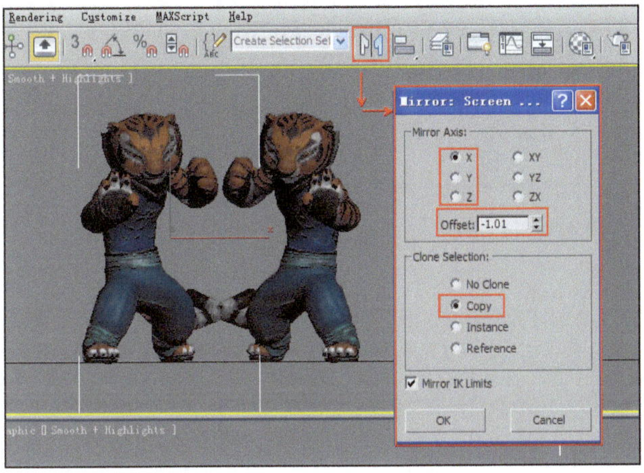

图 2-34

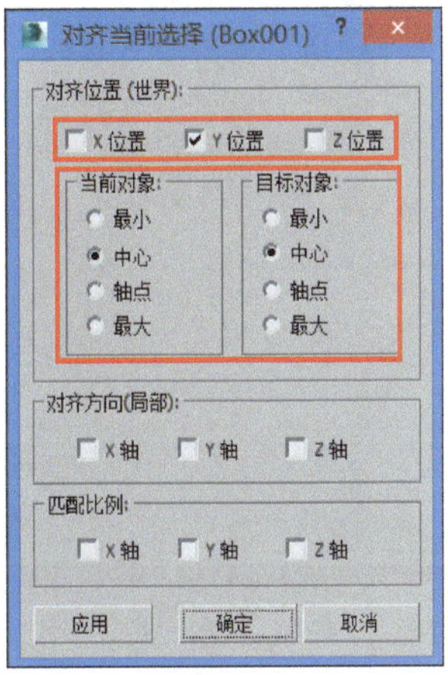

图 2-35

对齐工具中重要的参数如下。

【X 位置】、【Y 位置】、【Z 位置】：对齐的轴向。

【当前对象】：当前选择的物体（物体 A）。

【目标对象】：对齐的目标物体（物体 B）。

【最小】：选择轴向的最小值对齐。

【中心】：选择轴向的中心对齐。

【轴点】：物体轴心点对齐

【最大】：选择轴向的最大值对齐。

2.3.6　材质与渲染工具

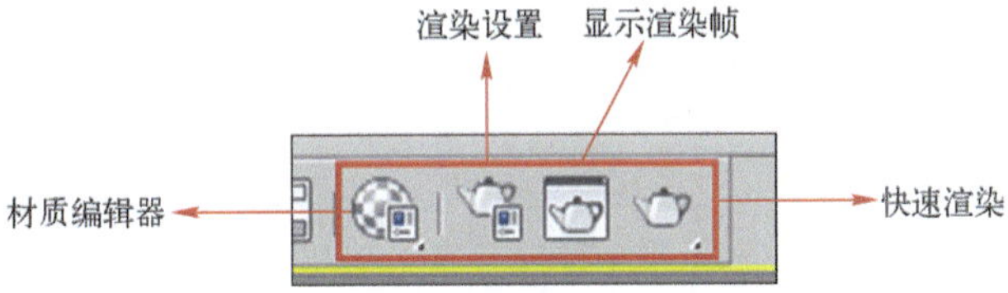

图 2-36

材质与渲染工具也是主工具栏的重要工具（如图 2-36 所示）。材质工具能够为三维模型指定对应的材质贴图；渲染工具能在材质、灯光都设计完成后，通过渲染引擎，渲染场景，将三维场景生产二维图像或动画。

材质编辑器：编辑材质属性命令面板，快捷键为 M。

渲染设置：设置渲染的图像大小、渲染方式等，快捷键为 F10。

显示渲染帧：能够显示上一次渲染的图像内容。

快速渲染：按上次渲染设置内容进行渲染，快捷键为 F9。

3ds Max 2014 材质编辑器有两种模式：默认模式、图表模式。以前版本中使用的是默认模式，简洁方便。图表模式的优势是能更详细显示材质结构构成，如图 2-37 所示。

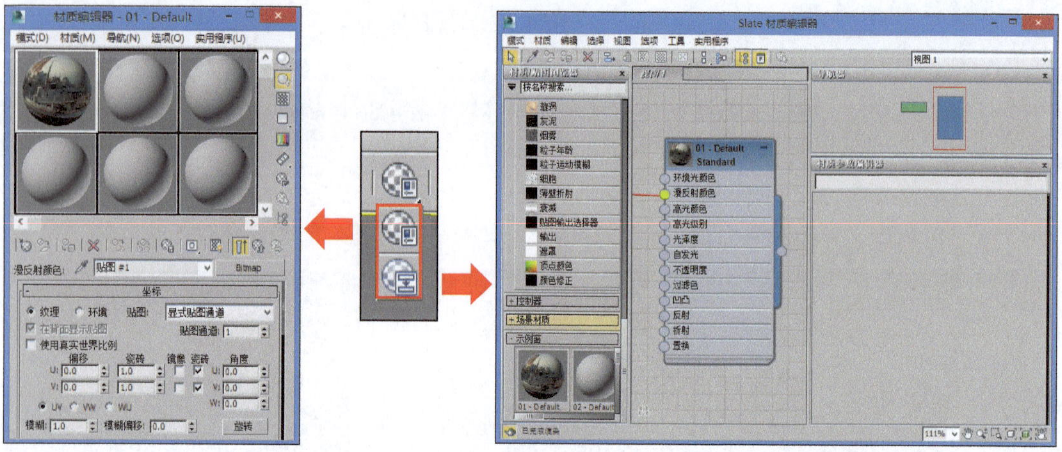

图 2-37

2.3.7 视图控制工具

视图控制工具在 3ds Max 2014 界面的右下角，如图 2-38 所示，主要用来进行视图平移、缩放、旋转观察物体等辅助工作。其中有些常用的命令可以通过快捷键来完成，如缩放视口大小可以通过滚动鼠标中键完成，视图平移可以通过按下鼠标中键移动鼠标完成，视图旋转工具可以通过 Alt+鼠标中键移动完成，视口最大化显示可以通过 Alt+W 组合键完成。

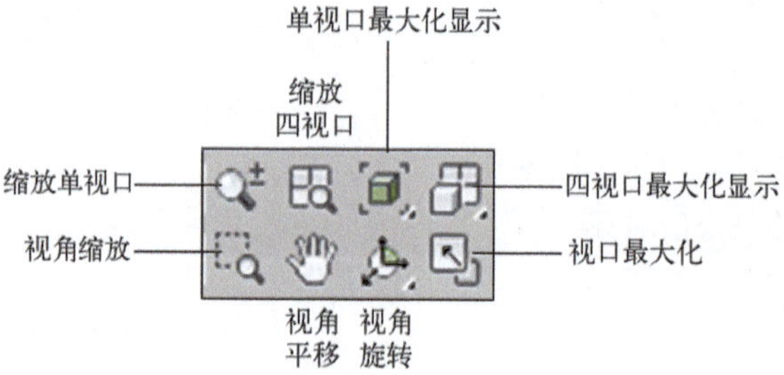

图 2-38

注　意

熟练掌握视图控制工具，辅助不同的视角观察物体，对掌握三维动画技术是很有作用的。

2.4 菜单栏常用命令介绍

在菜单栏中单击左上角的图标，出现【文件】菜单，左侧是常用文件操作命令，右侧是最近打开的文件列表，如图 2-39 所示。

【新建】：新建一个场景，可以将现有场景的动画或层级关系去除，一般用于将现有场景的全部动画删除。

【重置】：彻底新建一个场景，不保留前一场景的任何信息，通常用来开始一个新文件。

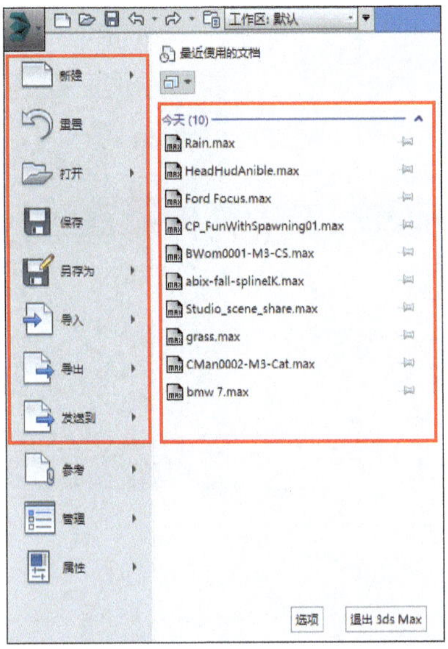

图 2-39

【打开】：打开一个保存的 Max 文件。（3ds Max 高版本可以打开低版本文件，但低版本一般不能打开高版本文件。）

【保存】：将当前场景保存为 Max 文件。

【另存为】：将场景另存为 Max 文件。其中的【归档】打包功能比较重要，能将模型与材质贴图打包，便于在其他计算机中打开，防止贴图丢失。

【导入】：导入其他格式的三维文件。

【导出】：将 Max 中完成的文件导出成其他三维格式。

【发送到】：将 Max 中完成的文件发送到 Maya、Softimage 等三维软件中。

【属性】中的【摘要信息】命令用来查看场景中的所有物体统计信息，如物体个数、网格数、灯光数量等，如图 2-40 所示。

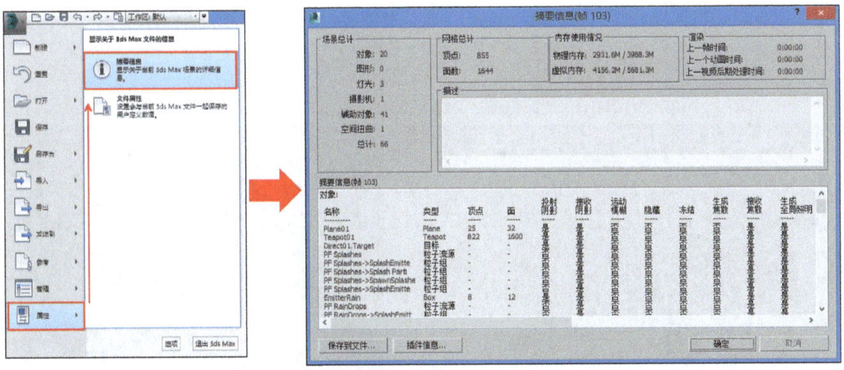

图 2-40

【视图】菜单中的【显示变换 Gizmo】（如图 2-41 所示）显示变换坐标系命令，通常情况下要被选中，如果不选中，物体上将没有变换坐标。没有变换坐标系，我们就不能将鼠标放在坐标系上完成水平和垂直移动操作。

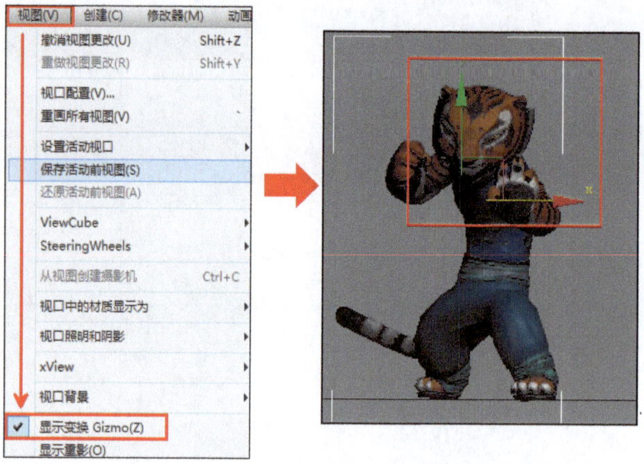

图 2-41

【自定义】菜单中的【加载用户自定义界面】命令能够将 Max 整体界面恢复成初始截面或个性界面。

在弹出的加载页面布局选项中选择 UI 目录，常用的是【ame-Light】（灰色界面）和【DefaultUI】（默认为黑色界面），如图 2-42 所示。

注　意

初学者将界面不小心弄乱，界面某些模块丢失时，可以使用【加载用户自定义界面】方法将其还原。

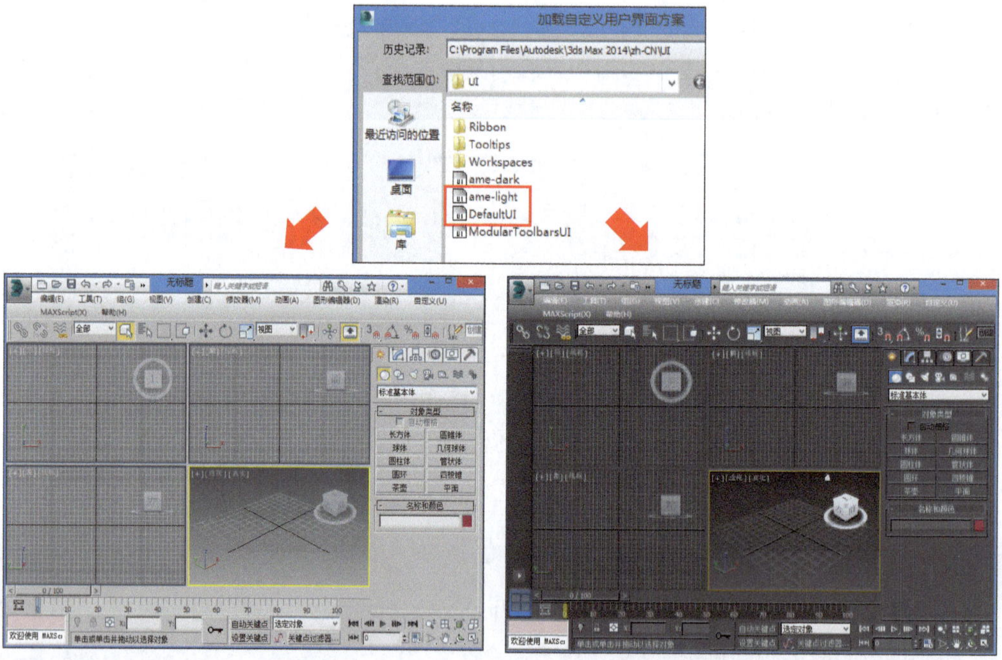

图 2-42

本章小结

学习 3ds Max 2014 的视图操作和主要工具的运用，初步掌握 3ds Max 2014 主工具栏、菜单栏的基础命令操作，能对界面风格进行更改或还原，对视图缩放、平移、旋转有良好的整体操作印象。

习题 2

1. 简述 3ds Max 2014 界面的组成部分，它们各有什么主要功能？
2. 在 3ds Max 2014 中，三维几何物体的显示方法有哪些？各有什么特点？
3. 透视图、顶视图、前视图、左视图的位置可以更改吗？它们的切换快捷键是什么？
4. 简述镜像与对齐工具的使用方法。
5. 如何将一个混乱的 Max 界面布局进行恢复？

第 3 章

建模方法与思路

本章重点：

① 了解 3ds Max 建模方法分类。

② 掌握不同建模方法的主要特征。

③ 熟练运用基本几何体建模完成简单模型。

学习目的：

建模是三维世界的基础，理解并运用 3ds Max 的建模方法和思路是熟练运用三维软件必不可少的条件。本章讲述 3ds Max 建模的思路与主要方法，根据不同的建模方法，选择容易理解和掌握的实例，要求大家能够熟练掌握，举一反三，应该将这些建模方法和思路灵活运用到更多的模型创建中去。

3.1　3ds Max 建模方法综述

三维软件建模的主体思路可以划分为堆砌建模和细分建模两大类。

堆砌建模通常用来建造非曲面物体，如建筑模型、机械或机器零件、机器人等，建模流程为：将复杂的物体拆分为一些基础的零部件，再用基础的成型命令将这些小零件制作出来，最后将它们堆砌在一起（如图 3-1 所示）。堆砌建模要求设计者对模型的大小比例关系、空间位置有很好的把握。

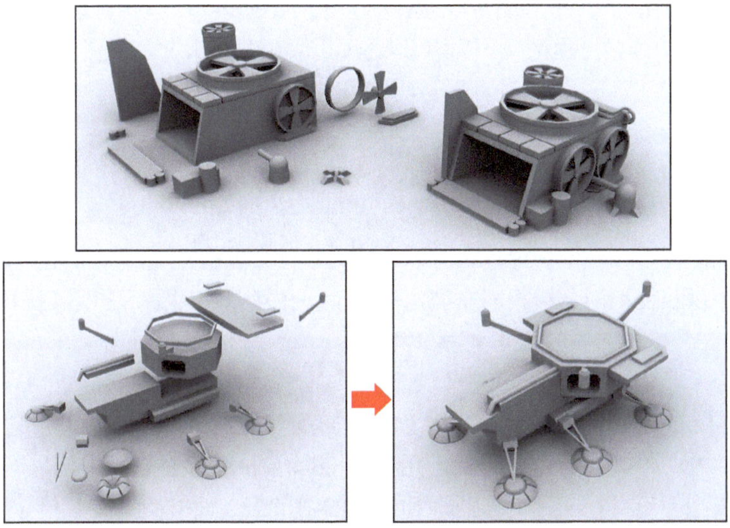

图 3-1

细分建模就是编辑多边形建模或编辑网格，建模流程为：用基本几何体先完成物体的大形，然后通过编辑多边形或编辑网格工具对模型细节进行细分。细分建模方式与素描的绘制或雕塑的建造过程非常类似，一般使用细分建模完成三维人物、卡通角色或者曲面为主体的物体。如图 3-2 所示，因为整个人物是一个曲面整体，无法用堆砌方法来完成。相对堆积建模方法来说，细分建模在建模工具的技术、曲面模型的理解方面都对使用者提出了更高的要求。

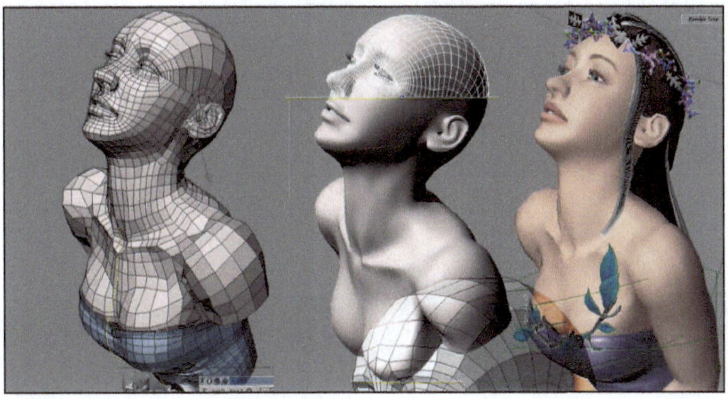

图 3-2

细分建模的主要工具包括：编辑网格、编辑多边形、对称、网格平滑等。

堆砌建模的主要工具包括：挤出、车削、倒角、FFD 变形工具等。

3.2 建模方式分类

3ds Max 是目前包含建模方式最多的大型软件，如 Polygon、NURBS、Patch、SurfaceTools，还有作为插件的变形球（MetaReyes）、笔刷工具（Paint Modifier）等建模方式。使用好一两个就可以胜任常规的建模了。SurfaceTool 作为 3ds Max 最具特色的建模工具曾经风行一时，后来由于 Polygon 建模对于入门者容易上手，才逐渐失宠。但是对于造型能力较强的专业建模师而言，它仍然保持着迷人的魅力。

3ds Max 的建模方法主要有 Polygon（多边形）建模、NURBS（非均匀有理 B 样条曲线）建模和 Patch（面片）建模三大类。通常，建立一个模型可以通过几种方法得到，但有优劣、繁简之分。

3.2.1 Polygon 建模

Polygon（多边形）建模适于创建形状规则、无曲面的对象。使用多边形建模可先创建基本的几何体，再根据要求使用编辑修改器调整物体形状，或通过布尔运算、放样、曲面片造型组合物体来构建对象，其优点是简单、方便快捷，但难以生成光滑的曲面。用 Polygon 建模创建好的模型还可通过调整建模参数以获得不同分辨率的模型，以适应虚拟场景实时显示的需要。

3.2.2 NURBS 建模

NURBS 是 Non-Uniform Rational B-Splines（非均匀有理 B 样条曲线）的缩写，它纯粹是计算机图形学的一个数学概念。NURBS 建模技术是最近几年来三维动画最主要的建模方法之一，特别适合于创建光滑的、复杂的模型，而且在应用的广泛性和模型的细节逼真性方面具有其他技术无可比拟的优势。由于 NURBS 建模必须使用曲面片作为其基本的建模单元，所以它也有以下局限性：NURBS 曲面只有有限的几种拓扑结构，导致它很难制作拓扑结构很复杂的物体，如带空洞的物体。NURBS 曲面片的基本结构是网格状，若模型比较复杂，会导致控制点急剧增加而难于控制，NURBS 技术很难构造“带有分枝的”物体，如图 3-3 所示。

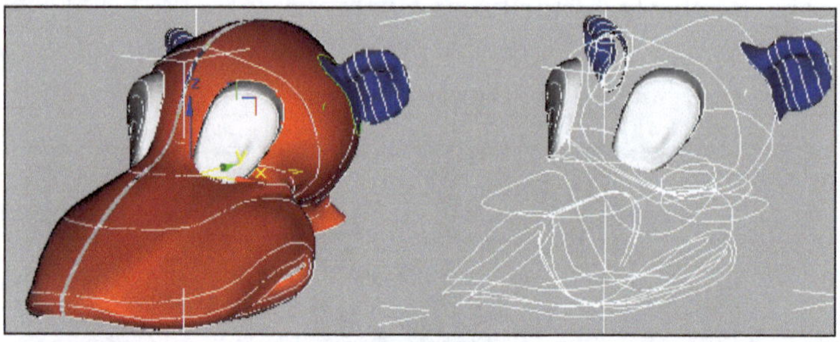

图 3-3

3.2.3 Patch 建模

Patch（面片）是一种独立的模型类型，也是一种建模方法，其原理有些像缝制衣服，用多块面片拼帖制作光滑的平面。在 3ds Max 中有两种面片：一种是四边面片（Quad Pacth），较常用；另一种是三边面片（Tri Patch），由面片、边及节点组成。面片的节点有贝兹手柄，用于控制面片的整体曲率，通过调整手柄可以改变面片的形状。

刚创建的面片都是平面的，但可以使用“编辑面片”将其修改为任意曲面。

3.3 3ds Max 基础建模

三维软件在程序的设计过程中一般会提供一些基础模型物体，包括二维或三维基本几何形体。3ds Max 基础建模就是运用这些基础物体进行建模的方法，主要包括基本几何体建模、扩展几何体建模、二维建模和复制建模。

3.3.1 标准基本体建模

在命令面板上创建三维形体的第一项就是【标准基本体】。基本体由 10 个物体组成，如图 3-4 所示。

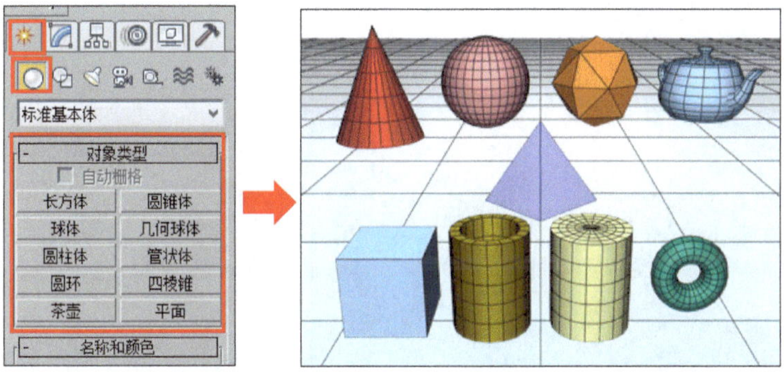

图 3-4

【长方体】：可以是立方体，也可以是长方体，是建筑模型中最常用的一种形体，主要参数有【长度】、【宽度】、【高度】、【长度分段】、【宽度分段】、【高度分段】。分段段数是为了能够弯曲物体或添加模型细节，如果物体没有造型需求，就不应该增加段数，段数的多少是以满足物体造型需要为标准的，一般曲面多的物体段数多，平面多的物体段数少，如图 3-5 所示。

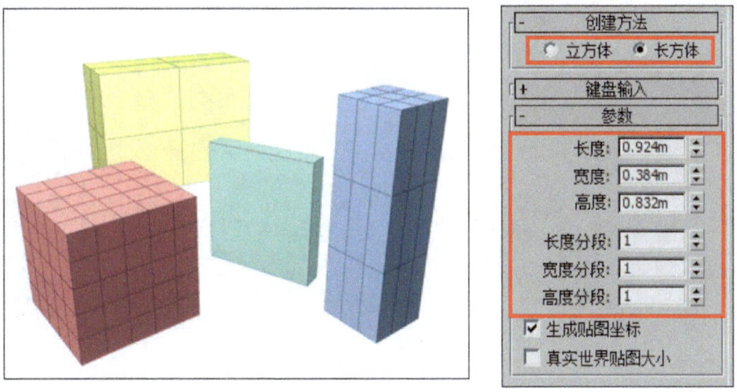

图 3-5

【圆锥体】：主要参数有【半径 1】（圆锥底部半径大小）、【半径 2】（圆锥顶部半径大小）、【高度】、【高度段数】（圆锥高度上的分段数量）、【端面分段】（圆锥顶面与底面的段数）、【边数】（圆锥边数，边数越多越光滑，最小值为 3 时，圆锥体形状类似三棱锥）、【平滑】（侧面是否自动光滑）、【启用切片】（切片开关）、【切片起始位置】、【切片结束位置】使用切片功能，可以快速将圆锥体由中心点旋转切开，如图 3-6 所示。

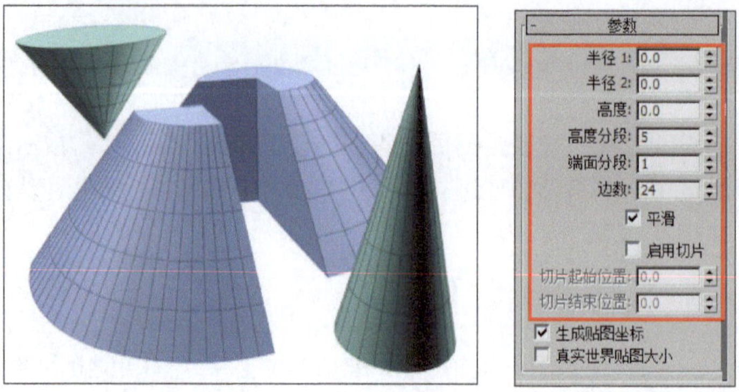

图 3-6

【球体】：除了半径和分段参数外，新增【半球】命令，可以将球切为半球状，如图 3-7 所示。

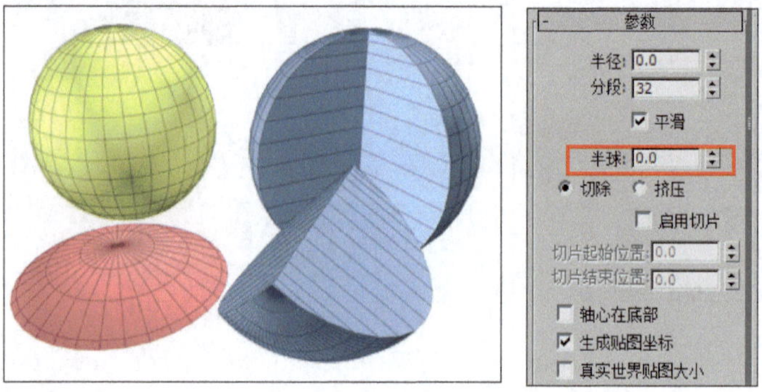

图 3-7

【几何球体】：由三角面组成的球体，常用于完成建筑玻璃三角框架，上海东方明珠建筑结构就有几何球体造型，如图 3-8 所示。

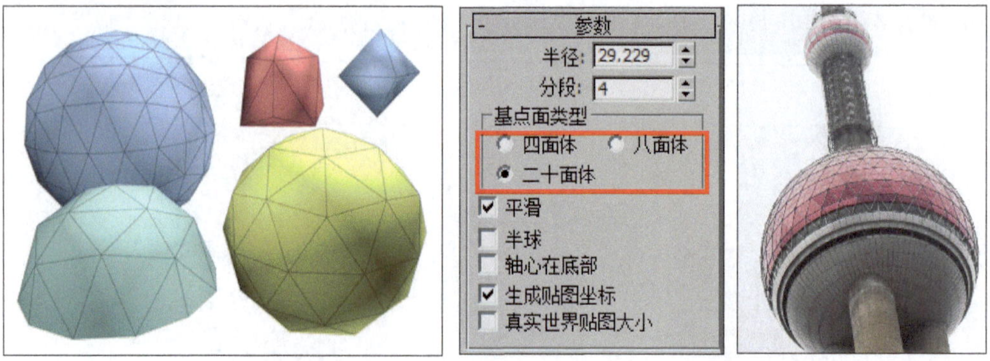

图 3-8

【圆柱体】：造型变化很多，半径小高度大就是木棍，半径大高度小就是圆桌，其参数与圆锥参数大致相同，如图 3-9 所示。

【管状体】和【圆环】：参数与前面几个物体大体相同，更改参数后能够得到更多造型，如图 3-10 所示。

【四棱锥】：就像金字塔，如图 3-11 所示。

【茶壶】：可以通过修改参数只保留茶壶的某部分，如【壶体】、【壶把】、【壶嘴】、【壶盖】，如图 3-12 所示。

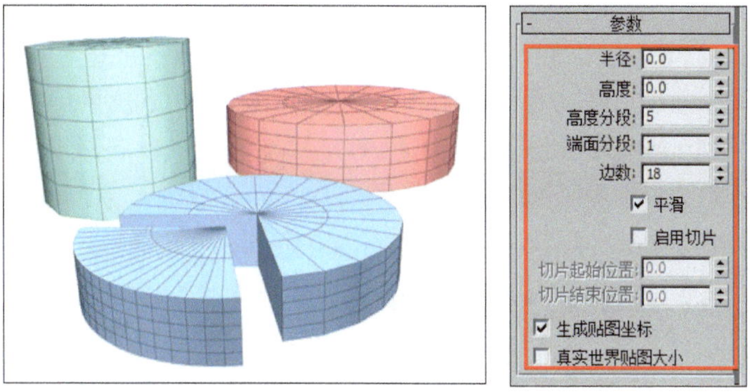

图 3-9

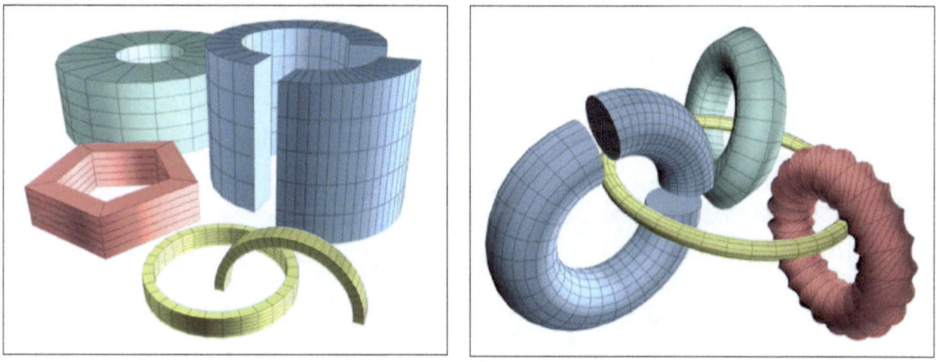

图 3-10

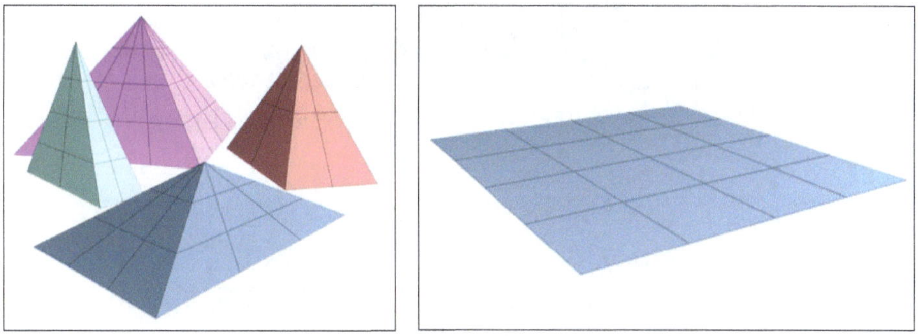

图 3-11

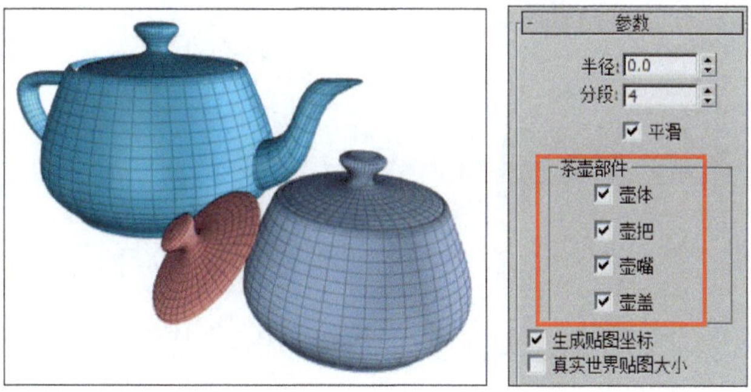

图 3-12

3.3.2 扩展几何体建模

在创建三维形体命令面板上单击标准基本体栏目名称，可以在下拉菜单中选择【扩展基本体】。扩展基本体是对基本几何体建模的补充，有 13 种，如图 3-13 和图 3-14 所示，其中常用的有【异面体】、【切角长方体】、【切角圆柱体】。

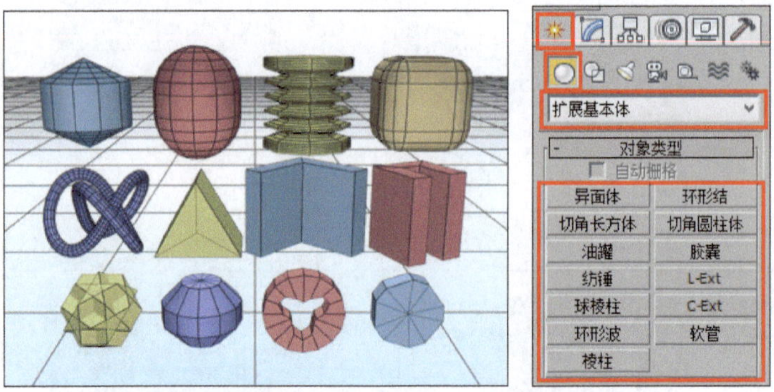

图 3-13

图 3-14

3.3.3 二维建模

在命令面板创建栏目下选择二维形体，可以创建出线、圆形等 12 种二维图形，如图 3-15 所示。其中，【截面】是指到三维物体上截取二维图形，常用参数有【创建图形】。

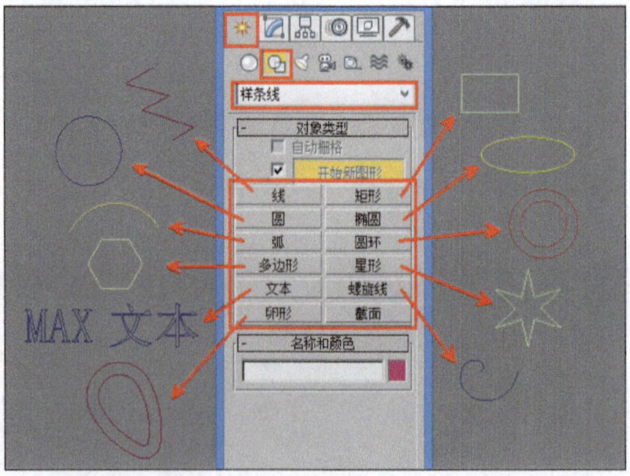

图 3-15

截面操作流程是：创建三维物体→创建截面二维物体→移动截面物体到三维物体上→找到需要截取的曲线位置→选择截面物体后进入修改面板→选择【创建图形】命令，图形创建完成，如图 3-16 所示。

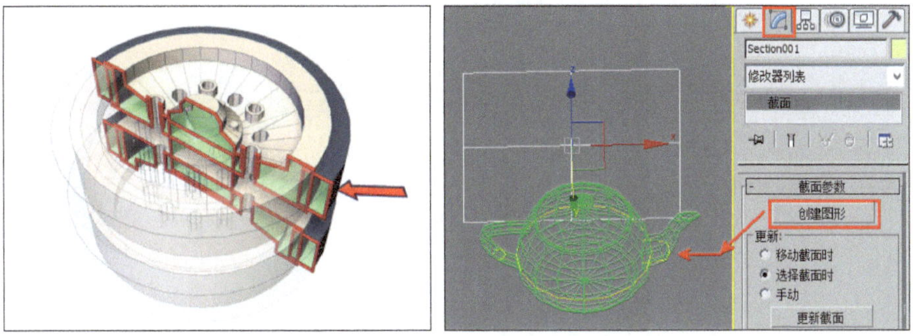

图 3-16

3.3.4　复制建模

复制是计算机图形设计中一个强有力的工具，通过简单的复制操作，能够达到快速建立相同或相似物体的效果。3ds Max 的复制方法有很多，分别有自身的特点。

（1）变换复制

变换复制是三维建模中使用频率最多的一种复制方法，其操作流程十分简单，在选择物体后，按住 Shift 键，再使用移动、旋转、缩放三种变换工具中任何一种对物体进行变换，就能得到变换复制的结果，如图 3-17 所示。

图 3-17

变换复制弹出的选项框如图 3-18 所示。

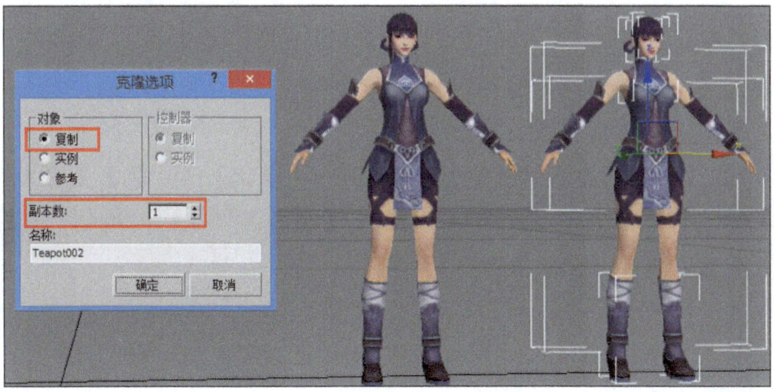

图 3-18

（2）镜像复制

镜像复制能够得到物体某个轴镜像的结果，如图 3-19 所示。

图 3-19

镜像复制的使用方法是：选择需要复制的物体，使用主工具栏的【镜像复制】命令，弹出镜像复制选项框，如图 3-20 所示，从中设置镜像的轴和偏移数值，镜像复制完成。

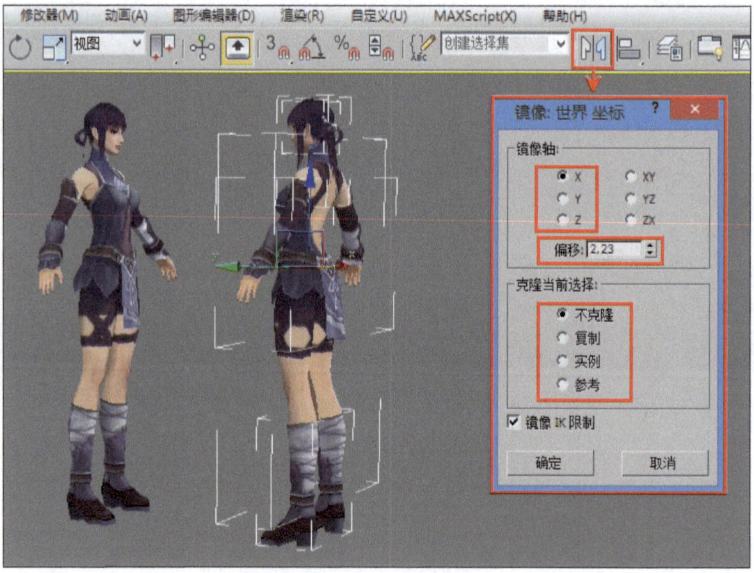

图 3-20

【镜像轴】：镜像进行的轴向，常用有 X、Y、Z 轴镜像。

【偏移】：镜像完成后物体的位置偏移数值。

【克隆当前选择】：【不克隆】仅镜像物体，不复制；【复制】、【实例】关联复制出的物体与原物体修改参数关联，修改其中一个，另一个自动修改；【参考】复制出的物体是原物的参考物体，原物体修改时参考物体也会修改，但参考物体修改时原物体不会修改。

（3）快照复制

快照复制主要针对运动物体进行，能够将物体的运动过程用快照的方法记录下来，如图 3-21 所示。

快照复制的工作流程如图 3-22 所示。

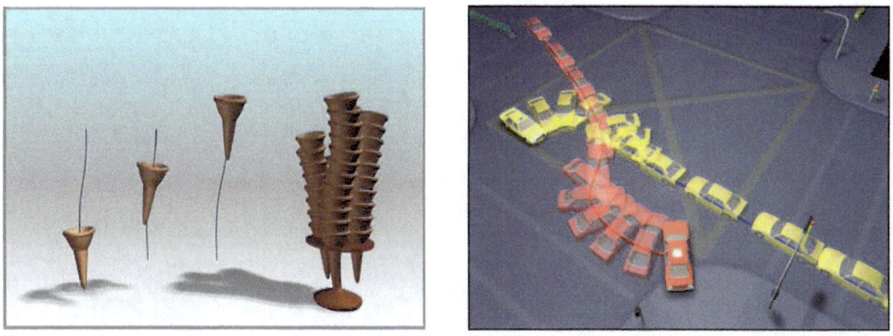

图 3-21

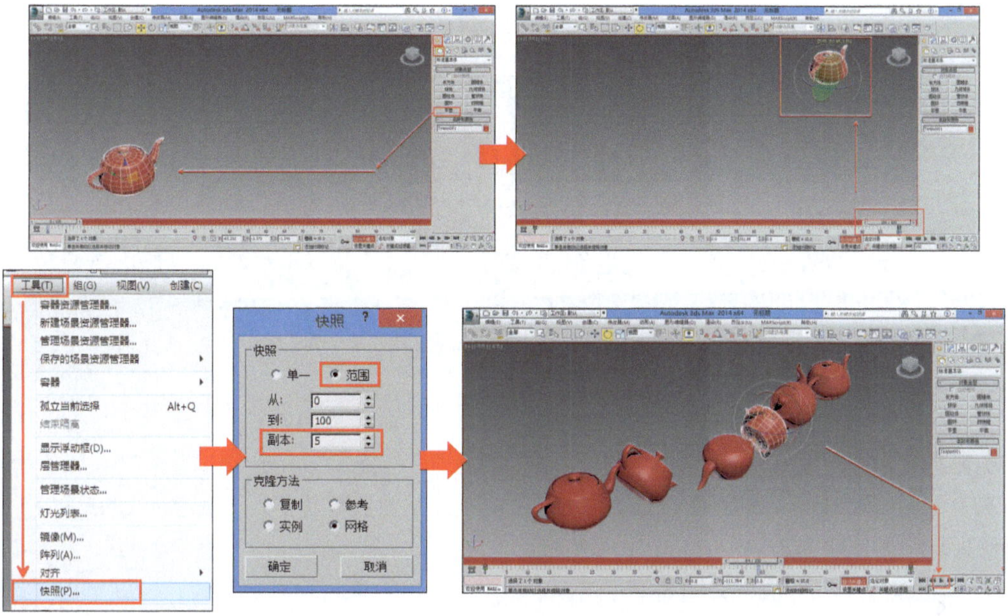

图 3-22

第一步：最大化透视图，在左下角创建茶壶物体，打开自动关键帧动画开关，移动时间滑块到 100 帧，向 X 轴方向移动茶壶物体的位置，完成后再使用旋转工具向前旋转 360°，使物体从 0 到 100 帧产生向前移动并旋转的动画。

第二步：选择茶壶，使用【工具】菜单的【快照】工具。

第三步：设置快照的范围和数量，单击【确定】按钮，快照复制完成。可以播放动画来查看茶壶飞跃时快照效果。

（4）间隔复制

间隔复制工具能让物体自动保持一定的距离（间隔）进行复制，常用于表现等距离排列放置的物体，如珍珠项链、路灯等。

间隔复制工作流程如图 3-23 所示。

第一步：创建二维曲线和一个茶壶物体，创建二维曲线时可以将曲线的类型设置为 smooth 平滑。

第二步：选择茶壶，在【工具】菜单中选择【对齐】→【间隔复制】。

第三步：弹出【间隔工具】栏，使用【拾取路径】命令拾取绘制的曲线，设置复制物体【计数】数量为 9，勾选【前后关系】中的【跟随】属性，如图 3-24 所示，单击【应用】按钮，复制完成。

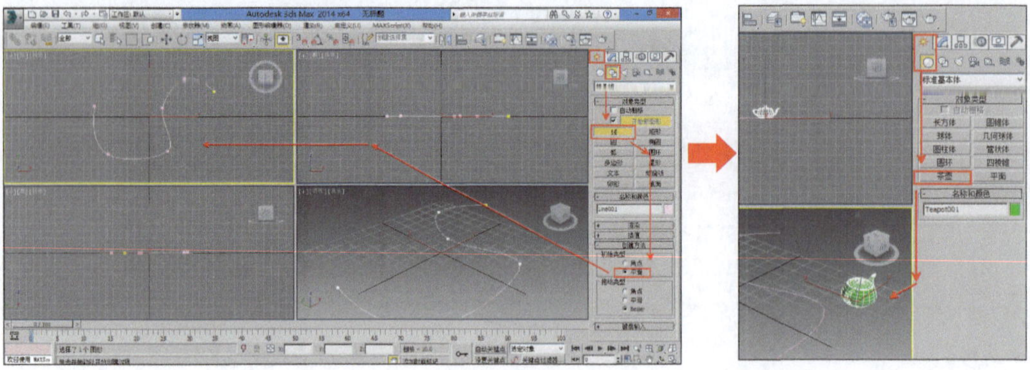

图 3-23

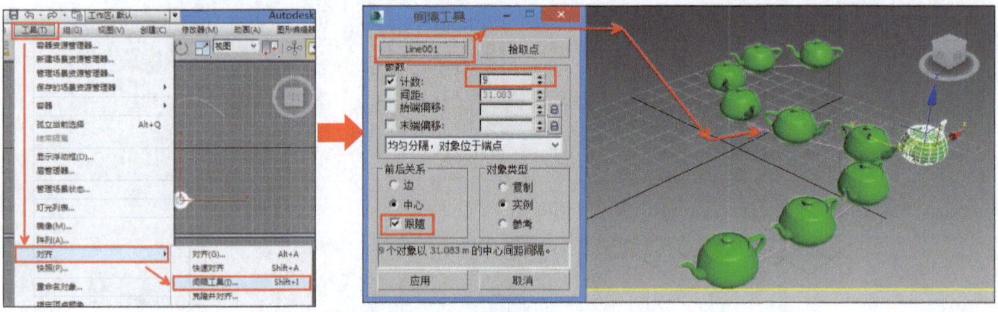

图 3-24

（5）阵列复制

阵列复制是 3ds Max 早期版本中的复制工具，复制控制的参数较多。下面通过 DNA 的分子链来了解阵列复制的使用方法。

DNA 阵列复制的制作流程如图 3-25 所示。

第一步：创建一个盒子和一个球体，复制完成单个分子链。

第二步：将单个分子链全部选择，并进行【群组】。

第三步：选择【工具】菜单的【阵列】工具，并设置参数，阵列复制完成。

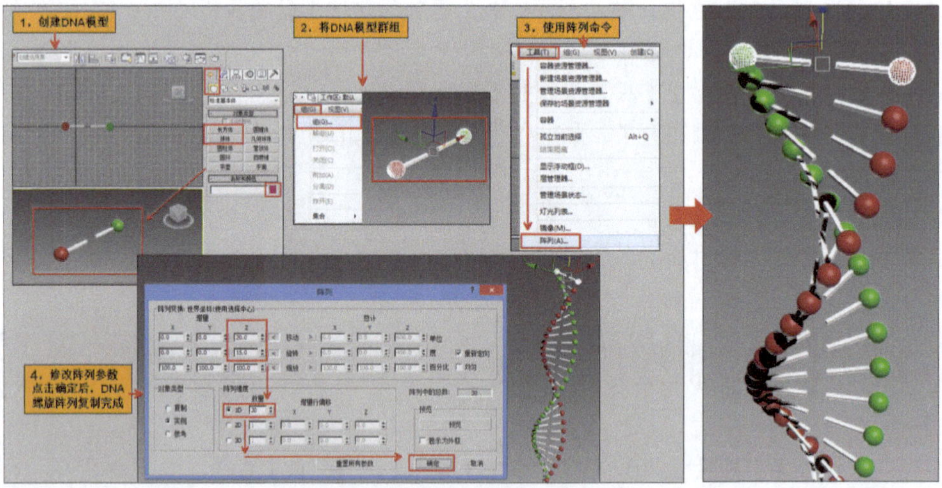

图 3-25

3.4　基础建模实例 1——手推车

使用 3ds Max 的基础建模方法也能完成日常生活中的很多物体，下面通过两个基础建模实例，进一步加强对 3ds Max 建模方法和复制建模的理解。

手推车模型的最终完成效果如图 3-26 所示。手推车模型大致可以分为两个组成部分：车轮和车身，我们可以分开将其完成。

图 3-26

3.4.1　手推车车轮模型的创建

1）在命令面板上将线框色改为黄色，去掉【分配随机颜色】的勾选，如图 3-27 所示，这样就不会每建立一个物体就随机给它分配一种线框色了。

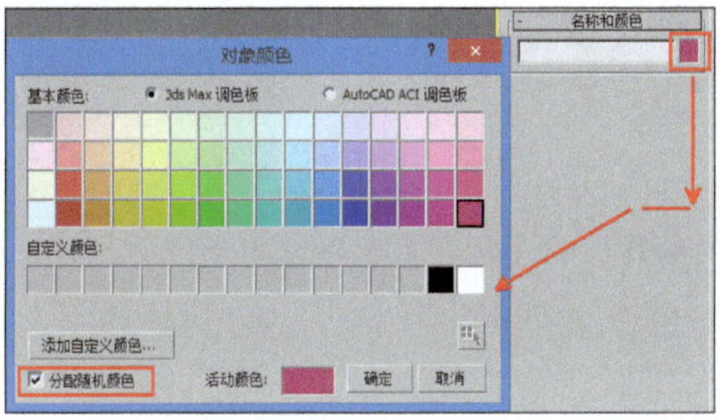

图 3-27

2）依次选择【前视图】、【顶视图】、【左视图】和【透视图】，按 G 键，将背景辅助线框隐藏，如图 3-28 所示。

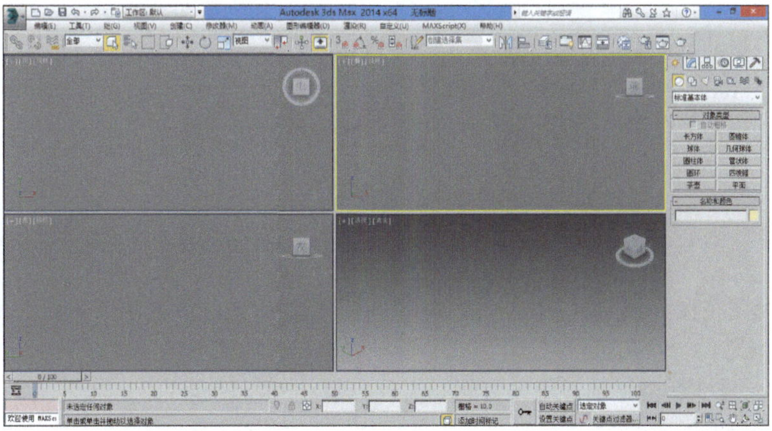

图 3-28

3）在前视图上创建管状体，激活透视图，按 F4 键（实体加线框显示），将它的高度分段数由 5 改为 1，这样模型的面数更少，得到了优化，如图 3-29 所示。

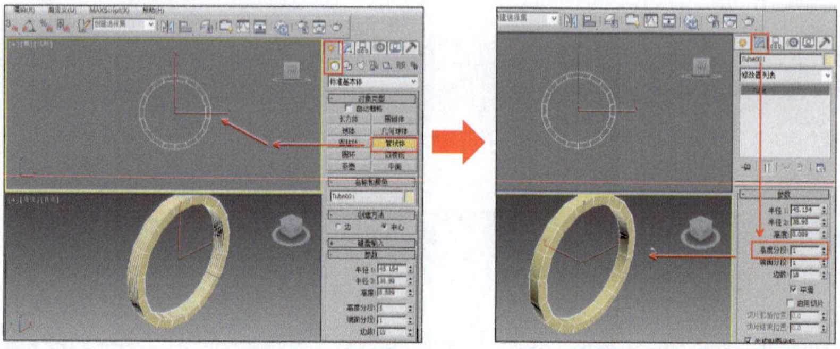

图 3-29

4）在管状体的中间创建圆柱体，同样将其【高度分段数】改为 1 段，如图 3-30 所示。

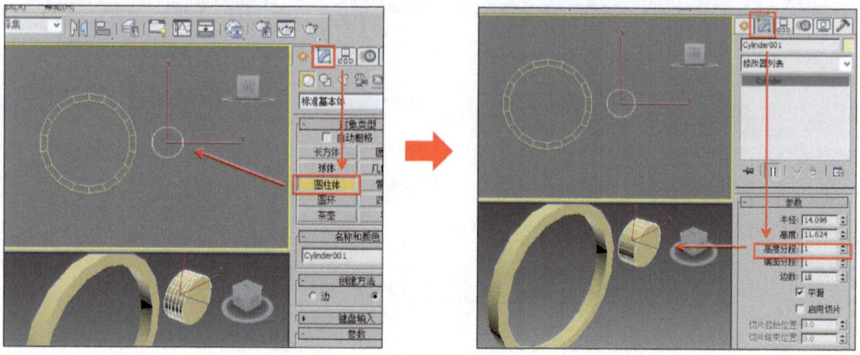

图 3-30

5）选择圆柱体，使用主工具栏的【对齐】工具，单击圆环物体，弹出对齐工具面板，从中勾选 XYZ 轴【中心】到【中心】对齐，如图 3-31 所示。这时圆柱物体对齐到圆环物体上。

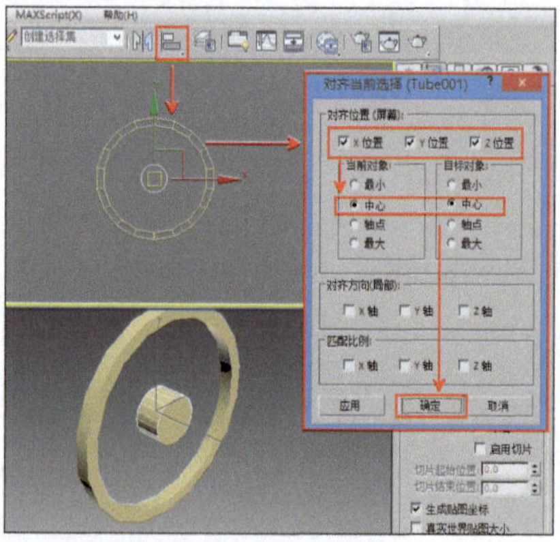

图 3-31

6）在前视图上创建长方体。用长方体来模拟手推车的辐条，使用【对齐】工具将长方体与管状体中心对齐，如图 3-32 所示。

7）打开【角度捕捉】工具，旋转复制长方体，每隔 15° 复制一个，共复制 11 个，复制完成后，手推车的车轮完成，如图 3-33 所示。

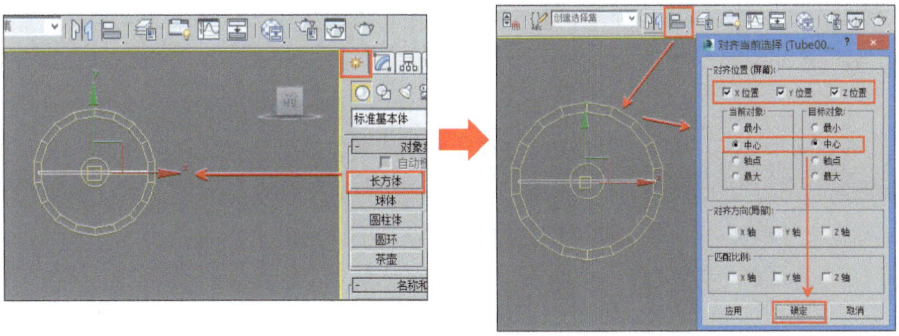

图 3-32

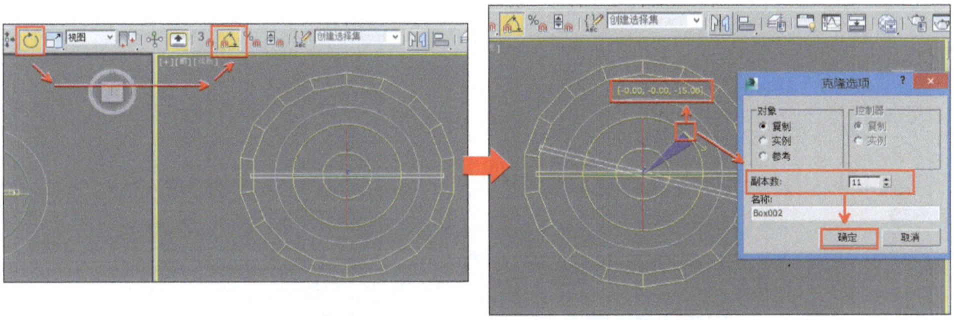

图 3-33

8）完成两个车轮中间的轴，创建圆柱体，对齐管状体中心，如图 3-34 所示。

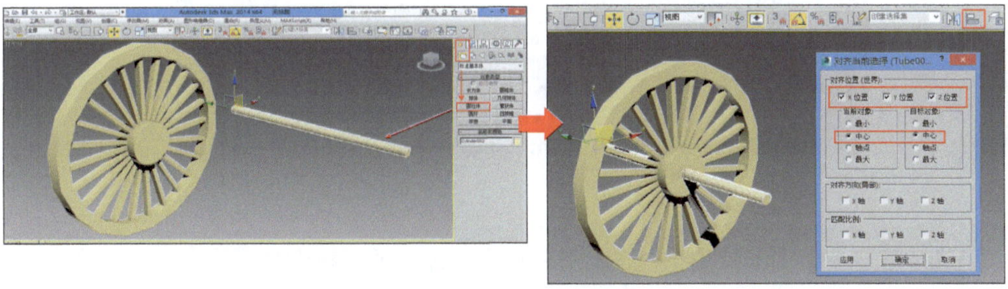

图 3-34

9）在修改面板，调整圆柱的半径和长度，沿 Y 轴移动到合适位置，如图 3-35 所示。

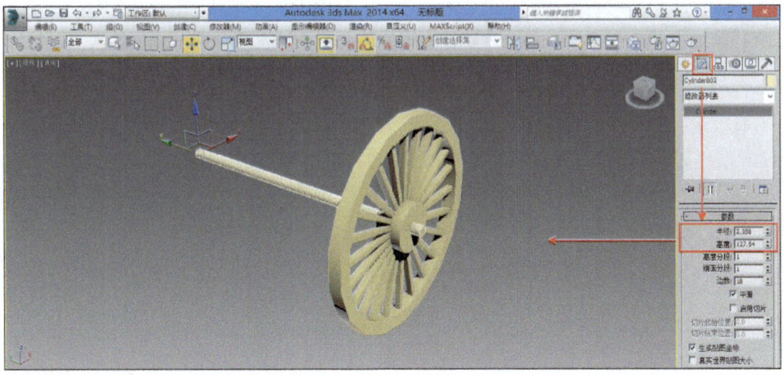

图 3-35

10）使用窗口选择模式，在【顶视图】中框选车轮物体，按住 Shift 键，将车轮沿 Y 轴向上移动复制，手推车车轮完成，如图 3-36 所示。

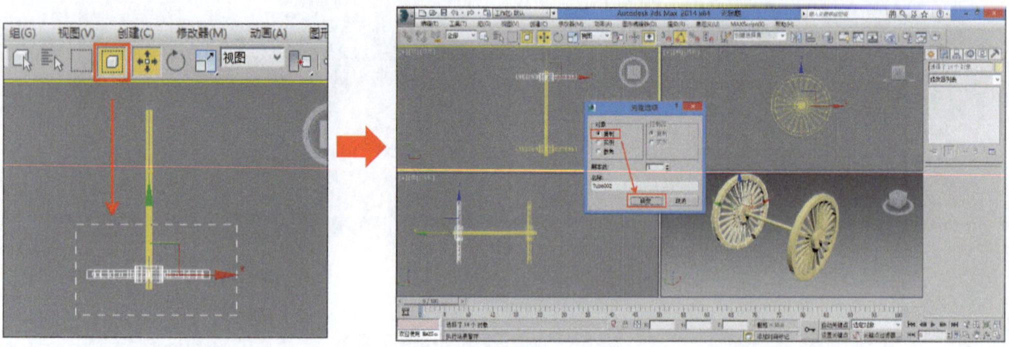

图 3-36

3.4.2 车身模型制作

11）在【顶视图】中创建【长方体】物体，移动装配到车轮上，如图 3-37 所示。

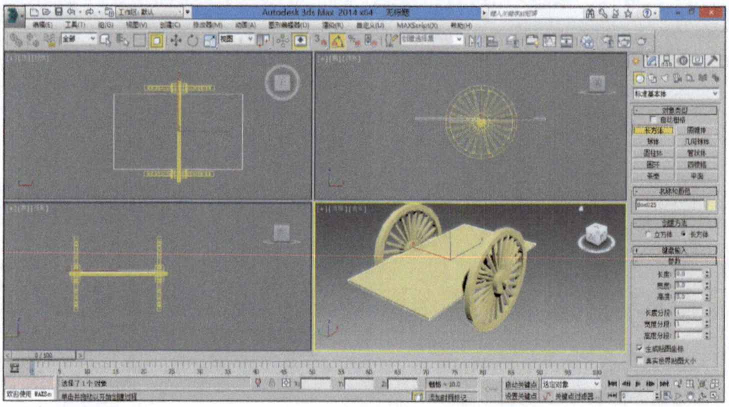

图 3-37

12）在【前视图】中创建【长方体】物体作为栏杆，进入修改面板，调整大小后放入适当位置，如图 3-38 所示。

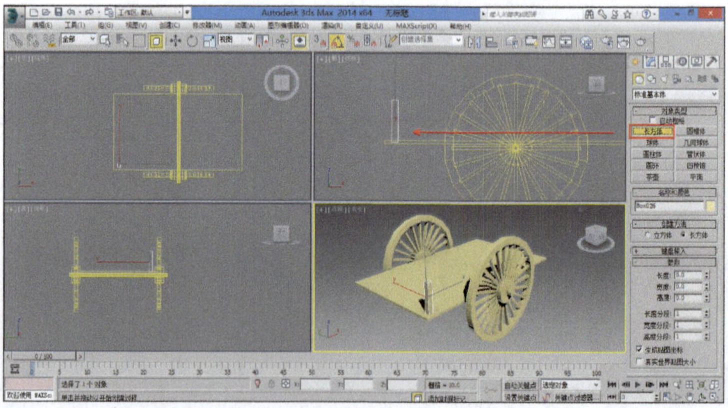

图 3-38

13）按住 Shift 键，沿 X 轴将其水平复制 4 个，完成后在它的顶部创建长方体，如图 3-39 所示。

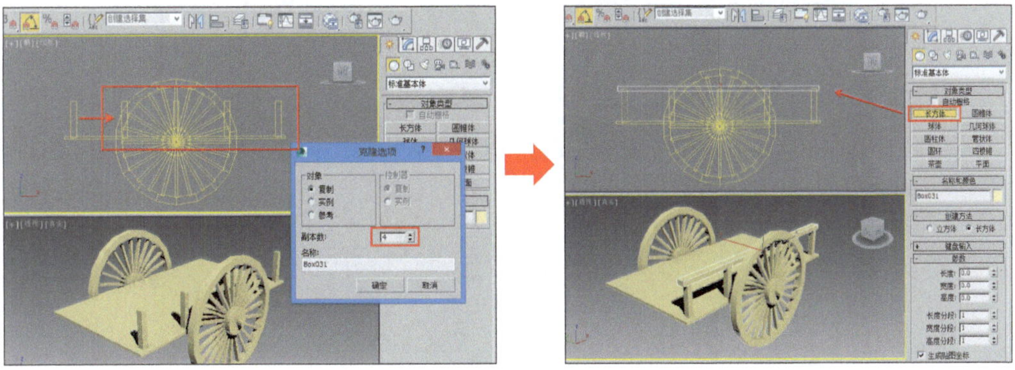

图 3-39

14）在【左视图】中框选栏杆物体，按住 Shift 键，锁定 X 轴向左偏移复制，如图 3-40 所示。

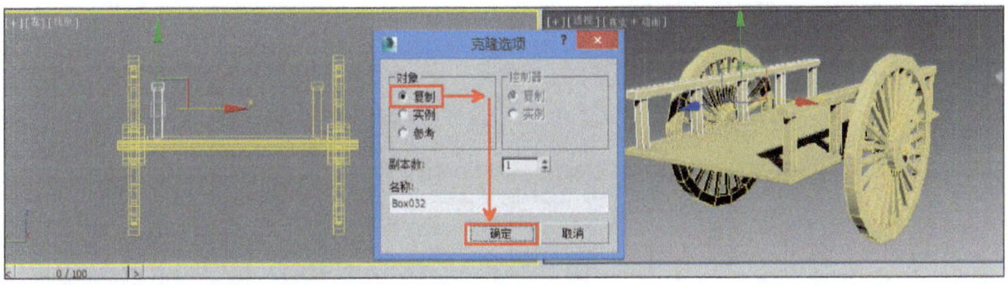

图 3-40

15）在【前视图】中框选栏杆上部物体，将它们向车身前下方移动复制，完成手推车手柄模型，如图 3-41 所示。

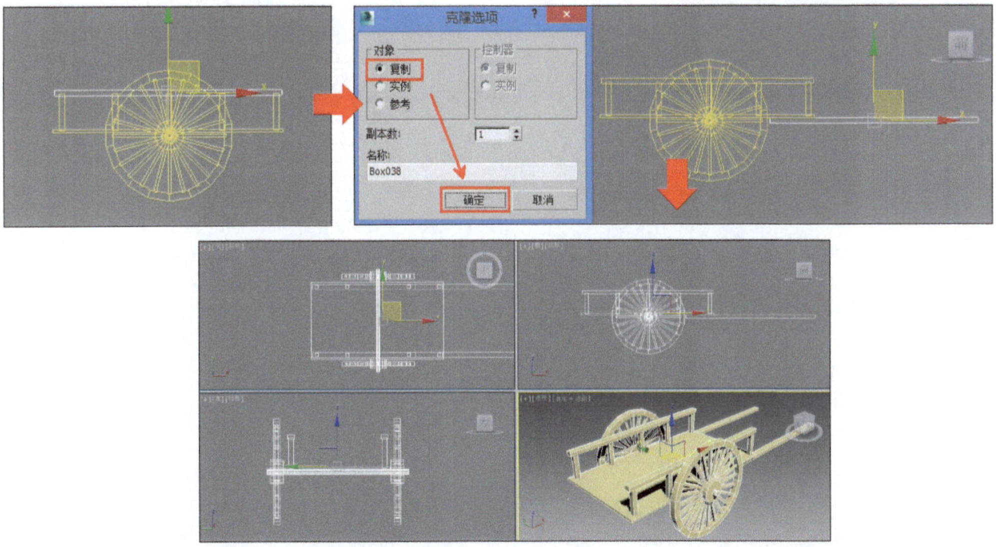

图 3-41

3.4.3　渲染手推车模型

16）创建较大的地面 Box 长方体物体，将其颜色改为淡蓝色，如图 3-42 所示。

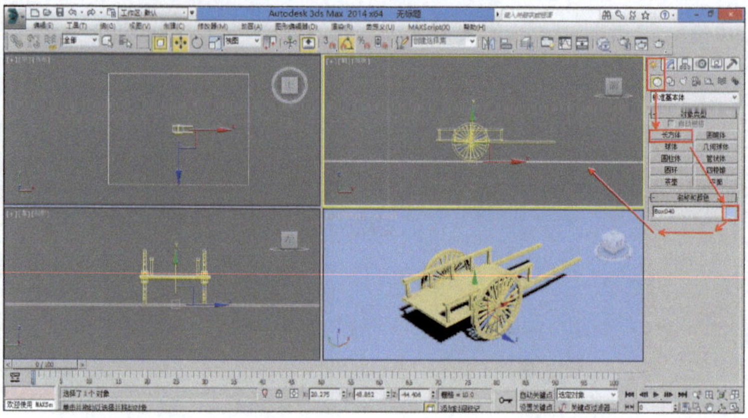

图 3-42

17）创建灯光面板，在【Standard】（标准）灯光中选择【Skylight】（天光），在场景任意位置单击，创建天光物体，如图 3-43 所示。

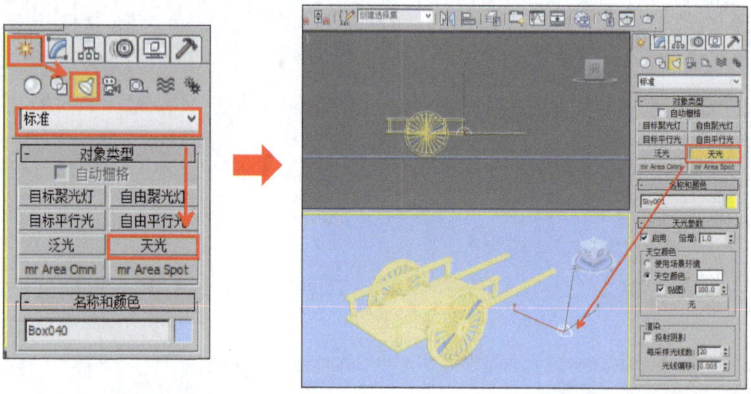

图 3-43

18）单击主工具栏的渲染设置工具，将【高级照明】中的【光跟踪器】勾选，将【渲染器】渲染选项中抗锯齿过滤器类型改为【Catmull-Rom】（准蒙特卡罗类型），如图 3-44 所示。

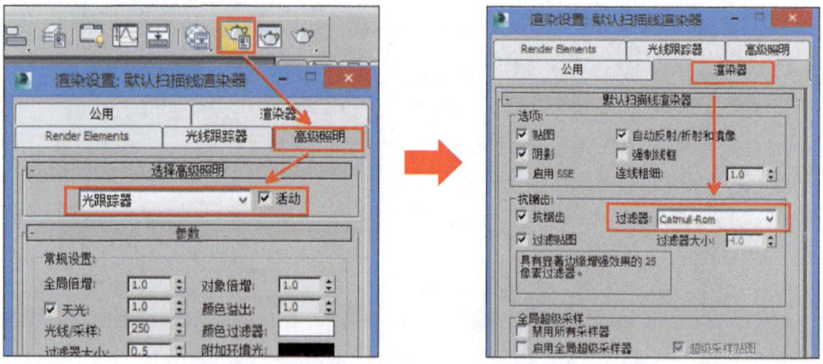

图 3-44

19）单击渲染命令下方的【Render】（渲染）命令，对场景进行渲染，完成后可选择渲染画面左上角的保存命令对渲染的图片进行保存，如图 3-45 所示。

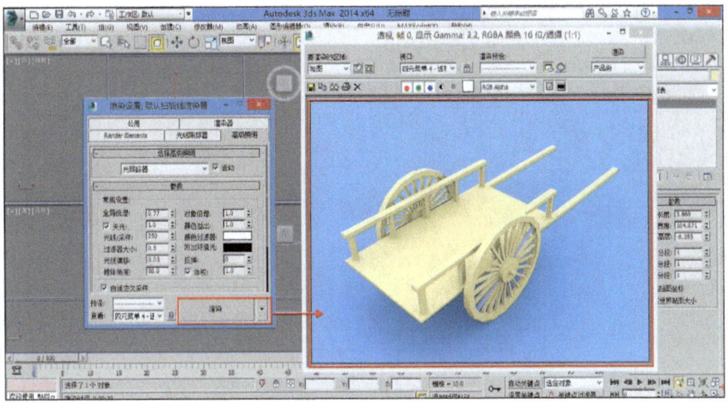

图 3-45

20）使用【长方体】完成地面的砖块物体后，使用主工具栏中的【快速渲染】命令再次对场景进行渲染，如图 3-46 所示。

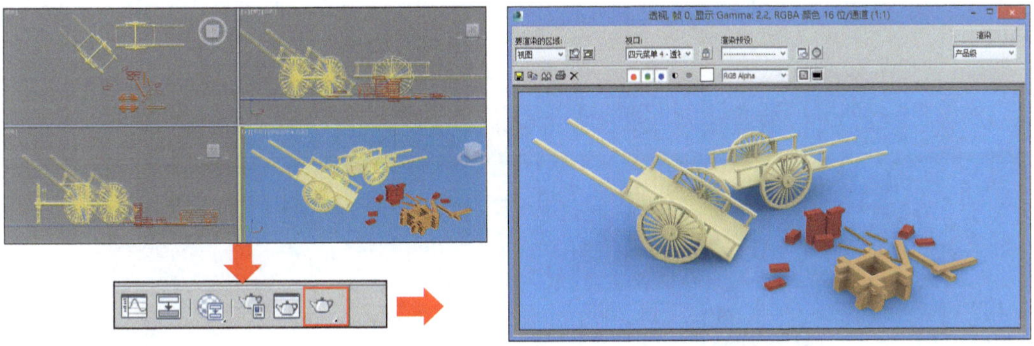

图 3-46

手推车模型知识要点归纳：① 改变物体的线框色，复制物体；② 创建模型时，合理控制物体的面数，优化模型；③ 对齐工具和角度捕捉工具的使用。

3.5 基础建模实例 2——钟表

本节通过基本几何体建模完成钟表模型的制作，如图 3-47 所示，重点要求大家理解对齐工具和改变物体轴心后旋转复制建模的整体思路与方法。

钟表建模过程中，需要解决的问题有 3 个：

① 改变刻度方块的轴心，将刻度方块物体的轴心放置在圆盘物体中心上，这样旋转复制刻度物体时就能实现围绕圆盘物体进行。

② 设置角度捕捉的度数，分钟两个相邻的刻度应该是 6°，而 Max 默认的角度捕捉度数是 5°。

③ 完成表盘上的时间文字模型。

图 3-47

3.5.1 改变物体轴心

1）创建表盘圆盘物体和刻度长方体，使用【对齐】工具将长方体对齐到圆盘的 XYZ 轴的【中心】，如图 3-48 所示。

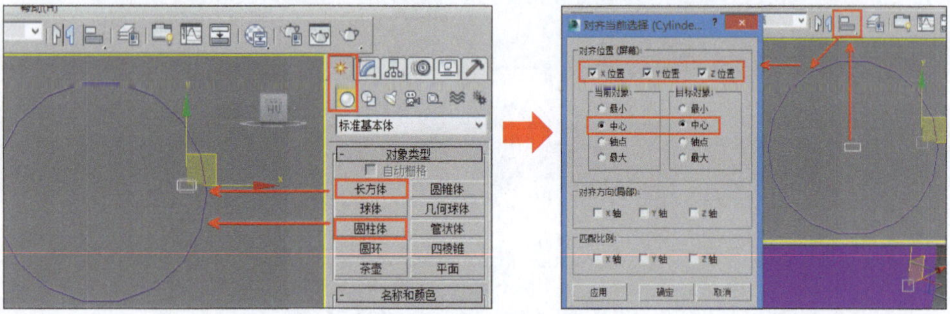

图 3-48

2）进入【层级】命令面板，选择【仅影响对象】命令，在【前视图】上锁定 X 轴向右平移物体到表盘边缘，关闭【仅影响对象】命令，使用【旋转】工具，打开【角度捕捉】命令，就可以以圆盘物体中心为轴心旋转复制刻度物体了。间隔 90° 复制，复制 3 个，共 4 个大时间刻度，如图 3-49 所示。

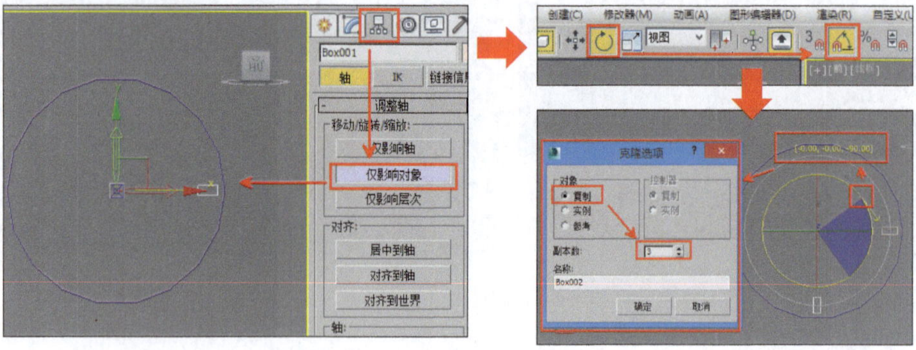

图 3-49

3）创建长方体作为小时的刻度，使用对齐工具将它对齐到表盘中，如图 3-50 所示。

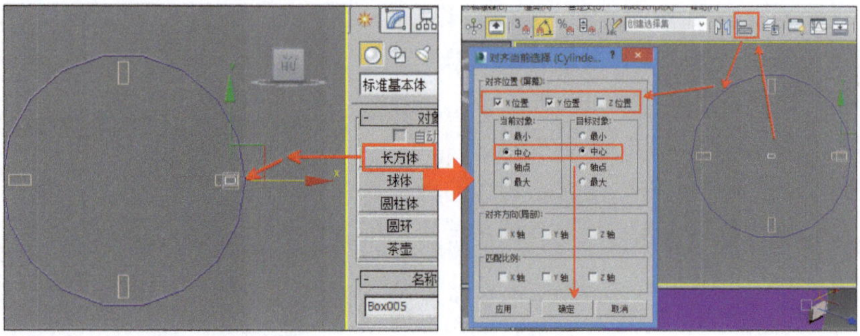

图 3-50

4）进入【层级】命令面板，选择【仅影响对象】命令，在【前视图】上锁定 X 轴向右平移物体到表盘边缘，关闭【仅影响对象】命令。使用【旋转】工具，选择【角度捕捉】命令，按间隔 30° 复制物体，共复制 11 个，加上原有的 1 个，正好是 12 个小时刻度，如图 3-51 所示。

表盘基本刻度模型完成，如图 3-52 所示。

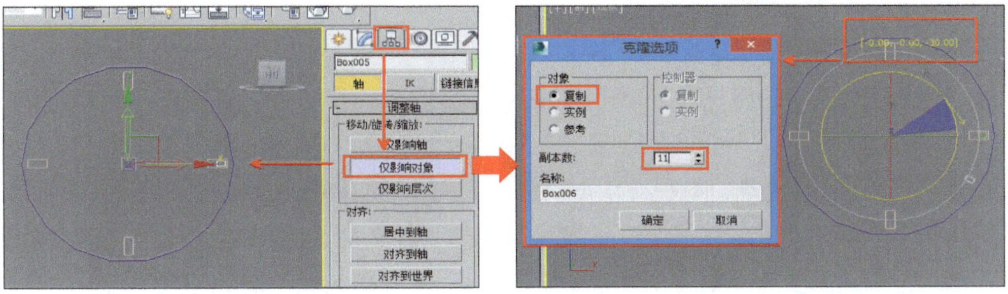

图 3-51

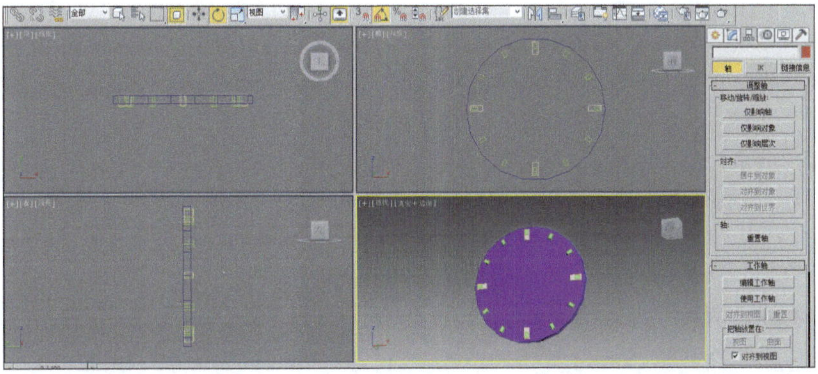

图 3-52

6）接下来制作表盘的秒钟刻度，秒钟刻度共有 60 个，按照 360° 圆盘旋转散开，每个刻度间隔是 6°。

3.5.2　设置角度捕捉度数

7）右键单击角度捕捉工具，弹出设置面板，将【角度】的数值改为所需要捕捉的角度，默认值为 5°，在制作模型时可根据要求修改角度捕捉的刻度数值，如图 3-53 所示。

8）创建球体作为秒钟刻度物体，由于默认球体段数过多，可以进入修改面板减少球体的段数，优化球体模型，使用同样的方法将球体对齐到表盘中心，如图 3-54 所示。

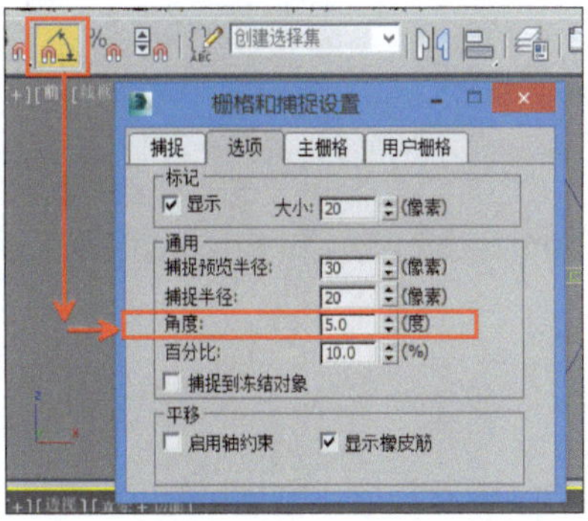

图 3-53

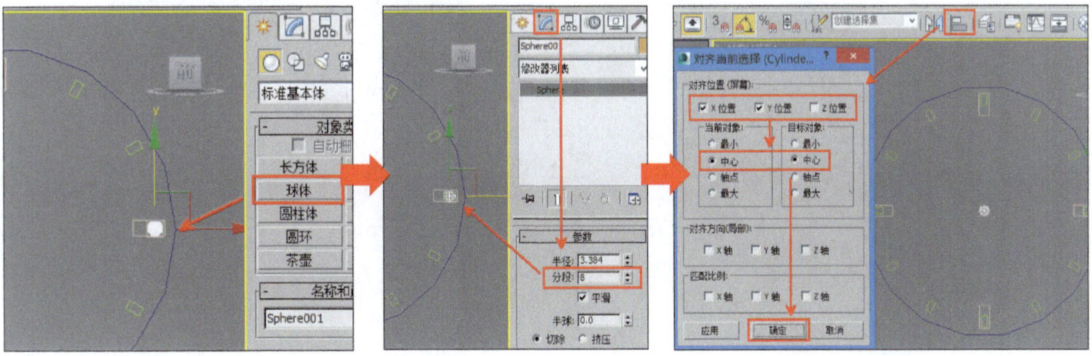

图 3-54

9）在层级面板使用同样的方法将物体移动出来，轴心保留在圆盘中心，右键单击主工具栏中的角度捕捉命令，设置捕捉角度为 6°，如图 3-55 所示。

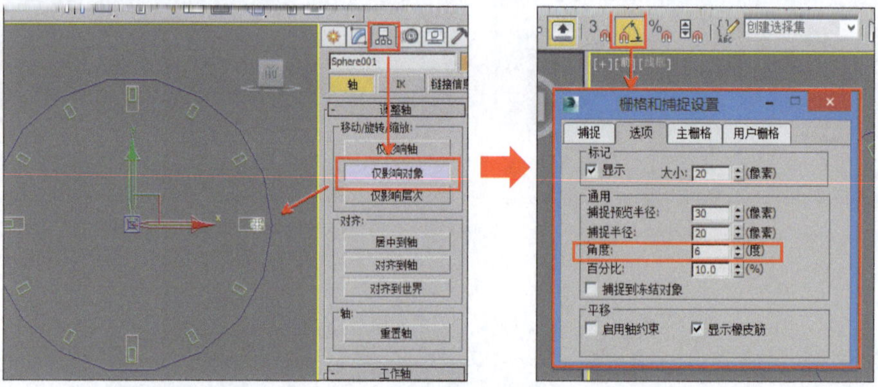

图 3-55

10）旋转 6° 复制圆球物体，在复制参数中可选择【关联】复制，共复制 59 个。这样只需要修改一个球体大小，其他 59 个球体都会跟着改变大小，如图 3-56 所示。

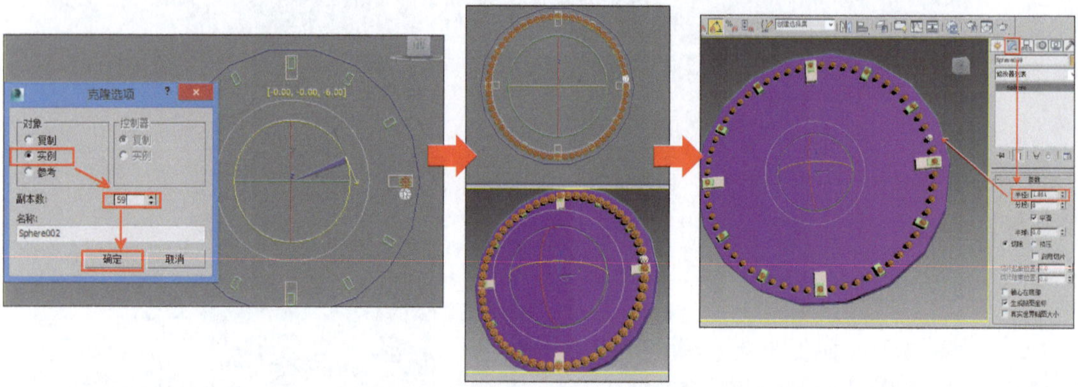

图 3-56

3.5.3　表盘上指针与文字模型

11）使用长方体物体制作时间指针，注意区分大小长短，用同样的方法将它们轴心放在圆盘中心，旋转调整时针、分针、秒针位置，如图 3-57 所示。

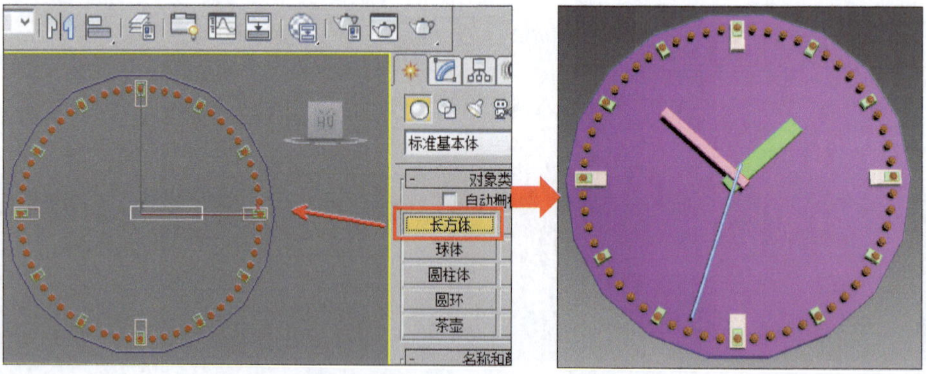

图 3-57

12）在命令面板中创建二维形体，使用【文本】命令在【前视图】上创建文本；进入修改命令面板，将文字字体改为【Arial Black】字体，文字内容输入需要的内容（中文文字也可以），适当调节文字的【大小】和位置，如图 3-58 所示。

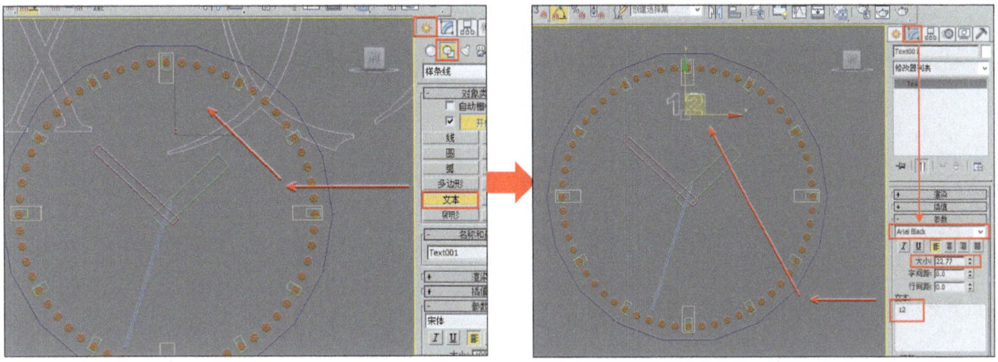

图 3-58

13）勾选【渲染】参数中的【在渲染中启用】和【在视口中启用】，修改【厚度】粗细值为适当粗细，表盘文字完成，如图 3-59 所示。这种方法是将二维物体变为实体进行渲染的常用方法。

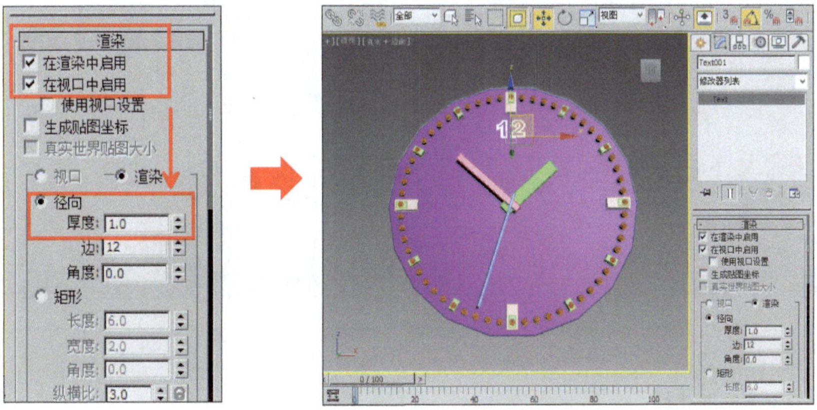

图 3-59

14）移动复制时间数值，进入修改面板修改为 3 点、6 点、9 点，钟表模型完成，如图 3-60 所示。

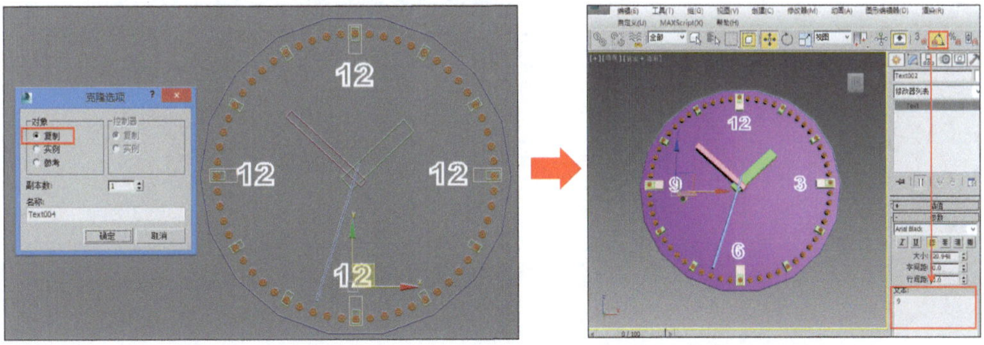

图 3-60

钟表模型制作主要学习物体轴心位置调整、对齐工具和角度捕捉设置的操作方法，这些命令是以后制作其他模型的常用工具。

本章小结

理解并掌握3ds Max的建模方法是熟练运用三维软件必不可少的条件。本章讲述了3ds Max建模的思路与主要方法，学习了基础建模知识，完成了手推车和钟表模型的制作。

习题3

1. 3ds Max建模方法有哪些？有什么特点？
2. 如何设置角度捕捉？
3. 如何改变物体轴心点的位置？
4. 完成手推车和钟表模型。
5. 如何让二维曲线能够被渲染？
6. 熟练掌握手推车与钟表模型后，根据图3-61提供的原画完成三维模型。

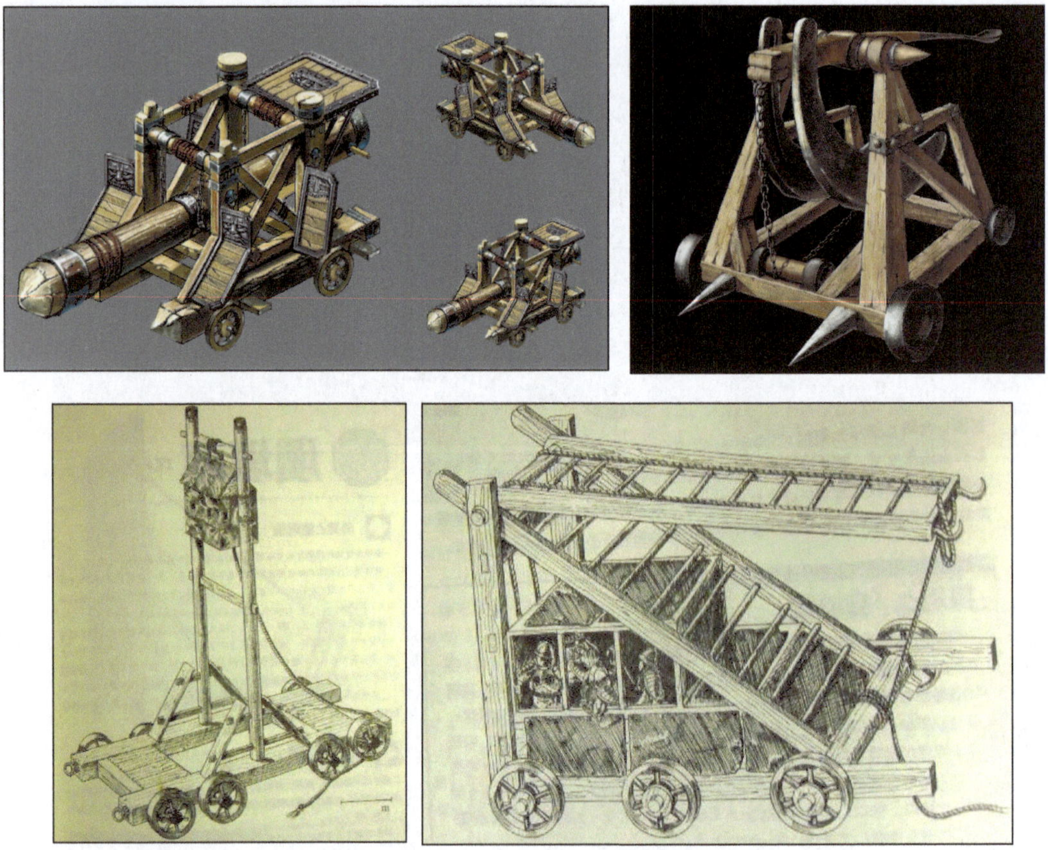

图3-61

第4章

3ds Max 初级建模——修改建模

本章重点：

① 修改二维几何体和修改三维几何体工具。

② 修改建模方法完成简单模型的制作。

学习目的：

了解常用的修改建模工具，包括二维几何体和三维几何体，能够灵活运用完成一些简单模型的制作，并掌握修改建模的整体思路。

4.1 修改建模综述

三维软件在程序的设计过程中，一般会提供一些基础模型物体，包括二维或三维基本体。但是这些基本体无法满足模型世界千变万化的要求，所以修改建模孕育而生。其实质是在基本体的基础上进行修改，让它产生更多的不规则形体。

下面介绍修改命令面板的 5 个常用工具，如图 4-1 所示。

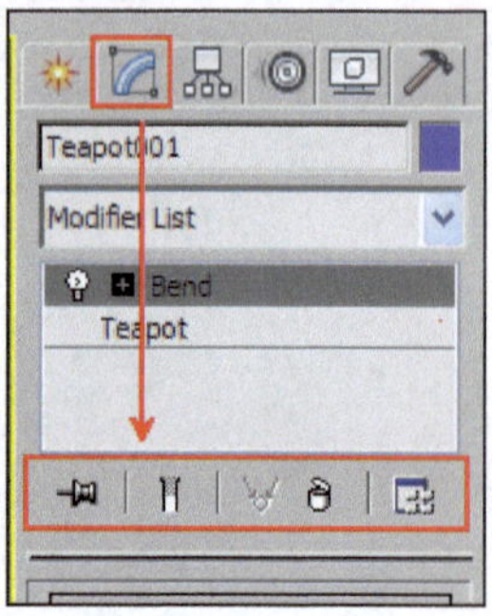

图 4-1

锁定堆栈工具：按下后，修改面板下方的参数是按下时的物体参数，不会根据场景选择物体的变化而刷新。

显示最终结果工具：不管添加多少修改器，无论进入哪个修改器层级，按下后，显示最终结果，视图中的物体都会显示修改堆栈的最终结果。

使唯一命令：选择复制时，是使用关联或参考的物体后才能使用的命令，可以将选择物体的关联或参考解除。

删除修改器工具：将选择的修改器删除。

显示修改器图标工具：编辑和显示常用的修改器图标，修改器图标内容数量可自定义。

4.2 修改二维几何体

4.2.1 编辑样条线修改器 Edit Spline

3ds Max 默认样条线的种类很少，编辑样条线修改器可以在原有样条线的基础上，通过修改，可以得到任何形状的二维曲线，为创建三维模型做好基础。

编辑样条线学习的最终要求就是能够编辑出任何形状的二维曲线。

【编辑样条线】修改器的进入方式有两种。第一种可以在选择二维曲线物体的情况下，进入修改命令列表，找到【编辑样条线】命令（如图 4-2 所示）。所有二维物体中只有【直线】可以不用添加编辑样条线，因为它在修改面板没有长宽、半径之类的修改参数。

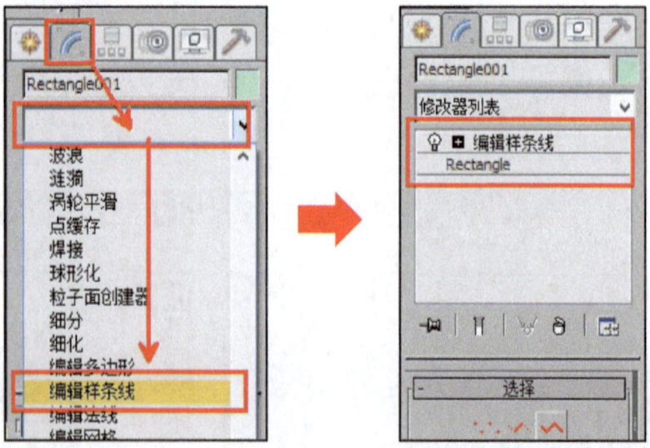

图 4-2

第二种是在选择二维曲线物体的情况下，直接在物体上单击右键，在弹出的快捷菜单中选择【转换为可编辑样条线】，如图 4-3 所示。

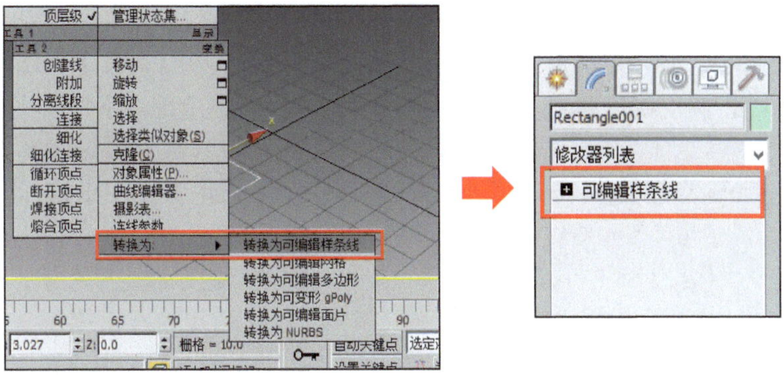

图 4-3

注　意

两种进入方式只有第一种可以保留原始物体的创建参数信息，第二种方式会把二维物体的参数塌陷到【编辑样条线】(Editable Spline) 命令中。【编辑样条线】和【可编辑样条线】功能上是完全相同的，只是二维物体转换进入命令的方法不同。

【编辑样条线】有 3 个子物体级别，分别是【顶点】、【线段】、【样条线】级别。修改二维物体的时候可以进入子物体级别进行细微修改。进入【顶点】、【线段】、【样条线】子物体级别有 3 种方法。

① 快捷键进入。选择【编辑样条线】后，键盘数字键 1、2、3 分别对应顶点、边、样条线子物体级别，再按一次快捷键，能够退出子物体级别。

② 单击【编辑样条线】修改器前端的⊞，展开【顶点】、【线段】、【样条线】级别，如图 4-4 所示。

③ 单击【修改器列表】中的【顶点】、【线段】、【样条线】，可以进入相应级别，再次单击则退出，如图 4-4 所示。

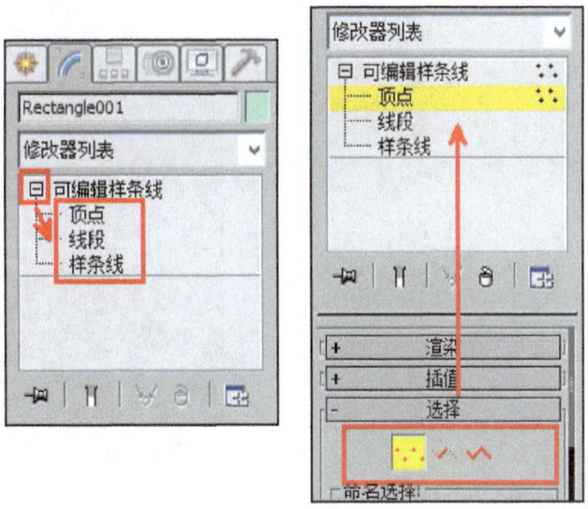

图 4-4

【编辑样条线】修改器的工具很多，面板很长，我们可以在命令面板中上下拖曳鼠标指针来查看更多的修改信息。在【编辑样条线】修改器中，常用的命令有【附加】、【附加多个】、【分离】、【优化】、【插入】、【焊接】、【断开】、【圆角】、【切角】、【轮廓】、【布尔】。

【附加】：将两个二维物体附加为一个二维物体。与【群组】命令不同，【附加】是将物体的坐标等初始属性结合为一个物体。

【附加多个】：用于结合多个二维物体，单击后跳出附加多个物体名称窗口，能够一次性选择多个物体，附加为一个物体。

【分离】：在样条线子物体级别中选择需要分离的样条线，使用【分离】命令将选择的样条线分离为一个单独的二维曲线物体。其功能正好与【附加】相反。

【优化】：在两个顶点之间插入新的顶点。在画好二维直线后，发现有位置缺少顶点，可以使用该命令增加顶点。需要在顶点子物体级别中使用，子物体级别不对时显示灰色。

【插入】：与【优化】命令的功能基本相同，能在两个顶点间增加顶点，不同的是，可修改新增的顶点位置。需要在顶点子物体级别中使用，子物体级别错误时显示为灰色。

【焊接】：将两个分开的顶点焊接为一个顶点。如果一条蜿蜒直线的两端没有闭合，可以将两端顶点移动重合到一起，在顶点级别中选择两个重合的顶点，选择【焊接】命令，可以将两个顶点焊接为一个顶点，实现线段闭合。需要在顶点子物体级别中使用，子物体级别错误时显示为灰色。

【断开】：与【焊接】命令相反，将一个顶点断开为两个顶点，常用于将封闭线段断开。需要在顶点子物体级别中使用，子物体级别错误时显示为灰色。

【圆角】：在顶点子物体级别中使用圆角命令选择顶点，拖动鼠标，能将单个顶点变为圆角形状，如图 4-5 所示。

【切角】：在顶点子物体级别中使用切角命令选择顶点，拖动鼠标，能将单个顶点变为切角形状，如图 4-5 所示。

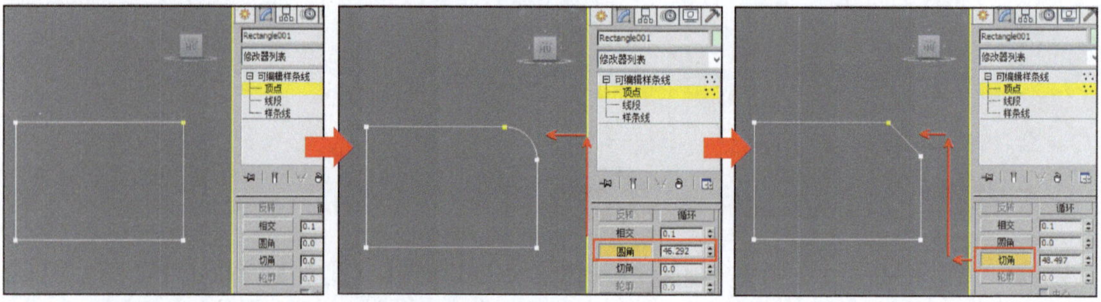

图 4-5

【轮廓】：在样条线级别中将一条向内或向外进行轮廓复制，形成双线，如图 4-6 所示。

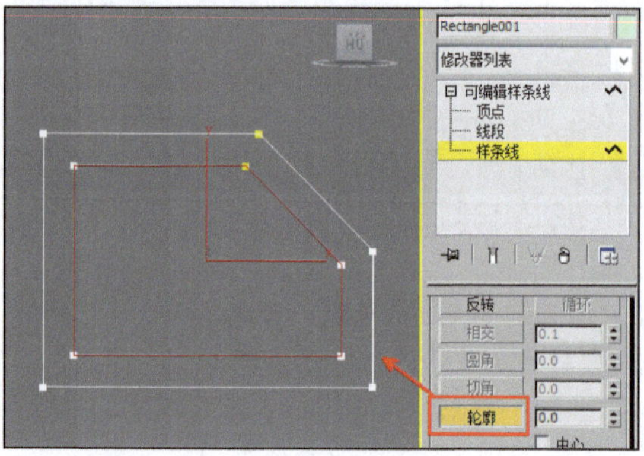

图 4-6

【布尔】：在一个物体中，如果有两条封闭的样条线子物体相交，我们可以对它们进行相加、相减、相交布尔运算。布尔运算操作流程为：在样条线子物体级别中选择一条相交样条线→选择布尔运算方式（相加、相减、相交）→选择布尔工具，再选择另外一条样条线，布尔运算完成，如图 4-7 所示。布尔运算相加、相减、相交的结果如图 4-8 所示。

下面通过两个实例来学习编辑样条线 Edit Spline 的使用方法。

实例一：完成早期中国中央电视台标志。

1）查看需要制作标志的图片像素信息。将鼠标停留在标志图片上方（或在图片上单击右键，选择其中的【详细信息】），Windows 系统将显示图片的分辨率（长宽）信息，如图 4-9 所示。该图片的宽度为 485 像素，高度为 509 像素，用图片的长宽信息来制作模型参考背景图，可以保证制作标志的正确比例。

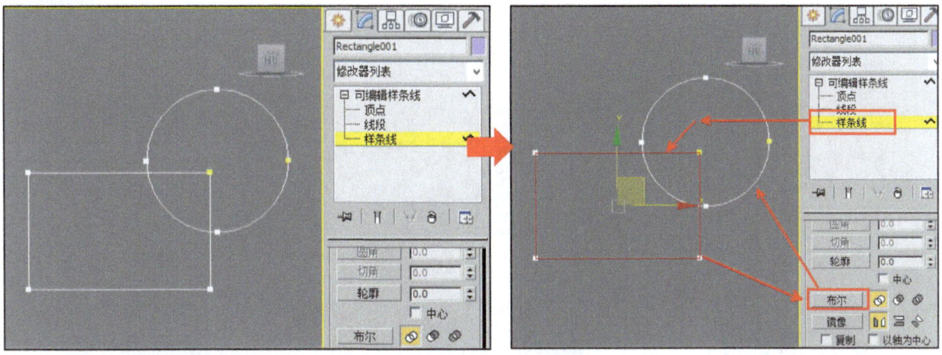

图 4-7

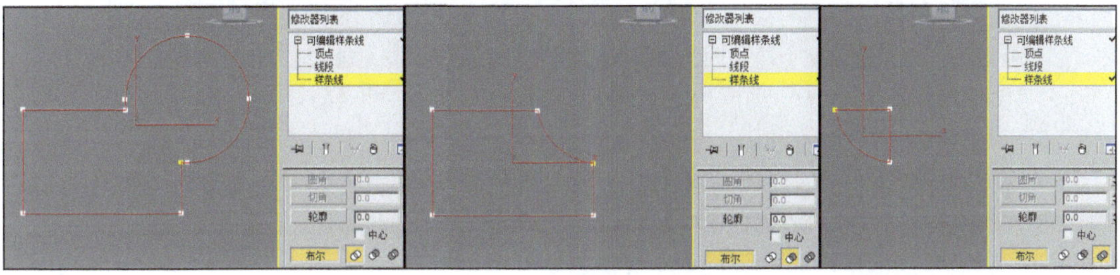

图 4-8

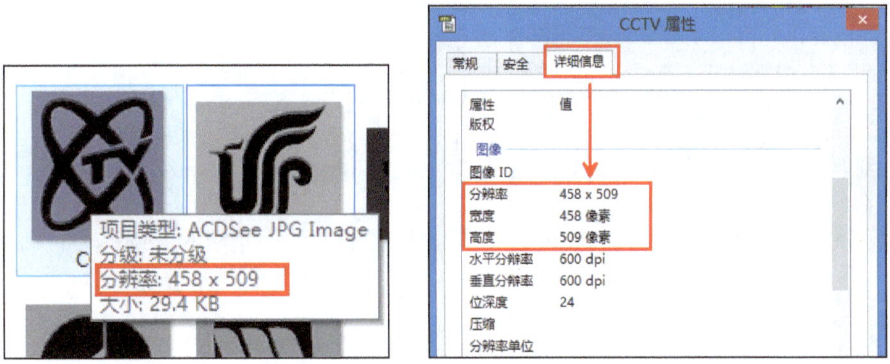

图 4-9

2）运行 3ds Max 2014，分别激活 4 个视图窗口，按 G 键，将背景线框隐藏；在【标准基本体】中选择【平面】，在前视图中单击鼠标左键，拖曳创建平面物体，如图 4-10 所示。

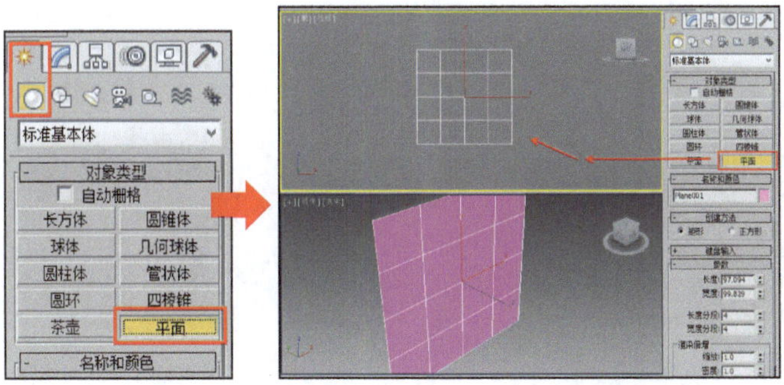

图 4-10

3）进入修改面板，将平面物体的长度改为 509，宽度为 458（如果原始图片像素太大，可以同时将长宽缩小 10 倍或 100 倍，如 50.9 和 45.8）。单击右下方的【所有视图最大化显示物体】命令，让平面物体全部显示出来，如图 4-11 所示。

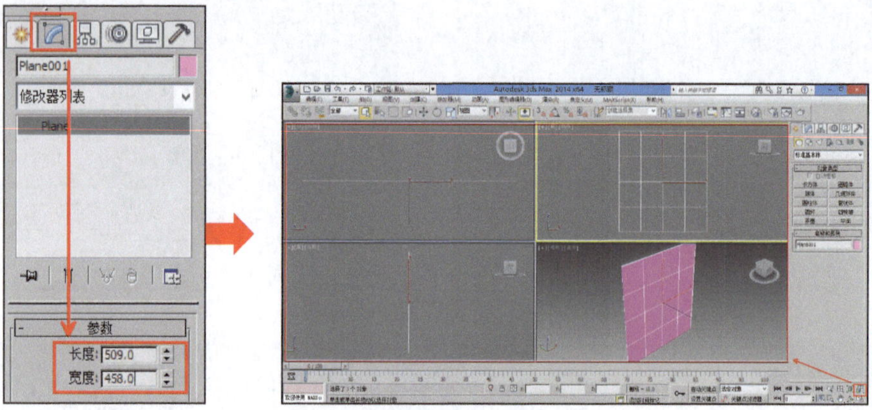

图 4-11

4）选择主工具栏的【材质编辑器】命令，打开材质编辑器面板，选择平面物体，激活第一个材质球，再选择【将材质指定给选定对象】命令，将材质赋予平面物体，如图 4-12 所示。

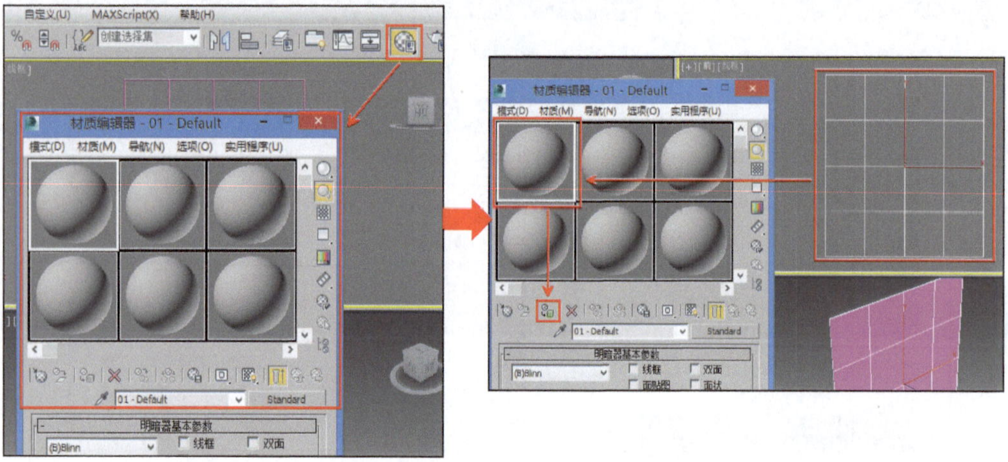

图 4-12

5）单击漫反射后方的贴图按钮，在弹出的贴图选项中选择位图，将 CCTV 图片指定给位图，如图 4-13 所示。

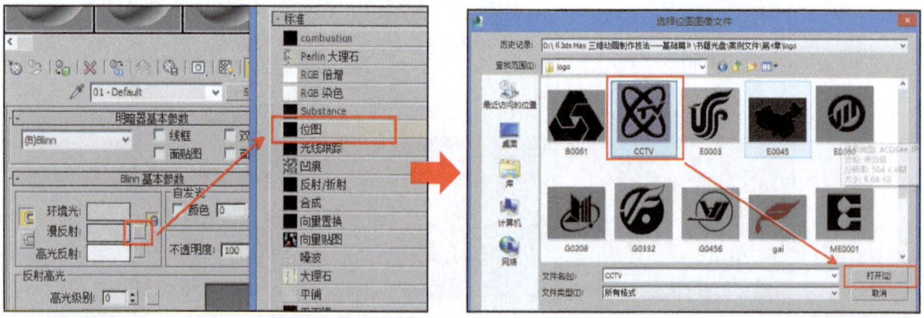

图 4-13

6）单击材质编辑器中显示贴图命令，透视图中的贴图显示正确；激活前视图，按 F3 键，将前视图由线框显示改为实体显示模式；关闭材质编辑器，为场景加载参考背景图完成，如图 4-14 所示。

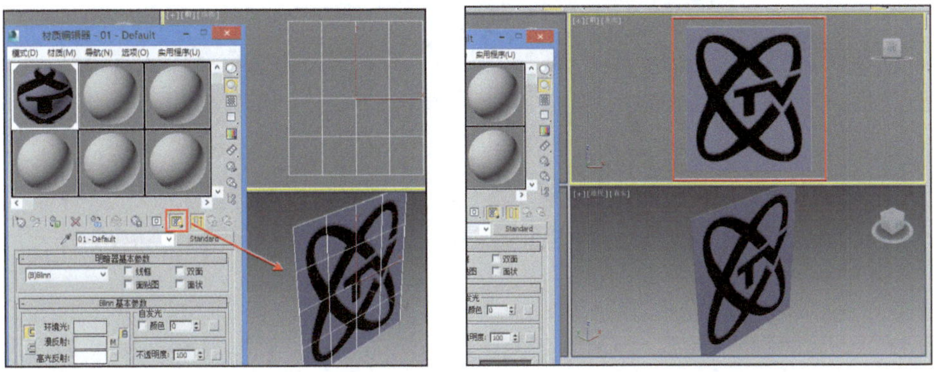

图 4-14

注　意

由于 3ds Max 2014 透视图中新增 2D 平移缩放模式，取消了 Alt+B 加载背景参考图中的 Lock Zoom/Pan 锁定缩放和平移功能，所以我们需要用给平面物体上贴上参考图片的方法加载正确比例的参考图。

7）在命令面板上选择创建二维直线命令，在【前视图】上用直线画出标志的大体轮廓，尽量将顶点画在转折较大的关键点上，顶点的数量越精简越好。完成后去除 Start New Shape（开始新图形）的勾选，继续用直线绘制完成内部的两个三角形和 TV 字样标志图形。因为没有勾选 Start New Shape（开始新图形），后面画出的图形和最早画出的标志轮廓还是一个物体，如图 4-15 所示。

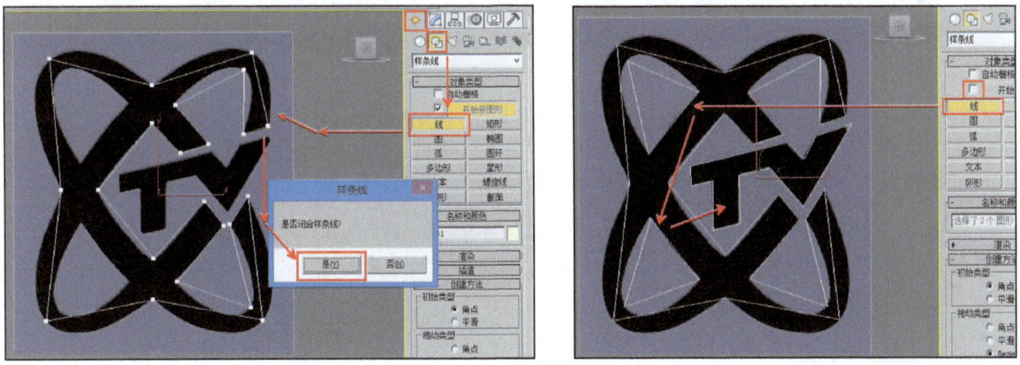

图 4-15

完成后进入修改面板，对画出的形状进行修改。进入顶点修改级别，按数字键 1 或单击顶点图标，在【前视图】中选择所有的顶点并单击右键，在弹出的菜单中选择【Besizer 角点】，对顶点的属性进行调整，如图 4-16 所示。

8）使用主工具栏中的【选择并移动】命令移动顶点两侧的绿色手柄，对顶点的曲率进行调整，使其与背景标志参考图相同，标志中间“TV”的“V”拐角可用顶点级别的【圆角】命令完成，如图 4-17 所示。

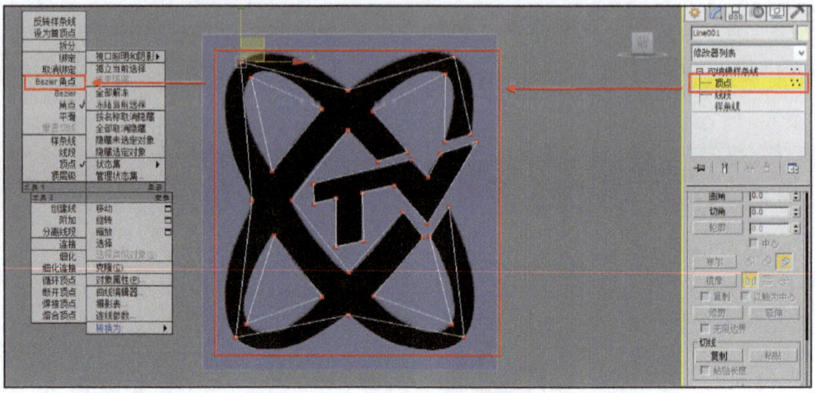

图 4-16

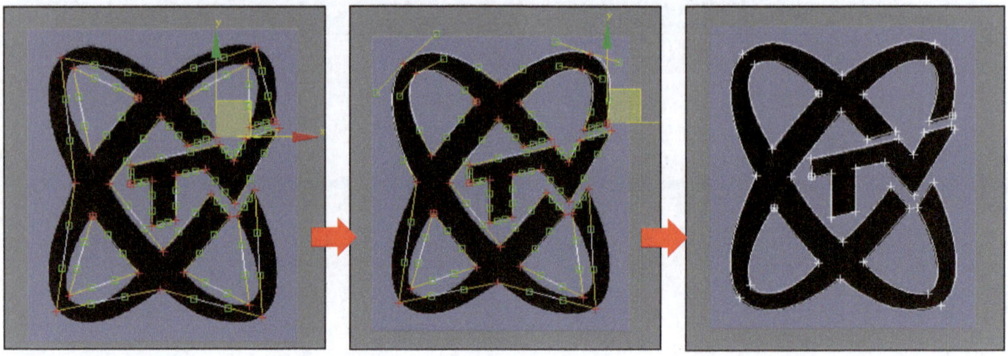

图 4-17

注　意

这里能够看出，前期画直线的时候，使用的直线越精简，调整就越快捷。

9）外形调整完成后，在修改面板的修改堆栈中选择【挤出】命令，调整挤出的【数量】参数，将其挤压成三维形体，如图 4-18 所示。

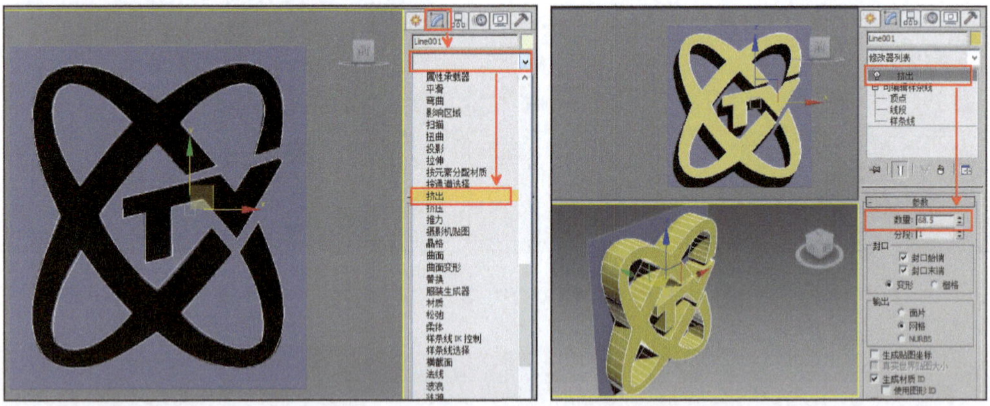

图 4-18

10）选择标志后面的平面参考物体，按 Delete 键将其删除，调整透视图视角，电视台标志制作完成，如图 4-19 所示。

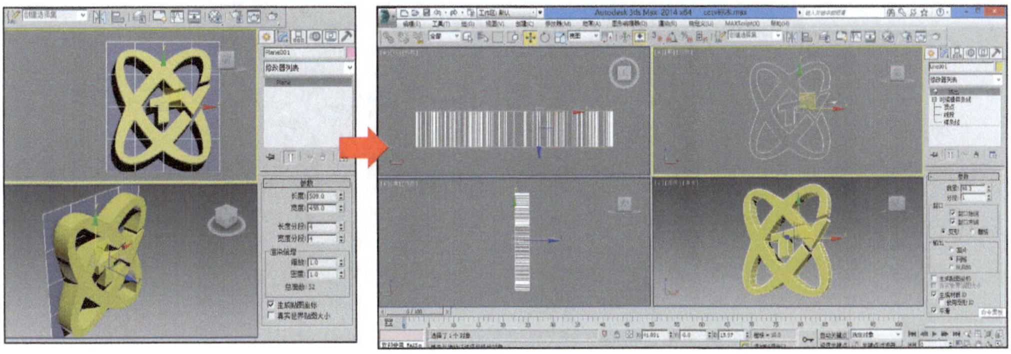

图 4-19

实例二：完成凤凰航空标志。

1）查看标志参考图长宽像素信息，在【前视图】创建平面物体，将平面物体长宽数值修改为凤凰标志长宽数值，打开材质编辑器，将材质赋予平面物体，在漫反射贴图通道贴入位图，勾选显示贴图命令，按 F3 键，将【前视图】调整为实体显示模式，背景参考图制作完成，如图 4-20 所示。

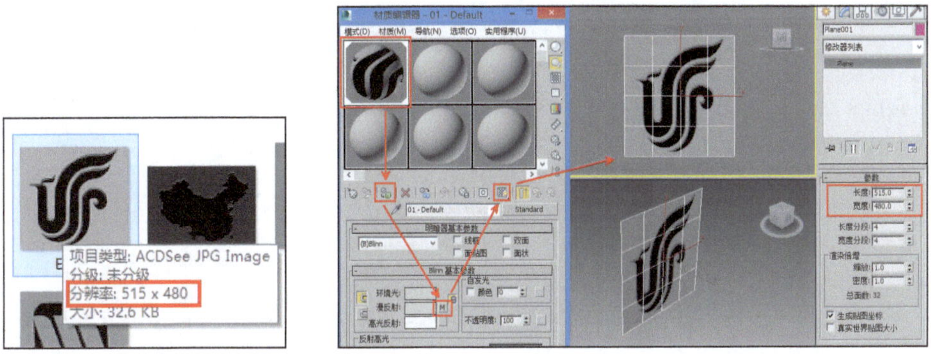

图 4-20

2）使用创建二维【直线】工具画出标志关键点，画第二段曲线的时候要去除【开始新图形】的勾选；进入修改面板，进入顶点级别，选择所有的顶点后单击右键，在弹出的菜单中选择【Besizer 角点】，如图 4-21 所示。

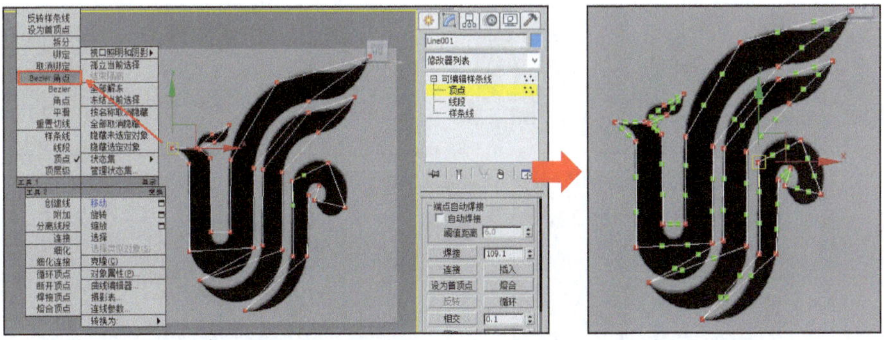

图 4-21

3）调整【Besizer 角点】的手柄，使曲率与标志形体相同，如图 4-22 所示。

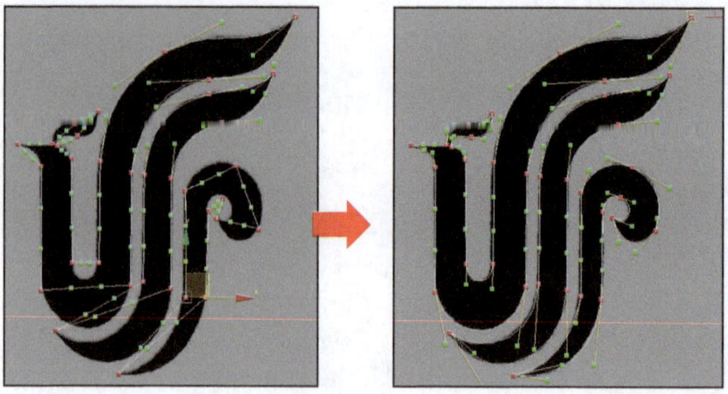

图 4-22

4）顶点曲线调整完成后，在修改器列表中选择【挤出】命令对二维图形进行挤出，设置挤出数值（控制标志挤出的厚度），删除参考物体，调整透视图视角，凤凰标志就完成了，如图 4-23 所示。

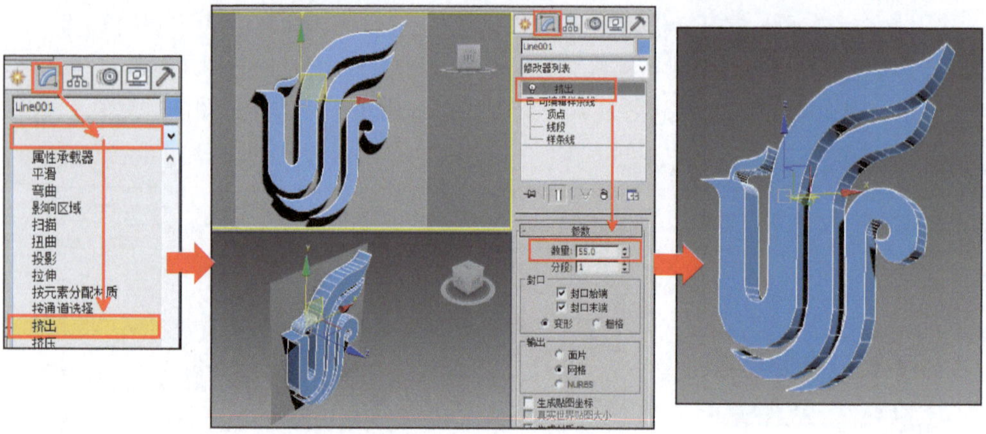

图 4-23

参照前面实例的学习，我们可以使用编辑样条线修改器画出工作中需要的任何形状的二维图形，如图 4-24 所示。

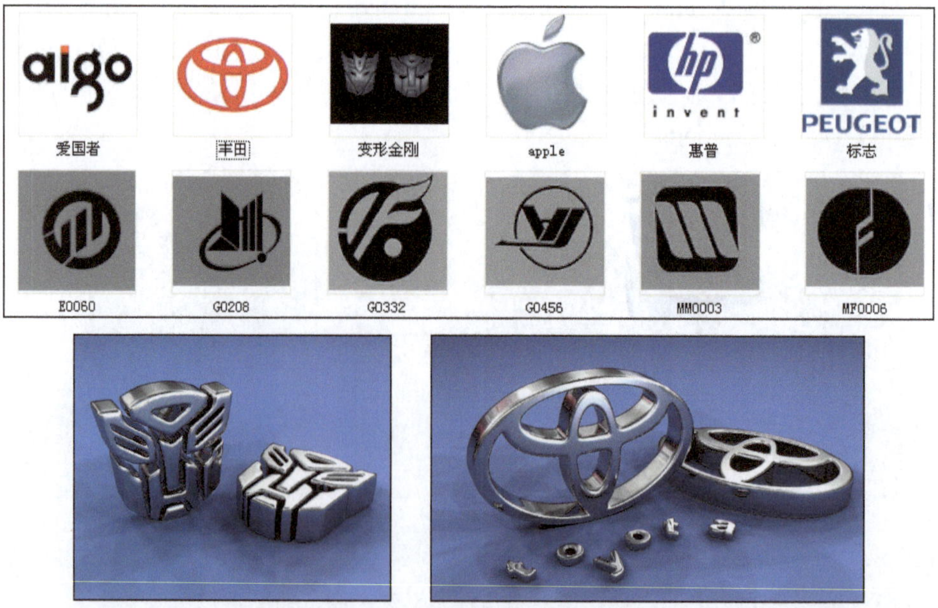

图 4-24

4.2.2 挤出成型

所有二维物体在造型制作完成后，它还没有成为真正的三维物体，在默认情况下是不能被渲染的，所以要求将二维图形先转化为三维物体，二维图形向三维物体转化的工具有【挤出】、【车削】、【倒角】等，其中最重要的就是【挤出】成型。

挤出成型的操作方法比较简单，其操作流程是：首先创建好需要挤出的二维图形，然后选择二维图形，进入修改面板的修改器列表，选择挤出命令，调整【挤出】数值，挤出操作完成。

【挤出】的常用参数有【数量】（控制挤出数量）、【分段】（挤出高度上的网格分段数），如图 4-25 所示。

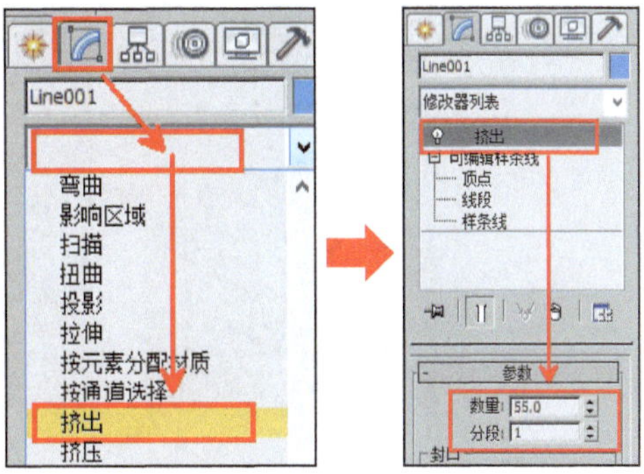

图 4-25

4.2.3 车削成型

【车削】也是一种将二维图形转变为三维物体的重要工具，主要针对有固定旋转轴的三维物体，如酒杯、酒瓶、碗、花瓶等。

车削的操作流程是：首先使用二维曲线工具完成物体的旋转横截面，然后使用修改面板的修改器列表的【车削】修改工具，调整正确的旋转轴，车削成型完成。

下面通过车削完成酒杯模型实例，学习车削的工作流程。

1）构思需要完成的酒杯的截面形状，可以找一些酒杯的侧面轮廓图作为参考，如图 4-26 所示。

图 4-26

2）在【前视图】中创建【直线】，直线封闭时，弹出是否封闭直线窗口，单击【确定】按钮，将其封闭；进入修改面板，在【顶点】子物体级别中选择酒杯侧面顶点（注意不要选择旋转轴上的两个顶点），单击右键，在快捷菜单中将顶点属性改为【平滑】顶点类型，如图 4-27 所示。

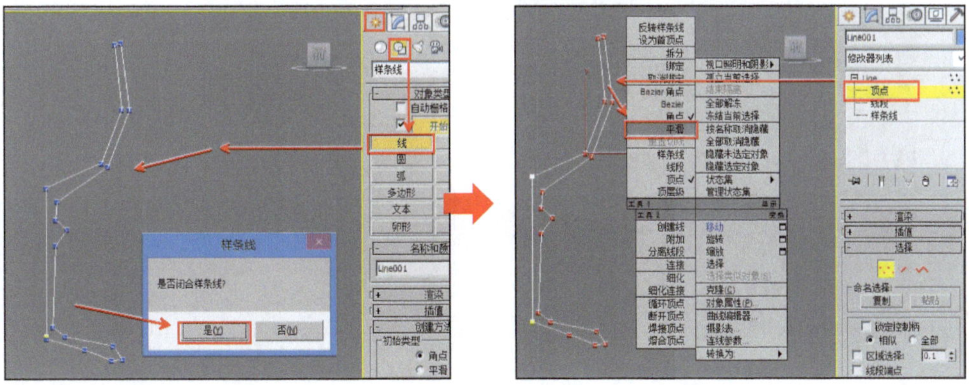

图 4-27

3）可适当调整顶点位置，将酒杯横截面保持最好状态，截面图形完成；进入修改命令面板，添加【车削】修改器，默认沿物体中心自动旋转，如图 4-28 所示。

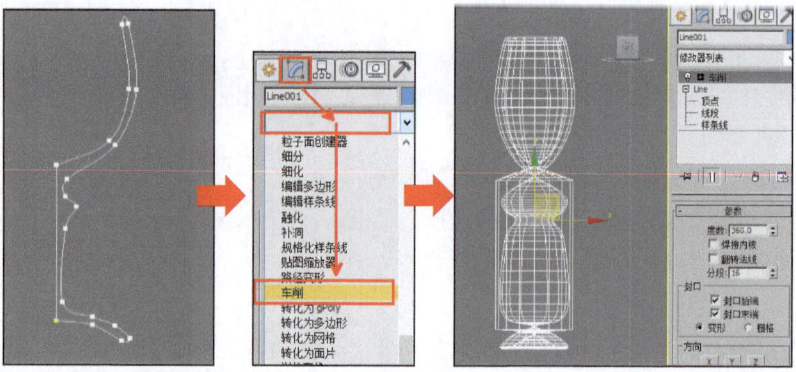

图 4-28

4）将【车削】中【对齐】的位置改为【最小值】，酒杯完成。在透视图中观察酒杯模型时，发现酒杯口不是很光滑，如图 4-29 所示。

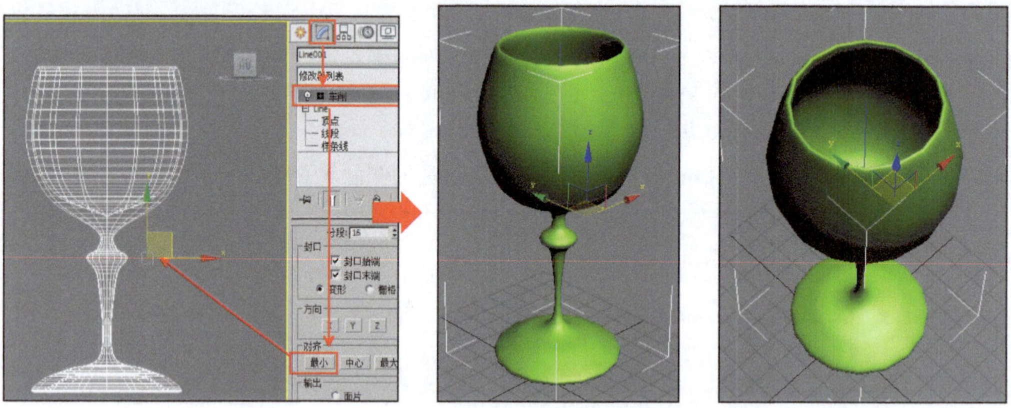

图 4-29

5）调整车削的【分段】，酒杯模型创建完成，如图 4-30 所示。段数多少与车削的光滑度成正比，但段数越多，使用的网格面数也越多，应该根据模型需要合理使用。

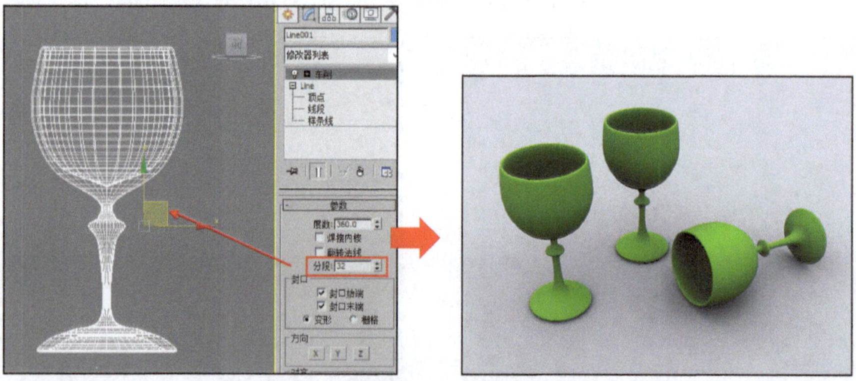

图 4-30

下面学习【车削】中的重要参数。

【度数】：车削旋转成型的旋转度数，默认值为 360°，也可改为其他度数。改小后，车削结果将形成车削缺口。

【焊接内核】：将车削轴上下端点的重合顶点自动焊接，防止因顶点重合形成的车削黑斑，一般需要勾选。

【分段】：车削旋转的段数，最小值为 3 段，如图 4-31 所示。

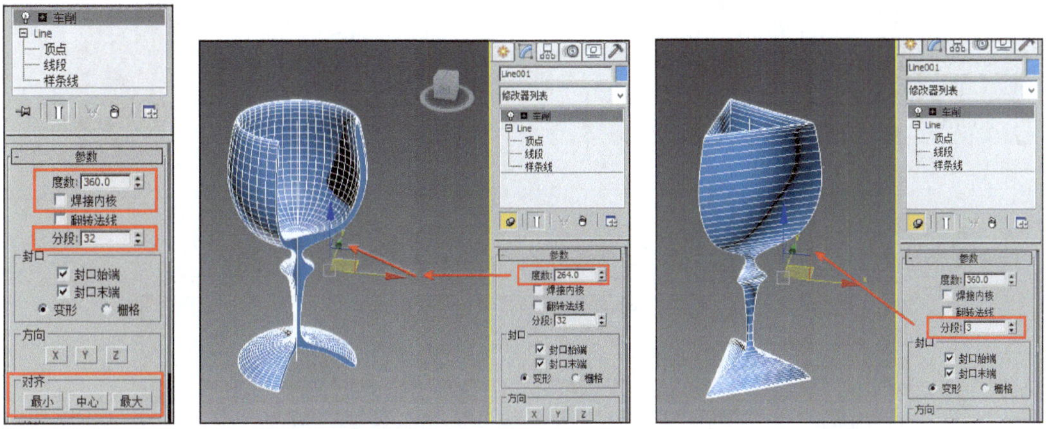

图 4-31

【轴】子物体：车削的轴子物体可以在进入轴子物体后移动更改，当轴离开物体横截面时，将会产生车削空洞的效果，如图 4-32 所示。

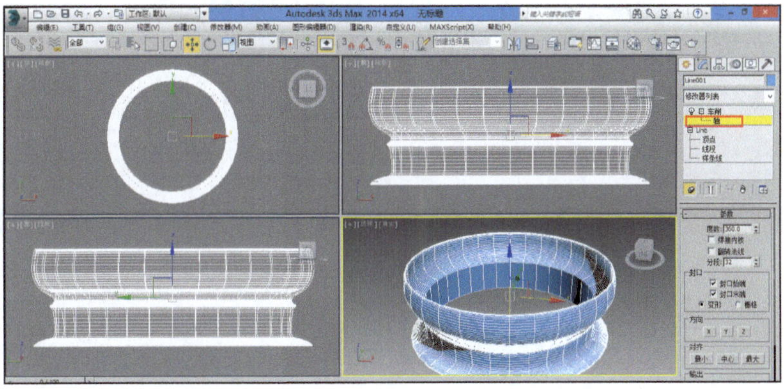

图 4-32

注 意

在车削成型的过程中，车削轴所在的位置对车削的结果是至关重要的，车削轴在不同位置得到的车削结果将完全不同。

很多物体可以使用【车削】命令完成，如图 4-33 所示。

4.2.4 倒角文字与标志的倒角

在制作三维立体文字或标志时，使用挤出成型工具只能得到垂直的边角，而实际工作中有时需要带有倒角的三维形体，这样模型表现才更具有细节，倒角和轮廓倒角修改工具就是用来完成控制倒角形态的。

图 4-33

使用【挤出】后，文字或标志的拐角是 90°，如图 4-34 所示。

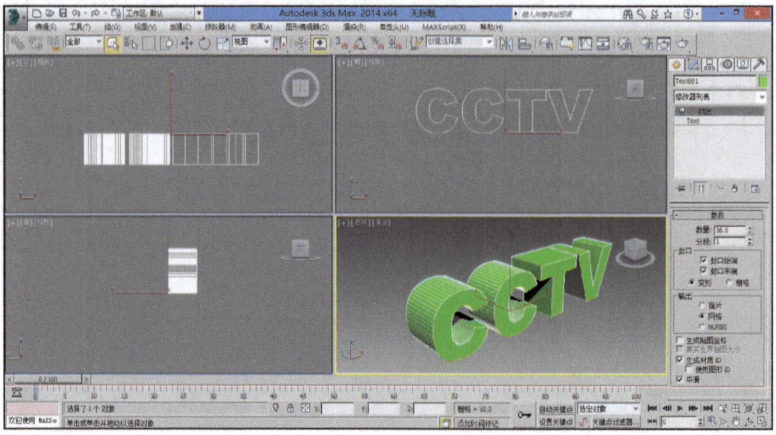

图 4-34

将【挤出】命令删除（【倒角】、【挤出】和【车削】都是二维物体向三维修改成型的工具，使用任何一个后，其他将无法使用），在修改器列表中添加【倒角】修改器，调整【倒角】中的【倒角参数】数值，如图 4-35 所示。

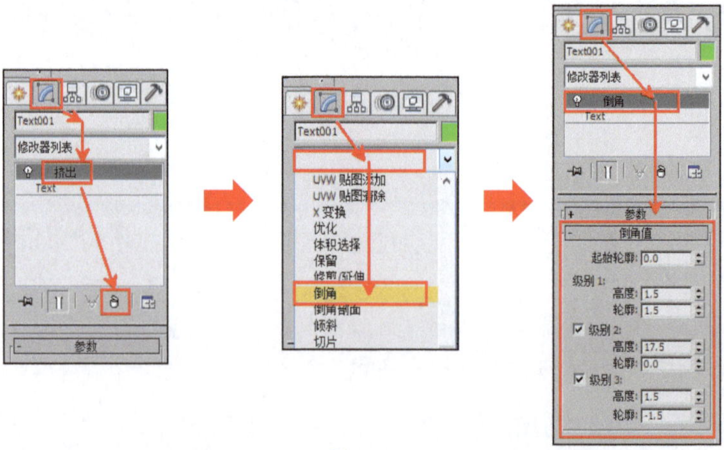

图 4-35

倒角操作完成（如图 4-36 所示），倒角参数的大小可能根据创建二维物体的大小有所不同，其含义如图 4-37 所示。

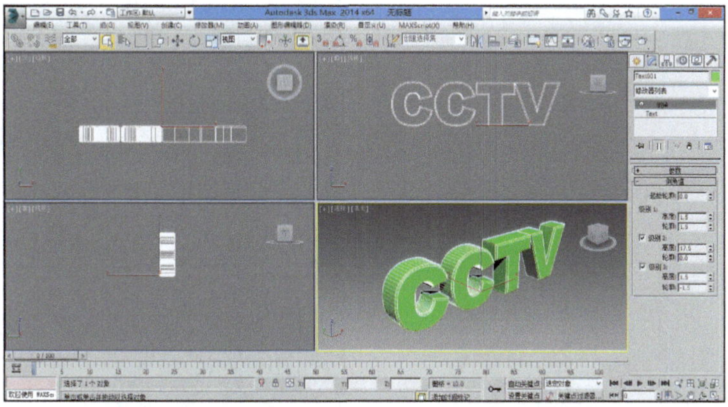

图 4-36

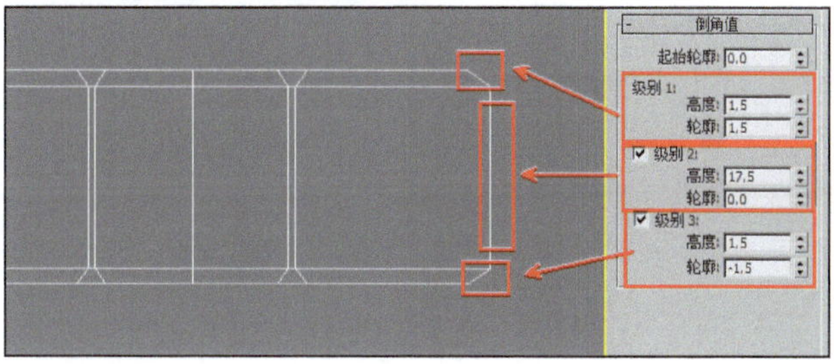

图 4-37

【起始轮廓】：倒角开始时，二维物体形状大小变化值，默认值 0 为大小不变，正值为变大，负值变小。

【级别 1】：倒角的第一层，倒角最多为 3 层。

【高度】：挤出的高度。

【轮廓】：挤出后图形放大还是缩小。

总结：倒角其实由 3 次挤出构成，不过每次挤出后都可以将图形放大或缩小，达到形成物体边角产生斜面的目的。

4.2.5 倒角剖面

【倒角】工具的参数比较简单，只能形成单面倒角或双面倒角，而且倒角的面都是直的，不能得到曲面的倒角形态。

【倒角剖面】能够弥补倒角工具的不足，能够得到任何形态的倒角剖面。其操作流程是：首先创建需要倒角的标志或文字图形，然后创建倒角剖面二维图形，如图 4-38 所示。

图 4-38

选择文字或标志图形，在修改器列表中选择【倒角剖面】修改工具，使用【拾取剖面】工具将绘制的二维剖面图形挑选，轮廓倒角成型就完成了，如图 4-39 所示。

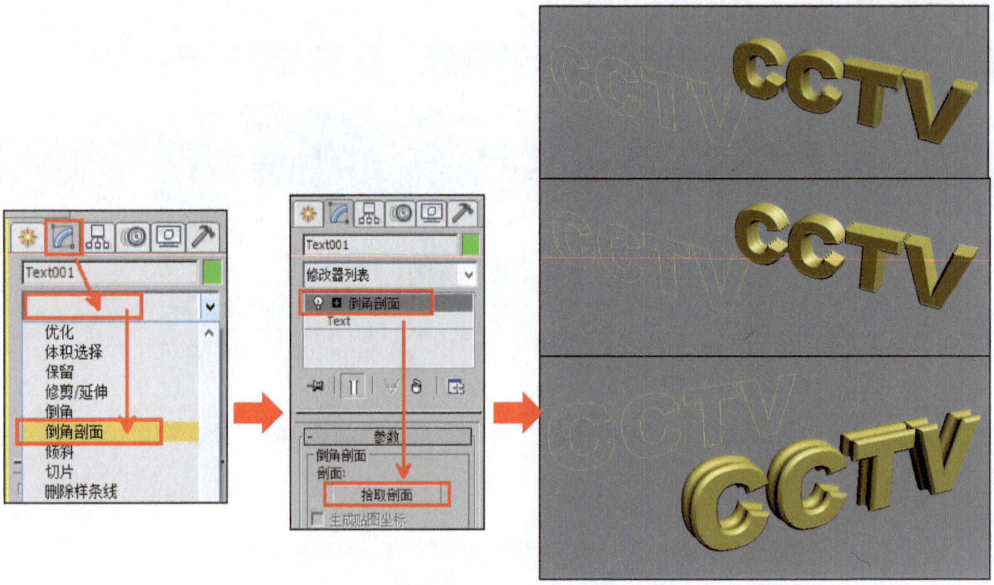

图 4-39

4.3 修改三维几何体

4.3.1 弯曲

【弯曲】是常用的三维物体修改工具，能够将三维物体沿不同的轴弯曲，被弯曲的物体在弯曲轴向上要有相应的段数。

当物体在默认情况下段数为 1，选择【弯曲】修改器，设置【弯曲角度】为 56°，发现物体只是倾斜了，没有发生弯曲，如图 4-40 所示。

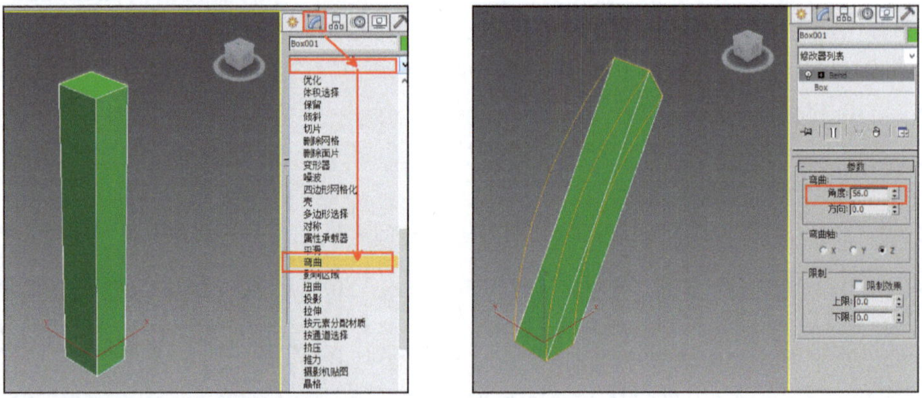

图 4-40

物体的高度段数改为 9 时，物体发生了弯曲，如图 4-41 所示。在【弯曲】命令中，将【角度】参数改为 180°，物体的弯曲更大了，如图 4-42 所示。

【弯曲】的常用参数如图 4-43 所示。

【角度】：控制弯曲度数。

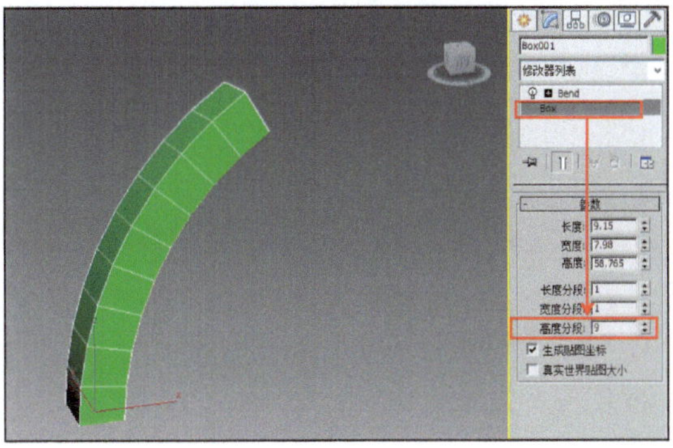

图 4-41

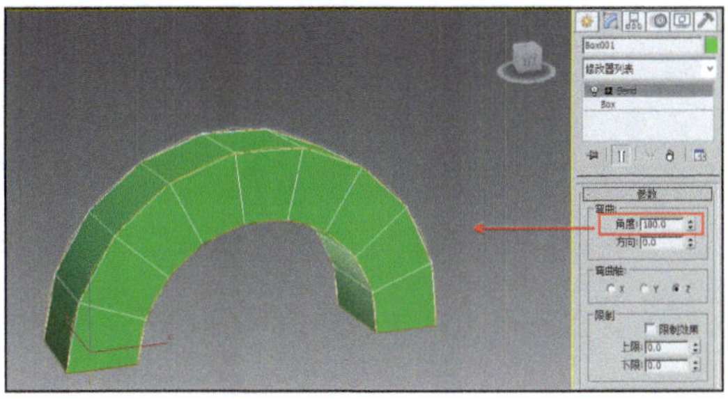

图 4-42

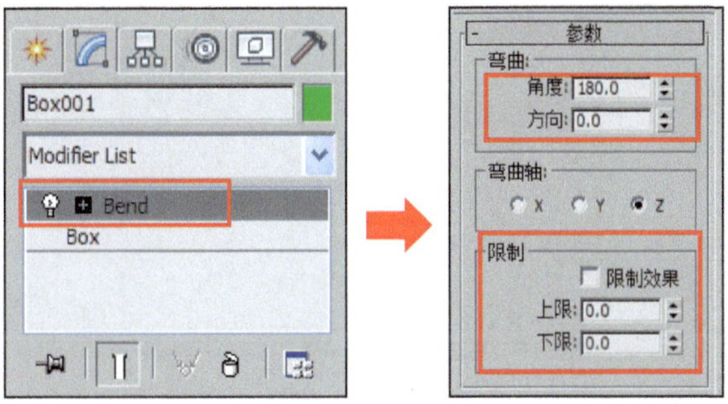

图 4-43

【方向】：弯曲的朝向，可 360° 变化。

【弯曲轴】：指定沿 X、Y、Z 哪个轴弯曲。

【限制】：限制弯曲在物体上产生的位置。

【限制效果】：限制开启开关。

【上限】：控制弯曲坐标正方向限制位置。

【下限】：控制弯曲坐标负方向限制位置。

4.3.2 锥化

【锥化】是将三维物体向锥形转化的工具，如图 4-44 所示。其常用参数如下。

【数量】：锥化的变化数字。

【曲线】：锥化时的侧面曲度。

【主轴】：锥化产生时的 X、Y、Z 轴。

【限制】：限制在物体上锥化产生的位置，具体内容与弯曲相同，如图 4-45 所示。

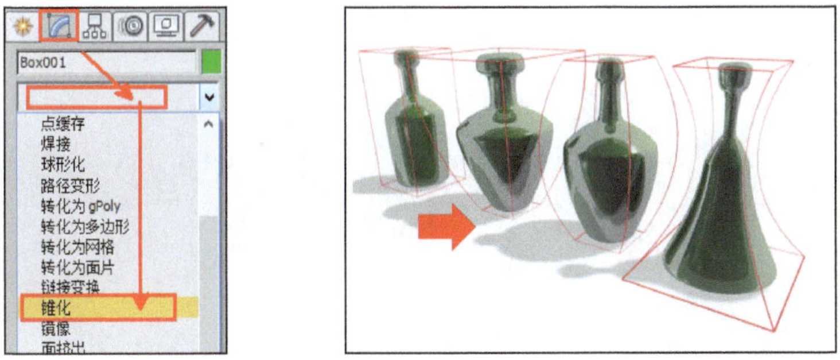

图 4-44

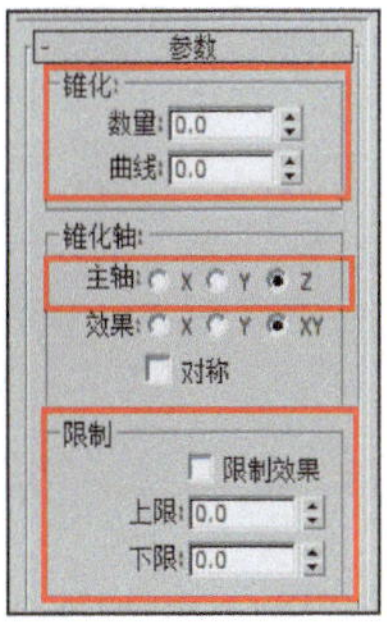

图 4-45

锥化轴向和限制修改后，酒瓶变形的效果如图 4-46 所示。

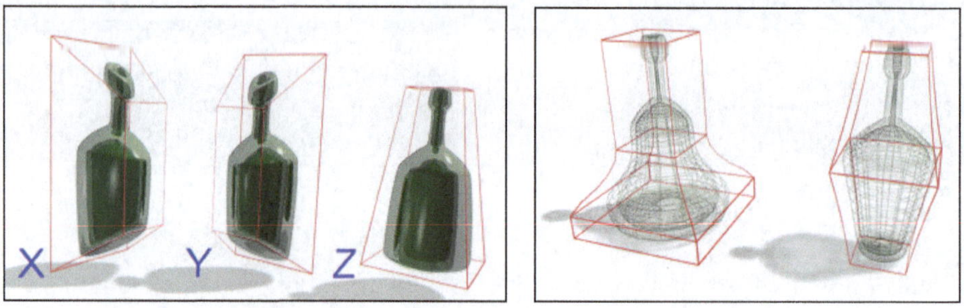

图 4-46

4.3.3 扭曲

【扭曲】能够像拧毛巾一样扭曲物体，前提是物体也必须有相应的段数，如图 4-47 所示。其主要参数如下。

【角度】：扭曲的角度。

【偏移】：使扭曲范围上下偏移中心。

【扭曲轴】：可沿 X、Y、Z 三个轴向扭曲物体。

【限制】：限制扭曲的位置，功能与弯曲相同，如图 4-48 所示。

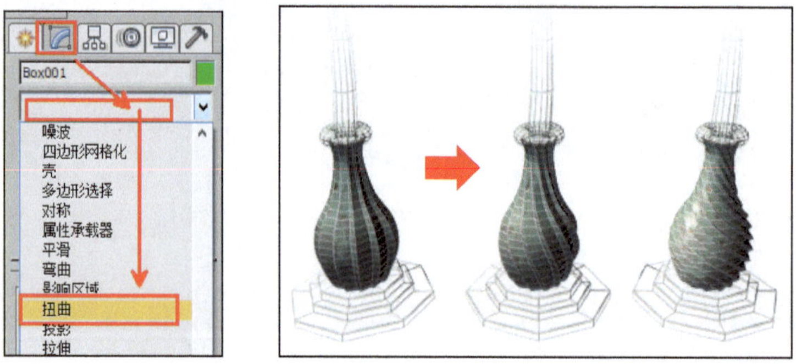

图 4-47

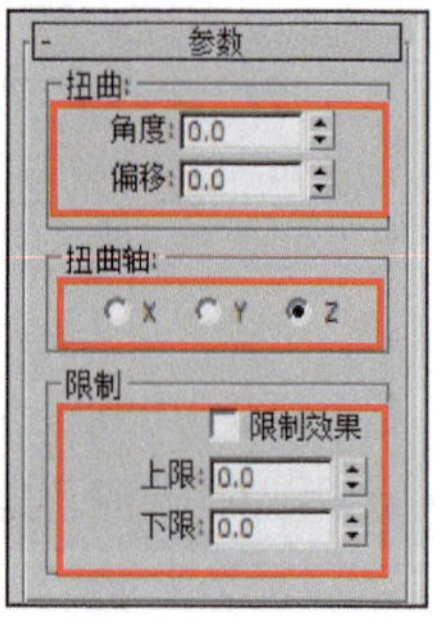

图 4-48

4.3.4 球形化

【球形化】是将有段数的物体转变为球形的工具，并可以按照参数百分比从 0～100 来确定球形化的程度，如图 4-49 所示。

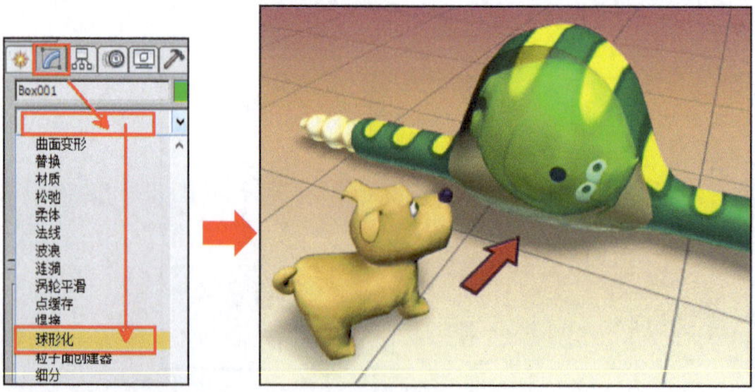

图 4-49

给茶壶物体添加【球形化】命令后，调整球形化【百分比】参数为 100 时，茶壶物体变成了球形，如图 4-50 所示。

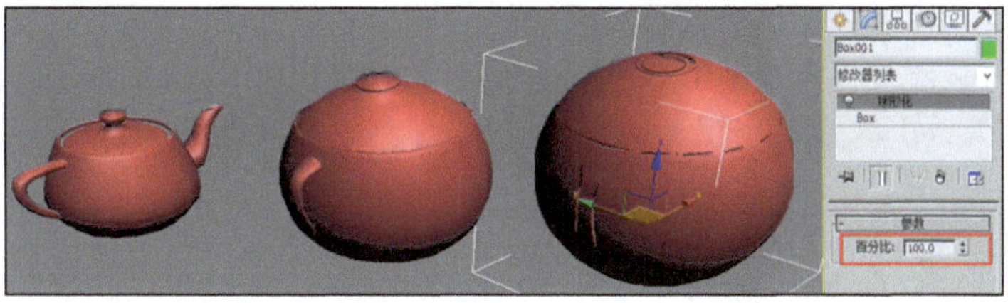

图 4-50

注　意

球形化修改器需要使用在有段数的物体上，没有段数，物体就不能被球形化。

4.3.5　晶格

【晶格】也叫结构线框，能将物体的段数转化为实体模式，常用来完成金属框架，如图 4-51 所示。其主要参数（如图 4-52 所示）如下。

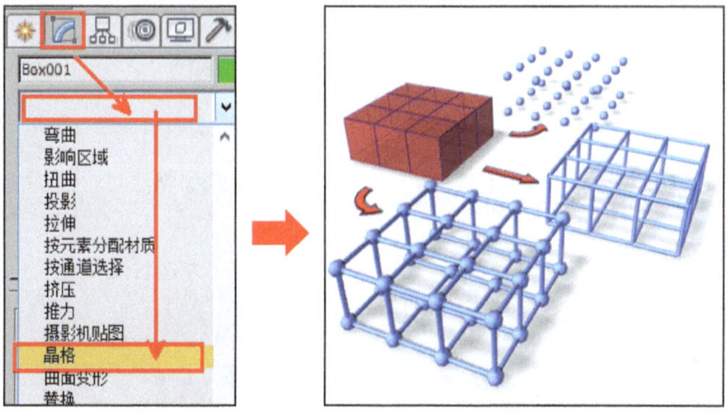

图 4-51

【仅来自顶点的节点】：将物体顶点转换为实体。

【仅来自边的支柱】：将物体边转换为实体。

【二者】：顶点与边都转换为实体。

【支柱】边实体：控制边实体的【半径】、【分段】、【边数】圆周边数（越多边转换的圆柱体越光滑）、【材质 ID】（配合多维子物体材质类型使用，区分材质身份）。

【节点】点实体：有 3 种点实体类型，其他参数与边实体功能相同，如图 4-52 所示。

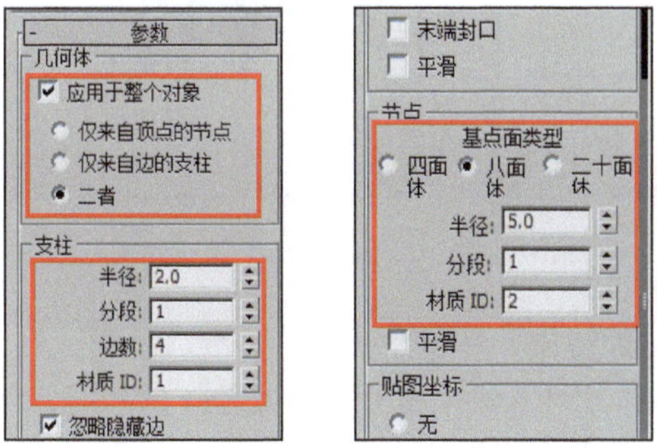

图 4-52

4.3.6 切片

【切片】能够将三维物体的某些部位切除，操作流程为：创建三维物体，添加【切片】修改器，打开【切片平面】子物体级别，将切片向下移动到物体中部，勾选【移除顶部】选项，茶壶上端物体被移除，如图 4-53 所示。【切片】常用来完成建筑生长动画。

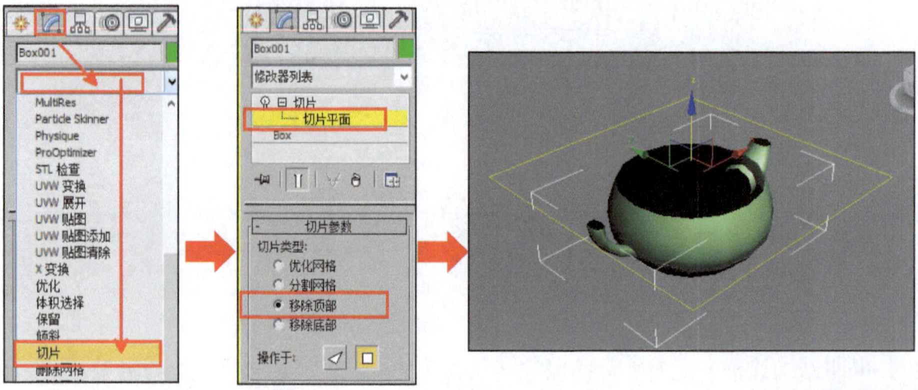

图 4-53

其主要参数如图 4-54 所示。

【优化网格】：增加了网格的分段数。

【分割网格】：将网格分为不同元素。

【移除顶部】：移除切割平面上部的物体网格。

【移除底部】：移除切割平面下部的物体网格。

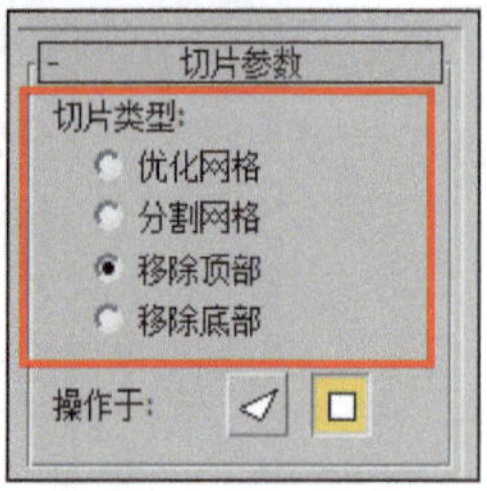

图 4-54

4.3.7 FFD 变形工具

FFD 变形工具能够在三维物体的外侧形成柔性的控制点，如图 4-55 所示，通过移动这些控制点来改变三维物体的造型。FFD 变形工具有 5 个命令，不同之处是变形控制点的数量与分布，如【FFD 2×2×2】是指长宽高各有两个控制点，【FFD（box）】是指长方体状的控制点，【FFD(cyl)】（圆柱变形工具）是指圆柱体状控制点。

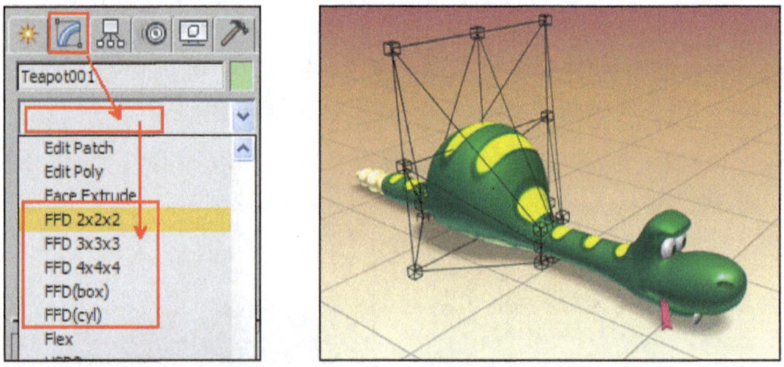

图 4-55

下面通过将球体变形为苹果物体学习 FFD 的工作流程。

1）在【顶视图】完成球体，进入修改面板，添加【FFD(cyl)】，单击【FFD(cyl)】前的加号，进入【Control Points】（控制点子物体级别），如图 4-56 所示。

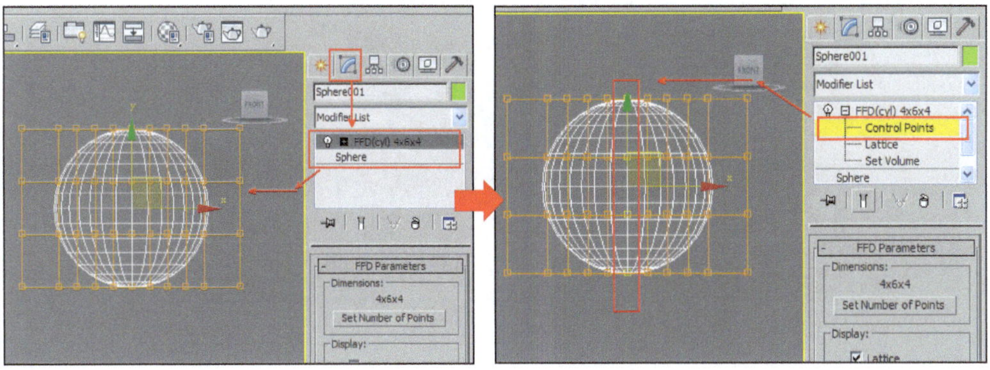

图 4-56

2）在【前视图】中框选球体正中间垂直顶点，使用【缩放工具】将正中间顶点向中心缩放变形，苹果上下凹陷形状完成，如图 4-57 所示。

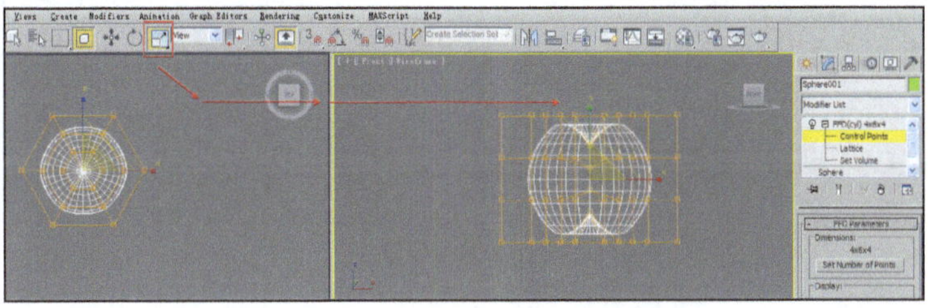

图 4-57

3）在透视图观察物体，发现上下过于均匀，添加【锥化】修改工具将其锥化，苹果模型完成，如图 4-58 所示。

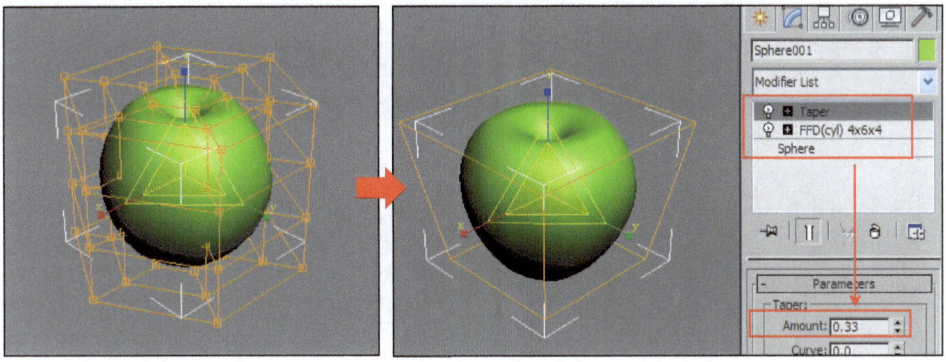

图 4-58

4.3.8　融化

【融化】用来模拟自然界中某种介质的融化效果，如塑料、冰等，如图 4-59 所示，蛋糕随着融化参数变化逐渐融化。其主要参数如图 4-60 所示。

【数量】：融化数值，控制融化的百分比，数值越大，融化现象越严重。

【扩散】：融化时向外的扩散程度。

【冰】、【玻璃】、【冻胶】、【塑料】：模拟不同物理状态的物体。

【融化轴】：控制物体向 X、Y、Z 哪个轴进行融化。

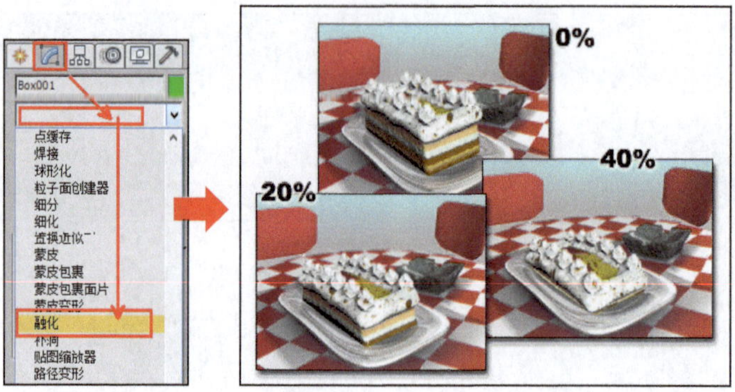

图 4-59

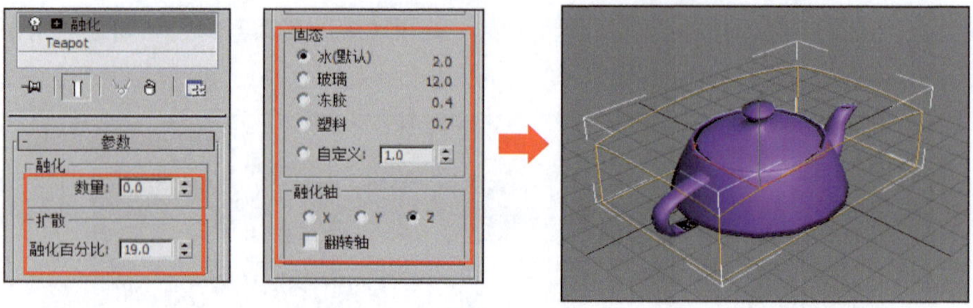

图 4-60

4.3.9 噪波

【噪波】修改器用来影响形体，让它发生随机变化，一般可以使用噪波完成自然产生的随机物体，如水面波纹、起伏的山脉等。图 4-61 为波纹较小的水面。

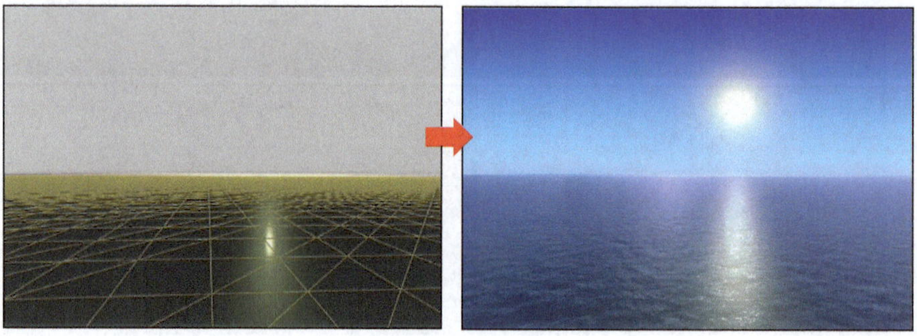

图 4-61

当噪波强度增大时，能够模拟波浪较大的水面，【噪波】也能产生较随机的动画效果，如图 4-62 所示。

使用噪波和 FFD 变形工具可以快速将一个球体修改成一块陨石，操作如下。

1）在【顶视图】创建球体，添加【噪波】修改器，调整噪波 X、Y、Z 方向的 Strength 值和缩放值，球体受到噪波影响变形，如图 4-63 所示。

2）添加【FFD 2×2×2】变形修改器，进入控制点级别，调整控制点，陨石模型完成，如图 4-64 所示。

图 4-62

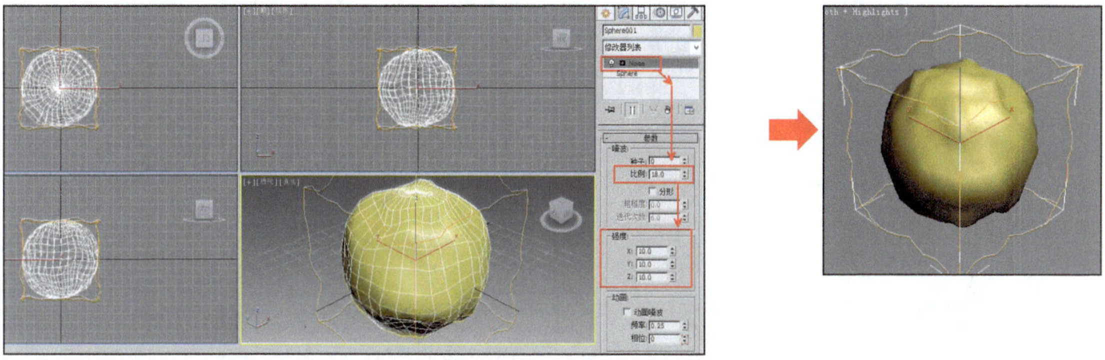

图 4-63

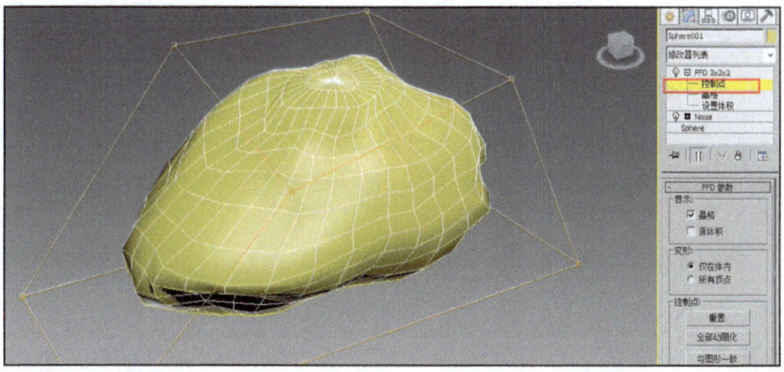

图 4-64

本章小结

本章学习了修改二维形体与修改三维形体的常用知识，要求读者能够熟练完成任何形状的二维图形，车削、挤出、倒角二维物体成型工具也是常用的建模手段；掌握三维物体修改器的运用。

习题 4

1. 简述 3ds Max 修改建模的整体思路。
2. 在编辑样条线中，顶点有哪四种属性？它们各自有什么特点？
3. 简述双面倒角的操作流程。
4. 常用的三维修改工具有哪些？举例说明它们的使用方法。

第5章

修改建模实例——星际争霸游戏模型

本章重点：

① 理解建模思路。

② 运用修改建模方法完成一些星际争霸游戏模型的制作。

学习目的：

通过星际争霸游戏模型的实际操作、演练，理解第 4 章讲述的各修改建模工具的用法，并且掌握正确的建模思路。

5.1　建模思路分析

建模是三维动画制作流程中一切场景和动画的基础。比如星际争霸游戏的制作，如果没有模型，就像拍电影没有演员和道具一样，所以建模在整个三维动画制作中具有非常重要的作用。3ds Max 具有强大的建模功能，而且具有多种建模工具与方法，不同的建模方法适应不同的模型结构特点、不同的贴图类型和动画要求。所以，在开始建模之前，首先要对最终的模型效果进行分析与研究，给出一个清晰的建模思路，以便后期的动画或场景能够顺利地进行，避免返工。

建模总体思路为：首先分析物体的结构和动势，然后选择恰当的建模方法，最后确定各部分网格的拓扑结构。

确定建模思路的原则如下。

① 简单化原则。这是一种从整体到局部的建模思路，将一个复杂的物体想象为最简单的几何物体，然后逐渐深入细节的雕刻。类似雕塑的塑造过程，先打大形，再逐步细化。

② 分解结构原则。这是一种从局部到整体的建模思路，将一个复杂的物体按照其结构特点分解成几个不同的部分，分别采用最有效的建模方法，然后把它们拼合起来，再进行整体细化。类似积木的堆积过程。

③ 最少面原则。无论是复杂的还是简单的模型，都要尽量使用最少的面来表现最好的效果。一方面，可以避免占用大量的计算机资源，降低渲染速度；另一方面，可以降低后期贴图与动画的复杂度。但一定要根据不同的结构、材质和动画需求，确定不同的面数，既不能多也不能少。

5.2　星际人族气矿模型

下面按照以上建模思路，使用修改建模工具，演示星际人族气矿模型的建模过程。星际人族气矿模型的最终效果如图 5-1 所示。

图 5-1

先对整个模型图片进行分析：如果采用简单化原则，从整体到局部进行建模，必然增加建模的复杂度，整体外形也不好把握；如果运用分解结构原则，将整个模型分解成几个部分，分别采用不同的建模方法，最后将它们像堆积木一样堆积起来，这种建模思路大大降低了建模的难度，同时提高了建模的效率。因此，分析之后，我们选择了分解结构的建模思路，具体制作步骤如下。

1）将模型分解成五大部分，并归类分别编号为①、②、③，如图 5-2 所示。

2）分别对各部分选用不同的修改建模工具进行建模。第①部分同样先进行拆分，然后分别制作最小单元，如图 5-3 所示。

3）主体部分为旋转体，选用车削成型工具 lather 修改器，具体步骤为：利用自由画线工具 Line 绘制出物体的半个剖面，如图 5-3 所示，然后使用车削成型工具 lather 旋转而成。创建这个物体的难点是二维剖面的绘制，需要一定的绘画基本功。

主体内部和外部的装饰条是由 Box 使用对齐工具和角度捕捉工具进行旋转复制而得。

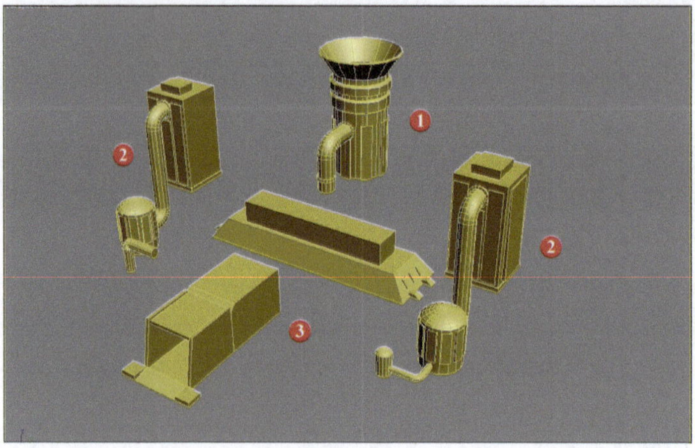

图 5-2

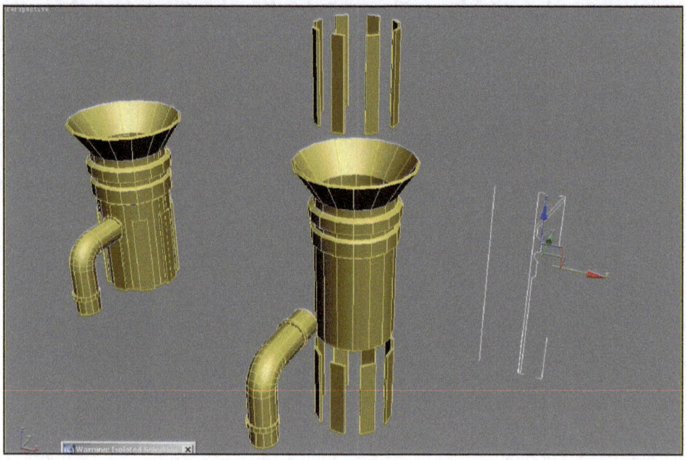

图 5-3

4）管道的制作。使用二维曲线可渲染属性修改器，具体步骤为：首先利用自由画线工具 Line 绘制出一条 90° 的二维曲线，然后在修改面板中勾选二维曲线可渲染属性，并调整线的粗细度到合适尺寸，最后选择线在拐弯处的点进行倒角。

最后，将完成的各部分按照图纸所示进行组合，即得到图 5-3 左边所示模型。

5）第②部分分解后如图 5-4 所示，其中管道与装饰条的制作与第①部分相同，我们主要介绍主体部分和油罐的制作过程。

主体部分是由一个 Box 复制、修改，并按照图中位置堆积而成，侧面有一些斜度的 Box 使用 FFD 2×2×2 变形工具，通过变换它的子对象控制点 Control Points 来改变 Box 的外形，使它具有一定斜度，这部分的制作比较简单。

油罐属于旋转体，首先使用创建二维图形工具画出物体的半个剖面，然后选择车削成型工具 Lather 修改器进行旋转而成。

最后，将各完成部分按照图中所示位置进行组合，如图 5-4 所示。

6）第③部分拆分之后如图 5-5 所示。各部分分别由 Box 使用 FFD 2×2×2 变形工具和挤出成型 Extrude 修改器完成，最后将各部分堆积起来。

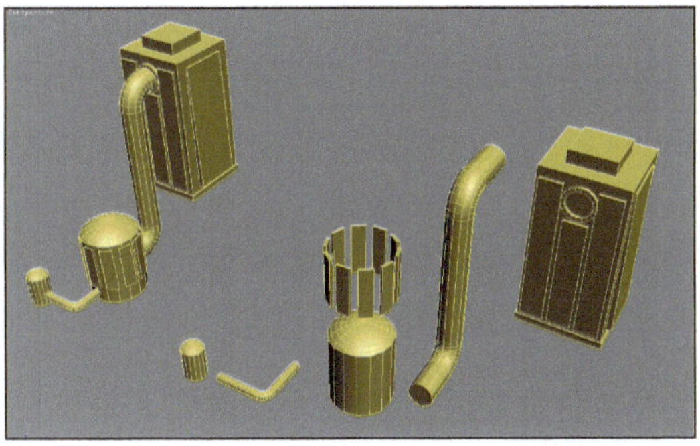

图 5-4

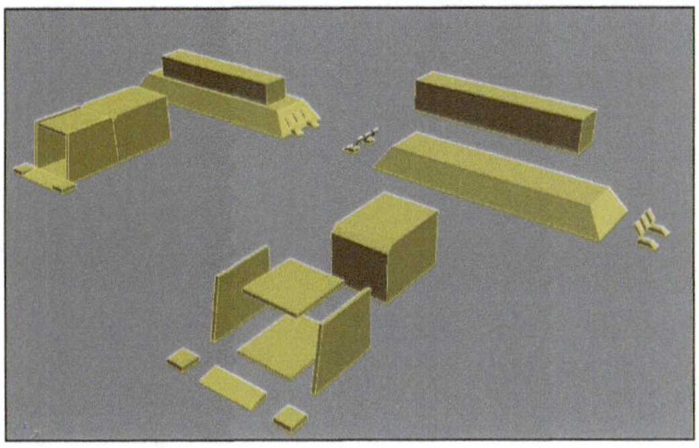

图 5-5

7）将做好的①、②、③部分根据图片上的相对位置进行堆积，得到如图 5-6 所示的最终模型效果。

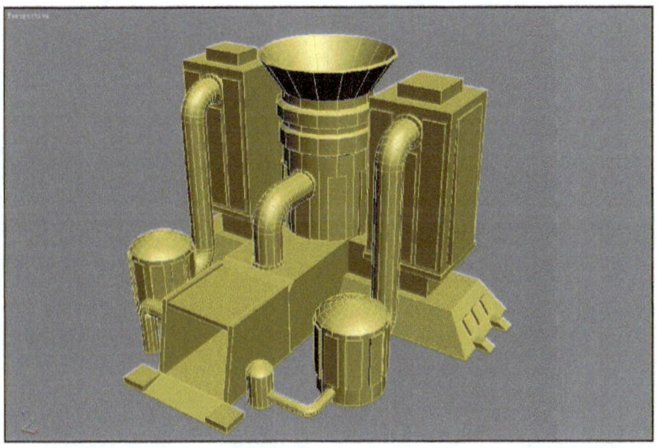

图 5-6

星际人族气矿模型的建模过程中使用了 5 种修改器，分别为：Lather（车削）、二维曲线可渲染属性、对齐工具、角度捕捉工具、改变物体轴心工具、FFD 2×2×2 变形工具（具体操作过程可参阅视频教学光盘）。

5.3　星际人族房屋模型

下面通过 5.2 节所讲述的方法（将复杂模型分解，分别建模，然后堆砌）来完成星际争霸游戏中的人族房屋模型，如图 5-7 所示，其结构分解如图 5-8 所示。

图 5-7

图 5-8

1．人族房屋模型制作

1）从模型的整体入手，即模型中什么地方最大就从什么地方开始，从整体到局部，这样能更准确地把握场景角色的外观造型。

2）使用【矩形】工具在前视图创建一个矩形，单击右键，将其转换为可编辑的样条线，进入修改面板，在样条线子物体级别选择样条线矩形物体，使用【轮廓】命令在样条线上拖曳成双线矩形，如图 5-9 所示。

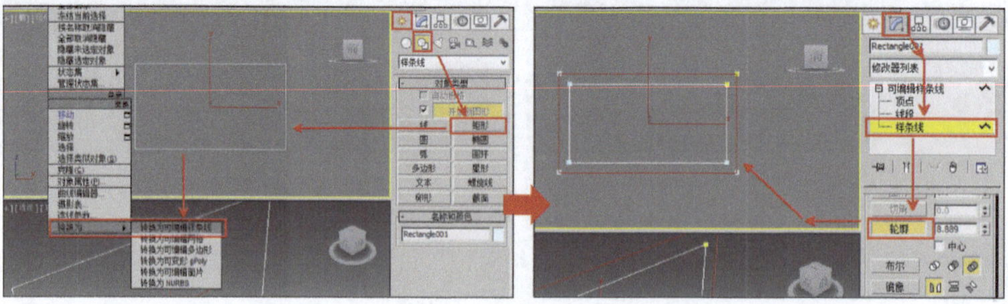

图 5-9

3）使用【挤出】修改器，挤出适当长度；使用【FFD 2×2×2】命令，进入【控制点】子物体级别，选择前端的控制点，向后方拖曳，使之倾斜，房屋主体完成，如图 5-10 所示。

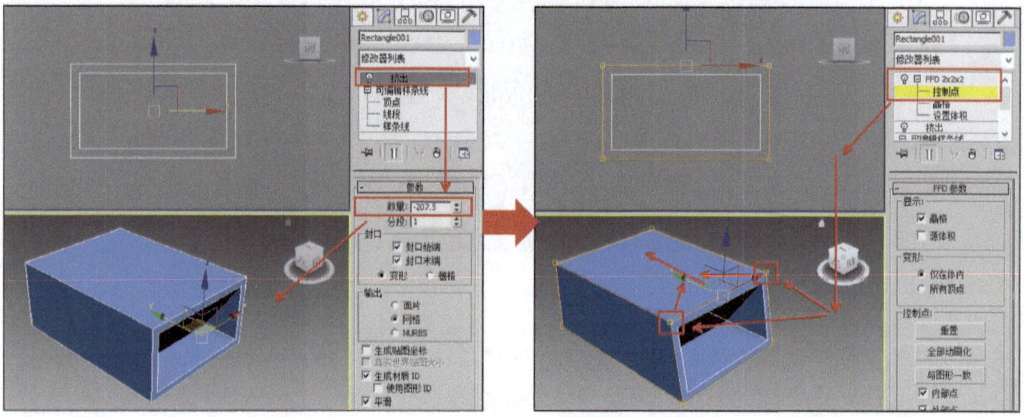

图 5-10

4）在左视图上使用画线工具，完成左侧造型，对其进行【挤出】，调整相应的厚度，使用移动工具把它放置到正确的位置，修改物体颜色，如图 5-11 所示。

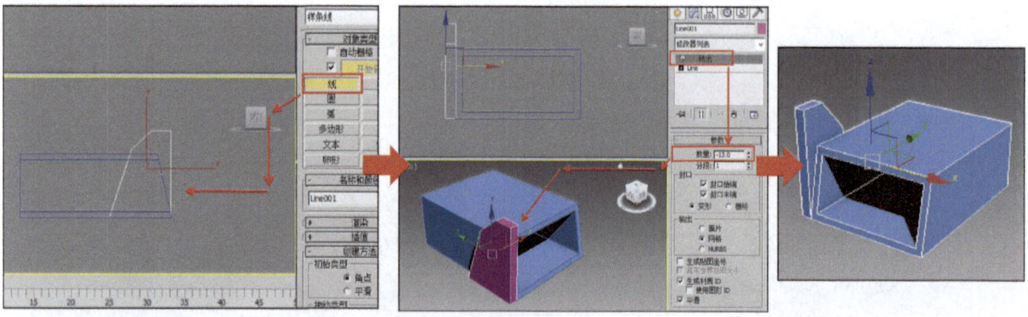

图 5-11

5）在顶视图上通过画线工具画出相应造型，挤出并移动到正确位置，这样人族房屋模型的大体轮廓就制作完成，如图 5-12 所示。

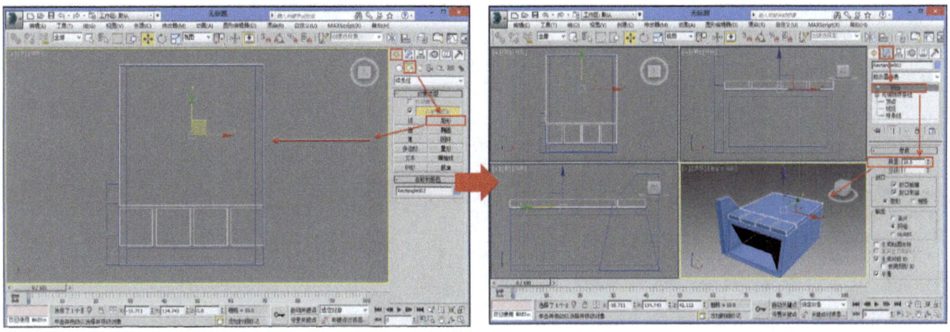

图 5-12

注 意

模型大体轮廓完成后，应该从不同的角度对其进行观察和修改，因为它是整个模型的框架，它的大小比例是否准确对后期模型的制作是非常重要的。

6）完成模型的顶部造型。顶部造型中最大的部分是一个圆环形造型，在前视图上画出物体的横截面，使用【车削】命令对其进行车削，注意调整正确的车削轴，如图 5-13 所示。

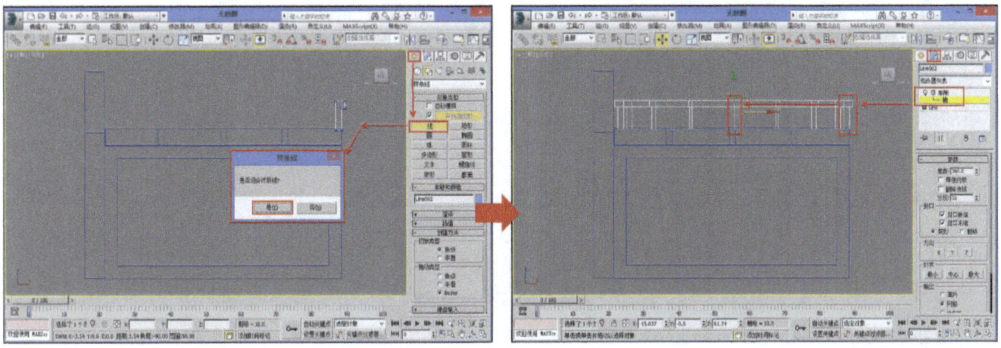

图 5-13

7）大圆环造型完成，移动到正确位置，在圆环中间创建圆柱体，使用对齐工具使其与圆环中心对齐（对齐命令的快捷键是 Alt+A），如图 5-14 所示。

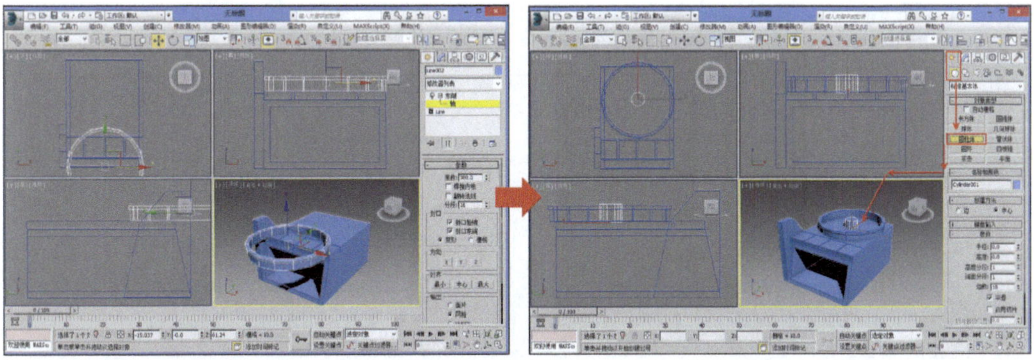

图 5-14

8）在顶视图上创建圆环中的扇叶造型，添加【挤出】修改器，修改挤出的数量高度，移动到正确位置，如图 5-15 所示。

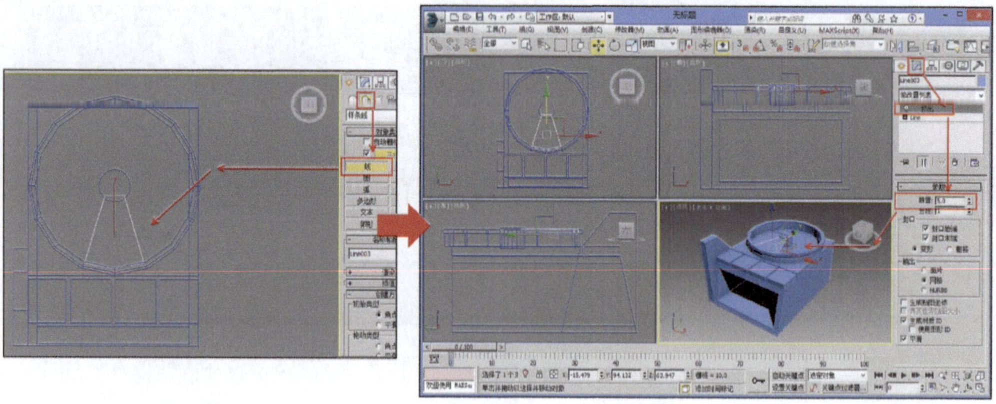

图 5-15

9）选择扇叶物体，进入【层次】面板，激活【仅影响轴】命令，将扇叶造型的轴心点与圆柱体的中心对齐，退出【仅影响轴】命令，使用【旋转】命令 90° 旋转复制 3 个，顶部造型完成，如图 5-16 所示。

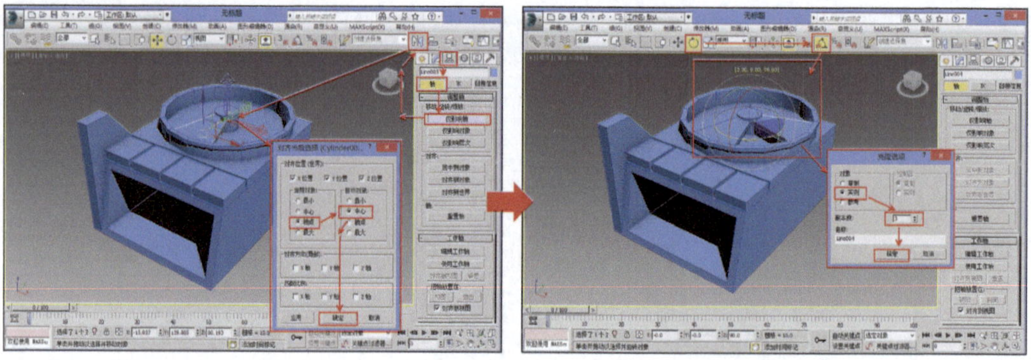

图 5-16

10）关闭角度扑捉工具，使用局部坐标系，利用物体自身顶点工具，选择 4 个扇叶物体，将其适当向下旋转，符合原图设计要求，选择游戏建筑顶部整体扇叶造型，使用菜单【组】命令将其群组，如图 5-17 所示。

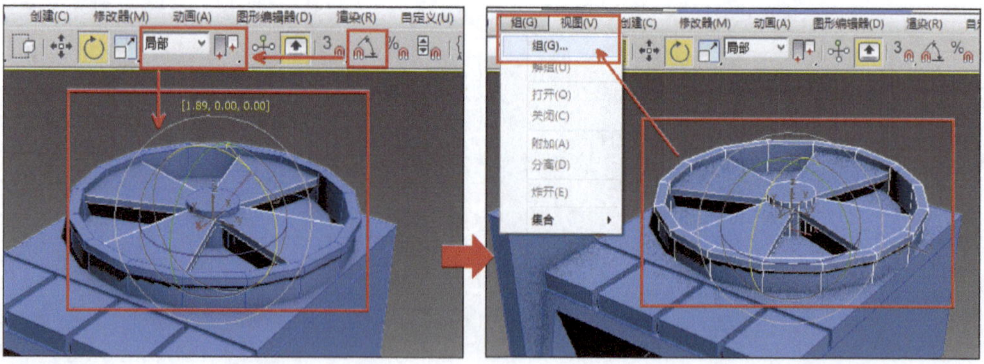

图 5-17

11）将顶部扇叶造型复制一个，旋转 90°，使用【缩放】工具进行缩放，放置在人族房屋的侧面，注意使用【缩放】工具调整合适的大小比例，如图 5-18 所示。

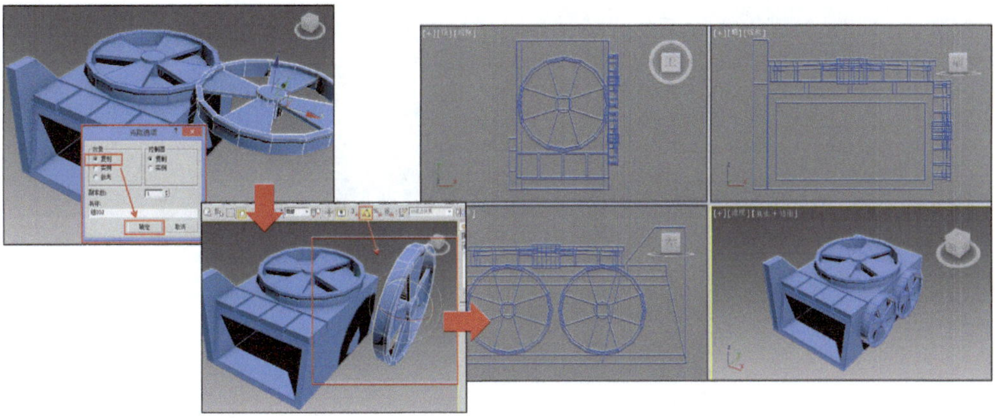

图 5-18

12）使用基本几何体中的长方体、圆柱体和二维曲线挤出成型工具，单独完成人族房屋的局部造型，并将它以适当的大小比例关系堆砌在一起，完成人族房屋的基本造型，如图 5-19 所示。

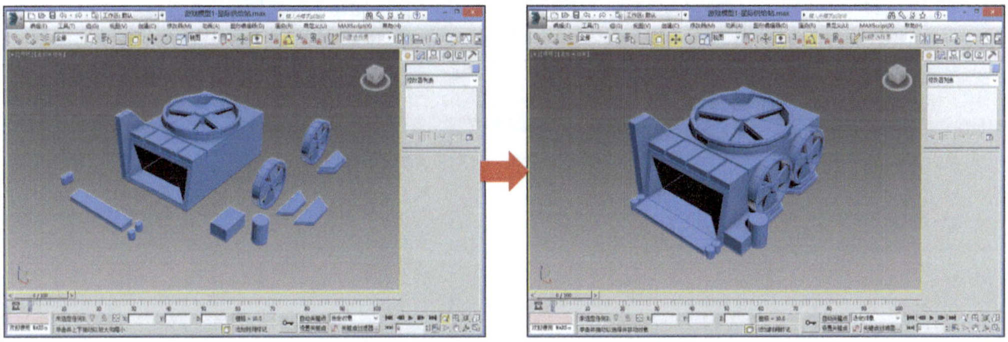

图 5-19

13）在前视图使用二维直线工具画出人族房屋后部剖面造型，对其进行【车削】，并调整车削成型的轴，完成后部大体造型，如图 5-20 所示。

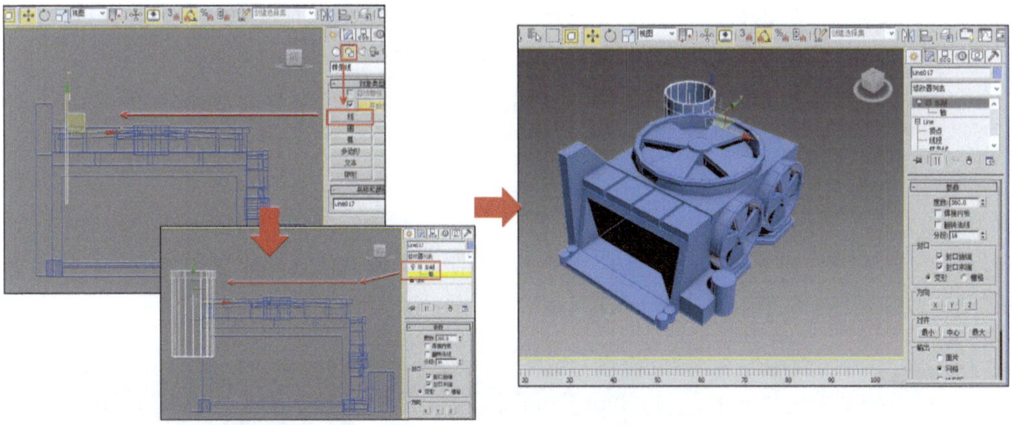

图 5-20

14）使用【管状体】造型和长方体创建细部造型，使用【FFD 2×2×2】命令对将其修改为梯形，在层级面板中使用【仅影响轴】命令，将轴心对齐到管状体中心，角度扑捉打开，间隔 30° 复制 7 个，后部圆形装置完成，如图 5-21 所示。

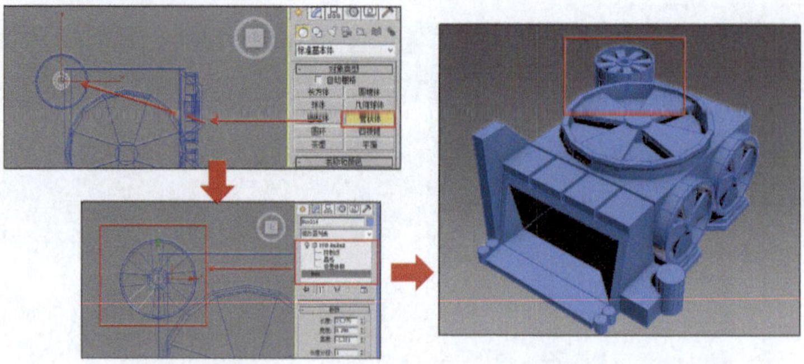

图 5-21

15）在前视图上画出人族房屋建筑右侧物体的旋转剖面，对剖面进行【圆角】修改，调整曲线形状，曲线完成后进行【车削】，注意调整车削的旋转轴，如图 5-22 所示。

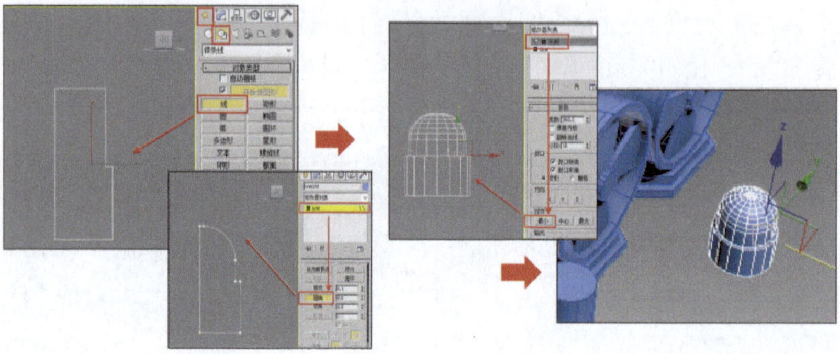

图 5-22

16）创建长方体，使用【FFD 2×2×2】命令，调整控制点位置完成底部梯形，将梯形的旋转轴放置到车削物体的中心，角度捕捉后复制 3 个，完成右侧造型模型，如图 5-23 所示。

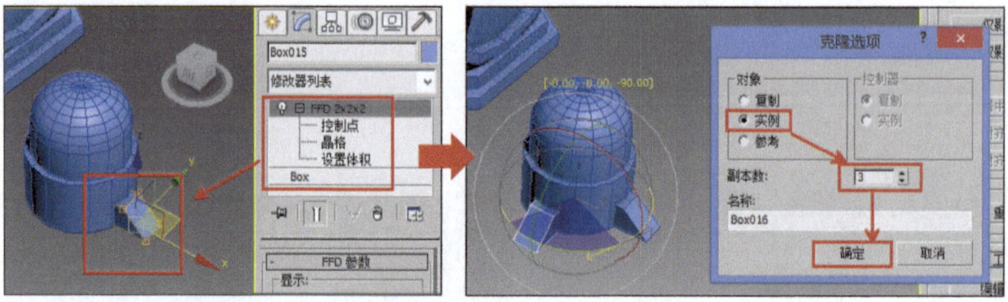

图 5-23

17）制作房屋顶部的管道物体。管道物体通常可以先画出二维曲线，调整好形态后，设置二维曲线可渲染属性完成。在顶视图画出管线平面曲线，激活透视图，在顶点子物体级别，将一侧短点向下移动，形成三维空间线段，如图 5-24 所示。

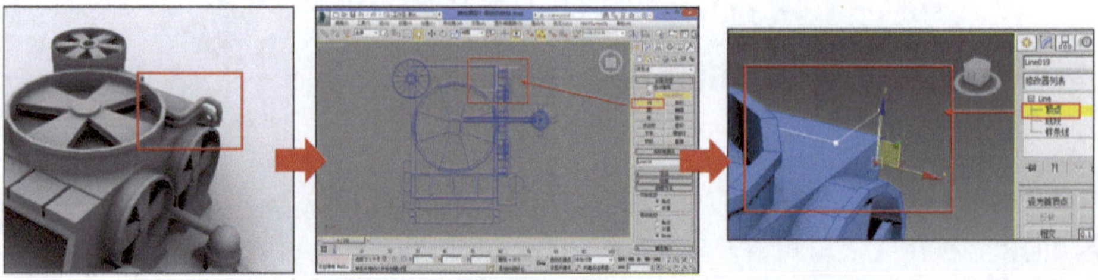

图 5-24

18）选择全部顶点，单击右键，将顶点属性更改为【Bezier 角点】，使用移动工具移动顶点手臂（注意锁定 ZX 轴为正确移动的坐标轴向），曲线修改完成后，勾选曲线的【在渲染中启用】和【在视口中启用】命令，修改实体线条的【厚度】参数，如图 5-25 所示。

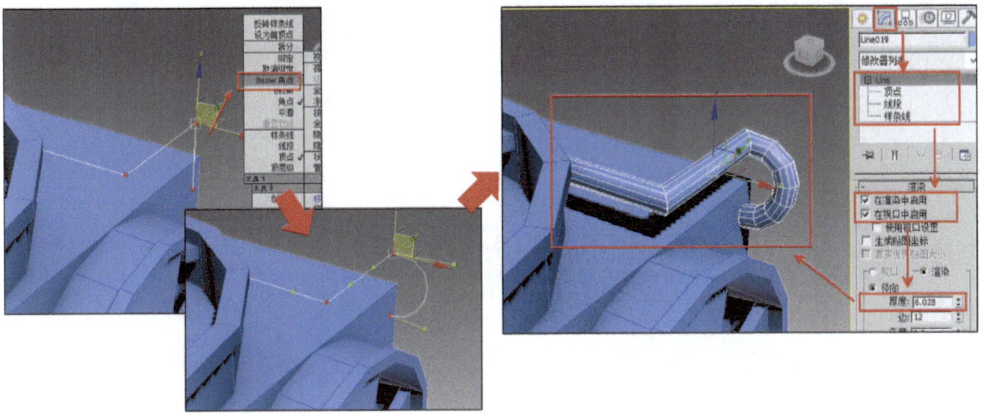

图 5-25

19）进入顶点级别，使用【圆角】命令进行倒圆角操作，完成后向下复制出第二根管道，进入顶点子物体级别调整管道形状，人族房屋模型完成，如图 5-26 所示。

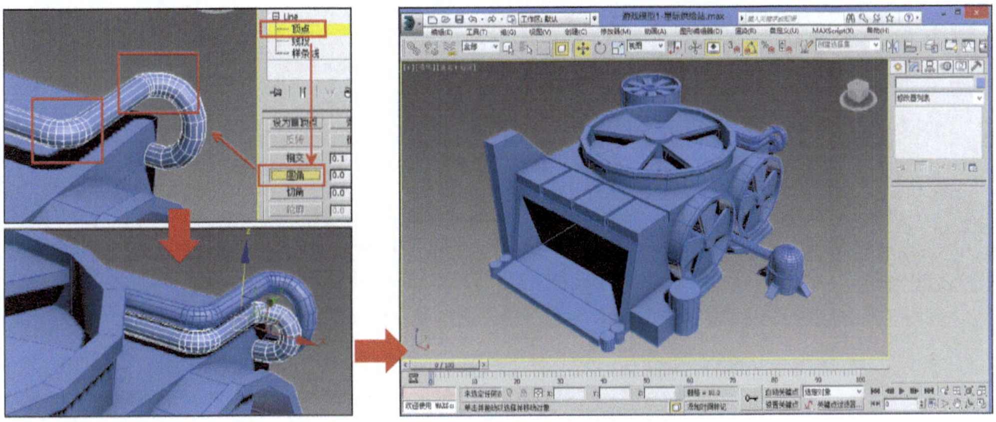

图 5-26

2. 游戏素模渲染方法

1）人族房屋模型完成后，使用标准几何体的长方体工具为其创建一个较大的地面。按 M 键，打开材质编辑器，将任意一个材质球赋予房屋模型物体，将房屋材质漫反射颜色调整为灰色，选择另外一个材质球，将其漫反射颜色调整为浅灰色，赋予地面物体，如图 5-27 所示。

注　意

将材质赋予物体的方法有两种。① 直接拖曳：鼠标左键点住材质球，拖曳到需要赋予的物体上，释放鼠标完成；② 将材质赋予物体工具：选择需要赋予材质的物体，在材质面板激活某个材质球，单击之，将材质赋予物体工具完成。

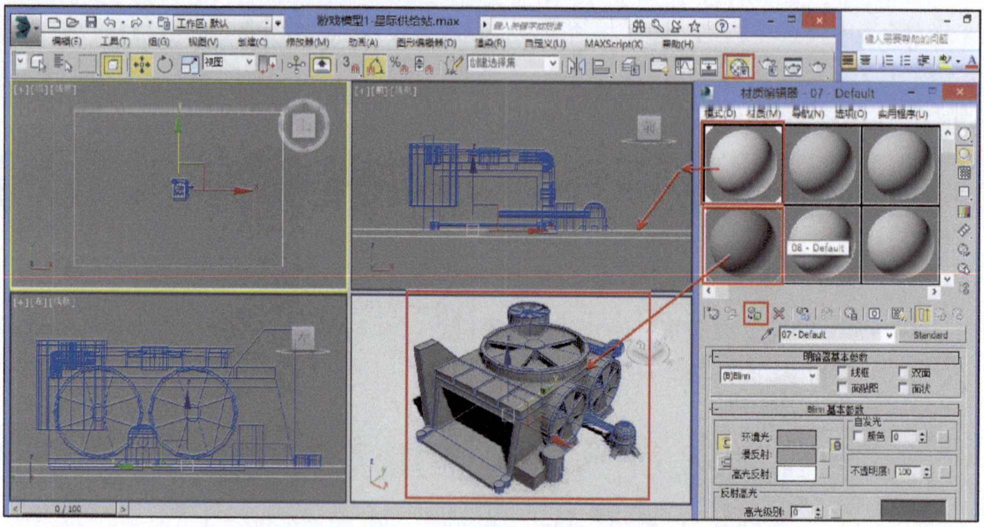

图 5-27

2）在【灯光创建】面板中选择【天光】命令，在场景的任何位置单击鼠标左键，完成创建天光；选择【渲染】菜单中的【光跟踪器】命令，如图 5-28 所示，然后单击【渲染】。

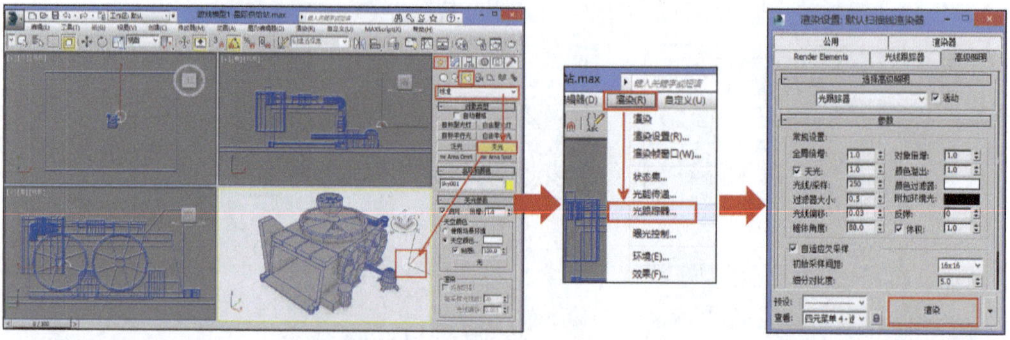

图 5-28

3）渲染开始，等待几分钟，模型渲染完成。根据设计需要，可以更改材质球漫反射颜色，渲染完成其他颜色的模型。模型渲染完成后，单击渲染浮动窗口的【存盘】命令，可以将渲染出的图片进行保存，如图 5-29 所示。

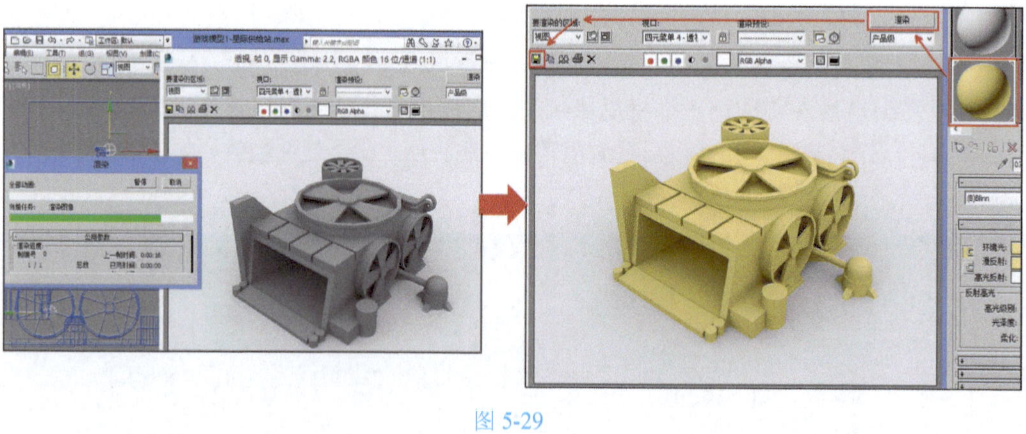

图 5-29

注　意

使用天光配合光能传递渲染是表现模型细节的主要方法，虽然速度不快，但能表现更多、更好的细节。

5.4　星际飞机制造厂模型

星际飞机制造厂模型（如图 5-30 所示）主要由制造厂主体建筑和下部的 6 个支撑部件构成。

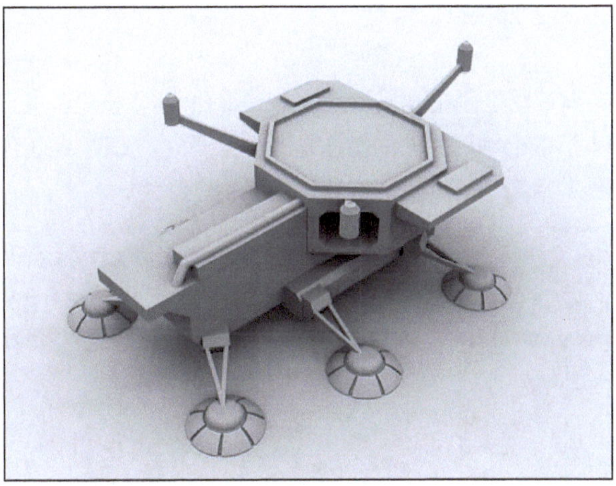

图 5-30

1. 飞机场的主体建筑

1）在主体建筑中，最大的是中间的停机坪。在顶视图创建二维几何体中的【多边形】，并将多边形的【边数】设置为 8 段，如图 5-31 所示。

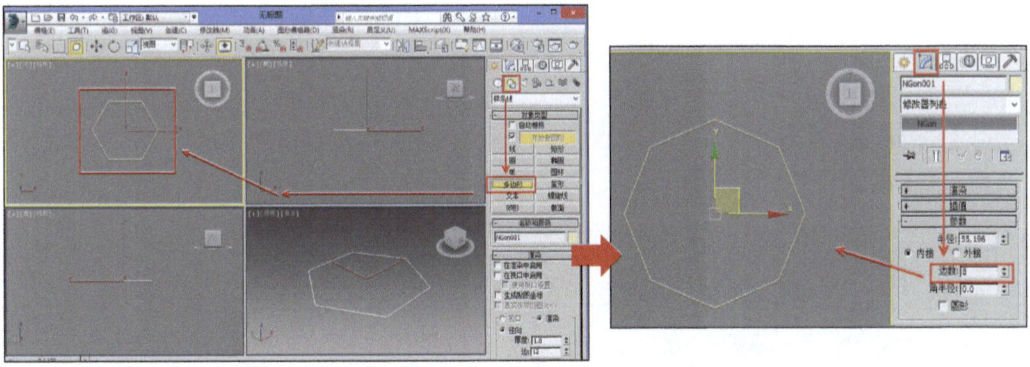

图 5-31

2）在工具栏的【角度捕捉】按钮上单击右键，弹出角度捕捉设置面板，将【角度】值调整为 22.5，这样角度捕捉就会以 22.5° 为单元递增。打开角度捕捉，使用旋转工具旋转八边形，使其水平边与视图窗口的水平边平行，这样做的优点是能够让以后完成的物体比较方便地放置和对齐，如图 5-32 所示。

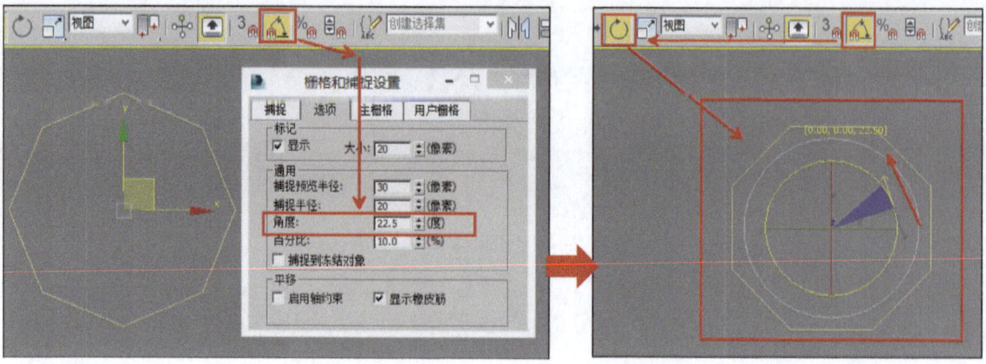

图 5-32

3）将八边形挤出，在前视图上画出飞机厂主体的二维曲线，【挤出】并放置到正确的位置，调整物体间的大小比例关系，大形的准确对后面的操作是非常重要的，如图 5-33 所示。3ds Max 修改器堆栈功能强大，物体在【挤出】后，也可以进入线段顶点级别进行修改。

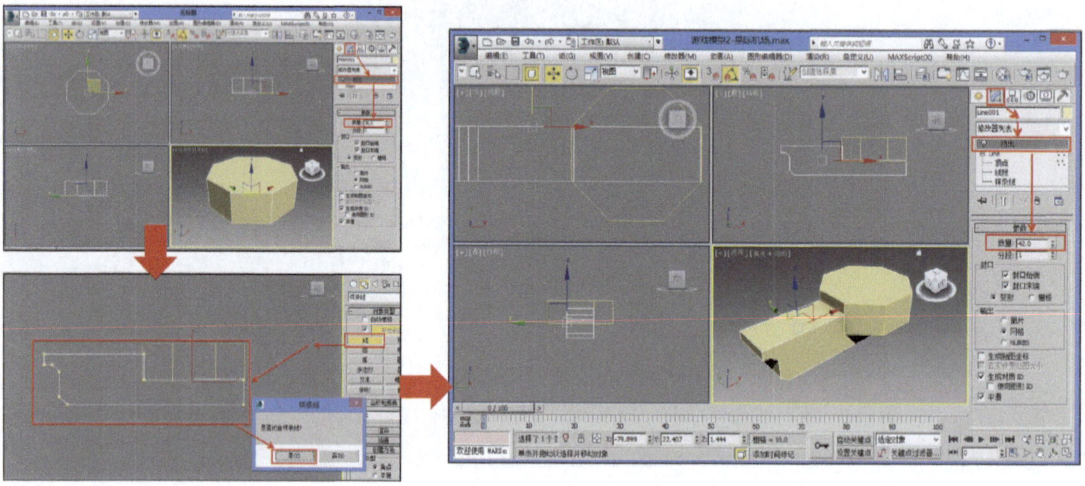

图 5-33

4）在左视图上画出矩形，单击右键，将其转换为可编辑的样条线；在编辑样条线的顶点级别，使用【Refine 优化】命令加入两个顶点；添加顶点向下移动，选择全部顶点，单击右键，将顶底属性改为【角点】，如图 5-34 所示。

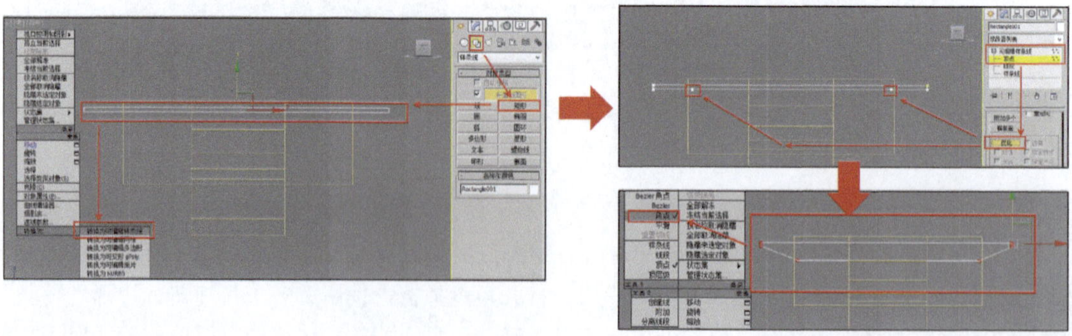

图 5-34

5）添加【挤出】修改工具，调整挤出的数量，飞机制造厂主体建筑的大体轮廓就完成了，如图 5-35 所示。

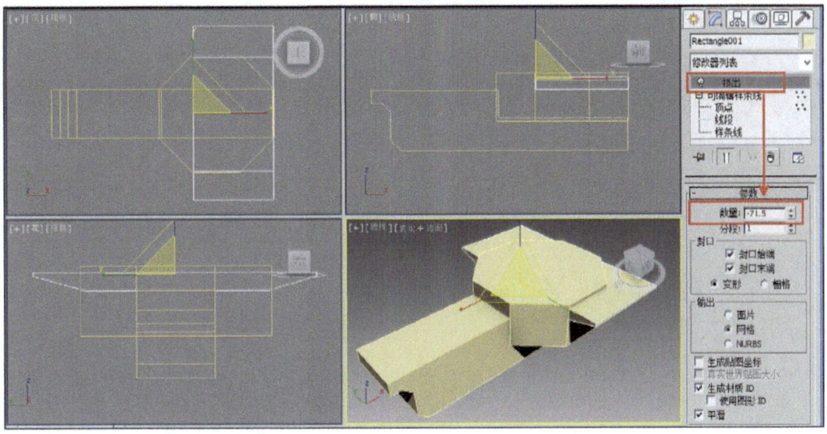

图 5-35

6）在停机坪的顶部创建管状体，进入修改面板将管状体的【高度分段】设为 1，【边数】设为 8，去除【平滑】的勾选，如图 5-36 所示。

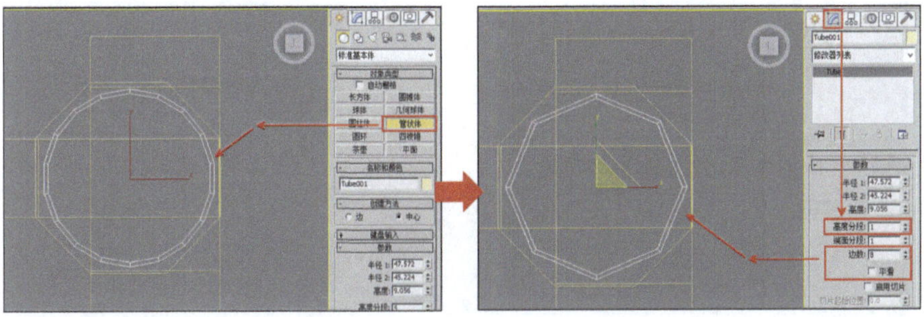

图 5-36

7）将管状体旋转 22.5°，使用创建立方体工具创建主体物上的细节，如图 5-37 所示。

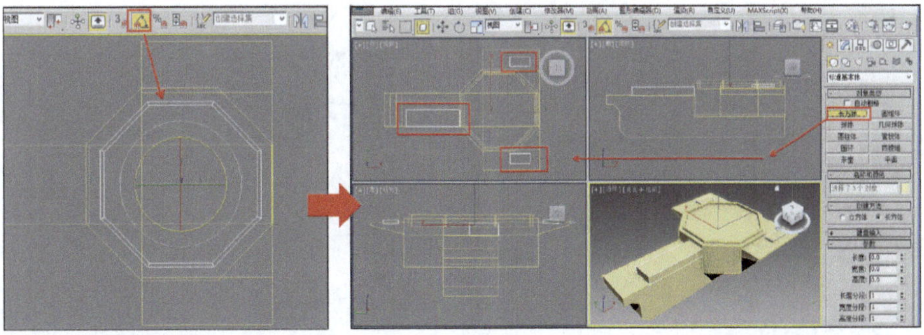

图 5-37

8）使用二维直线工具在前视图上绘制直线，进入修改面板，在渲染展卷栏中勾选【在视口启用】和【在渲染启用】，刚才所画的线就变成了管子形状；调节【厚度】的粗细值，控制管子的粗细，如图 5-38 所示。

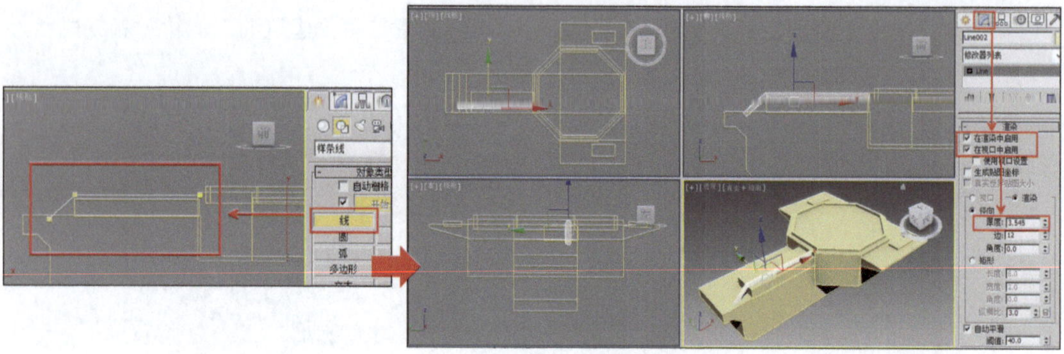

图 5-38

注 意

画一条直线，让它能够渲染，是制作管子、电线的好方法。

9）选择停机坪附属物体，单击右键，将其转换为【可编辑多边形】，将它的两个直角变成斜角，如图 5-39 所示。

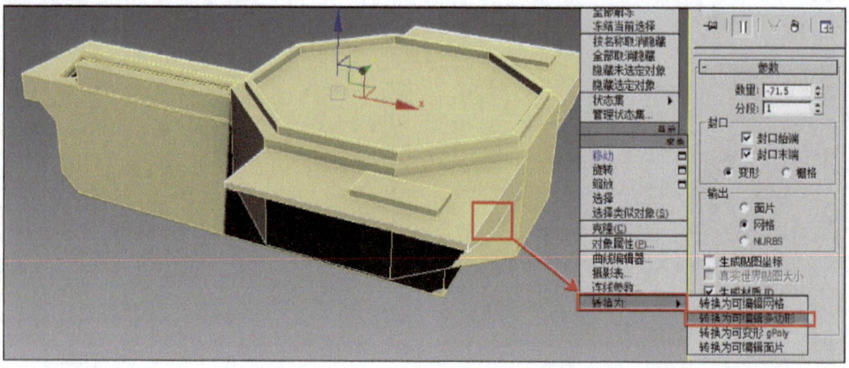

图 5-39

10）在主工具栏激活【窗口】选择模式，进入可编辑多边形的【边】子物体的级别，选择需要变成斜边的两条边，使用【切角】命令进行切角对齐，如图 5-40 所示。

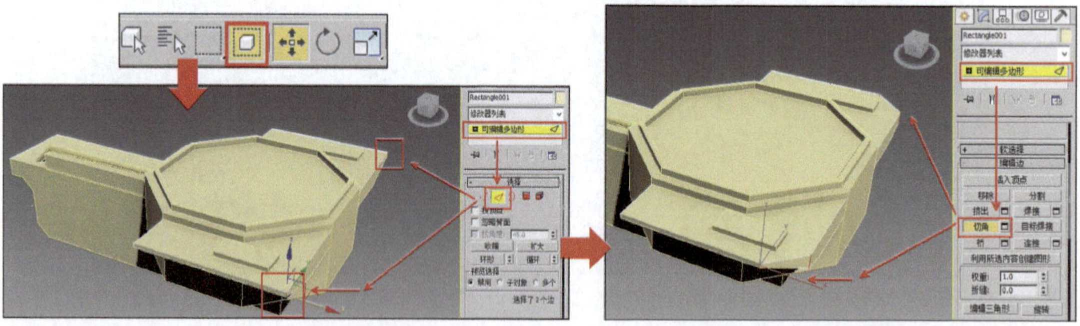

图 5-40

11）在前视图上创建停机坪附属物几何图形并挤出，创建附属物剖面图形，将其【车削】，车削时注意调整轴的正确位置，如图 5-41 所示。

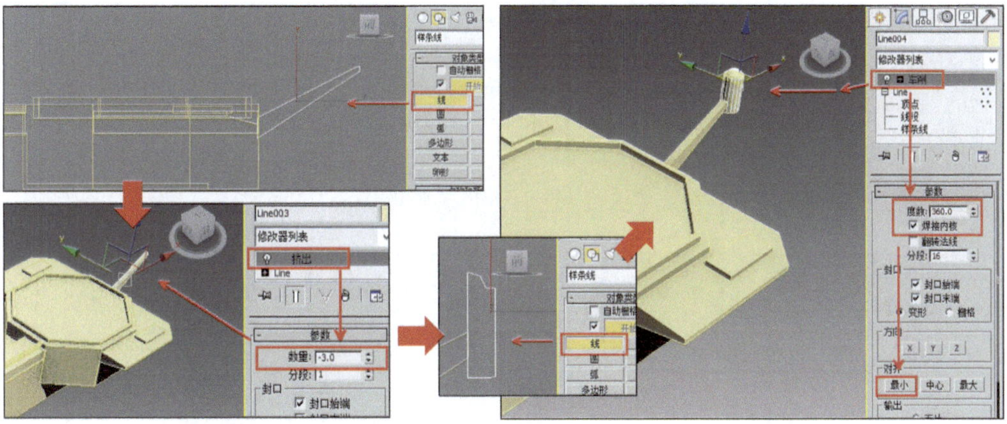

图 5-41

12）选择两个附属物体，使用菜单命令将其【群组】，如图 5-42 所示。

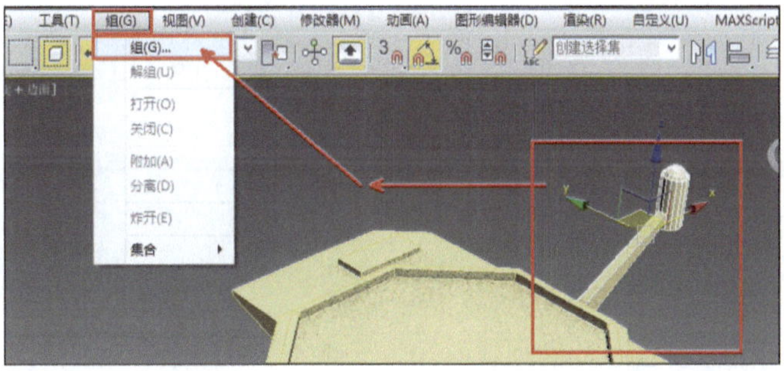

图 5-42

13）进入【层次】面板，单击【仅影响轴】命令，使用对齐工具将附属物体的轴对齐到停机坪的中心，然后旋转复制，停机坪附属物体创建完成，如图 5-43 所示。

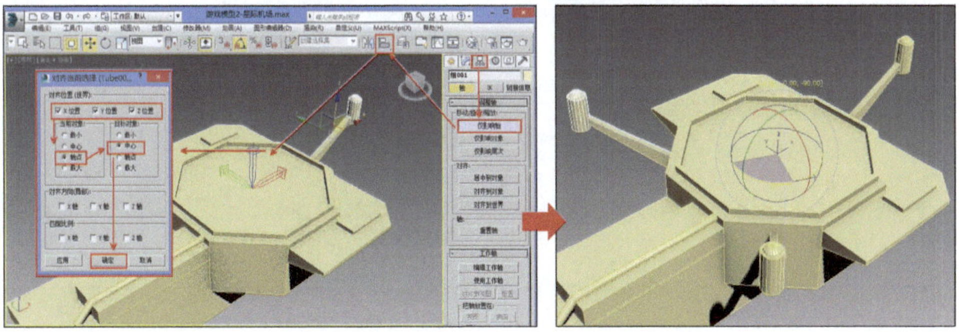

图 5-43

2. 制作停机坪侧面空洞

1）选择停机坪主体物体，单击右键，将其转换为可编辑的多边形，在多边形子物体级别选择需要开孔的表面多边形，使用【插入】命令进行插入；再使用【挤出】命令向内进行挤出，选择物体底部平面；使用【倒角】命令，进行挤出后放大和挤出后缩小两次操作，底部结构制作完成，如图 5-44 所示。

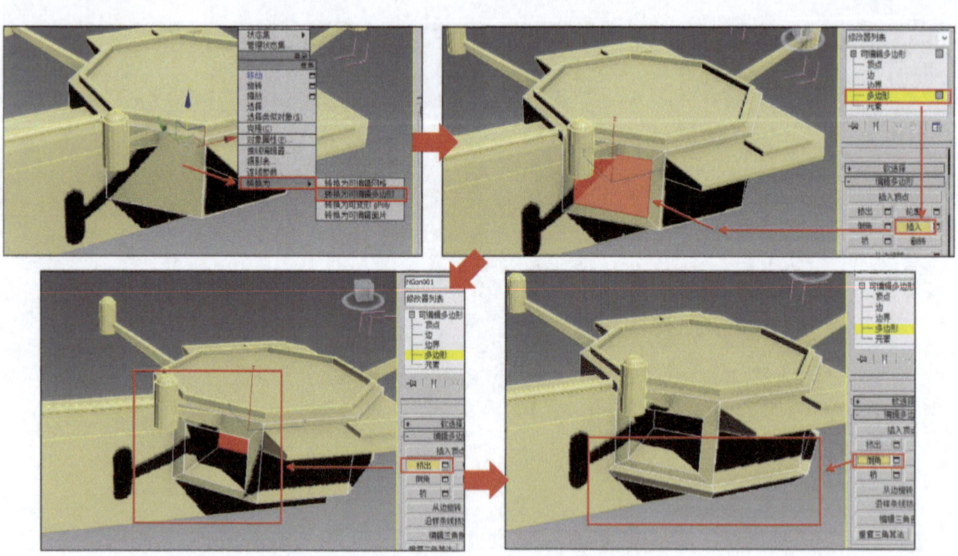

图 5-44

2）在边的子物体级别，选择需要倒角的四条边，使用【切角】工具对边进行切角，停机坪的倒角空洞就完成了，如图 5-45 所示。

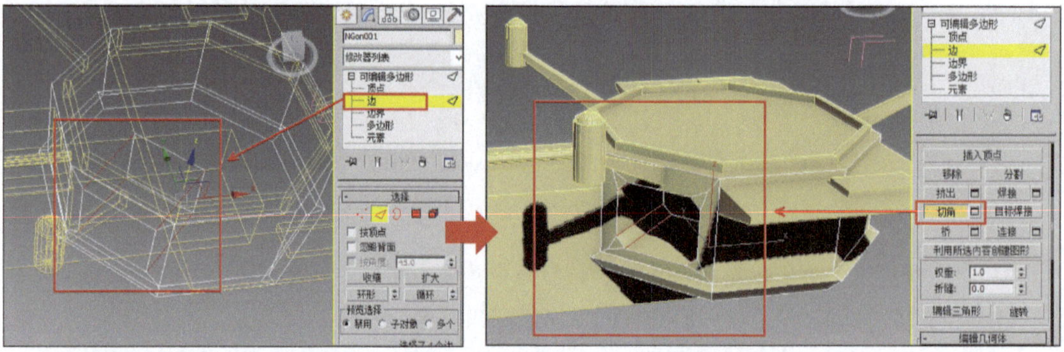

图 5-45

3）星际飞机制造厂的主体基本完成。

3. 制作主体的 6 个支撑部件

1）在顶视图上创建球体，移动到支撑件的位置，进入修改面板，使用半球命令对球体进行切割，如图 5-46 所示。

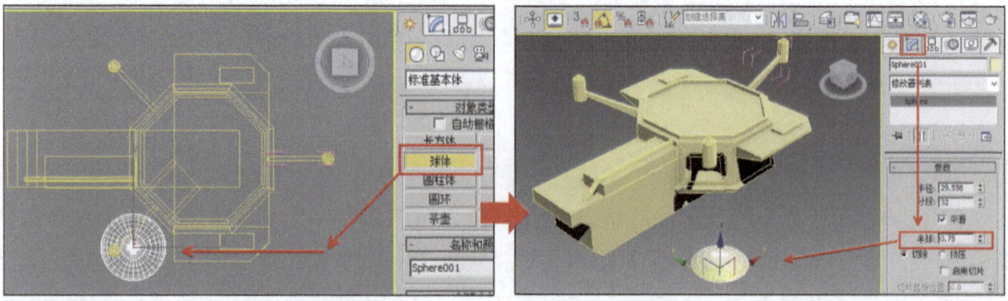

图 5-46

2）在前视图上，使用二维直线工具绘制出三角形。进入修改面板，进入顶点级别，选择三个顶点并单击右键，在弹出的顶点菜单中选择【Bezier 角点】选项，使用移动工具移动 Bezier 角点的手柄，调节曲线的曲率，如图 5-47 所示。

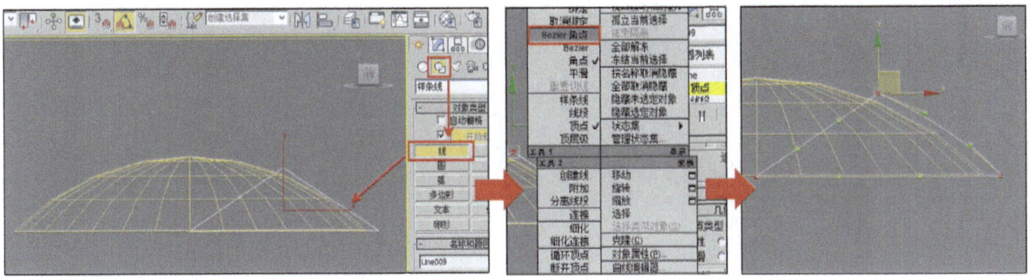

图 5-47

3）完成后对曲线进行【车削】，注意调整车削的轴，最后将车削完成的物体与半球对齐，如图 5-48 所示。

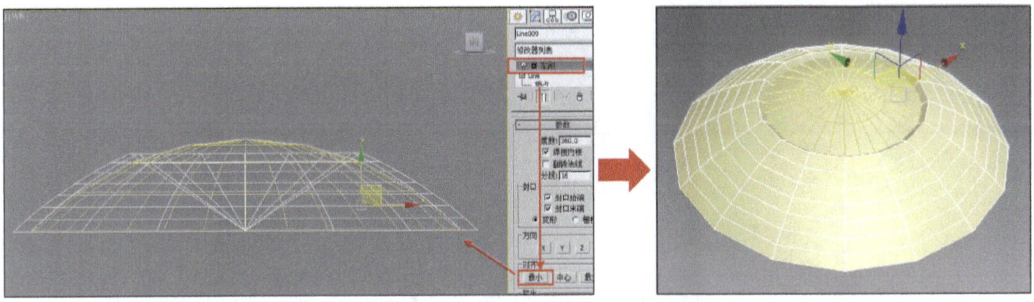

图 5-48

4）由于要完成的支撑部件细节由 7 部分组合而成，要求我们车削旋转的角度不能是 360°。360°÷7≈51.428°，这说明每个细节角度相差 51.428°，如图 5-49 所示。

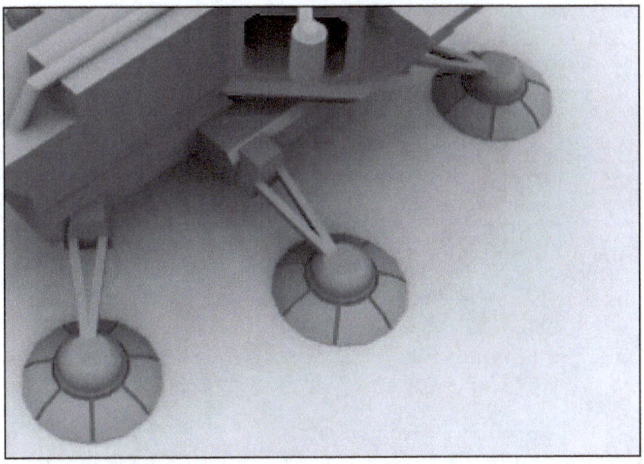

图 5-49

5）选择辅助物，进入【层次】面板，选择【仅影响轴】，单击【居中到对象】，完成对附属物轴心的修改。在【角度捕捉】工具上单击右键，将角度捕捉设置为 51.428°，如图 5-50 所示。

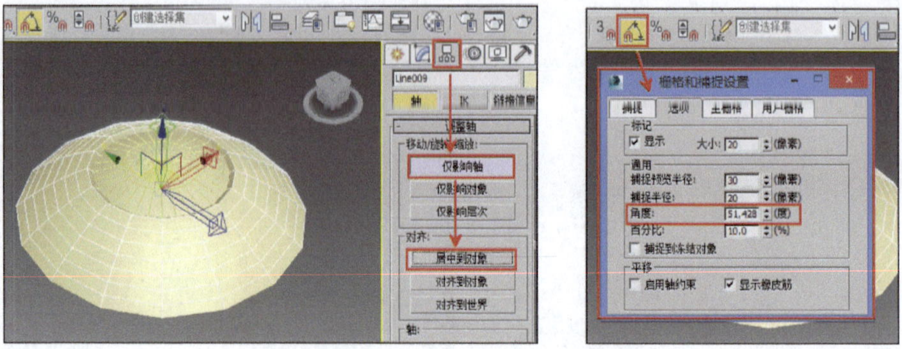

图 5-50

6）进入【修改】面板，将车削的角度由 360°调整为 39.5°。使用旋转工具对附属物进行复制，注意勾选关联复制，共复制 6 个。修改某一个复制出来的附属物旋转角度，支撑部件主体基本完成，如图 5-51 所示。

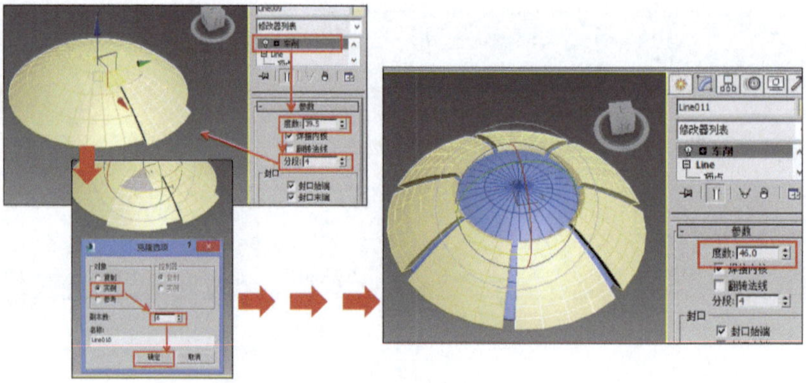

图 5-51

7）在左视图上创建矩形，单击右键，将其【转换为可编辑样条线】，如图 5-52 所示。

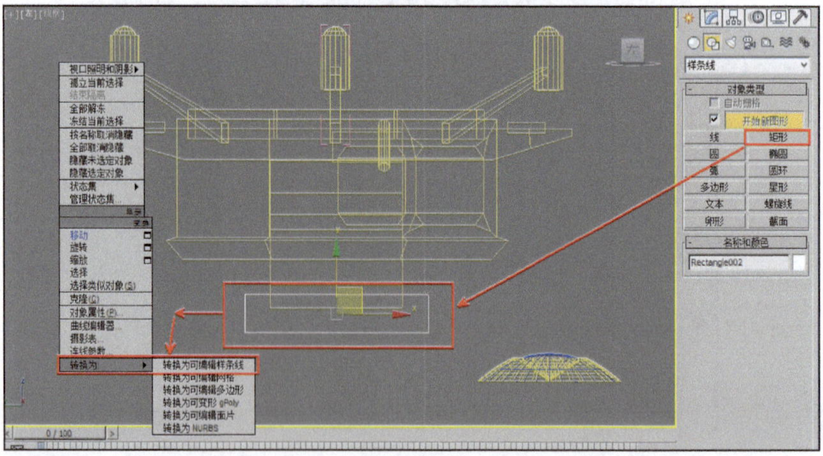

图 5-52

8）在编辑样条线的【顶点】级别，选择两个顶点，对其进行【切角】操作，如图 5-53 所示。

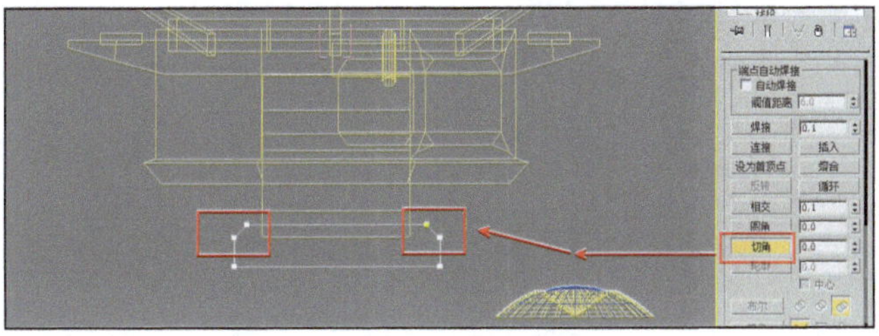

图 5-53

9）修改完成后使用【挤出】命令将模型挤出，如图 5-54 所示。

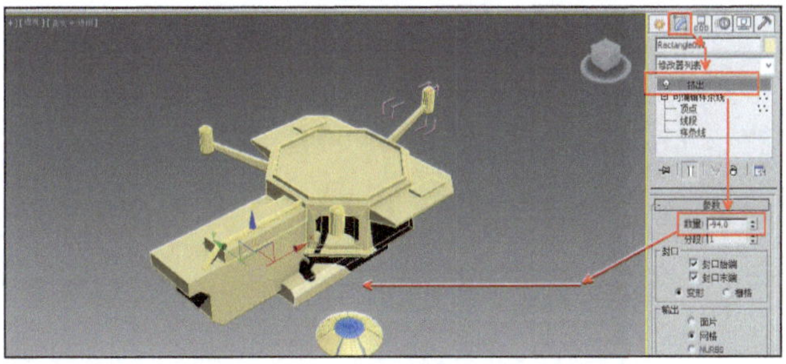

图 5-54

10）使用【车削】、【挤出】工具完成细节，将它们按正确的大小比例堆砌在一起，飞机制造厂的支撑部件完成，如图 5-55 所示。

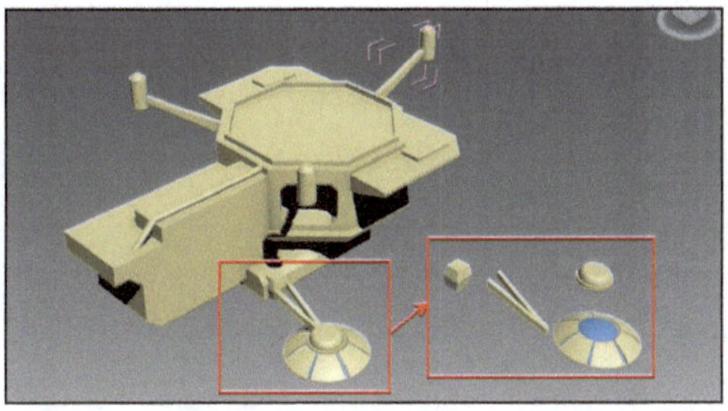

图 5-55

11）选择飞机制造厂支撑部件，将其进行群组，如图 5-56 所示。

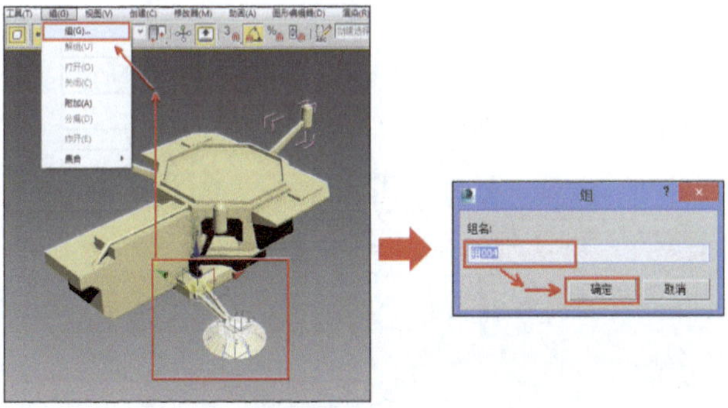

图 5-56

12）对群组后的支撑部件进行旋转复制，完成一侧后，选择右侧 3 个支撑部件，对其进行镜像复制，并移动到正确的位置上，如图 5-57 所示。

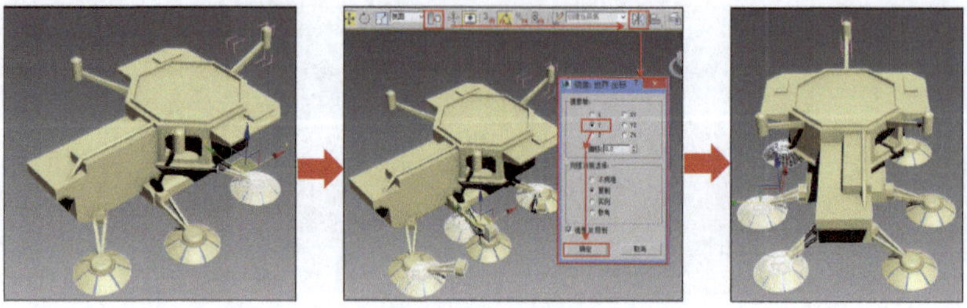

图 5-57

13）创建长方体物体，为装置中心部分增加细节，如图 5-58 所示。

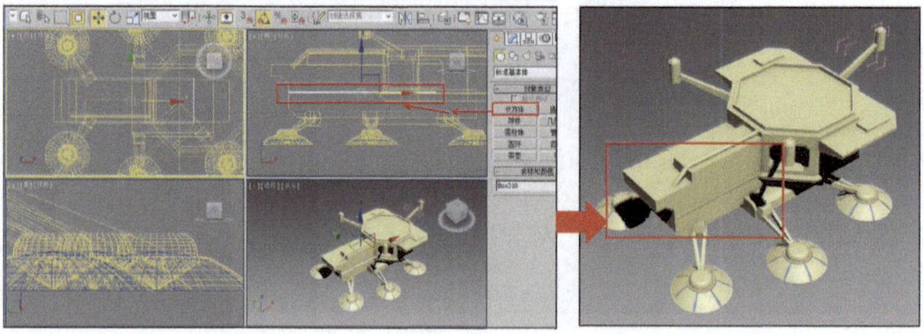

图 5-58

14）查看参考图，发现机场主体装置前端有整体缩小和向内凹陷的细节。选择主体物体，进入修改面板，将挤出的【分段】数改为 5，如图 5-59 所示。

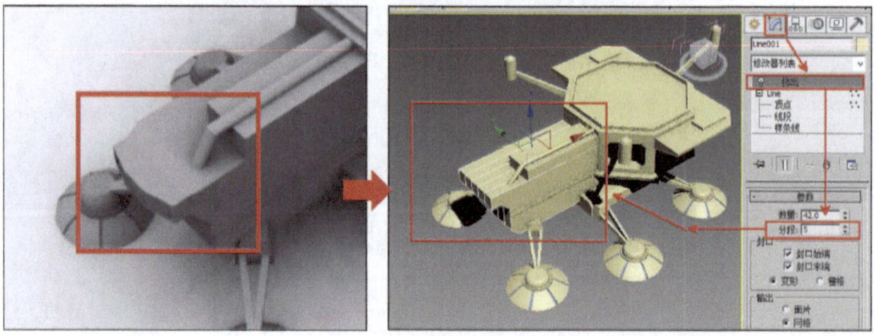

图 5-59

15）右键将其【转换为可编辑多边形】，按 Alt+Q 组合键孤立地旋转物体，在【边】子物体级别，选择顶部边，使用【连接】工具将其连接，如图 5-60 所示。

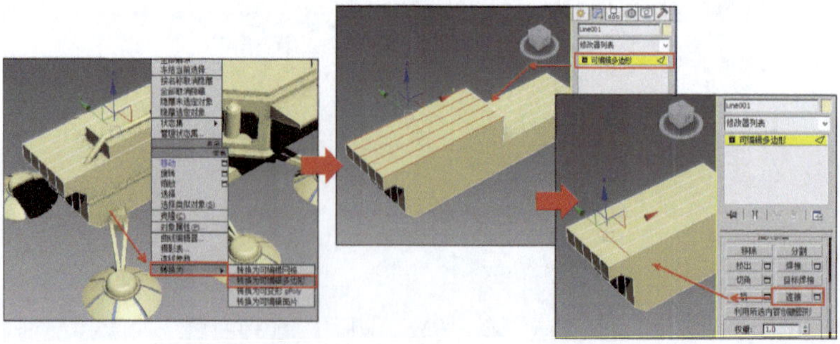

图 5-60

16）再次选择前端的边，使用【连接】工具连接，如图 5-61 所示。

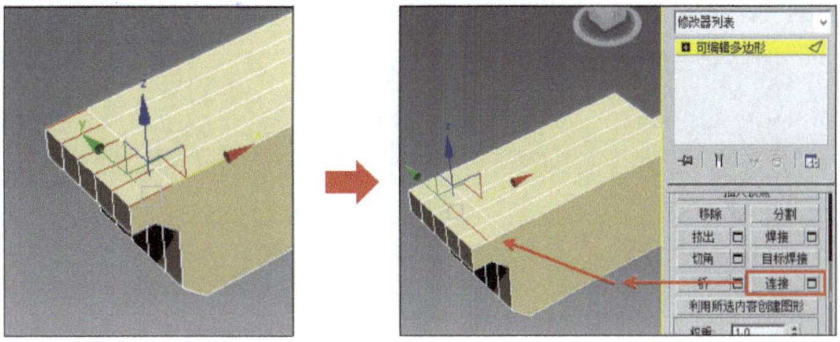

图 5-61

17）右键选择【剪切】工具，从上面顶点剪切到下面拐点，在物体两侧分解剪切两次，如图 5-62 所示。【连接】和【剪切】工具都是用来分割多边形的，不同之处是：【连接】分割平均，一般用来等分物体；【剪切】操作灵活，一般用来细分角色模型。

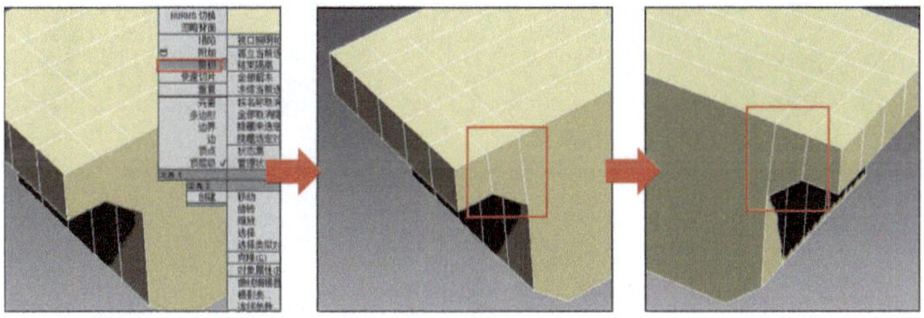

图 5-62

18）选择上面分割线，适当移动调整位置。进入【多边形】子物体级别，选择前面所有的面，使用【缩放】工具的三维缩放将其缩小，如图 5-63 所示。

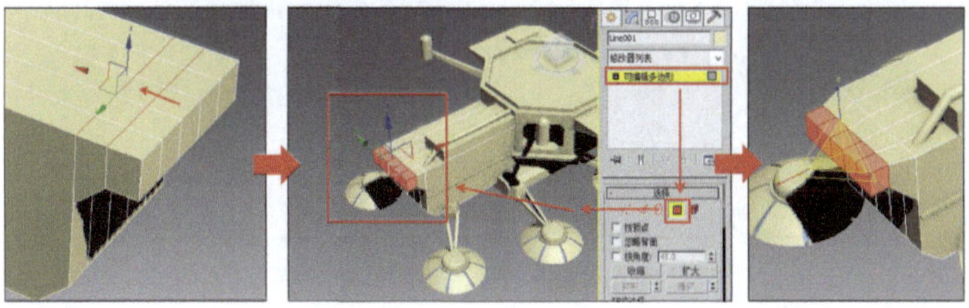

图 5-63

19）进入顶视图，在【顶点】子物体级别，分别框选前端顶点，将其水平移动，形成圆弧造型，如图 5-64 所示。

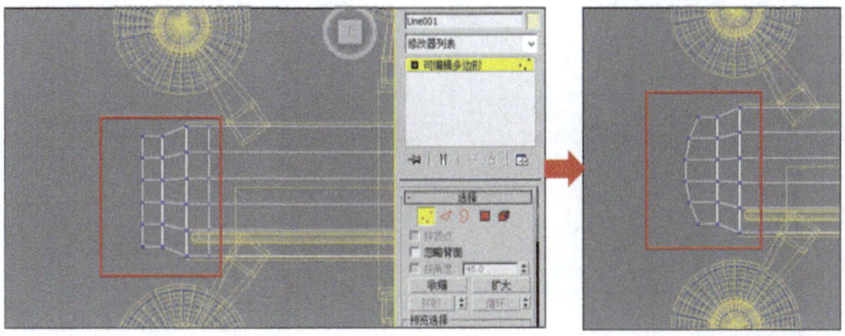

图 5-64

20）在【多边形】子物体级别选择前端表面，使用【插入】命令，将其向内插入，再使用【挤出】命令，向内挤出，如图 5-65 所示。

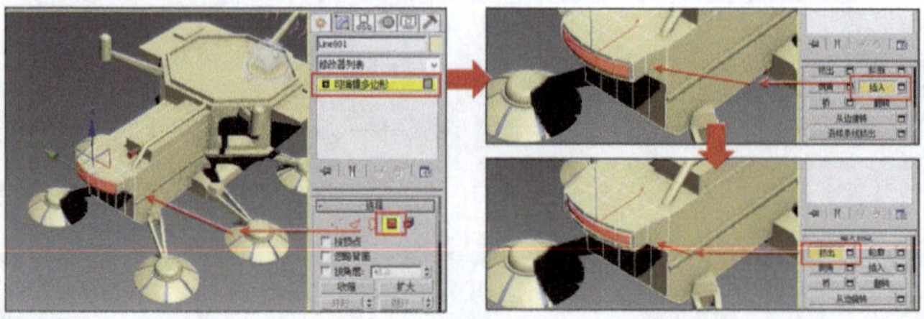

图 5-65

21）适当调整模型比例、位置，星际游戏飞机制造厂模型就完成了，如图 5-66 所示。

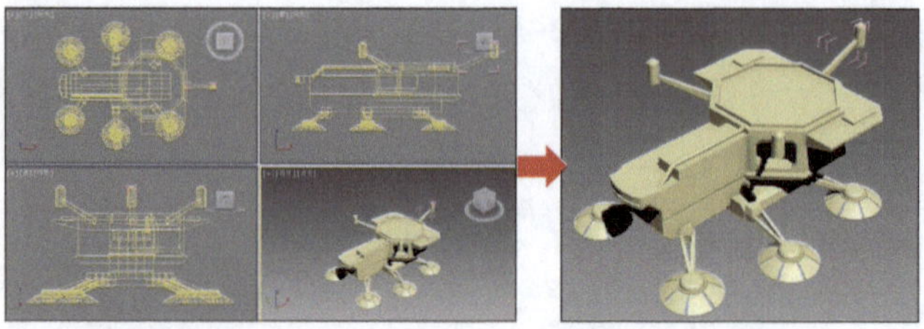

图 5-66

4. 对模型赋予材质和进行渲染

1）创建一个较大的长方体物体，把它作为整个环境的地面，如图 5-67 所示。

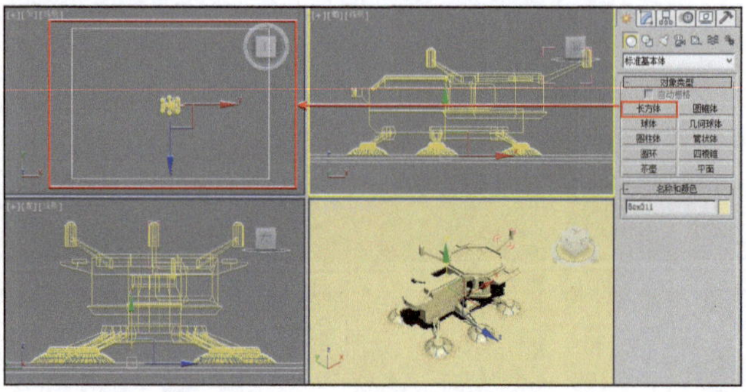

图 5-67

2）按 M 键，打开材质编辑器，选择任意一个材质球，将其赋予地面物体，材质赋予物体的方法在 5.3 节中已详细讲述，将地面材质漫反射颜色调整为浅灰色，如图 5-68 所示。

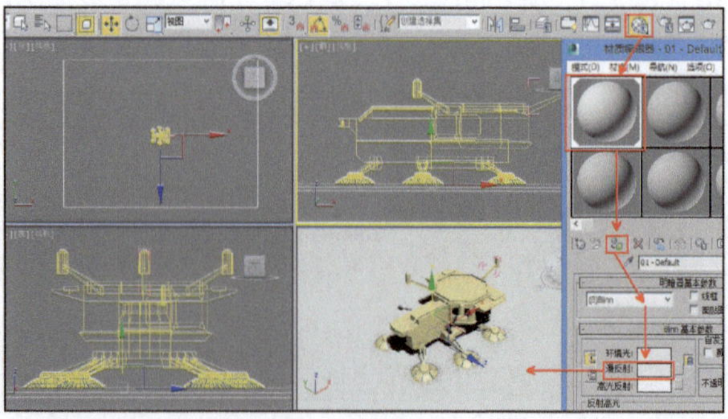

图 5-68

3）选择另一材质球，将漫反射颜色调整为灰色，赋予飞机制造厂所有物体，如图 5-69 所示。

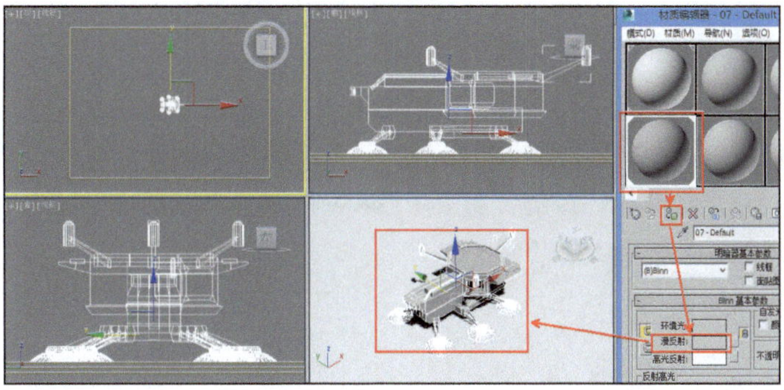

图 5-69

4）在场景的任何位置创建灯光中的天光。天光是没有位置角度要求的。使用【渲染】菜单中的【光线跟踪】命令，在弹出的对话框中单击【渲染】按钮，进行渲染，如图 5-70 所示。

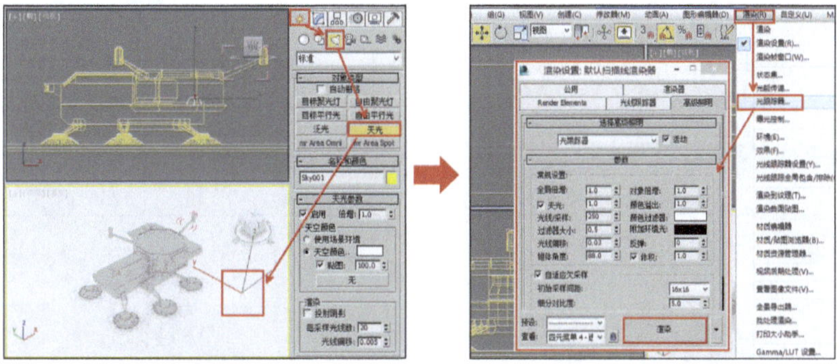

图 5-70

5）等待几分钟后，星际争霸游戏中人族飞机制造厂的模型就渲染好了，发现渲染图片有点灰，如图 5-71 所示。

图 5-71

6）选择【渲染】菜单中的【Gamma/LUT 设置】命令，去除【启用 Gamma/LUT 校队】勾选，再次渲染场景，模型对比度较好，渲染完成，如图 5-72 所示。

从人族机场的实例可以看出，不管多复杂的模型，只要能够将它进行拆分，分别建模，最后将它们堆砌在一起，我们就能快速、有效地创建游戏模型。

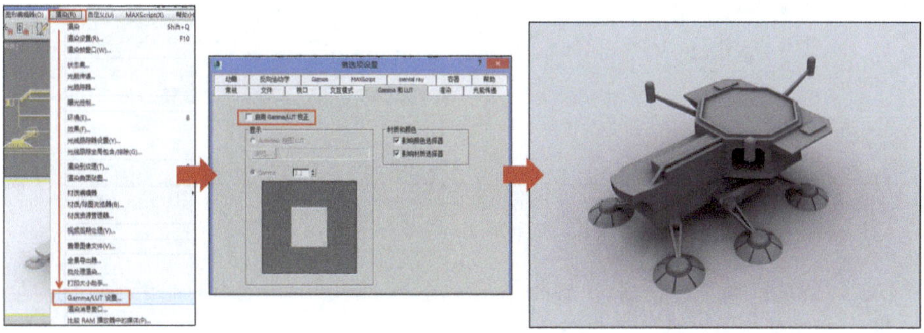

图 5-72

5.5 修改建模总结

三维软件中默认的几何形体并不多，而我们现实生活中的物体形态却千变万化，只有很好地掌握修改建模的思路、方法，才可能快速、准确地完成形态各异的动画模型。

下面提供一些使用修改建模完成物体的参考图和一些游戏场景的原画，大家可以通过前面讲到的方法进行练习，如图 5-73～图 5-77 所示。

图 5-73

图 5-74

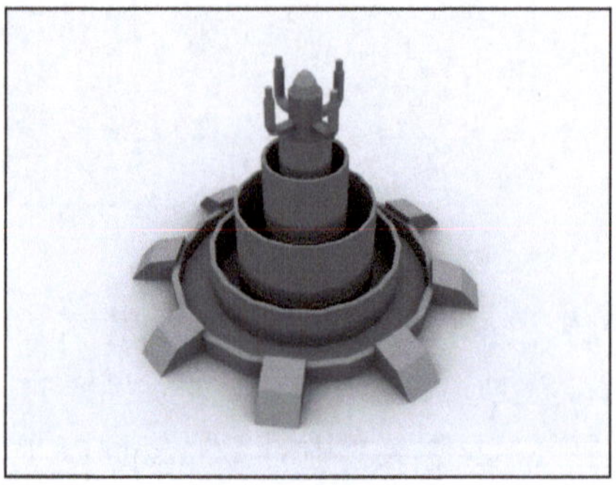

图 5-75

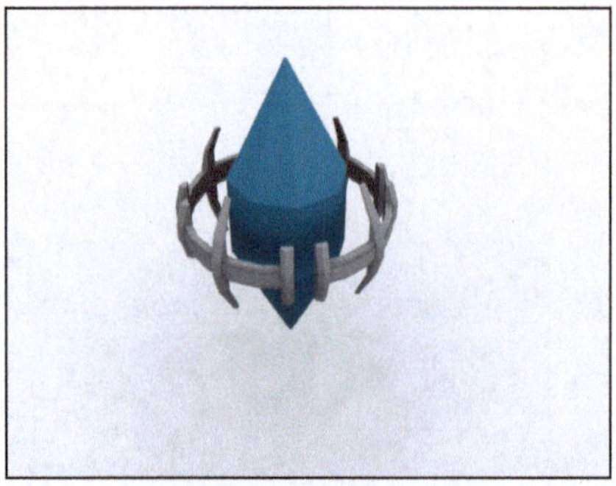

图 5-76

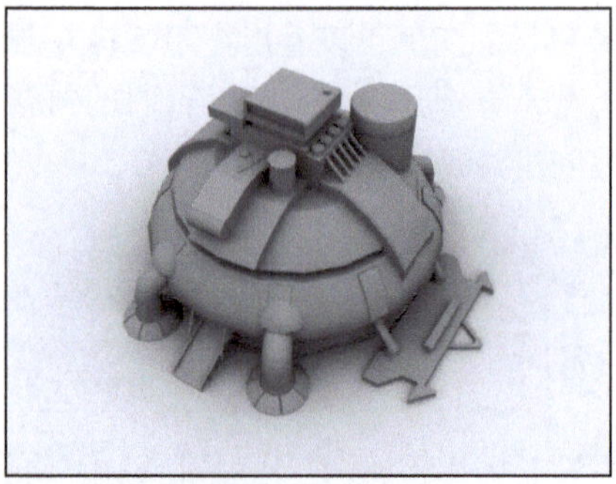

图 5-77

经典游戏《红色警戒》中的原画，如图 5-78～图 5-80 所示。运用前面讲述的堆砌修改建模的方法可以快速、准确地做出各种游戏场景模型。

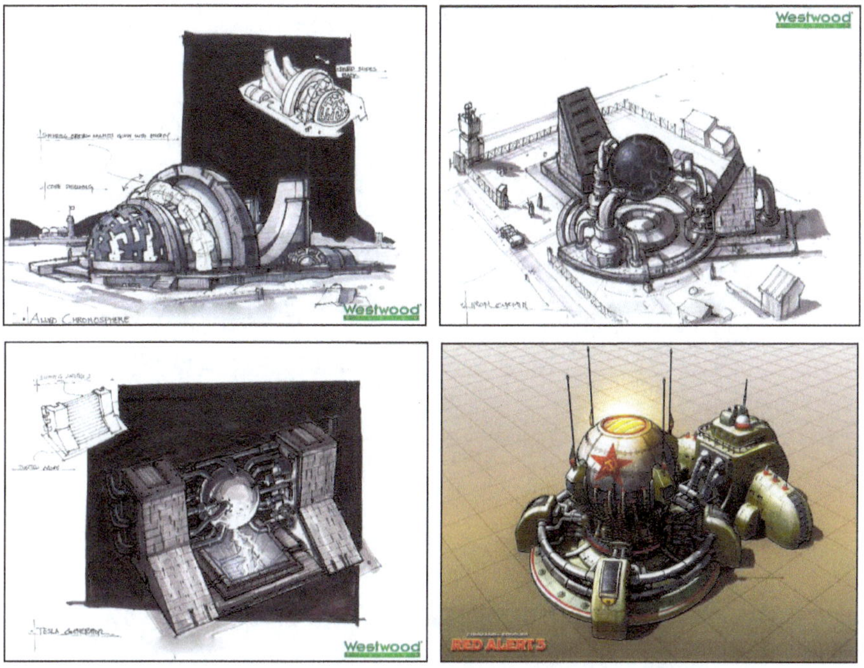

图 5-78

图 5-79

图 5-80

习题 5

1. 3ds Max 的建模总体思路是什么？确定建模思路所遵循的原则是什么？

2.《红色警戒》游戏建筑参考图的模型制作方法与人族房屋、飞机制造厂模型基本相同，大家可以根据参考图，练习完成下面的红警游戏模型，如图 5-81、图 5-82 所示。

图 5-81

图 5-82

第 6 章

3ds Max 中级建模——复合几何体建模

本章重点：

① 理解复合几何体建模思路。
② 运用放样建模方法完成常见模型的制作。
③ 掌握布尔运算的方法。

学习目的：

复合几何体建模是对基本几何体建模、扩展几何体建模、二维建模的扩展和补充，通过复合几何体建模知识的学习，了解并掌握复合几何体建模的方法，能够丰富和增强在实际工作中的建模思路。

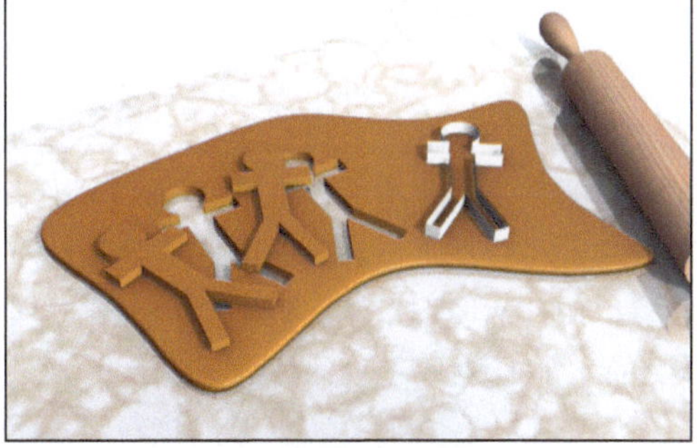

6.1 复合几何体建模综述

复合对象又称为复合几何体建模，在命令面板中创建三维物体展卷栏，从上到下依次是标准基本体建模、扩展基本体建模、复合对象建模，如图 6-1 所示。

复合对象建模的含义是：两个或两个以上几何形体复合在一起，形成新的模型。因此，复合对象建模有一个前提，必须两个或两个以上的物体参加，根据复合建模命令不同，参加复合建模运算的物体属性也不完全相同，主要有二维物体和三维物体。

复合几何体建模主要命令如图 6-2 所示，常用的是放样建模、布尔运算、增强布尔和增强切割。增强布尔和增强切割是 3ds Max 8.0 后新增的命令。复合对象中有些命令只能针对三维或二维物体有效，所以在没有选择相应的复合对象时，这些命令呈灰色状态。

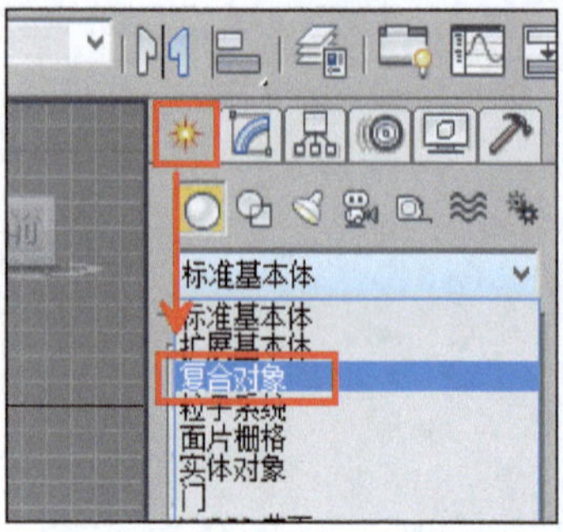

图 6-1

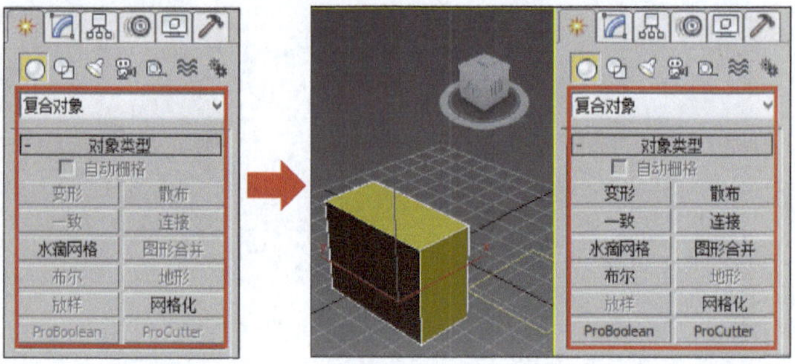

图 6-2

6.2 放样 Loft 建模

6.2.1 放样建模要素分析

【放样】建模起源于古代的造船技术，以龙骨为路径，在不同的截面处放入木板，从而产生船体模型。这种技术被应用于三维建模领域，就是放样建模，如图 6-3 所示。

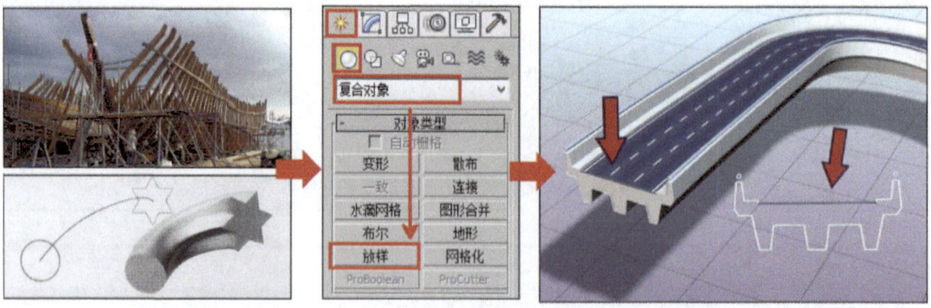

图 6-3

放样建模由两部分构成：【路径】和【截面图形】，如图 6-4 所示。

放样中的路径是唯一的，一个放样对象只能有一条路径。

放样中的截面图形是没有限制的，一个放样对象可以有很多不同形状的截面图形，但截面图形中每个截面图形样条线子物体的数量要求相同。例如，截面图形一是一个圆形，截面图形二是两个圆形，由于样条线子物体数量不同，它们是不能进行放样计算的。

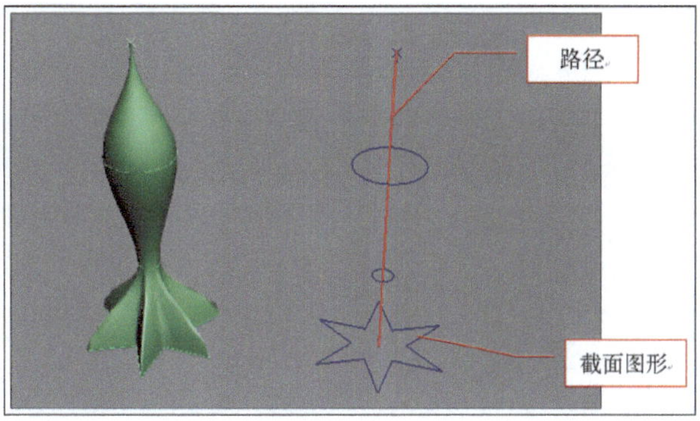

图 6-4

下面通过炮弹实例来学习放样的工作流程。

1）在前视图创建一条直线，作为放样的路径，在透视图创建一个星形和大中小三个圆，作为放样的截面图形，分别代表炮弹从底部到顶部的不同横截面，如图 6-5 所示。

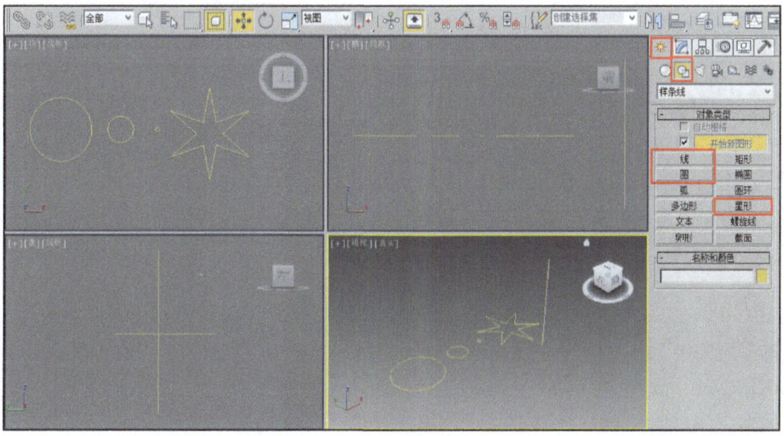

图 6-5

2）选择放样的路径，激活【放样】命令，在弹出的面板上选择【获取图形】命令，选择创建好的星形截面图形，星形截面图形就被放置到了路径的开始位置，如图 6-6 所示。

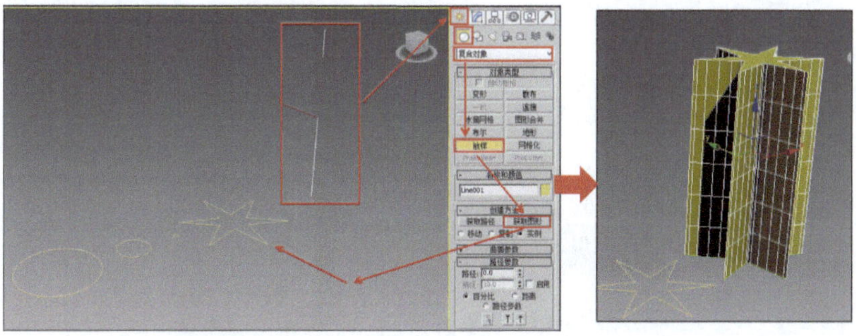

图 6-6

3）进入修改面板，调整【路径】的【百分比】为 20，再选择【获取图形】命令，单击中等大小的圆形，如图 6-7 所示。

注　意

放样建模的核心就是在路径的不同位置上放置不同的截面图形。

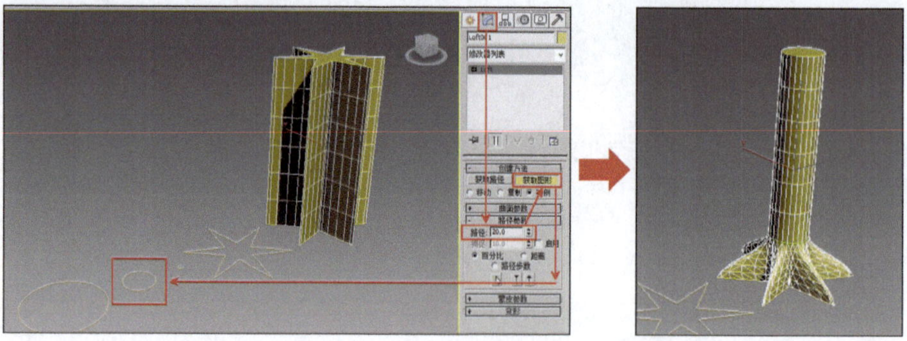

图 6-7

4）改变路径百分比为 65，使用【获取图形】命令点选炮弹的最大截面图形；再将路径百分比改为 100，使用【获取图形】命令选择最小的截面图形，炮弹模型完成。对炮弹高度和横截面的修改，都可以进入放样路径和图形子物体进行，如图 6-8 所示。

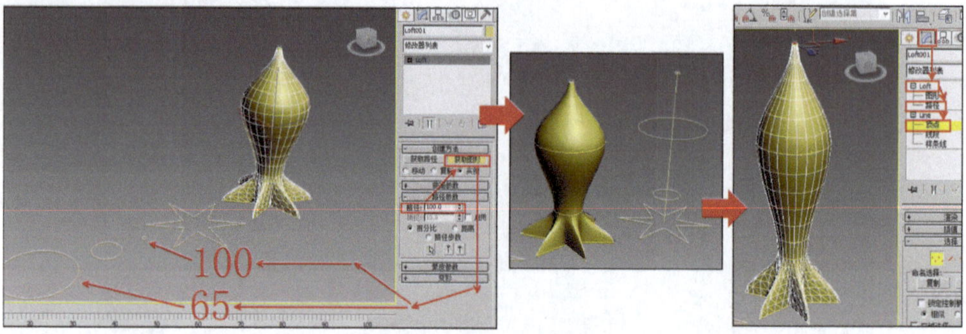

图 6-8

注　意

这个炮弹模型是用以前的修改建模不太容易完成的，每种建模方式都有自己的长处，只有理解它们的工作原理，熟悉案例制作，才能灵活运用。

6.2.2　放样制作罗马柱

下面来完成罗马柱制作实例。制作思路如图 6-9 所示。

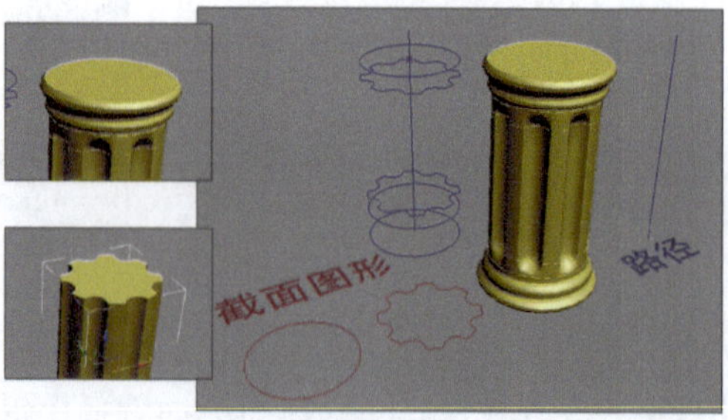

图 6-9

1. 罗马柱横截面二维图形的制作

1）罗马柱界面图形由圆形和齿轮形组成。在顶视图中完成二维圆形，按 Shift 键将圆形复制，如图 6-10 所示。创建一个小圆，使用【对齐】命令对齐到复制的大圆中心。

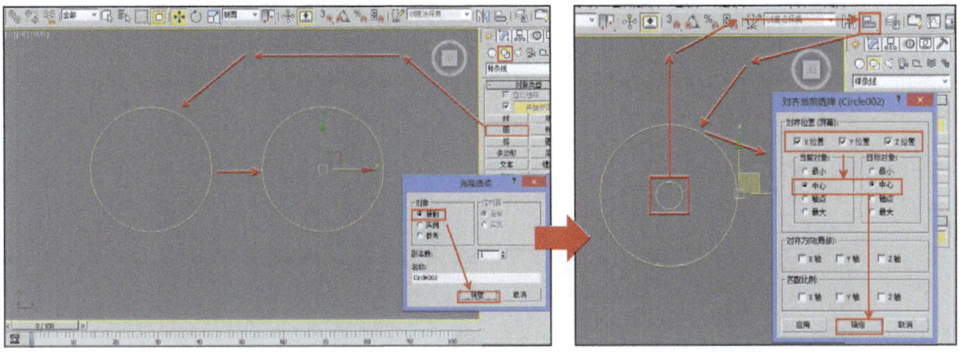

图 6-10

2）进入层级面板，打开【仅影响对象】命令，将小圆物体平移到大圆右侧，关闭【仅影响对象】命令，打开角度捕捉工具，使用旋转工具配合 Shift 键旋转 45°，复制 7 个小圆物体，如图 6-11 所示。

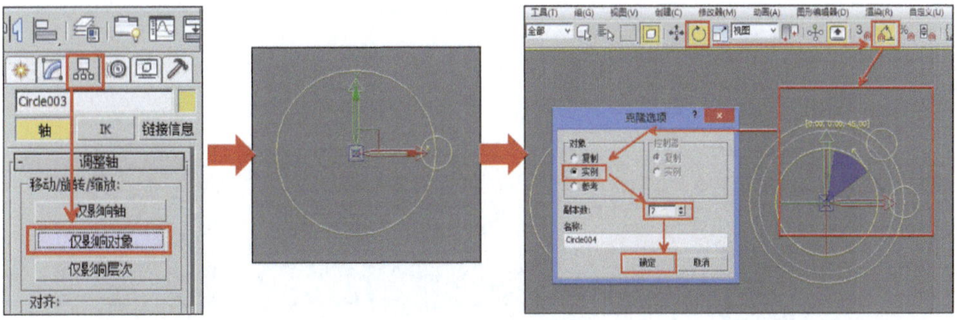

图 6-11

3）选择大圆，单击右键，将其【转换为可编辑样条线】，使用【可编辑样条线】中的【附加】命令将其他小圆依次附加成一个物体，如图 6-12 所示。

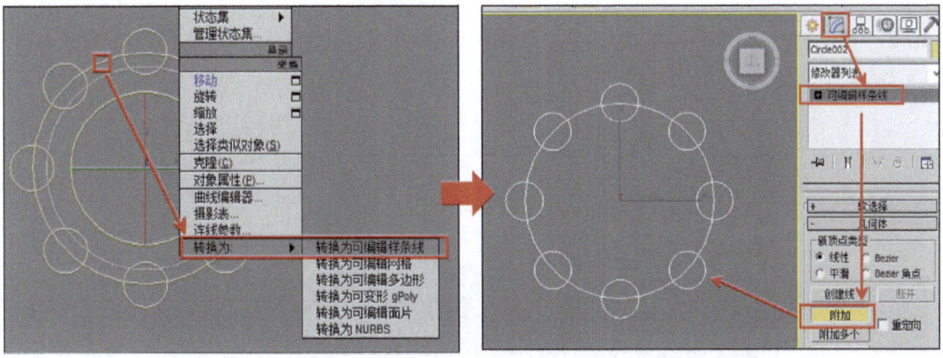

图 6-12

4）进入【样条线】级别，选择大圆，使用【布尔】运算的相减命令，将小圆依次减去，形成锯齿装，如图 6-13 所示。

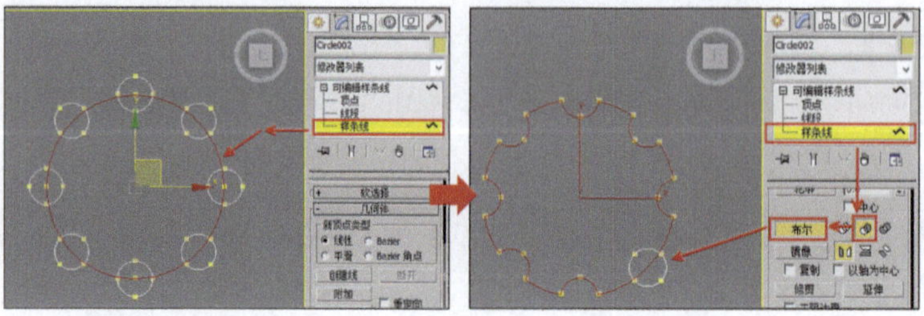

图 6-13

5）进入【顶点】子物体级别，选择齿轮边缘的所有顶点，使用【圆角】命令将其倒圆角，如图 6-14 所示。

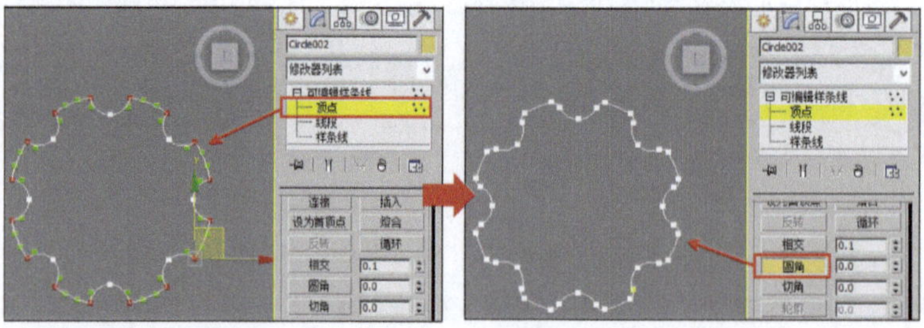

图 6-14

6）选择 X 轴正方向顶点，使用【设为首顶点】命令将其设为首顶点（截面图形首顶点位置相同能够防止放样扭曲），罗马柱截面图形完成。如图 6-15 所示。

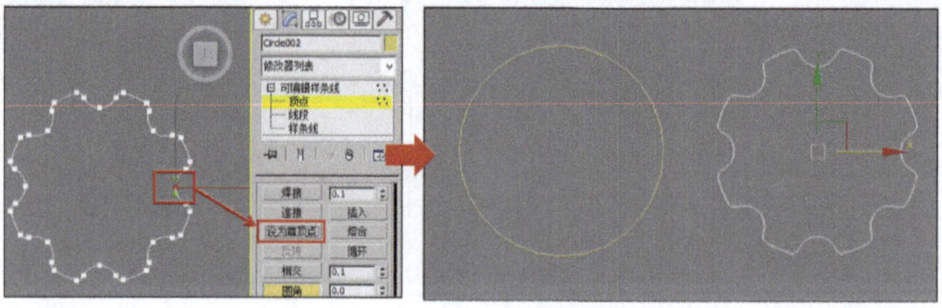

图 6-15

2. 制作罗马柱放样

1）创建一条由下向上的直线，由下向上可让直线起始点在下方，物体放样时路径百分比 0 的位置就是起始点，如图 6-16 所示。

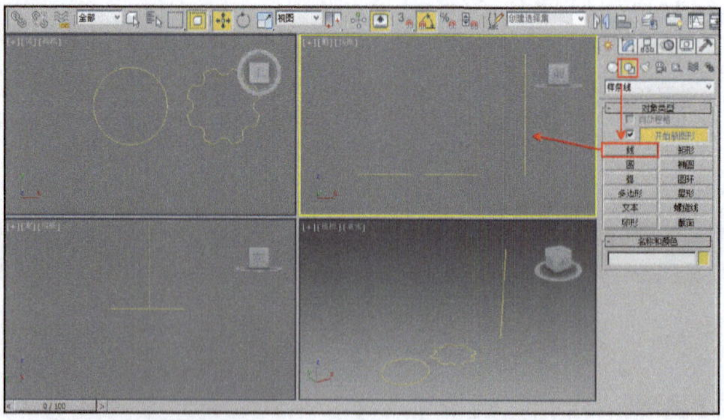

图 6-16

2）选择直线物体，进入复合对象建模面板进行放样，单击【获取图形】按钮获取圆形截面，调整【路径】百分比为 10。再次获取圆形截面图形，调整【路径】百分比为 18 和 82，分别获取齿轮形；调整【路径】百分比为 90，获取圆形，罗马柱放样基本形状完成，如图 6-17 所示。截面图形位置微调可进入修改面板【子物体】级别修改。

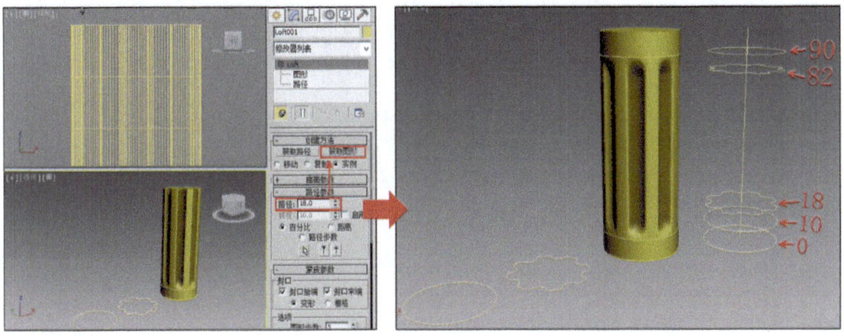

图 6-17

3. 制作柱头柱脚变形

1）在修改面板中进入【缩放】变形器，弹出变形曲线面板，如图 6-18 所示。

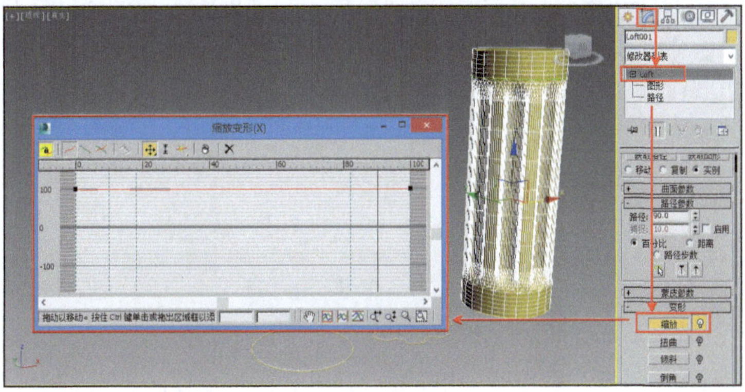

图 6-18

2）在变形曲线两段各添加两个变形控制点，选择添加的控制点，单击右键，将其转换为【Bezier 角点】，如图 6-19 所示。

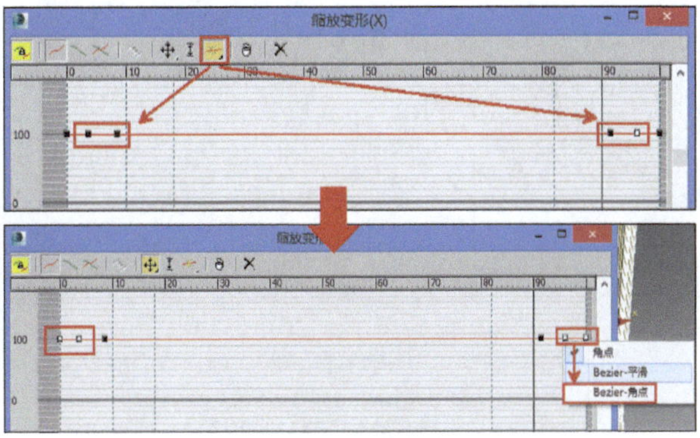

图 6-19

3）移动 Bezier 曲线的控制手柄，调整好变形弧度，罗马柱模型完成，如图 6-20 所示。

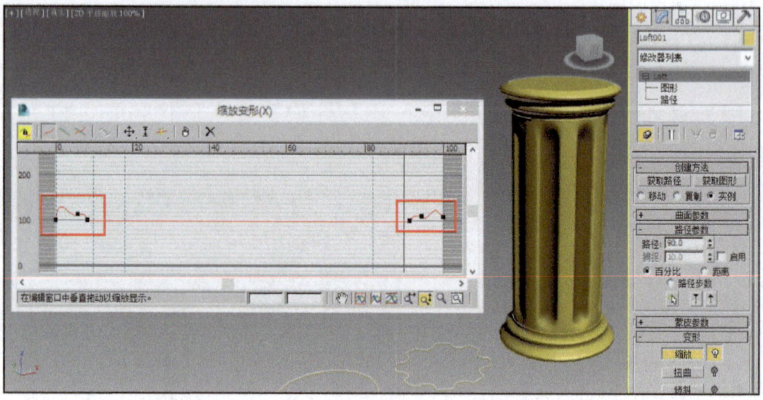

图 6-20

图 6-21 为罗马柱实体与放样结构示意图。缩放曲线的增加与修改，能变化出更多的缩放结果。

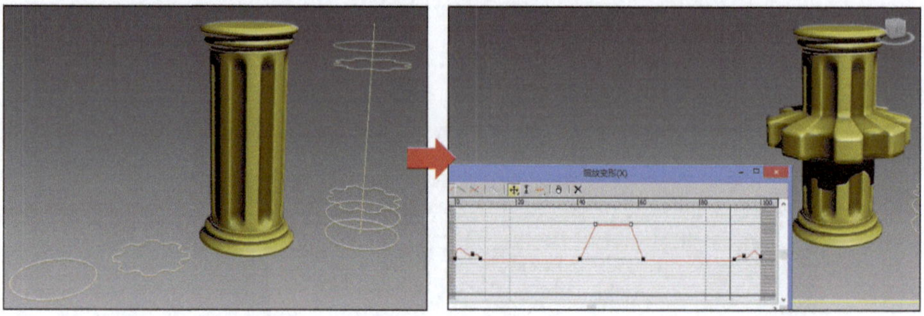

图 6-21

6.3 布尔运算

布尔运算是一种数学算法，针对两个相交的三维几何形体进行，在 3ds Max 中能够得到两个三维几何形体的相加、相减、相交的结果，如图 6-22 所示。

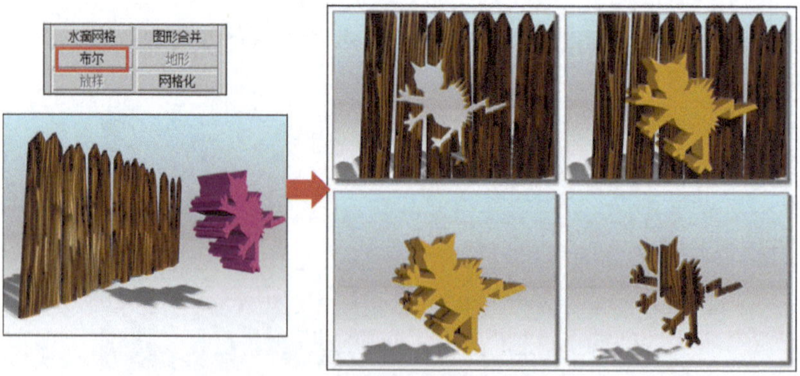

图 6-22

比如，一个立方体和一个球体相交，通过布尔运算能得到 3 种结果，如图 6-23 所示。

布尔运算的流程如下：① 创建模型，保证模型有相交的部分；② 选择 A 物体，进入复合几何体命令面板；③ 选择布尔命令，挑选 B 物体按钮；④ 选择相加、相减或相交运算模式；⑤ 拾取 B 物体，布尔运算完成。

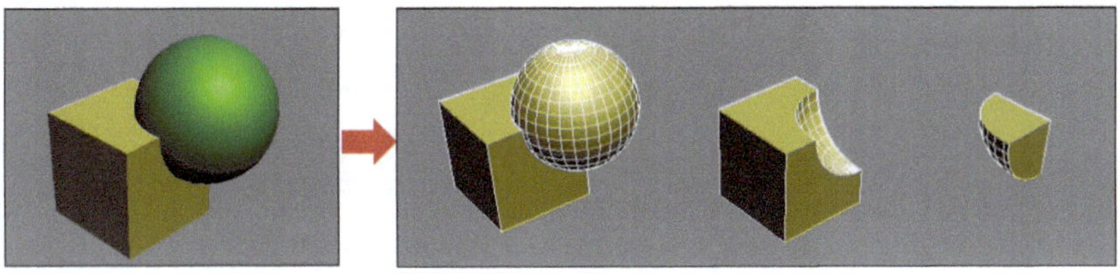

图 6-23

6.4　其他复合几何体建模工具

1．Morph（变形）与 Scatter（散布）

Morph（变形）是针对点、边、面数相同的物体，通常用来制作表情变形动画，其工作原理是，创建相同点、边、面数的表情变形模型，使用变形工具让其在不同表情之间变化，如图 6-24 所示。

Scatter（散布）是指将物体 A 按一定要求散布到物体 B 的表面，通常用来模拟树林、草丛、卡通角色的头发等，如图 6-25 所示。

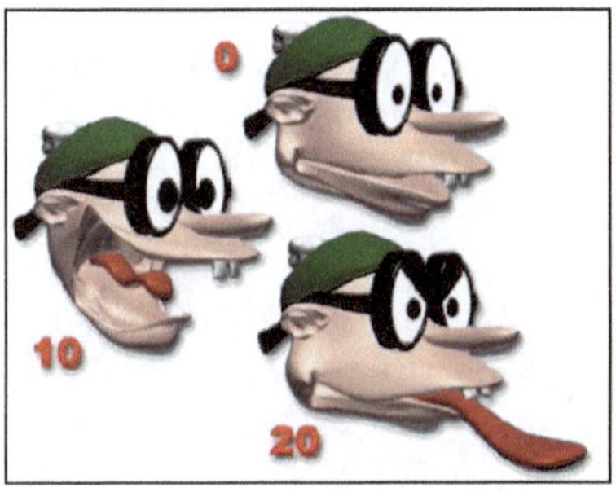

图 6-24

图 6-25

2．Conform（一致）与 Connect（连接）

Conform（一致）通过将某个对象的顶点投影至另一个对象的表面而创建，可以用来模拟山坡上蜿蜒的公路，如图 6-26 所示。

Connect（连接）能将两个有面开口的三维物体间自动连接，通常用来快速实现模型无缝对接，如图 6-27 所示。

图 6-26

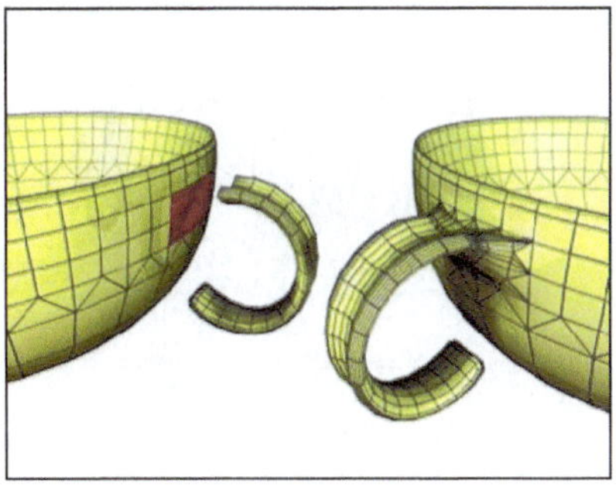

图 6-27

3．BlobMesh（水滴网格）

水滴网格（BlobMesh）通常可以配合三维模型或粒子使用，能快速实现模型分子之间融合的现象，如图 6-28 所示。

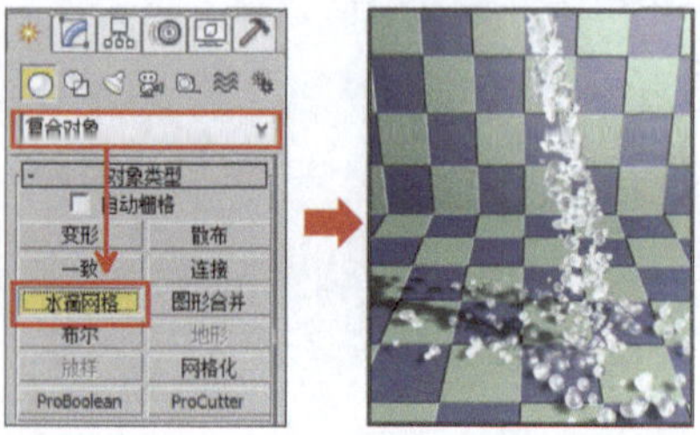

图 6-28

使用水滴网格能快速创建出一块巧克力饼干模型，具体操作流程如下：创建一个平面物体，再创建一个【水滴网格】物体，如图 6-29 所示；选择水滴网格物体，进入修改器面板，使用【拾取】命令拾取平面物体，适当调整参数，模型完成，如图 6-30 所示。

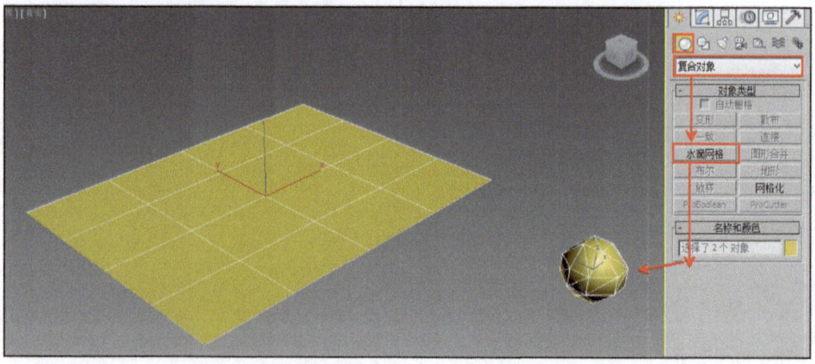

图 6-29

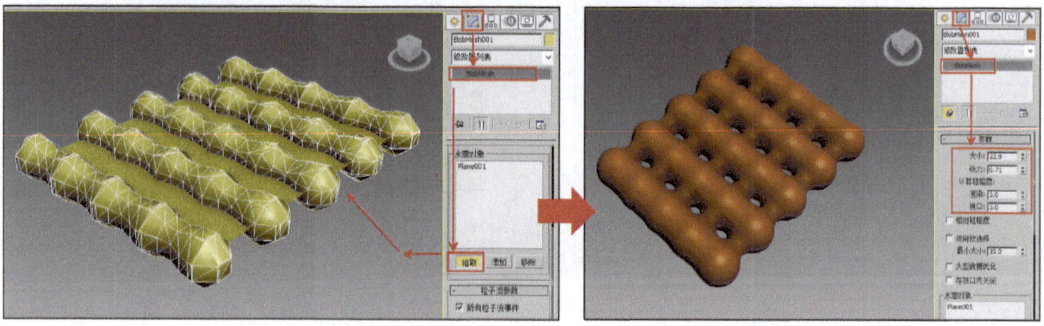

图 6-30

4．ShapeMerge（图形合并）

ShapeMerge（图形合并）是指将一个二维图形合并到一个三维形体上，从而加快三维模型表面细分的速度，如图 6-31 所示。

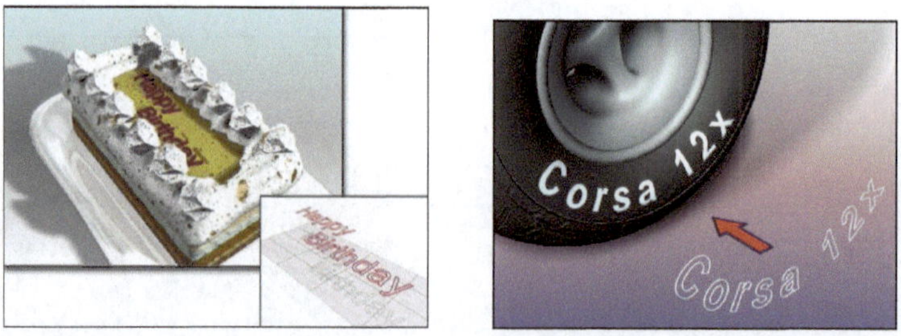

图 6-31

5. Terrain（地形）与 Mesher（网格化）

Terrain（地形）是指画出地形地面的等高线，然后将这些等高线进行连接，通常用来完成复杂地形表面，如图 6-32 所示。

Mesher（网格化）通常配合粒子系统使用，将粒子系统生成的粒子物体转换为网格，如图 6-33 所示。

图 6-32

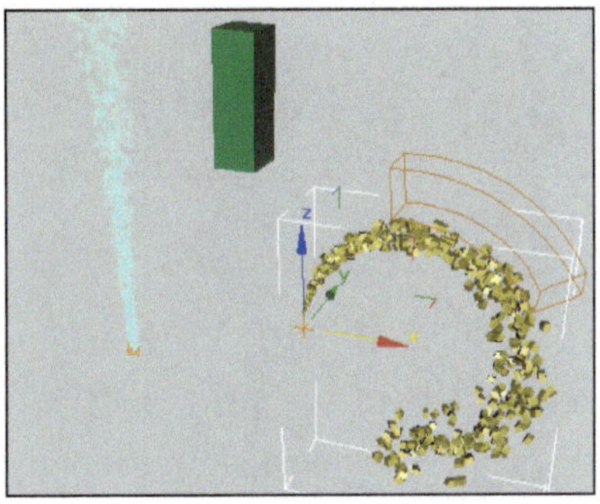

图 6-33

6.5　复合几何体新增工具

1. 超级布尔 ProBoolean

超级布尔是一种类似于布尔操作的建模方法，但功能更强大。超级布尔将大量功能添加到传统的 3ds Max 布尔对象中，如每次使用不同的布尔运算，立刻组合多个对象的能力。超级布尔还可以自动将布尔结果细分为四边形面，这样，在使用超级布尔网格平滑修改器时能够形成光滑的圆角边，如果不使用超级布尔是很难实现的。因此，超级布尔建模方法比较适合于创建对精确度或细节处理要求较高的模型，如工业造型等，如图 6-34 所示。

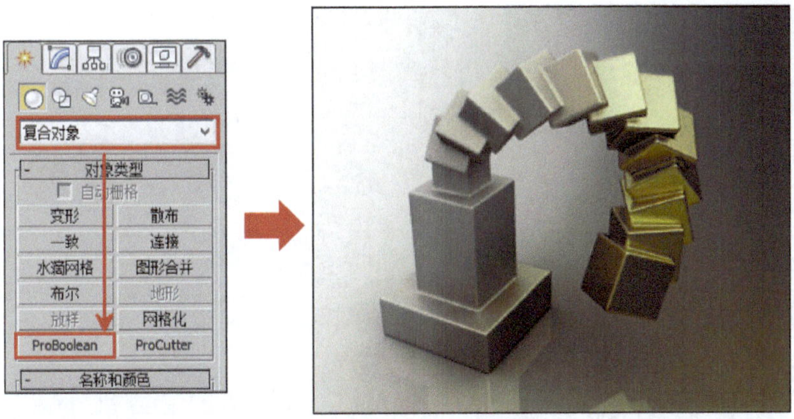

图 6-34

下面通过某个工业产品零件模型的制作方法学习超级布尔的工作流程。

1）创建【长方体】，编辑样条线，挤出成型的双孔长方体，如图 6-35 所示。

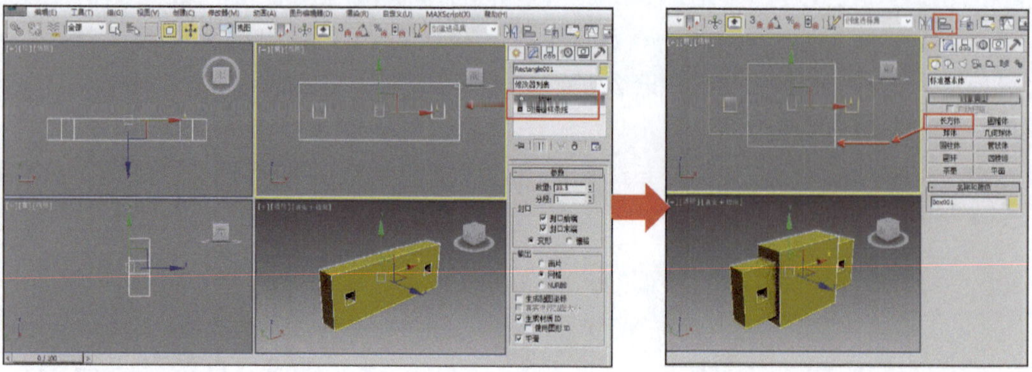

图 6-35

2）选择中间的【长方体】，使用【ProBoolean】中的【并集】（Union）结合命令，选择【开始拾取】（Start Picking）命令，单击双孔物体，将两个物体结合，如图 6-36 所示。

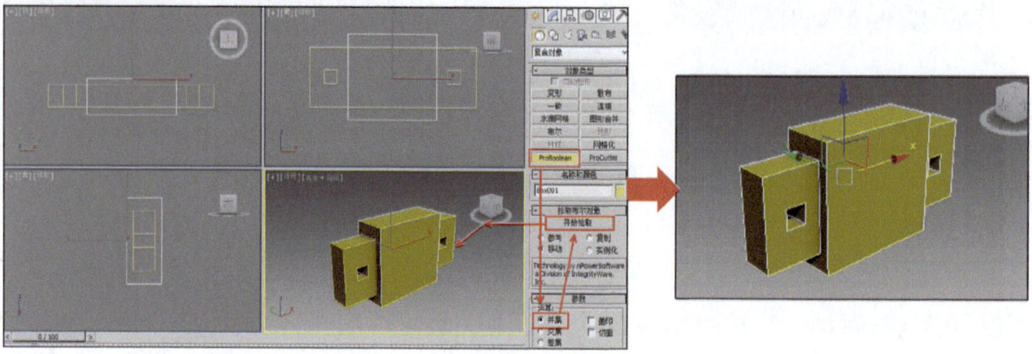

图 6-36

3）进入【ProBoolean】中的【高级选项】，勾选【设为四边形】来细分物体，可适当改变【四边形大小】的数值，如图 6-37 所示。

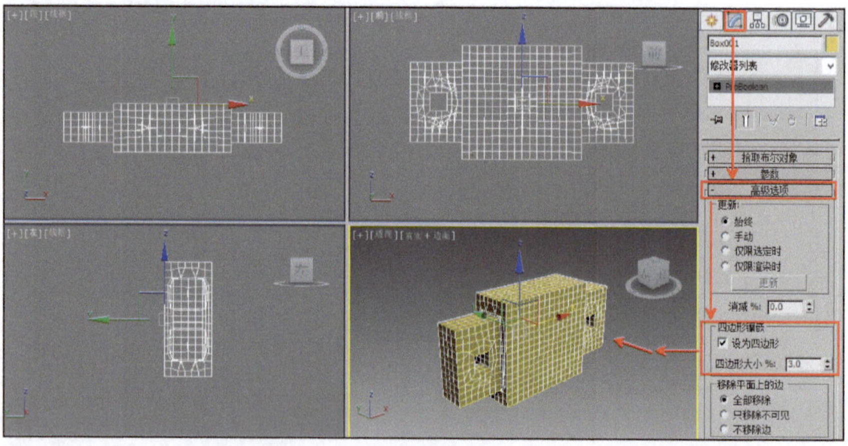

图 6-37

4）在修改面板中添加【网格平滑】命令，将【迭代次数】（Iterations）的平滑次数改为 2，如图 6-38 所示。

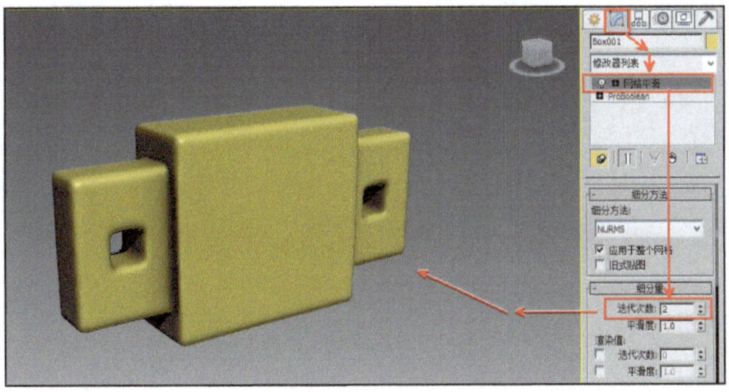

图 6-38

5）在修改面板中添加【切片】命令，进入切片子物体级别，将【切片平面】（Slice Plane）移动到物体 Y 轴中心，选中【移除顶部】（Romove Top）；添加【壳】（Shell）命令，为物体添加厚度。工业产品零件模型完成，如图 6-39 所示。

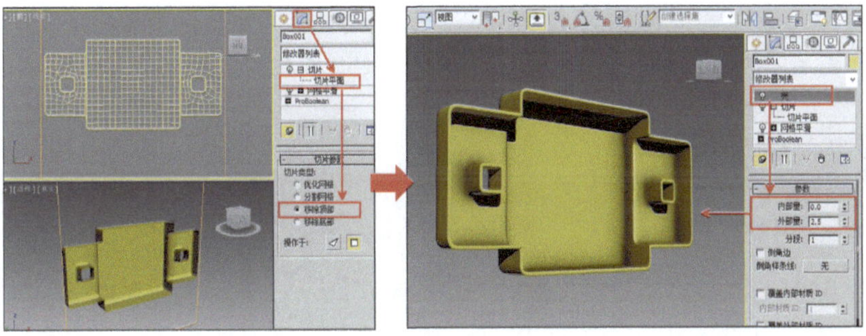

图 6-39

2. 超级切割 ProCutter

超级切割复合对象能够执行特殊的布尔运算，主要目的是分裂或细分体积。超级切割运算的结果尤其适合在动态模拟中使用，如使对象炸开，或由于外力使对象破碎，如图 6-40 所示。

图 6-40

下面使用超级切割完成对球体的无缝切割，为后期动画做模型准备，如图 6-41 所示。

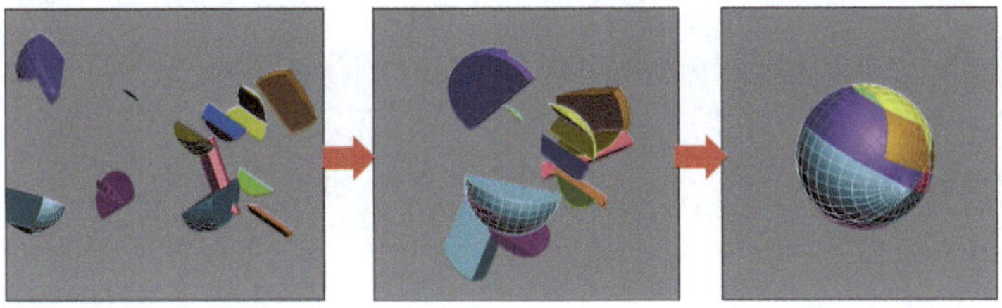

图 6-41

1）创建要切割的球体，完成在【前视图】中创建 6 根用来切割物体的直线，如图 6-42 所示。

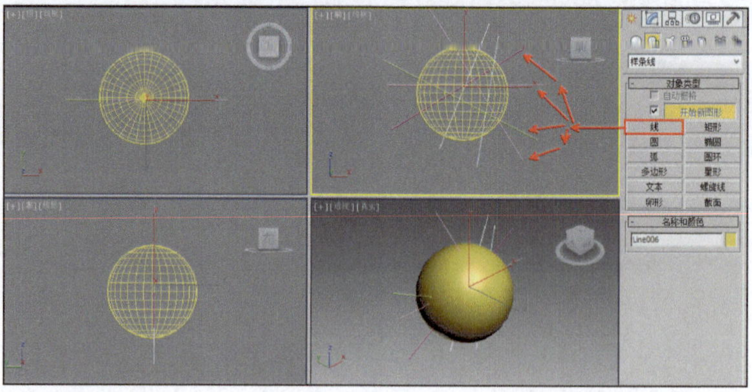

图 6-42

2）将直线全部选择，利用【挤出】命令将它们挤出（分别添加挤出修改器和一起添加挤出效果相同），将挤出后的物体移动，使其完全跨越球体，如图 6-43 所示。

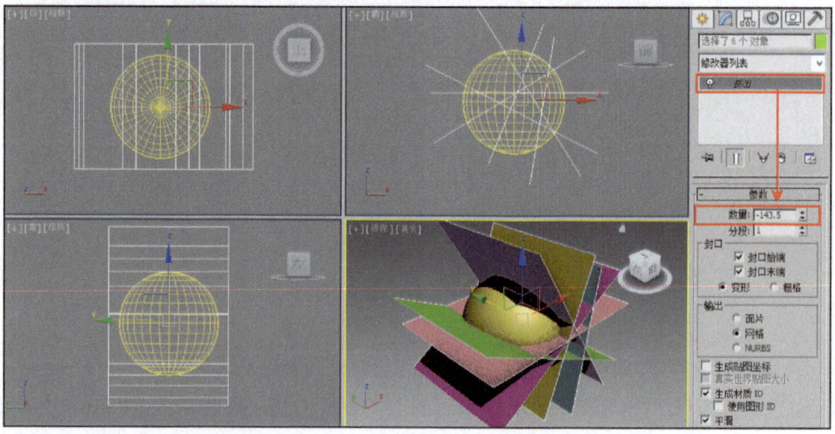

图 6-43

3）选择任意一个挤出的直线物体，添加【ProCutter】命令，使用【拾取原料对象】选择球体，如图 6-44 所示。

4）使用【拾取切割器对象】命令，依次选择其他直线物体，球体被切割的越来越小，如图 6-45 所示。

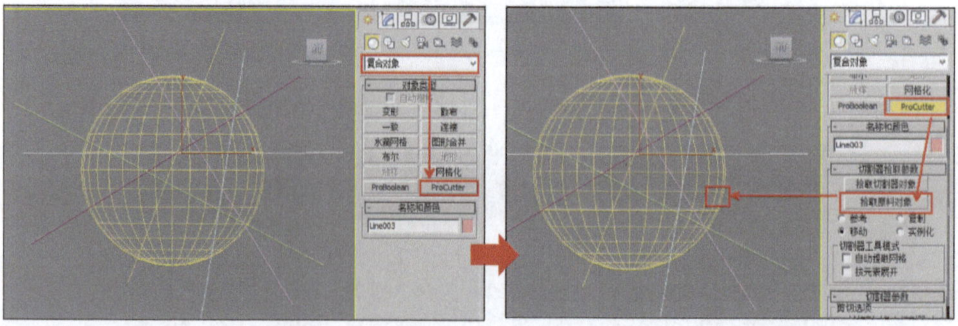

图 6-44

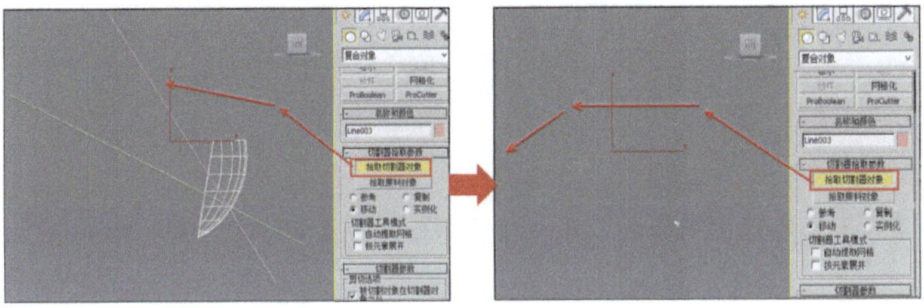

图 6-45

5）勾选【自动提取网格】、【按元素展开】、【被切割对象在切割器对象之内】切割器内的物体选项，将自动合并切割直线，然后按 Delete 键删除直线，球体切割完成，如图 6-46 所示。

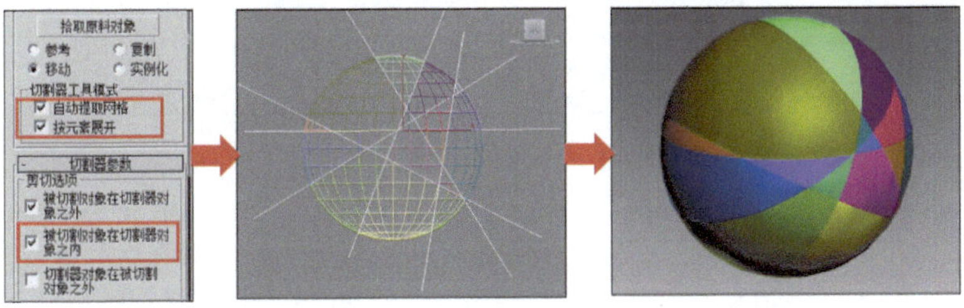

图 6-46

切割完成后，可以发现球体被很好的分割成或多个实体碎片，如图 6-47 所示。

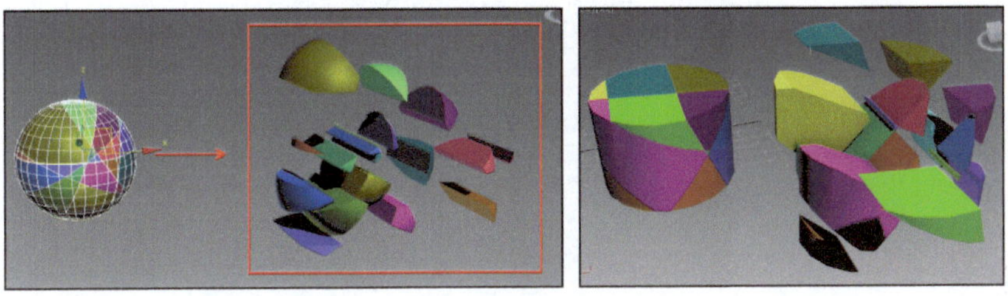

图 6-47

超级切割可以用来切割完成的实体模型，将其按需要分解，配合动画工具，模拟变形金刚中机械物体变形的动画效果，如图 6-48 所示。

图 6-48

本章小结

本章主要介绍了几何体建模的常用工具与操作流程，重点讲解了【放样】(Loft)、【超级布尔】(ProBoolean)、【超级切割】(ProCutter)的使用方法，读者应该熟练掌握书中实例，并将复合几何体建模的思路和方法应用到创建其他三维模型中。

习题 6

1. 简述 3ds Max 复合几何体建模的整体思路。

2. 在放样建模中，路径和截面图形有什么特点？使用【放样】工具，完成公路模型，如图 6-49 所示。

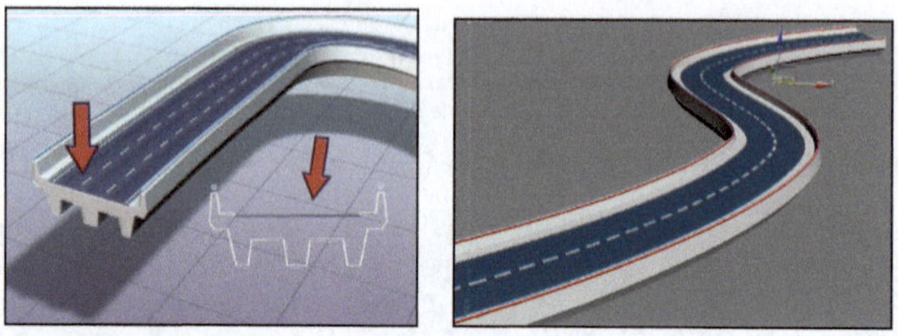

图 6-49

3. 使用学习过的建模方法完成模型，如图 6-50 所示。

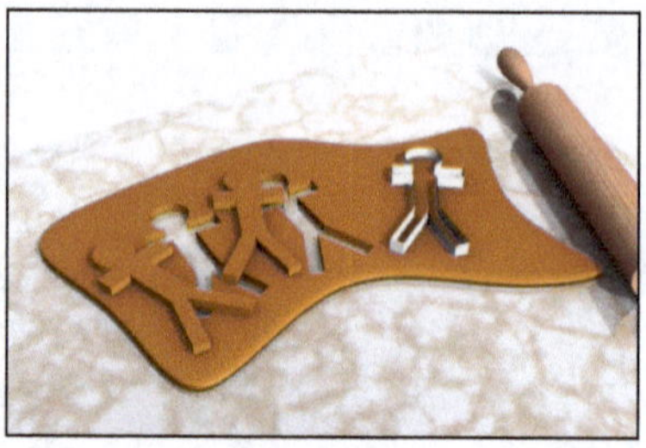

图 6-50

第7章

3ds Max 中级建模实例

本章重点：

① 进一步理解 3ds Max 中级建模思路。
② 运用多种建模方法，完成比较复杂的游戏道具模型。

学习目的：

通过中级建模实例，将前面学习过的基本几何体建模、扩展几何体建模、二维建模、修改建模和复合几何体建模知识综合运用，融会贯通，逐步培养和完善一套适应自身发展的建模思路。

7.1 重型机枪制作

7.1.1 重型机枪建模思路分析

当我们碰到一个比较复杂的模型时，不要急于对模型开始制作，应该先对模型进行观察和对模型的细节进行拆分，寻求正确的建模思路和方法。

机枪模型（如图 7-1 所示）主要由较大的枪身、枪托、两个机枪手柄、弹夹、枪头、瞄准镜 6 部分构成。在建模的过程中，我们应该先从整体到细节，从全局到局部进行制作，这与学美术的同学进行素描创作十分相似，先完成大的形态，再深入刻画细节。

通过以上分析，我们制订了一套完整的建模思路：① 从大轮廓入手，制作枪身大形；② 完成枪托、手柄、弹夹等中型附属物的制作；③ 在整体造型控制较好的情况下，深入刻画细节，如图 7-2 所示。

图 7-1

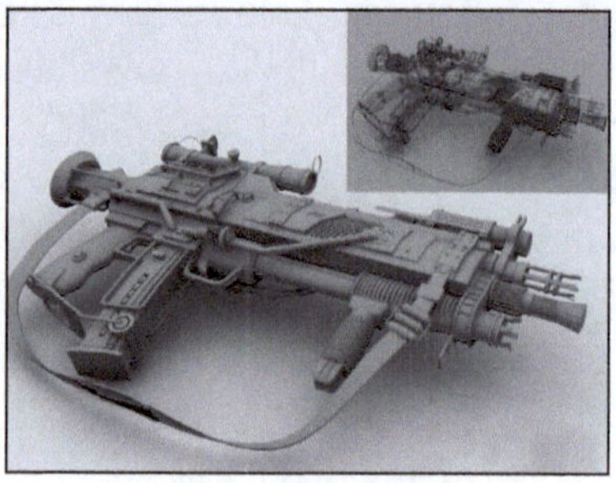

图 7-2

7.1.2 机枪轮廓模型制作

1. 机枪轮廓的制作

1）在前视图中创建枪身直线，进入修改命令面板，调整顶点到正确的位置，如图 7-3 所示。

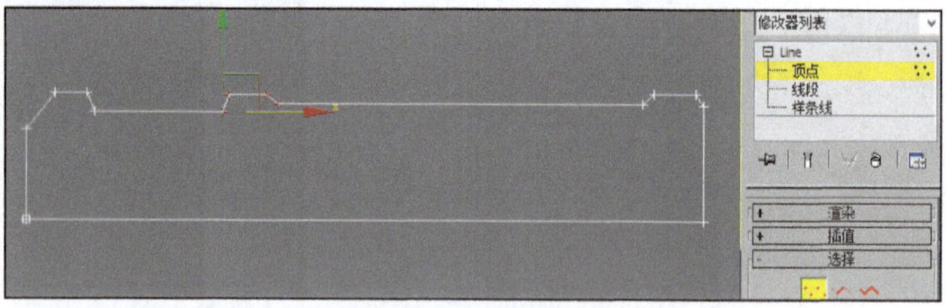

图 7-3

2）将枪身添加【挤出】命令成型，如图 7-4 所示。

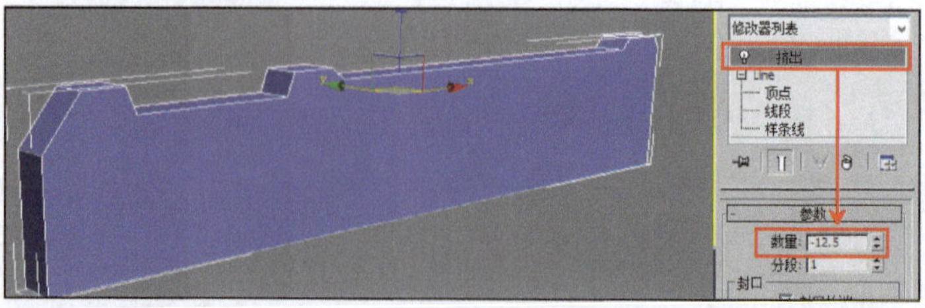

图 7-4

3）在枪身上单击右键，在弹出的快捷菜单中选择【转换为可编辑多边形】命令，如图 7-5 所示。

4）在【可编辑多边形】修改面板中进入元素级别，选择枪身元素，使用切割平面工具，将切割平面旋转 90°，移动到正确位置，配合切割命令进行切割，共切割两次，如图 7-6 所示。

5）进入【顶点】级别，选择相应的顶点进行缩放，将枪身的底部放大。在透视图中观察，发现面与面的夹角不明显，这是因为面在同一光滑组造成的。进入【多边形】级别，选择所有的面，将光滑组去除，枪身大形完成，如图 7-7 所示。

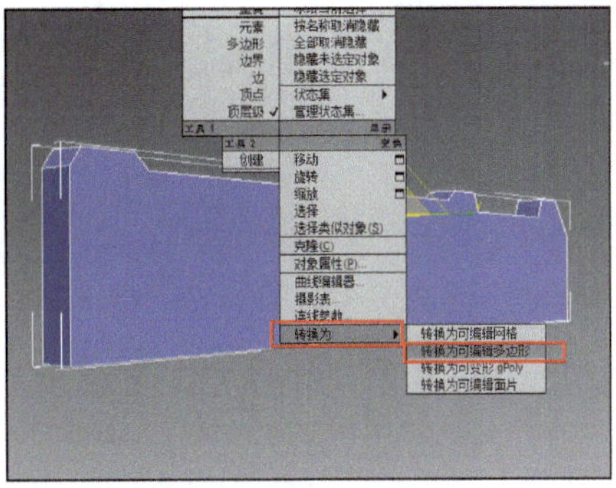

图 7-5

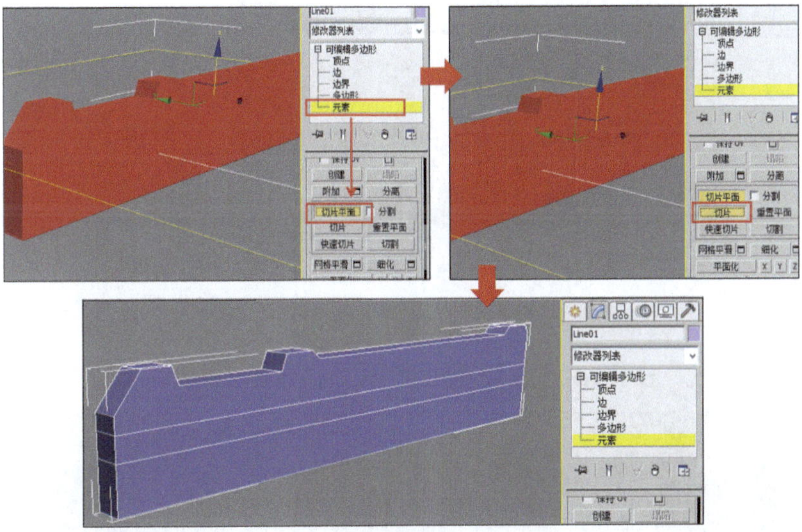

图 7-6

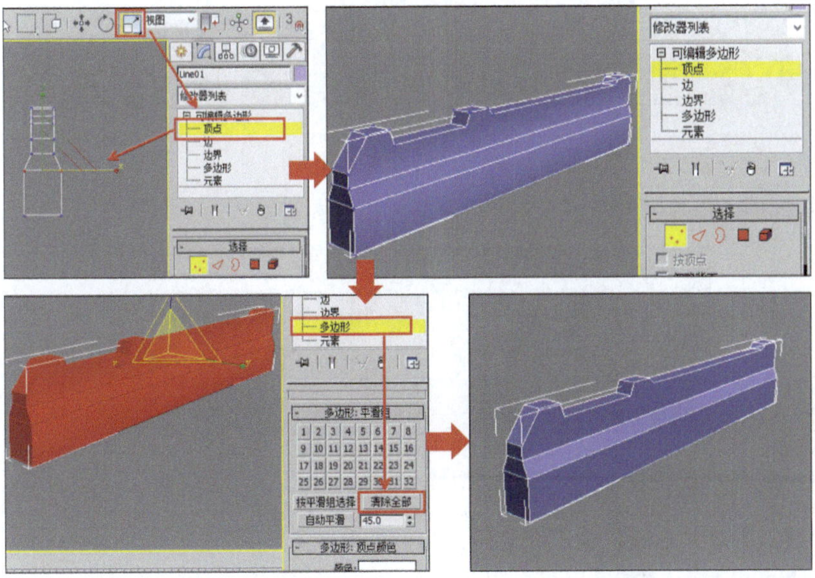

图 7-7

6）在枪身的下部创建辅助部件直线，并将其【挤出】，如图 7-8 所示。

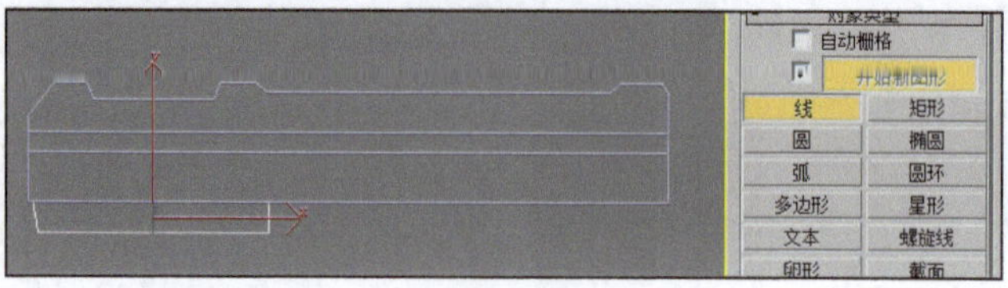

图 7-8

7）在顶视图中创建枪身下部细节并【车削】成型，前端再完成两圆柱体，如图 7-9 所示。

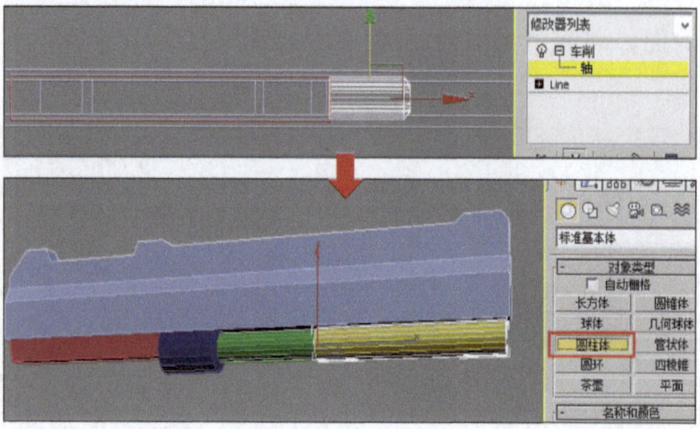

图 7-9

8）在前视图中创建机枪手柄轮廓线并【挤出】成型，如图 7-10 所示。

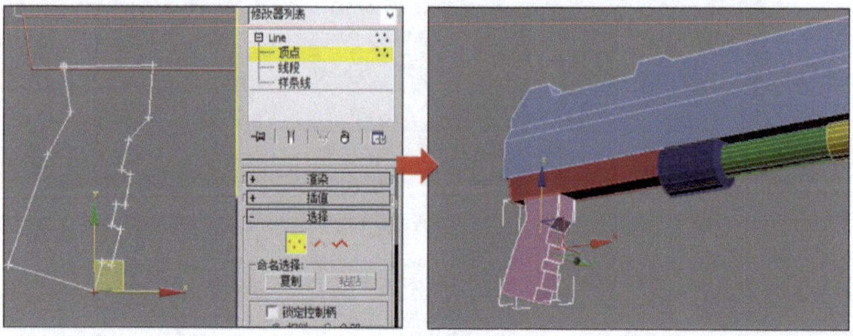

图 7-10

9）在前视图中画出弹夹的弧线，注意位置与大小比例关系，如图 7-11 所示。

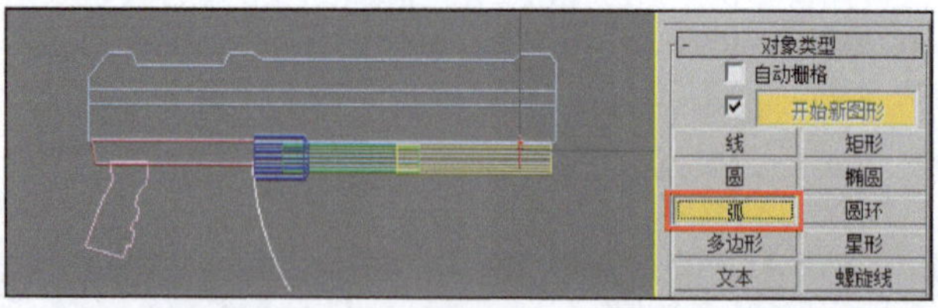

图 7-11

10）选择弧线并单击右键，将弧线【转换为可编辑样条线】，进入修改面板，进入【样条线】级别选择弧形曲线，使用【轮廓】工具为其制作出轮廓，如图 7-12 所示。

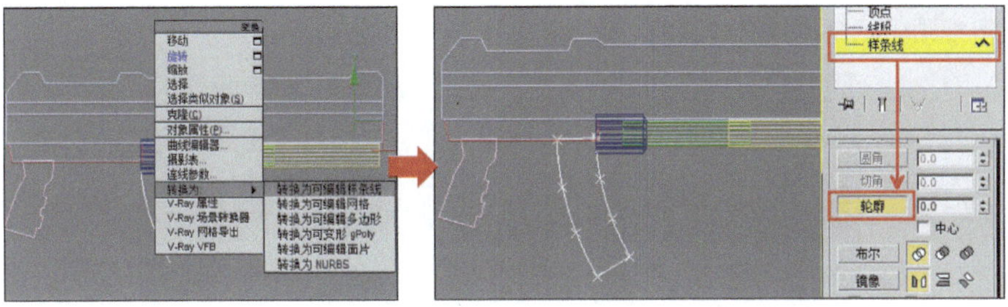

图 7-12

11）使用同样的方法完成另一个弧线，并使用【样条线】的【附加】命令将两条二维线段结合，完成后将其【挤出】，如图 7-13 所示，弹夹大形完成。

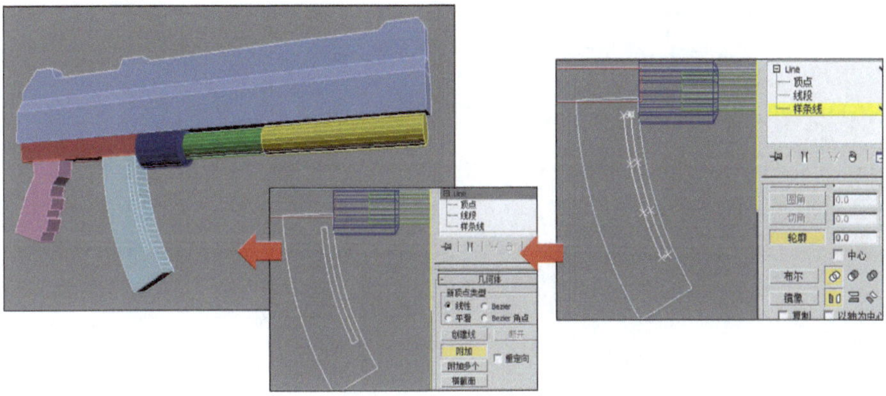

图 7-13

2. 机枪前手柄的制作

1）进入扩展几何体面板，创建倒角的长方体，将长方体的宽度段数设为 2，为长方体添加 FFD 修改器，在控制点级别使用【缩放】、【移动】工具调整控制点。完成后继续创建倒角的圆柱体，前手柄大形完成，如图 7-14 所示。

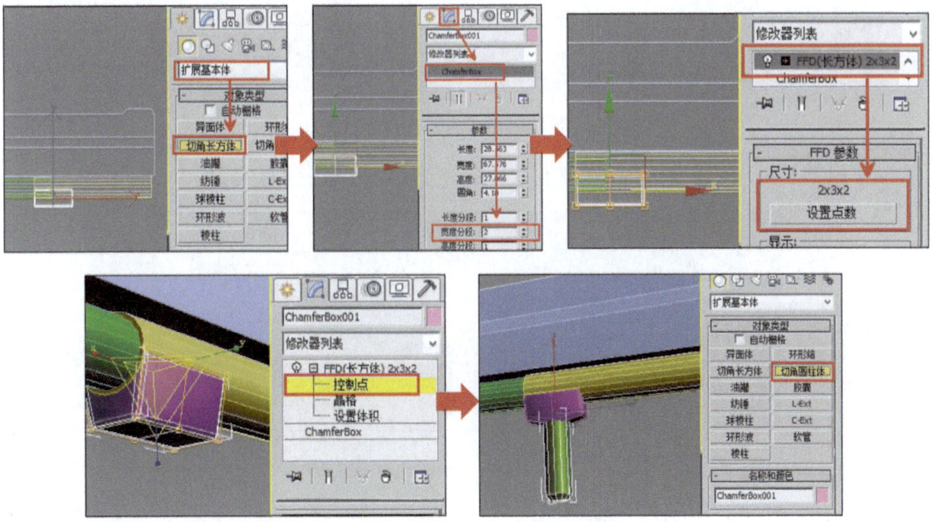

图 7-14

2）在前视图中画出机枪瞄准镜的二维剖面，如图 7-15 所示。

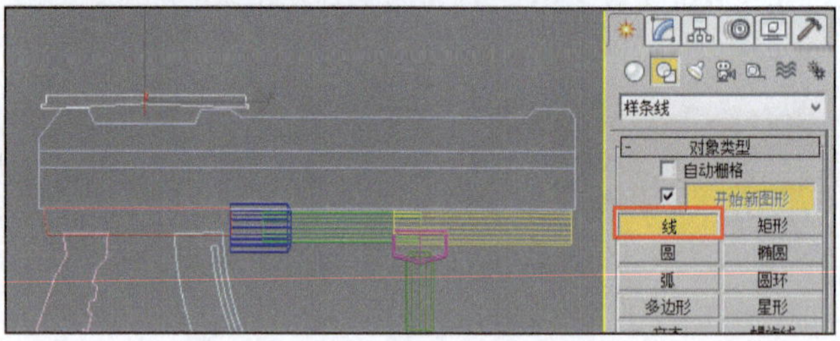

图 7-15

3）调整后将瞄准镜【车削】成型，注意车削轴的位置，如图 7-16 所示。

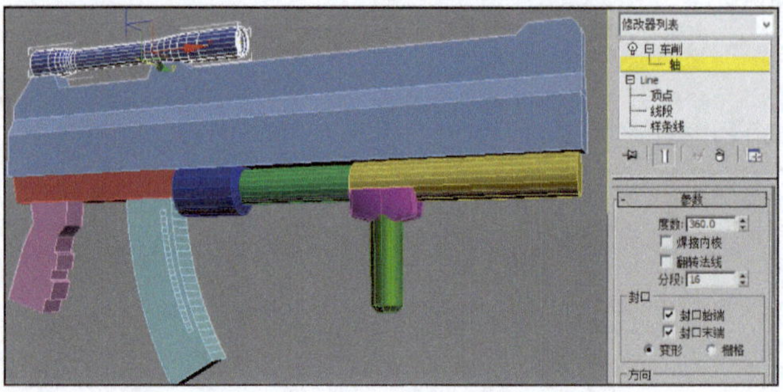

图 7-16

4）在枪托部位完成倒角的圆柱体，并对其进行缩放，如图 7-17 所示。

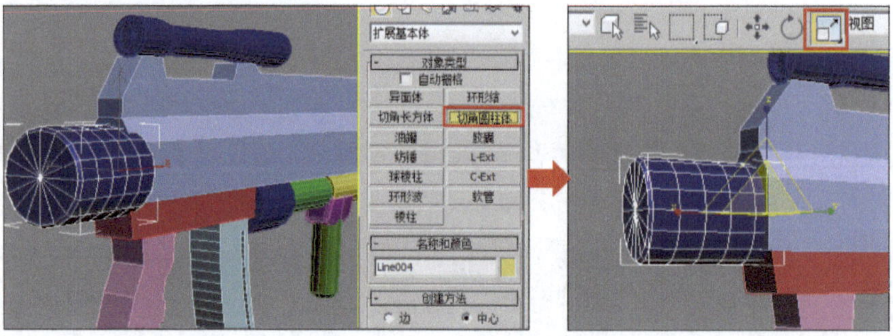

图 7-17

5）使用【FFD 3×3×3】命令，在【控制点】中改变枪托造型，如图 7-18 所示。

图 7-18

6）在顶视图中完成后部枪托剖面，【车削】成型，如图 7-19 所示。

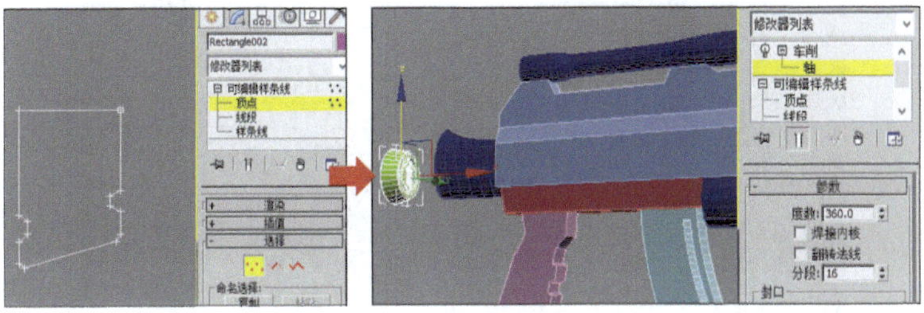

图 7-19

7）使用【FFD 3×3×3】命令对枪托尾部进行变形，创建两枪托连接件的侧面并【挤出】，调整位置关系，如图 7-20 所示，机枪的中后部整体造型就呈现出来了。

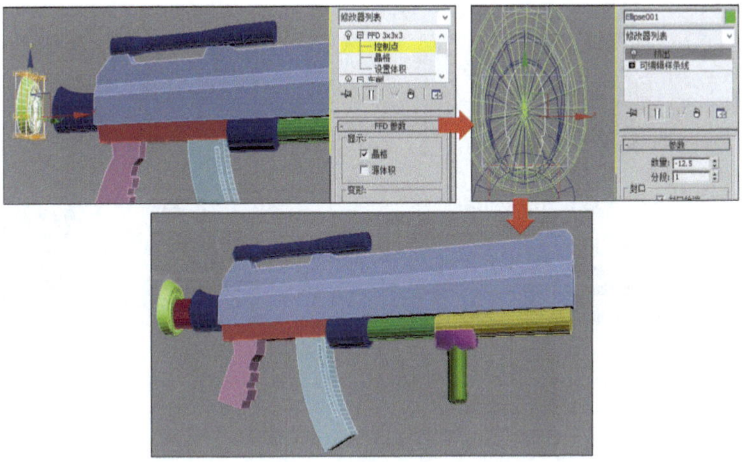

图 7-20

3. 机枪前部的造型的制作

1）画出枪口基座截面的一半，镜像复制另一半后【附加】成一个物体，并将中间的顶点焊接，调整顶点形态，如图 7-21 所示。

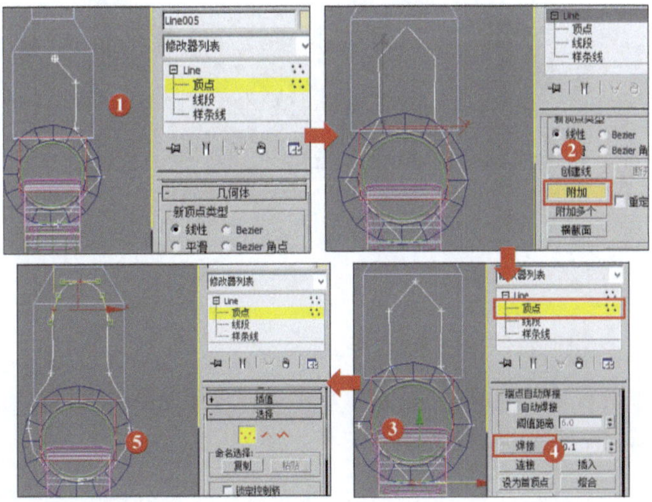

图 7-21

2）将编辑好的图形【挤出】，枪口基座完成，如图 7-22 所示。

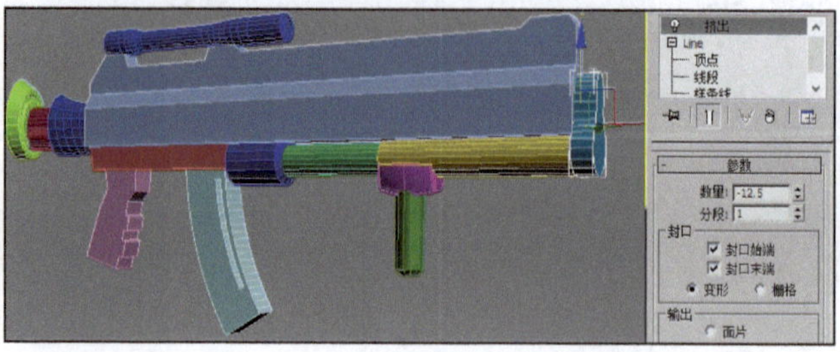

图 7-22

3）使用【车削】、【锥化】工具，用堆砌的方法完成枪口整体布局，耐心调整大小比例位置关系，如图 7-23 所示。

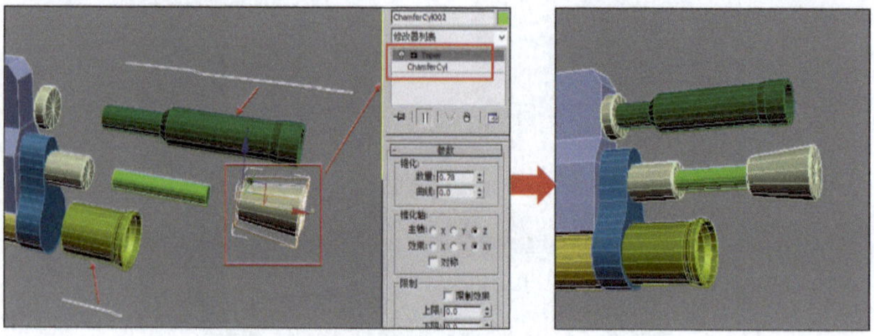

图 7-23

注　意

前期轮廓模型比例关系是否准确对后期为模型添加细节是非常重要的。

4）整体调整后，机枪的整体模型就创建完成了，如图 7-24 所示。

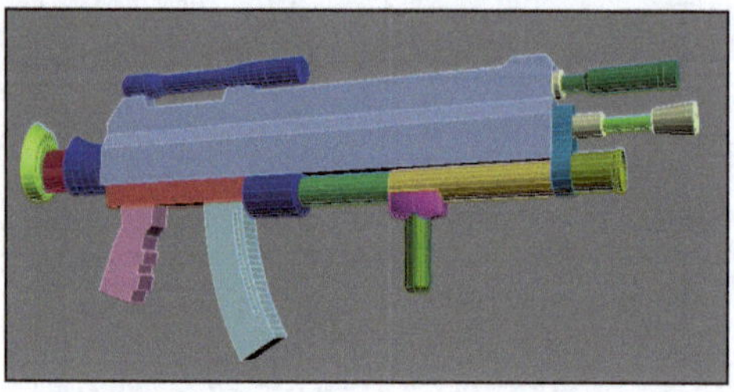

图 7-24

7.1.3　枪身模型细化

重型机枪大体模型完成以后，接下来对枪身进行细化。

1）选择枪身，单击右键，在弹出的快捷菜单中选择【孤立当前选择对象】命令，枪身就从刚才很多模型中孤立出来了，如图 7-25 所示。

注　意

一般在创建复制模型时，为了便于观察对象，我们经常采用孤立模式，如果单击界面下方灯泡按钮（Exit Isolate Mode），可以退出孤立模式。

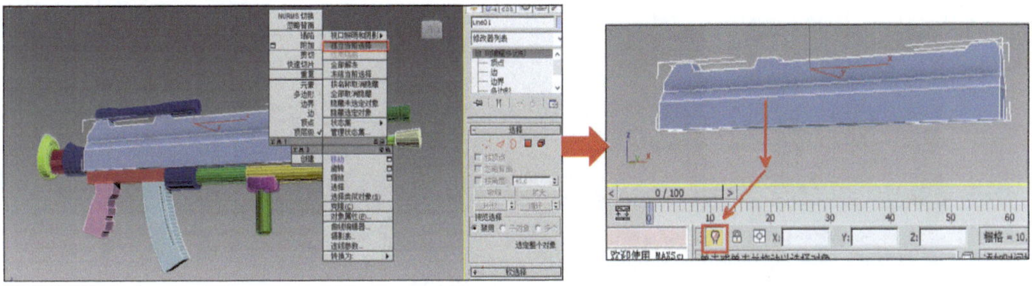

图 7-25

2）进入【可编辑多边形】的【多边形】级别，选择枪身侧面，单击【插入】命令，让其向内插入，如图 7-26 所示。

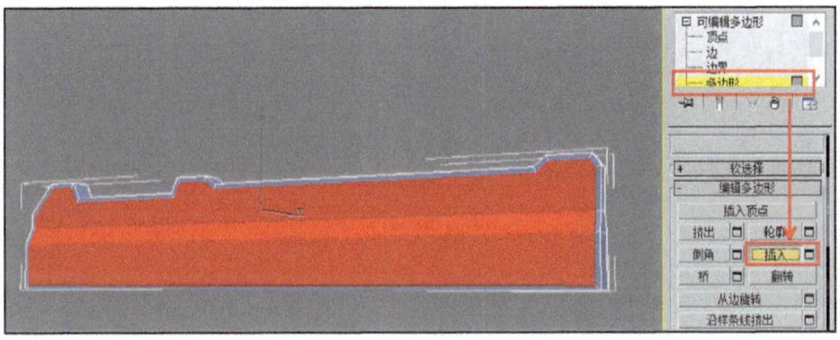

图 7-26

3）保持面的选择，使用【编辑多边形】的【挤出】命令向外挤出，如图 7-27 所示。

4）使用【倒角】命令再向外挤出一点并倒直角，如图 7-28 所示。

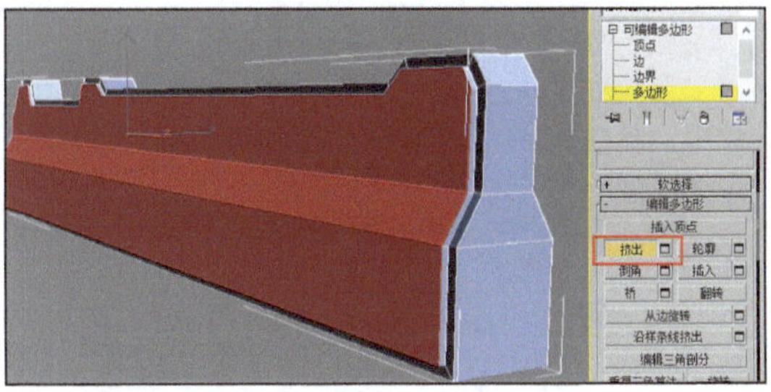

图 7-27

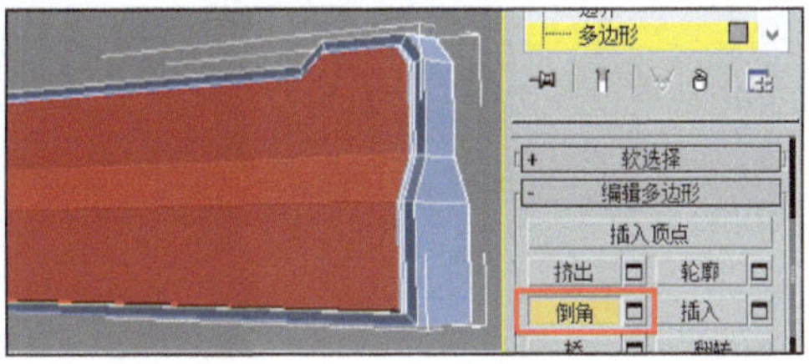

图 7-28

5）在左视图中画出侧面造型直线并【挤出】，如图 7-29 所示。

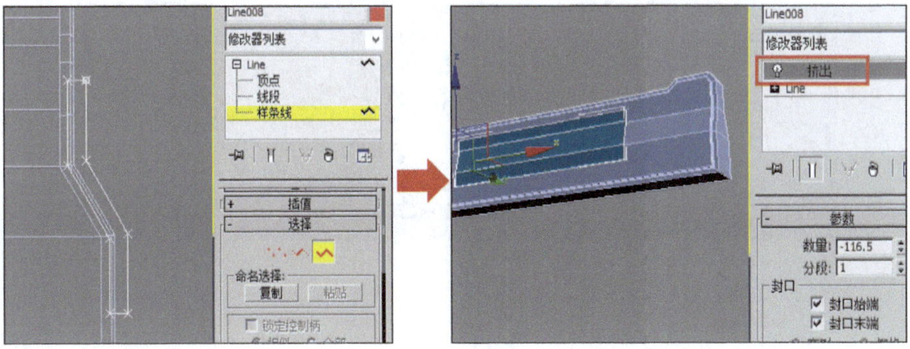

图 7-29

6）在前视图中创建长方体，旋转并移动让它与侧面造型完全相交，选择侧面造型，使用【布尔】命令将长方体去除，如图 7-30 所示。

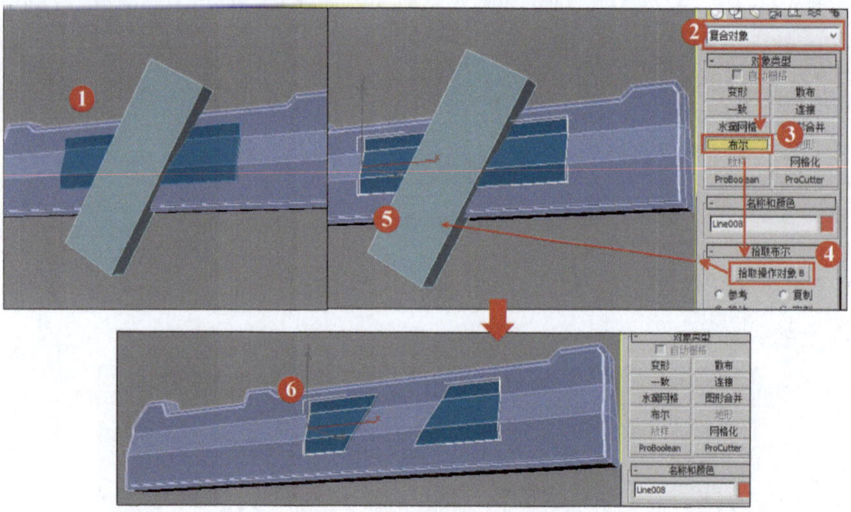

图 7-30

7）在左视图中画出侧面造型，【挤出】并复制，如图 7-31 所示。

8）创建侧面网格造型的路径和截面图形，选择路径，使用【放样】工具对其进行放样，如图 7-32 所示。

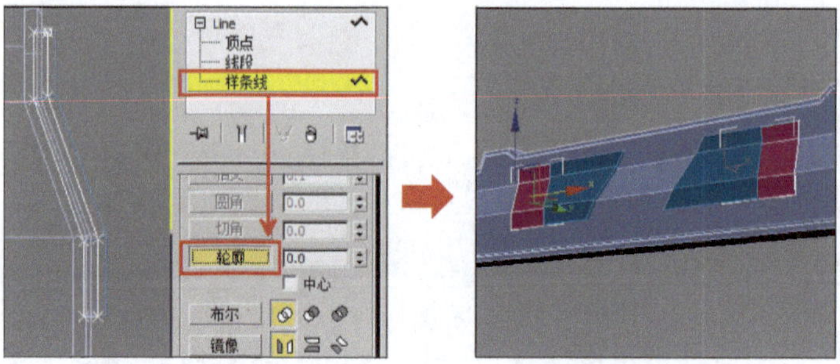

图 7-31

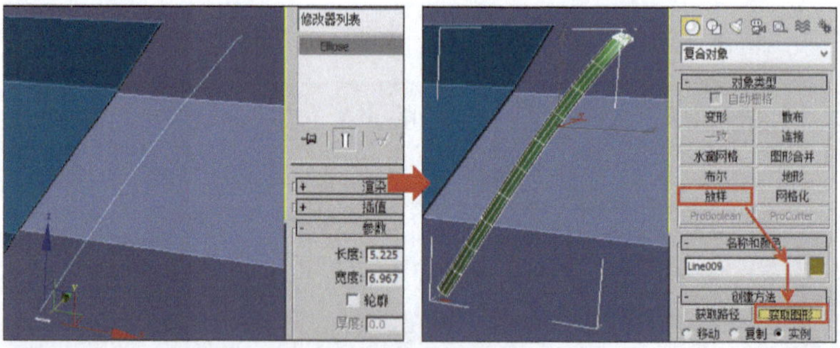

图 7-32

9）放样完成后，将其水平复制多个，再使用长方体完成从下到上的水平隔断，然后创建模拟金属线的线，如图 7-33 所示。

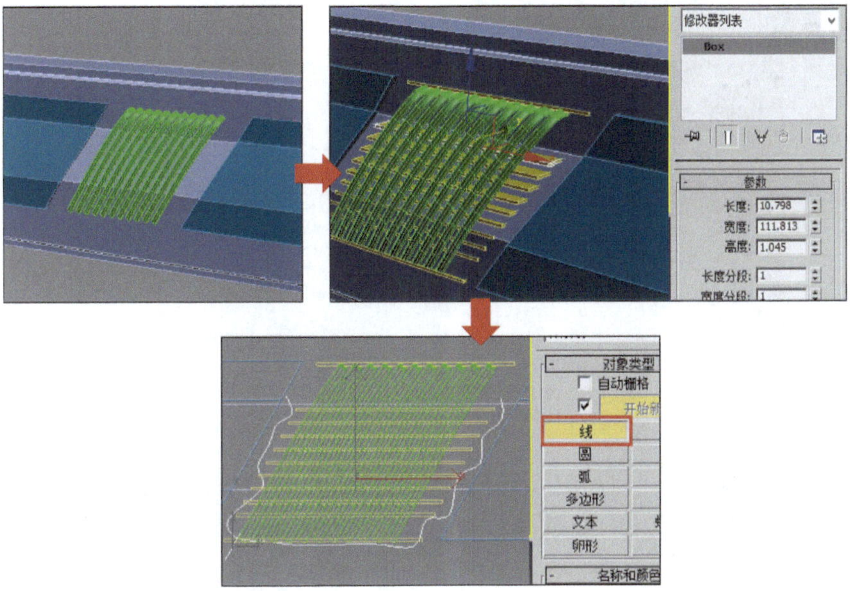

图 7-33

10）修改创建完成的线，勾选【在渲染中启用】（对渲染有效命令）和【在视口中启用】（对视图窗口有效命令），调整厚度的线段粗细值，如图 7-34 所示。

注　意

将线段设置为可渲染是我们制作各种扭曲线段的好方法。

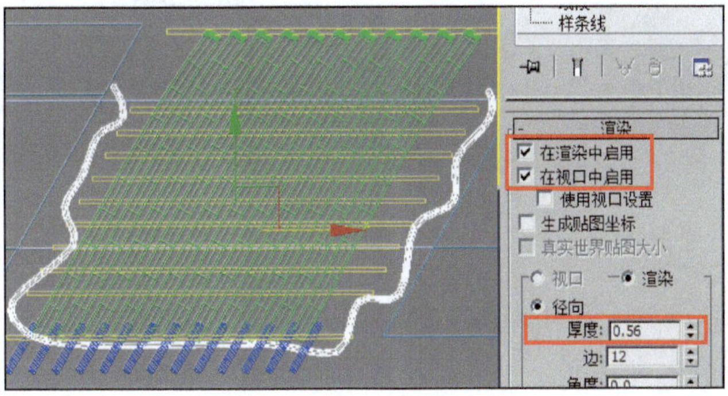

图 7-34

11）枪身侧面中心部位造型基本完成，如图 7-35 所示。

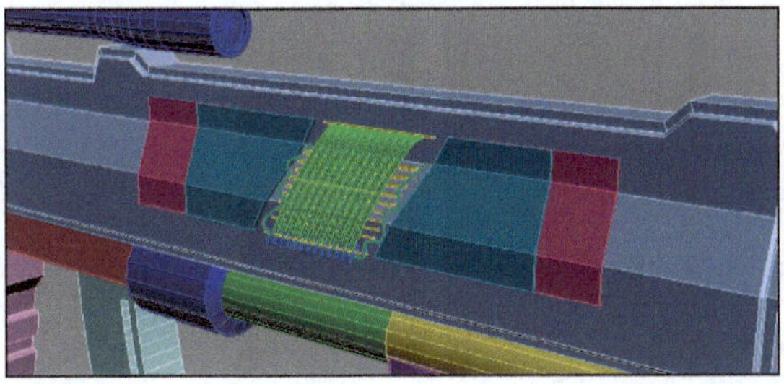

图 7-35

12）在左视图中创建枪身装饰物体侧面轮廓，【挤出】后复制，如图 7-36 所示。

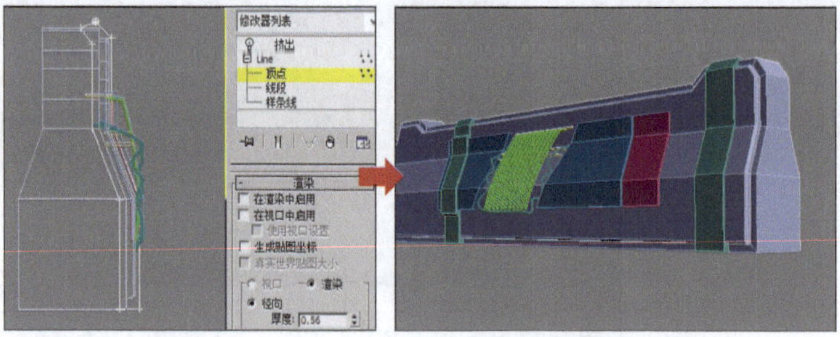

图 7-36

13）创建球体，将其面数减少并使用【缩放】工具压扁，复制到枪身装饰物体上，如图 7-37 所示。

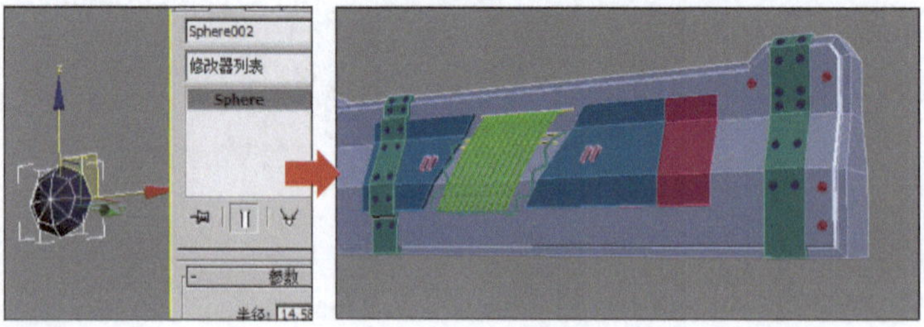

图 7-37

14）使用【倒角】和【车削】命令完成枪身下部细节，如图 7-38 所示。

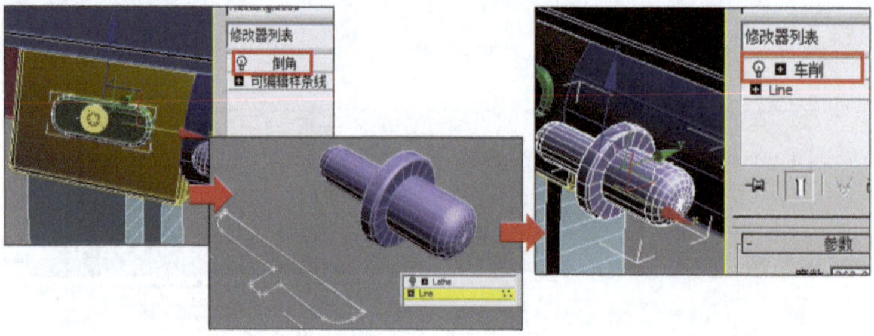

图 7-38

15）画出侧面连接直线，使用线段的【渲染】属性将二维线段转换为三维实体，如图 7-39 所示。

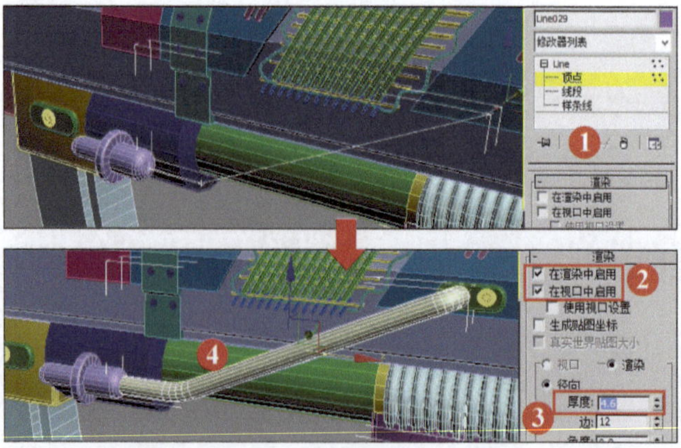

图 7-39

16）继续使用线段为机枪侧面增加管道，用同样的方法为瞄准镜下方增加管道，如图 7-40 所示。

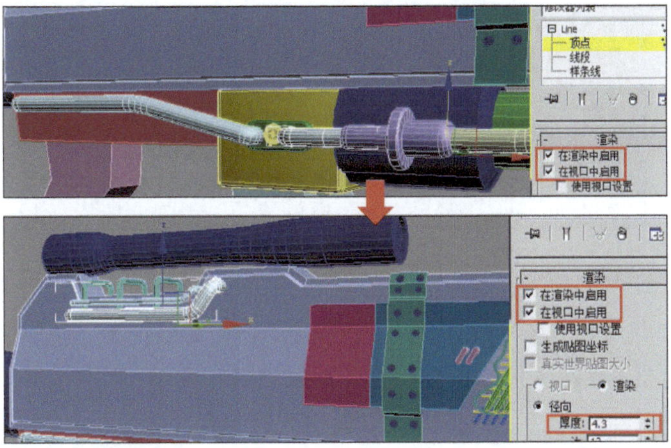

图 7-40

17）在前视图中画出枪身后部细节造型，使用编辑样条线的【切角】倒直角命令和【轮廓】命令进行修改，如图 7-41 所示。

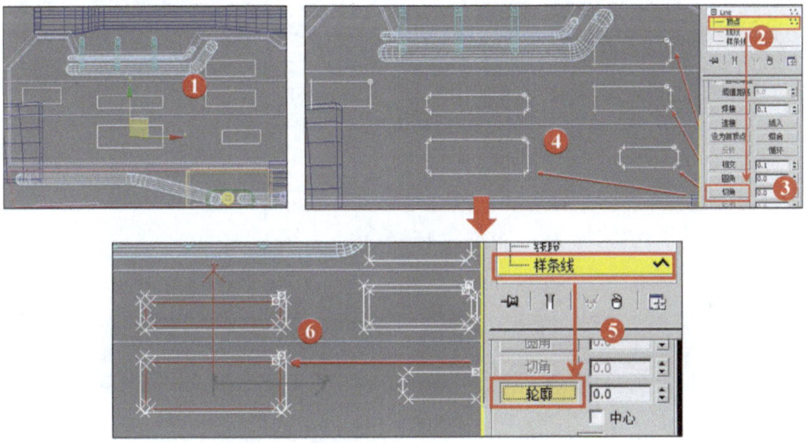

图 7-41

18）选择枪身物体，使用【复合对象】的【图形合并】命令，将刚才绘制好的二维图形合并到枪身上，如图 7-42 所示。图形合并完成后，枪身的状态如图 7-43 所示。

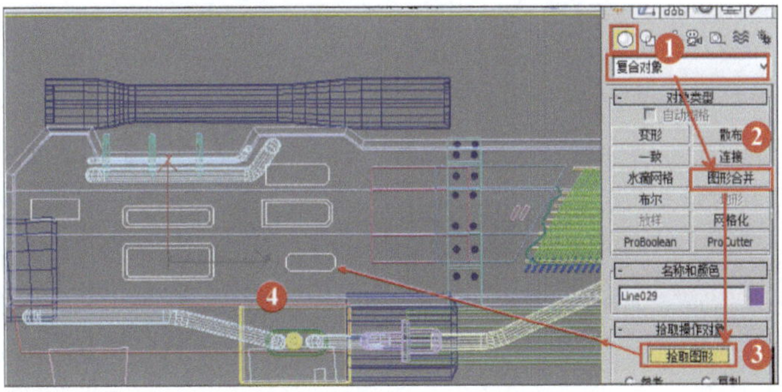

图 7-42

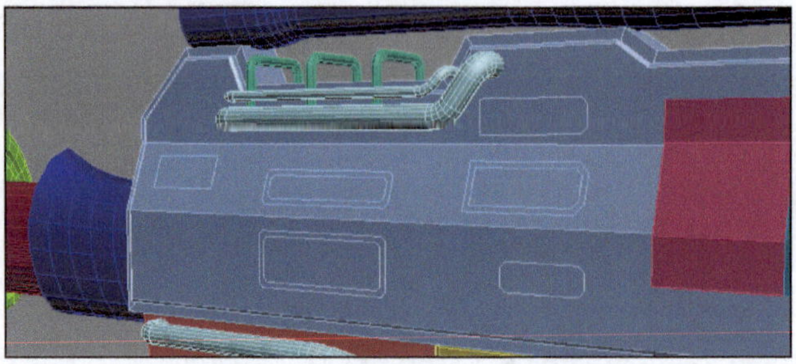

图 7-43

19）选择图形合并后的枪身，单击右键，选择【转换为可编辑多边形】；在【面】的级别，对枪身侧面图形合并的面进行向内和向外【挤出】，如图 7-44 所示。

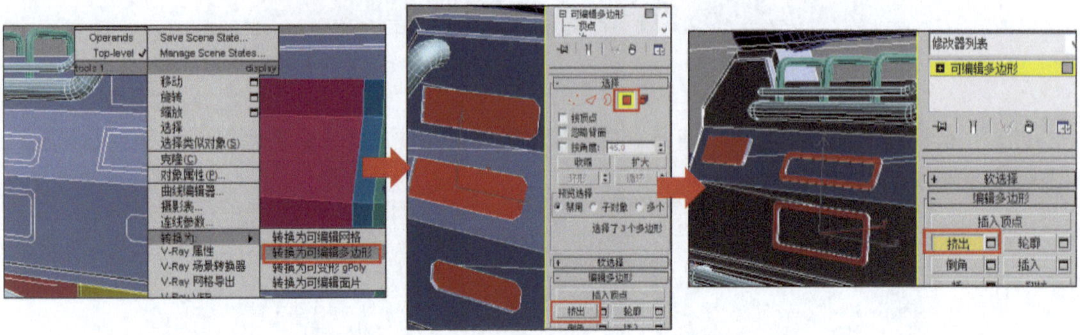

图 7-44

20）继续为枪身后部添加附属物，如图 7-45 所示。

现在枪身模型细节基本完成，如图 7-46 所示。

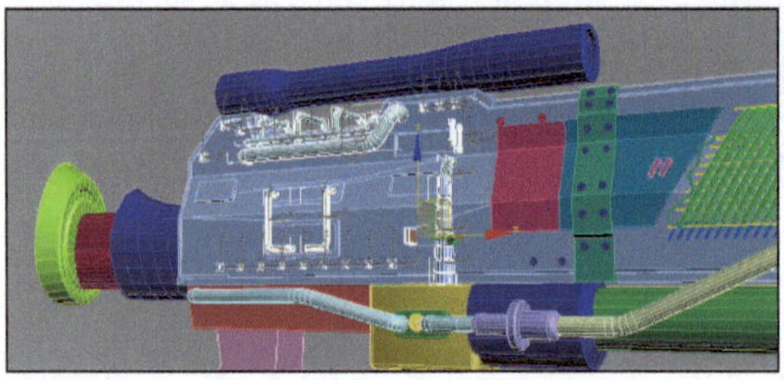

图 7-45

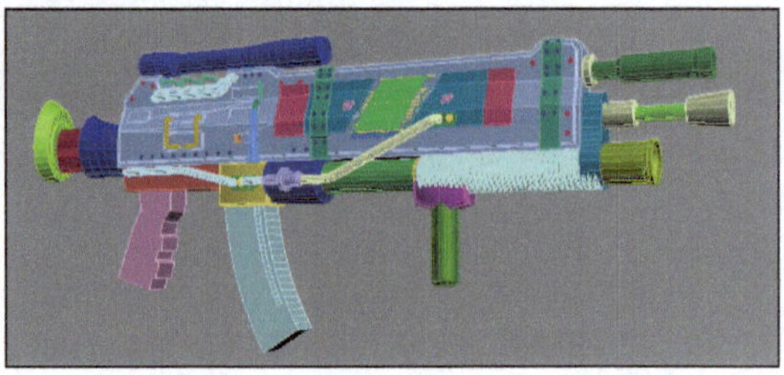

图 7-46

7.1.4　枪柄模型细化

1）选择前面创建的所有枪身物体，单击右键，在弹出的菜单中选择【冻结当前选择】，将枪身物体冻结，如图 7-47 所示。

注　意

一般在完成复杂场景时，为了避免错误选择物体、加快图形交互速度，我们通常会将某些完成的模型冻结。

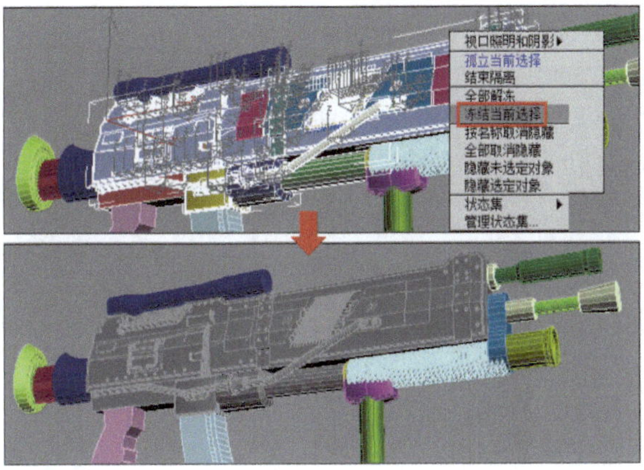

图 7-47

2）选择机枪后手柄，单击右键，选择【转换为可编辑多边形】；在【可编辑多边形中】选择【切割】命令对模型表面进行细分，如图 7-48 所示，细分的目的是能够有更多的细节。

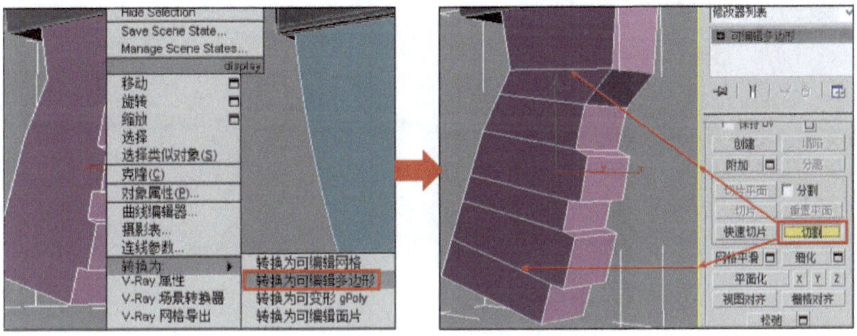

图 7-48

3）继续切割并移动顶点，完成手柄较粗的网格图形，如图 7-49 所示。

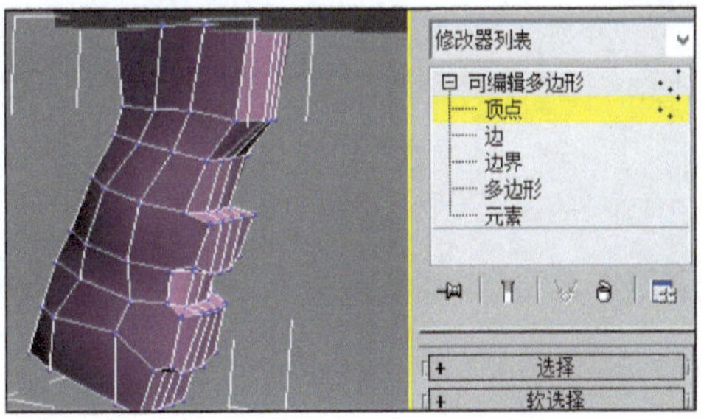

图 7-49

4）在【可编辑多边形】的【面】的级别，选择底部所有的面，使用【倒角】工具向下挤出并缩小，如图 7-50 所示。

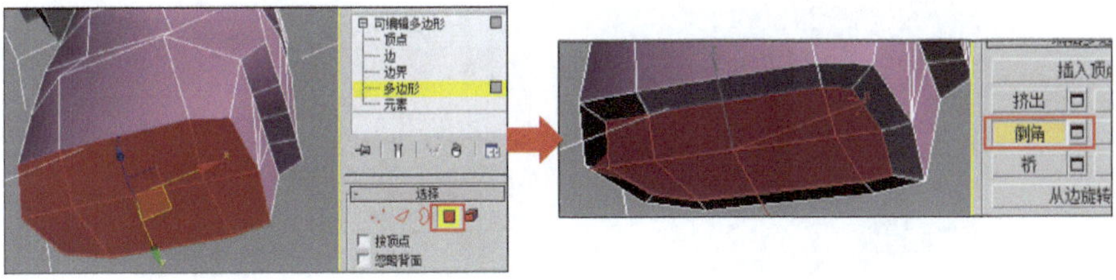

图 7-50

5）继续使用【倒角】工具修改底面，如图 7-51 所示。

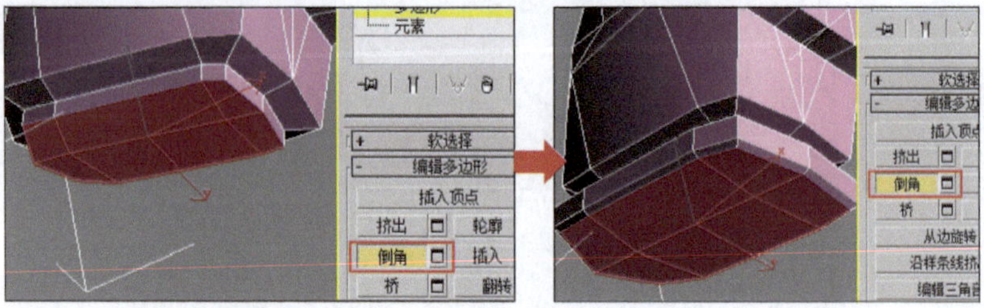

图 7-51

6）为枪柄添加【网格平滑】命令，将【迭代次数】改为 2，完成平滑后的枪柄效果，如图 7-52 所示。

7）下面完成枪的前手柄，在顶视图中创建二维圆形，将其设置成可渲染，如图 7-53 所示。

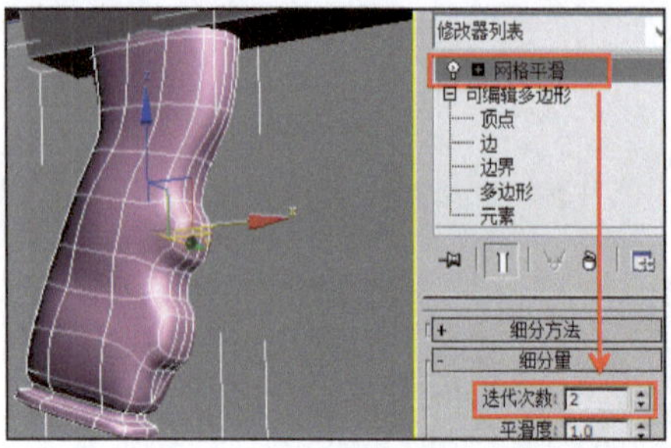

图 7-52

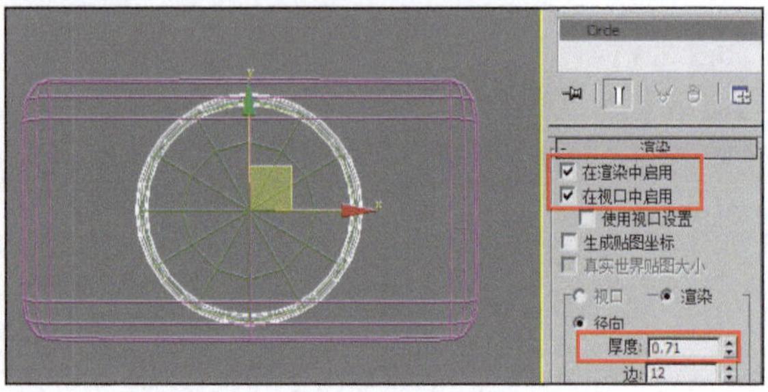

图 7-53

8）将可渲染的线从上往下进行复制 39 个，如图 7-54 所示。

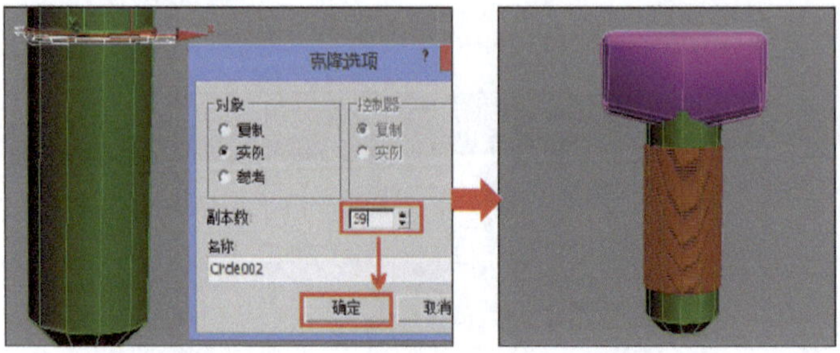

图 7-54

9）选择所有的复制物体，为其加入【FFD 3×3×3】变形工具，在【控制点】级别选择中间的控制点，对其进行缩放，如图 7-55 所示。

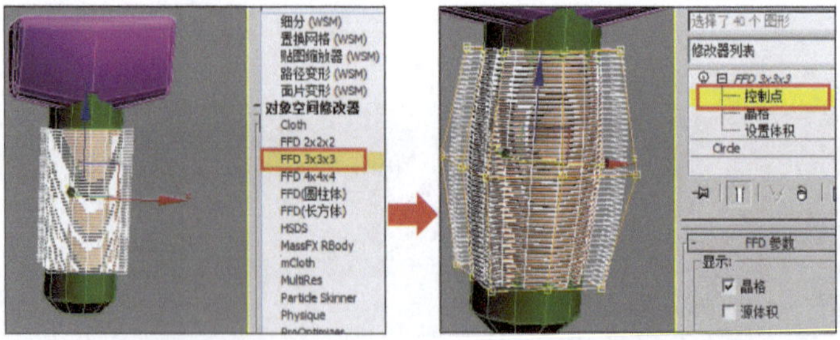

图 7-55

10）为前机枪手柄添加装饰物体，机枪枪柄创建完成，如图 7-56 所示。

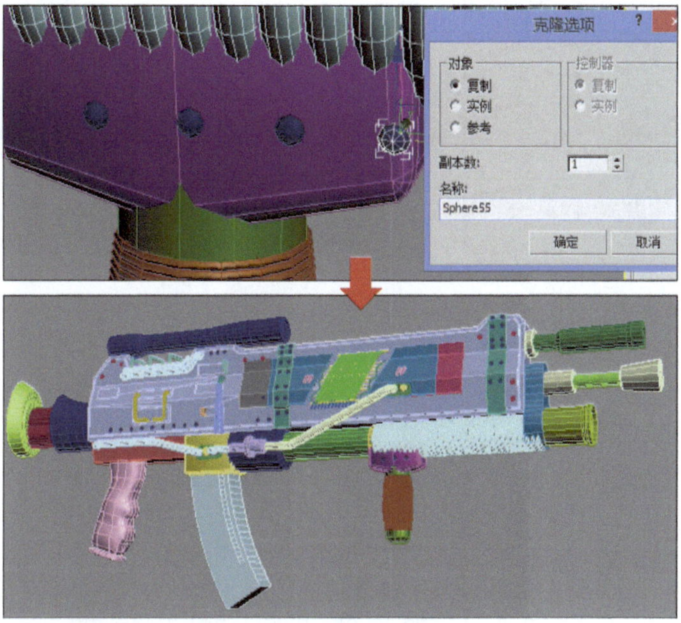

图 7-56

7.1.5　弹夹与瞄准镜模型细化

下面来完成弹夹模型，完成效果如图 7-57 所示。

1）在弹夹下端创建圆柱体，并将其复制，如图 7-58 所示。

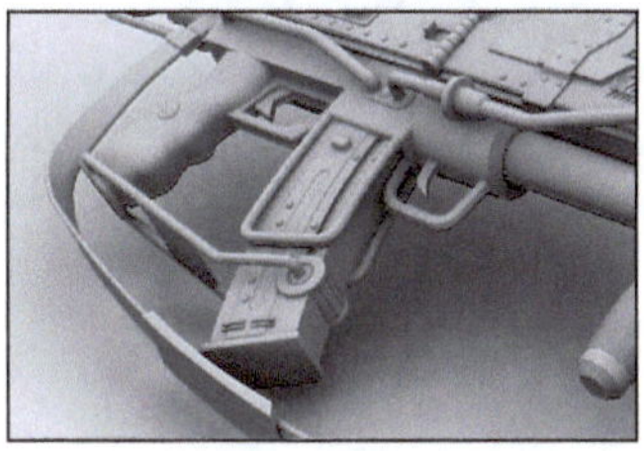

图 7-57

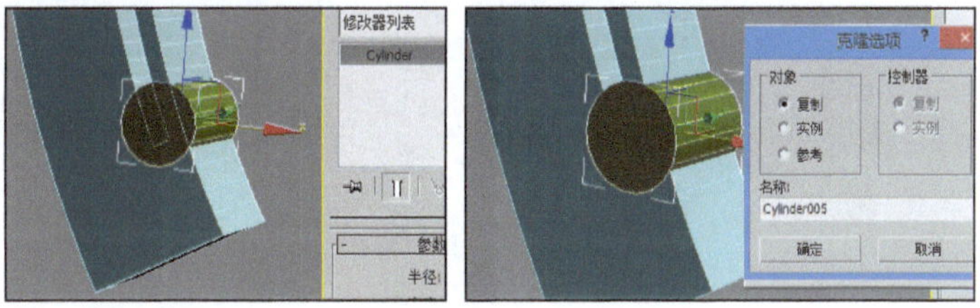

图 7-58

2）将复制出来的圆柱体的【边数】改小，添加【晶格】命令，如图 7-59 所示。调节晶格的参数如图 7-60 所示。

3）在顶视图中画出物体横截面，【车削】完成，如图 7-61 所示。

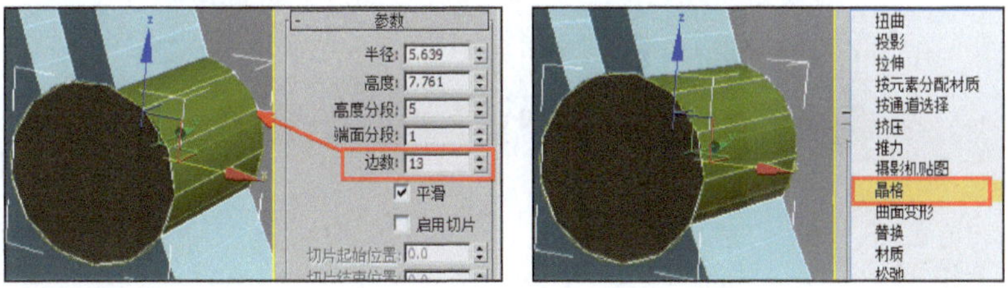

图 7-59

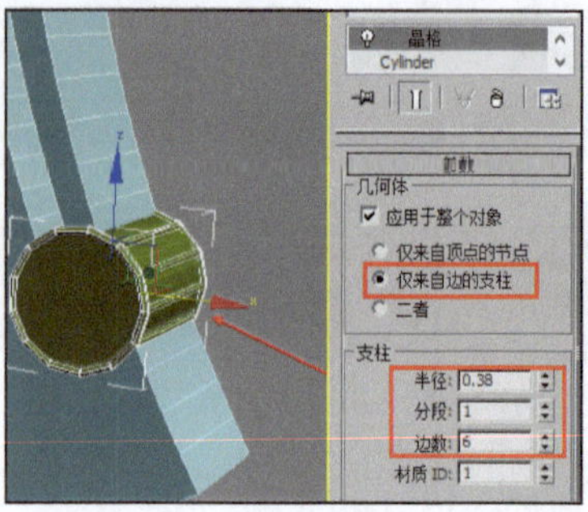

图 7-60

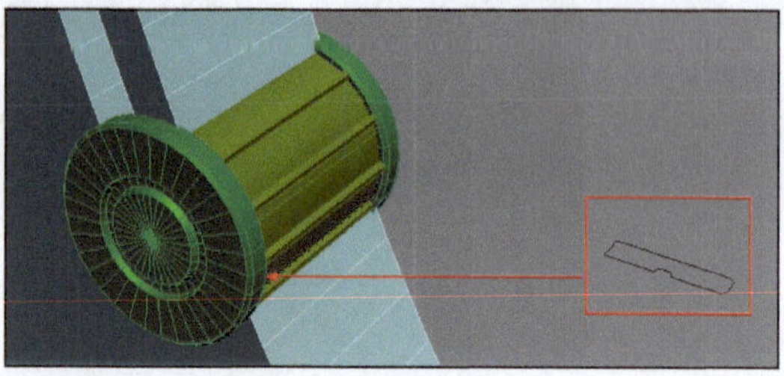

图 7-61

4）使用【挤出】、【倒角】等命令为弹夹完成侧面细节，如图 7-62 所示。

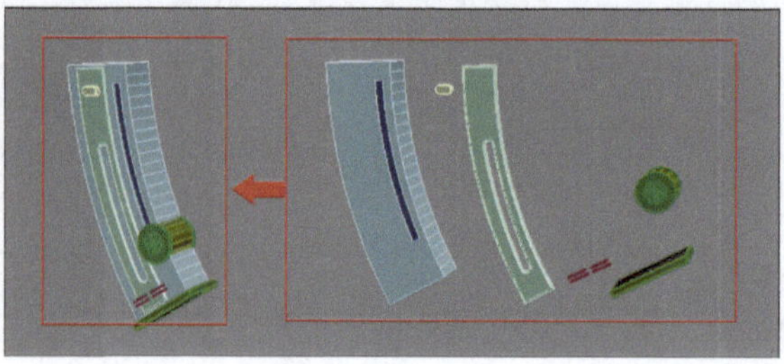

图 7-62

5）创建二维直线，使用编辑样条线调整直线形状，将二维直线设置为可渲染，完成弹夹钢丝造型，复制添加弹夹侧面装饰焊点，如图 7-63 所示。机枪弹夹完成，如图 7-64 所示。

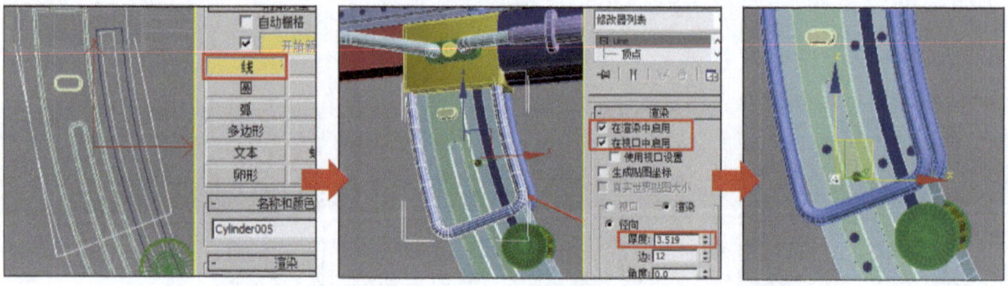

图 7-63

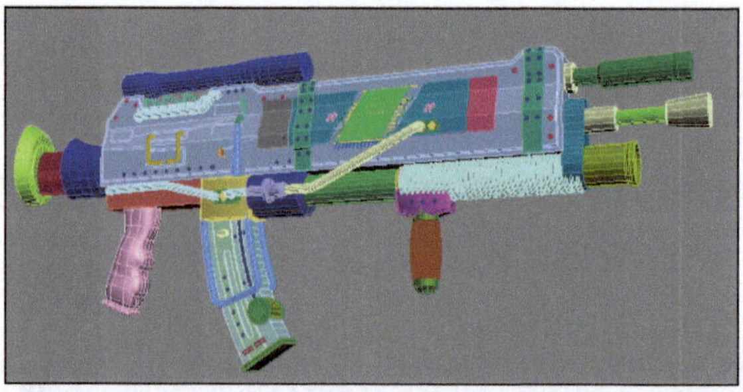

图 7-64

6）完成瞄准镜模型。在左视图中创建 Tube（管状体），并将其复制到相应位置，如图 7-65 所示。

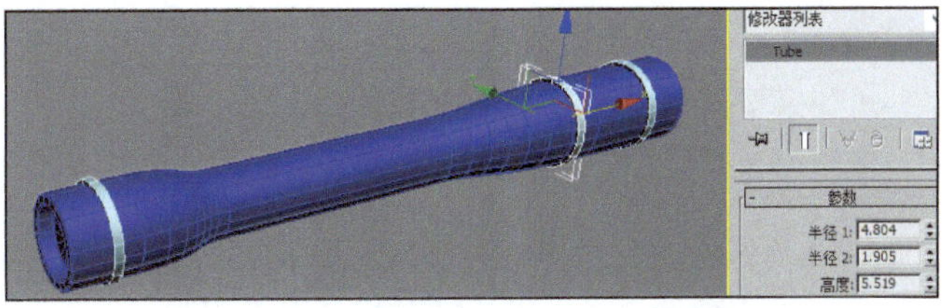

图 7-65

7）使用车削成型和倒角的立方体为瞄准镜添加细节，如图 7-66 所示。

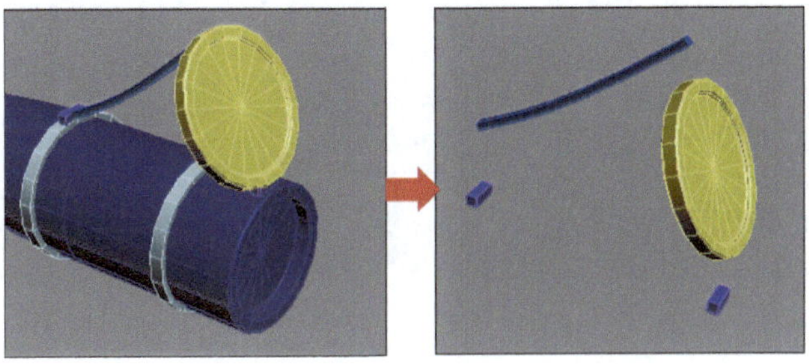

图 7-66

8）在左视图中创建矩形，转化为样条线后对上部的顶点倒圆角，进入【样条线】编辑级别，使用轮廓功能为整个样条线进行轮廓化，如图 7-67 所示。

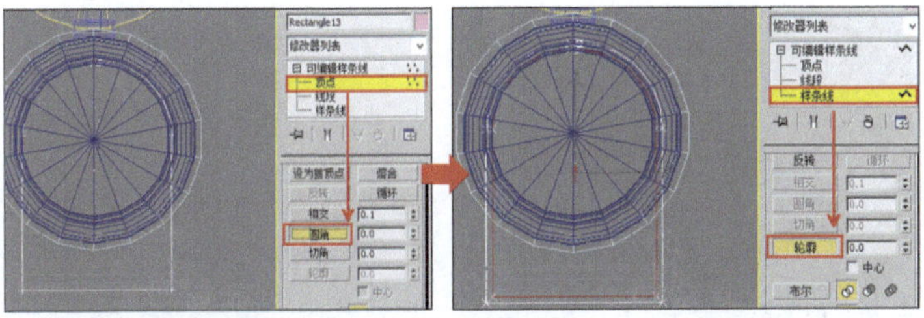

图 7-67

9）对其进行【挤出】，复制并移动到正确的位置，如图 7-68 所示。

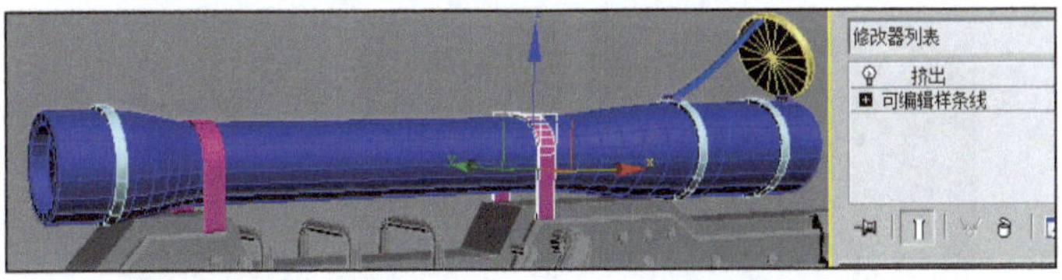

图 7-68

10）使用二维曲线挤出成型的方法为瞄准镜在左视图创建底座，如图 7-69 所示。

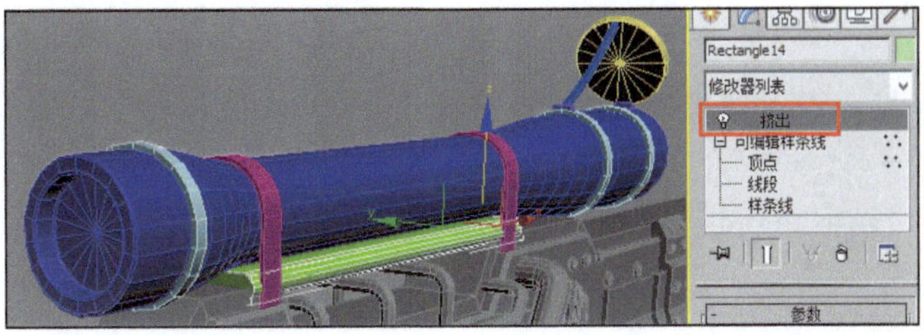

图 7-69

11）继续为瞄准镜添加细节，注意大小比例位置关系，瞄准镜制作完成，如图 7-70 所示。

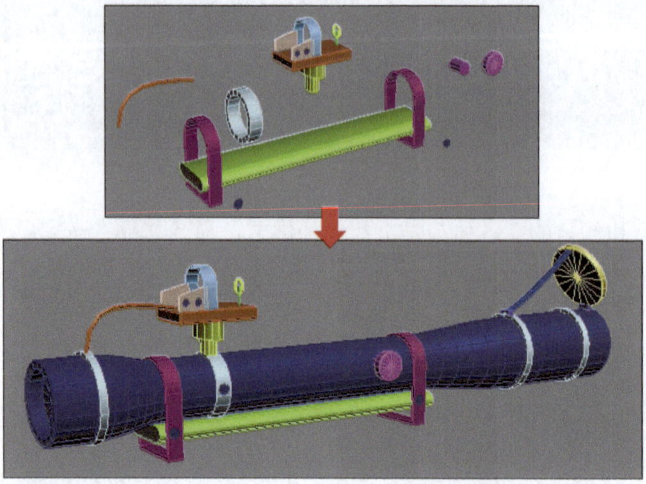

图 7-70

7.1.6 枪口模型细化

1）使用倒角的长方体和圆柱体制作出枪头的大体模型，如图 7-71 所示。

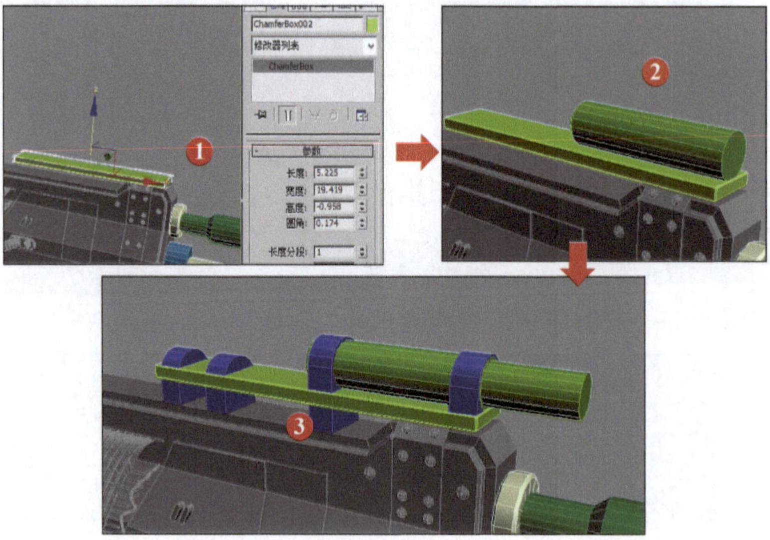

图 7-71

2）继续为模型添加细节，如图 7-72 所示。

图 7-72

3）在左视图中为枪口创建矩形和圆，选择矩形，进入编辑【样条线】，对圆进行【附加】和【布尔操作】，如图 7-73 所示。

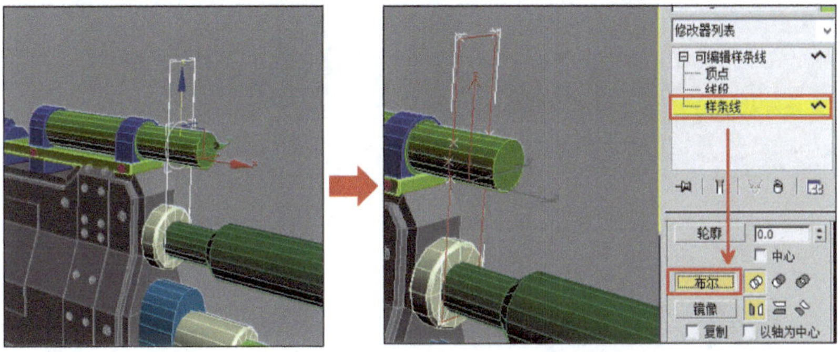

图 7-73

4）在左视图中创建矩形，用同样的方法对其进行【附加】和【布尔操作】，完成后【挤出】成型，如图 7-74 所示。

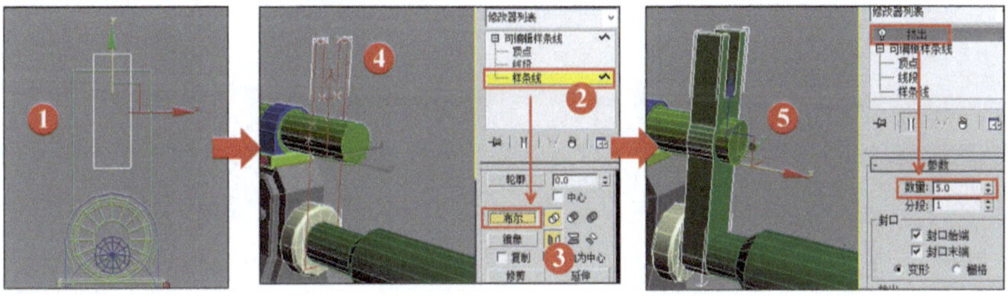

图 7-74

5）在前视图中创建长方体，使其与刚才挤出的物体完全相交，选择【挤出】物体，进入复合几何体；使用【布尔】命令，在【拾取操作对象 B】后选择长方体，三维布尔运算完成，如图 7-75 所示。

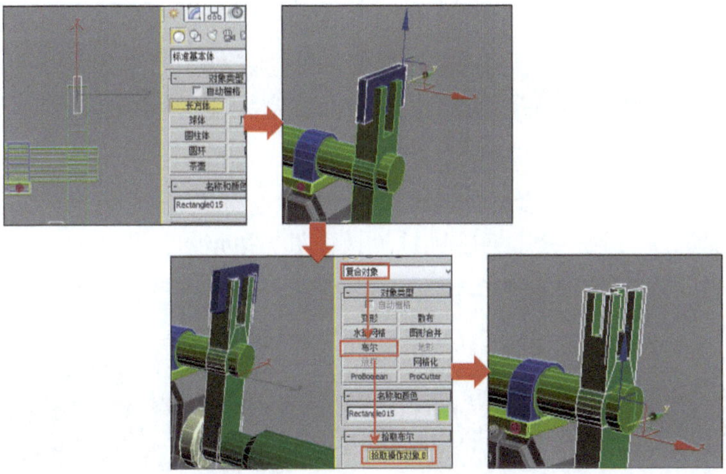

图 7-75

6）进行枪口的制作。在前视图中创建长方体，将角度捕捉工具打开，旋转 45°，复制 3 个，将所有的长方体使用编辑多边形【附加】命令结合成一个物体；选择绿色枪口物体，使用三维【布尔】工具将黄色长方体物体布尔运算减去，如图 7-76 所示。

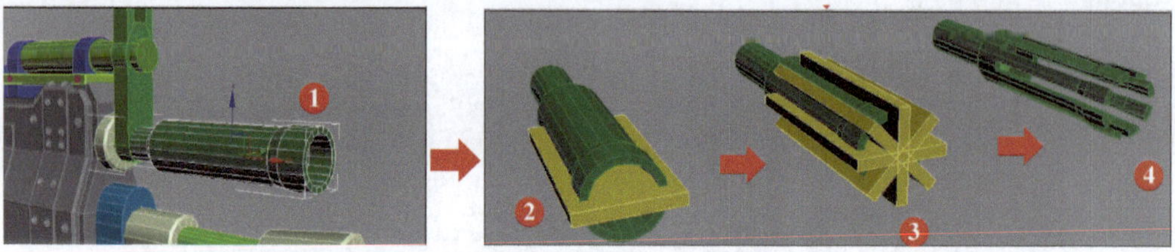

图 7-76

7）创建管状体，并对其进行复制，如图 7-77 所示。

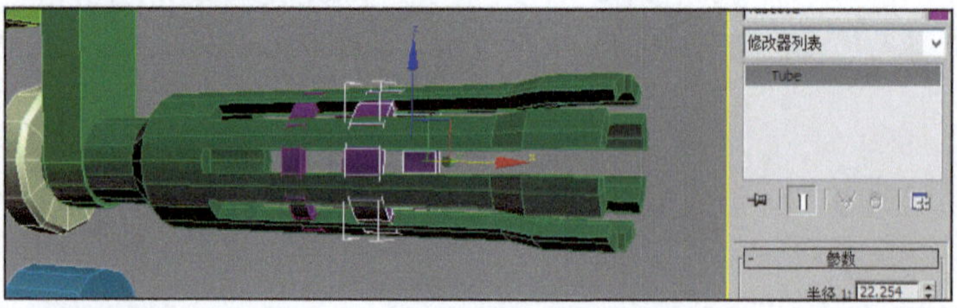

图 7-77

注 意

像枪口这样的模型可以采用布尔运算和创建新物体堆砌建模的方法来完成。

8）选择蓝色的枪口底座，将其复制后加入【晶格】修改器，调整晶格参数，如图 7-78 所示。

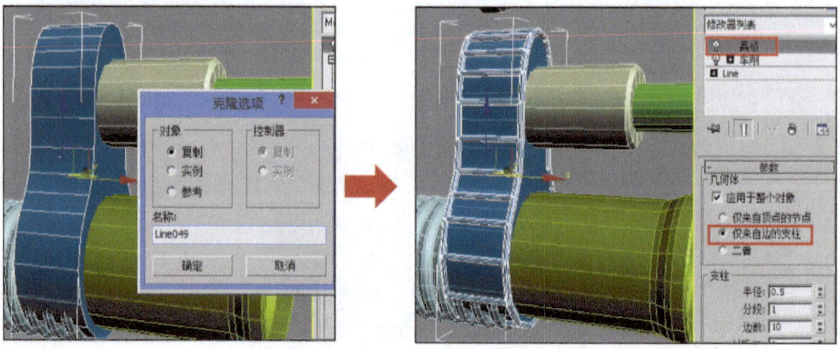

图 7-78

9）创建圆环，在圆环上创建蓝色的柱状物体，将蓝色物体的轴心对齐到圆环的轴心上，然后进行旋转复制，每隔 20° 复制一个，共复制 17 个，如图 7-79 所示。

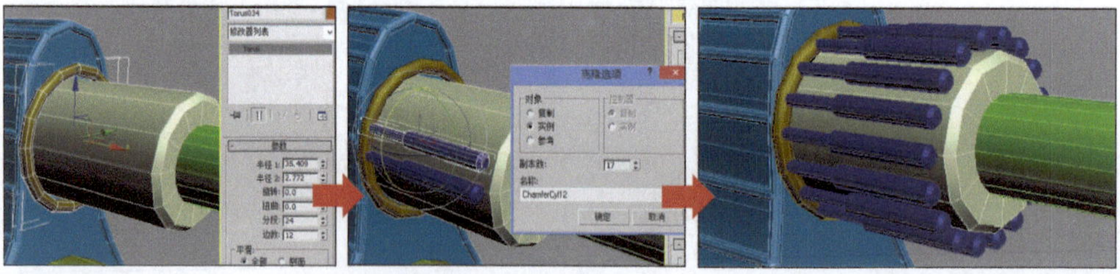

图 7-79

10）用同样的方法完成枪口的前段制作，如图 7-80 所示。

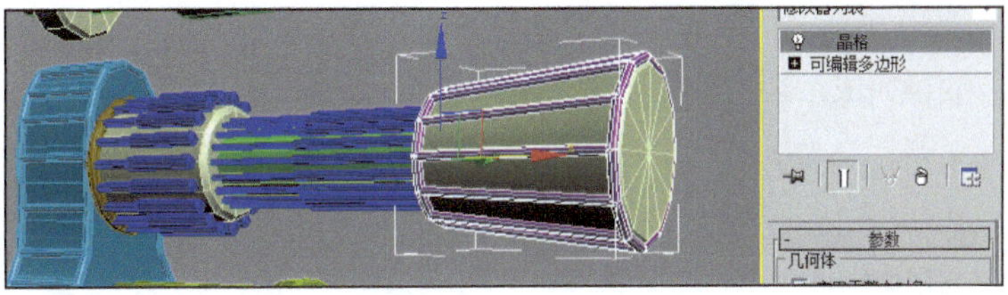

图 7-80

11）与前面讲过的方法相同，创建并复制长方体，然后选择一个长方体，单击右键，选择【转换为可编辑多边形】；将其他长方体【附加】为一个物体；选择枪口物体，对红色的物体进行布尔运算，如图 7-81 所示。

12）对枪口细节进行整理，枪口模型完成，如图 7-82 所示。

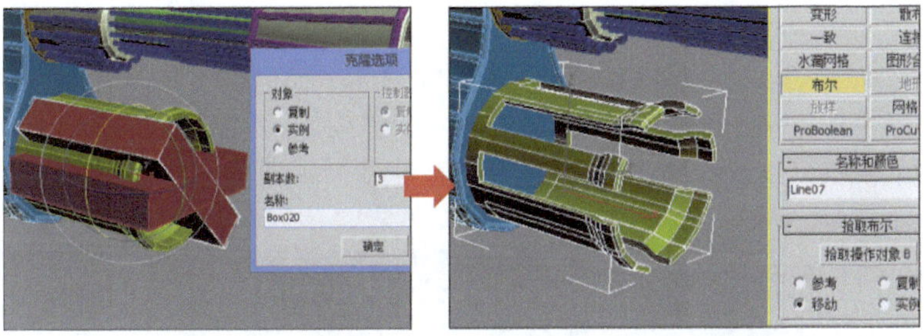

图 7-81

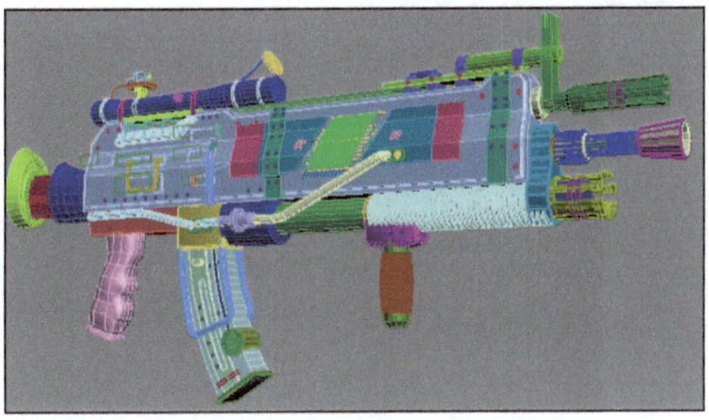

图 7-82

7.1.7 机枪背带制作

1）在前视图中完成机枪背带放样路径，如图 7-83 所示。

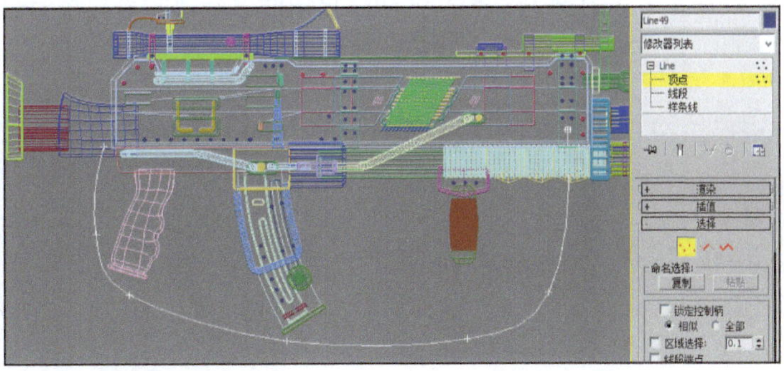

图 7-83

2）在前视图中完成背带放样截面图形，选择路径，使用复合几何体建模的放样工具进行放样（如图 7-84 所示）。放样完成后，发现背带模型不够自然，下面对其进行修改。

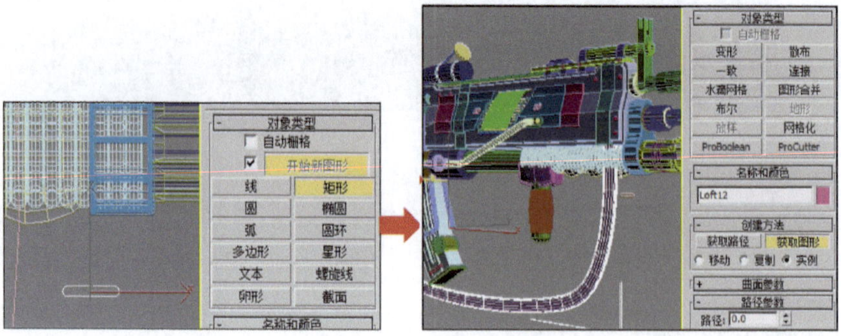

图 7-84

3）进入修改命令面板，将放样参数中的图形步数和路径步数调整为 1 和 5。使用【变形】中的【扭曲】命令，屏幕会弹出扭曲的变形图表；使用加点工具添加控制点，将控制点编辑成如图 7-85 所示形状。完成后我们发现，机枪背带也发生了自然的旋转扭曲。

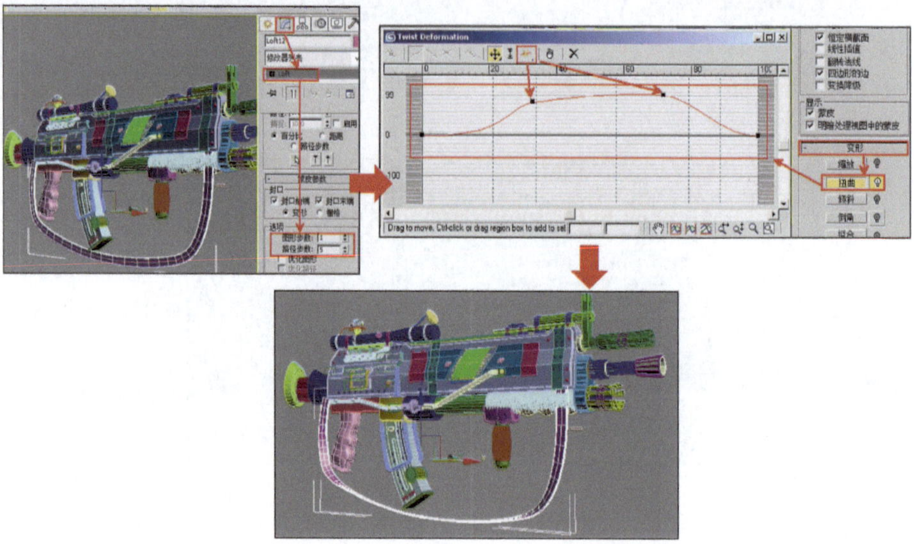

图 7-85

4）完成机枪背带上的榴弹模型。在顶视图中创建榴弹截面图形，将它进行【车削】成型；将榴弹向下进行复制，使用旋转工具对其进行旋转，让它们能更好地跟随背带的扭曲方向；创建二维直线，对直线进行编辑，模仿榴弹间的绳索效果，如图 7-86 所示。

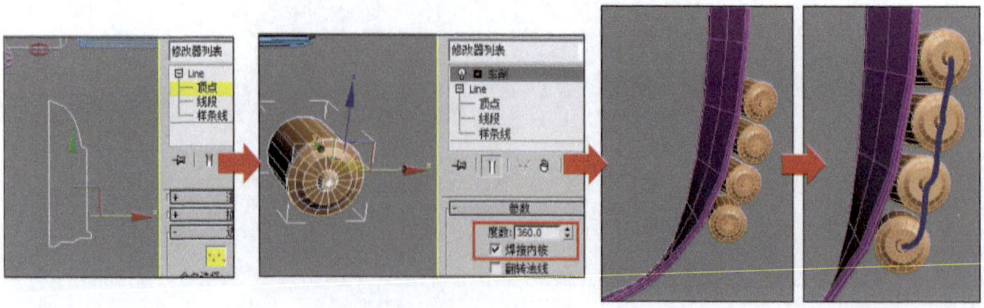

图 7-86

5）为机枪模型添加扳机和枪柄上的细节，整体调整模型的比例关系，检查模型有无丢失细节，机枪模型创建完成，如图 7-87 所示。

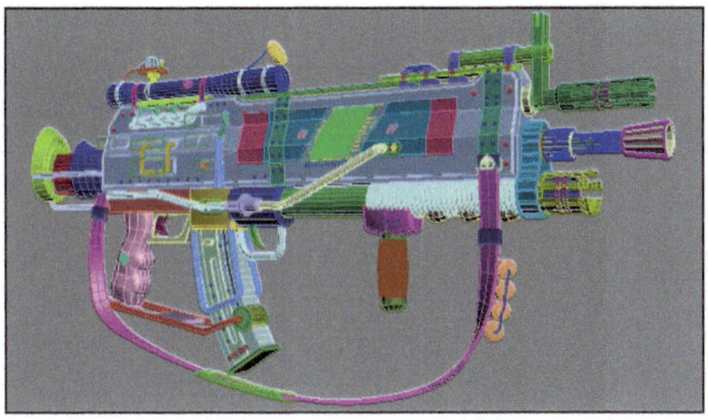

图 7-87

7.1.8　机枪模型渲染

建模完成后，对机枪模型进行渲染，正确的渲染对表现一个模型的细节是非常重要的。这里对模型进行素模渲染，这样更能体现模型的细节。

1）在左视图中画出二维直线，进入【修改】命令面板，将直线的拐点进行倒圆角；进入【样条线】级别，选择整条样条线，使用【轮廓】命令将其复制成双线，然后【挤出】，如图 7-88 所示。

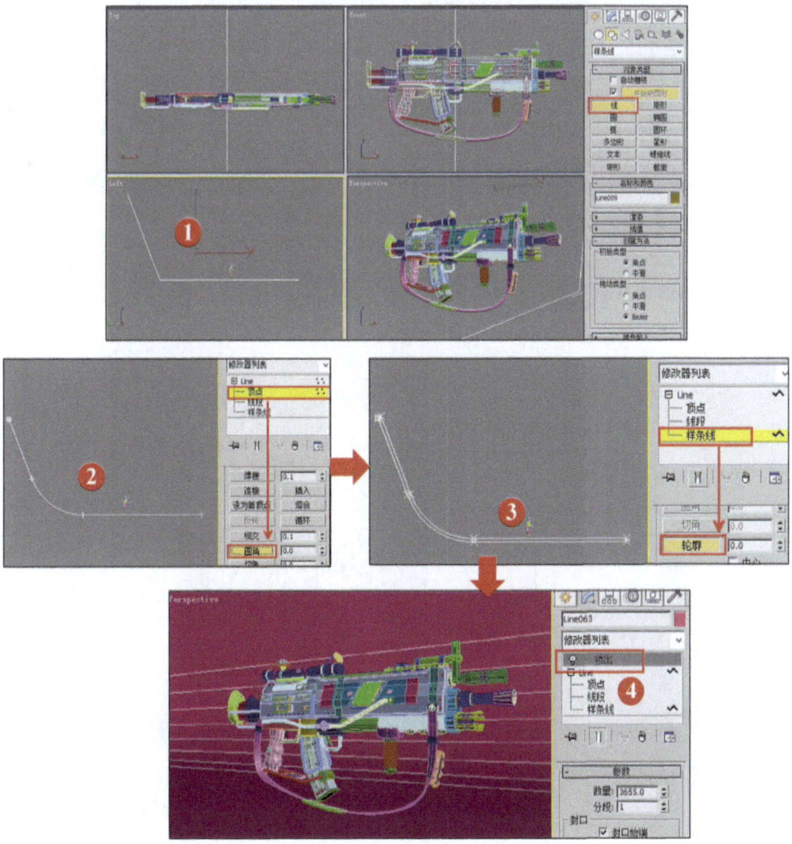

图 7-88

2）打开材质编辑器，将一个材质球的漫反射调整为浅灰色并赋予红色的背景物体，将另一个材质球漫反射调整为灰色，赋予机枪物体，如图 7-89 所示。

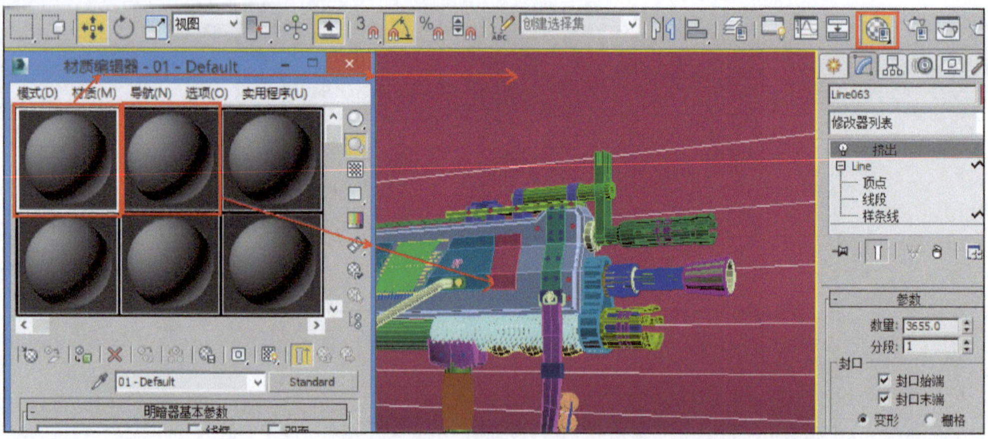

图 7-89

3）在场景的任何位置创建天光，天光是没有任何位置要求的，如图 7-90 所示。

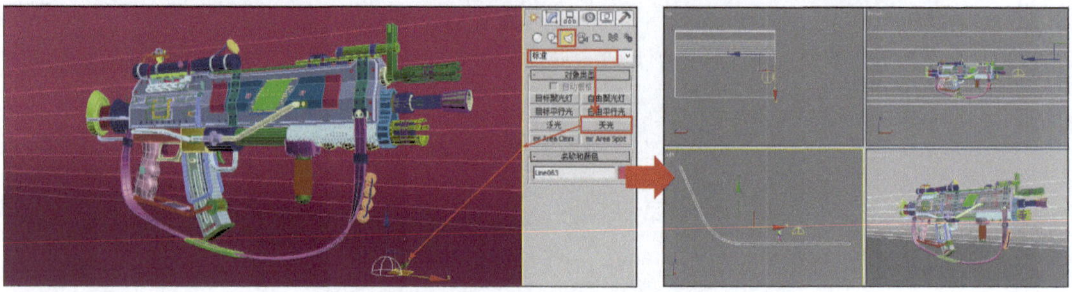

图 7-90

4）使用渲染菜单中的【光跟踪器】命令，在弹出的面板中单击【渲染】，如图 7-91 所示。

5）机枪渲染完成效果如图 7-92～图 7-96 所示。

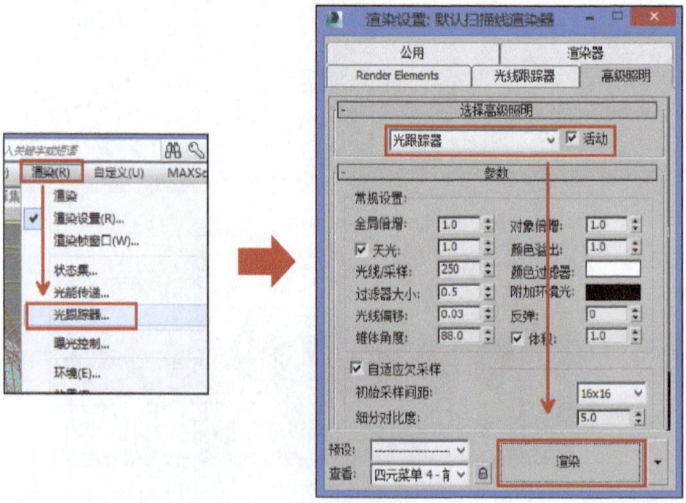

图 7-91

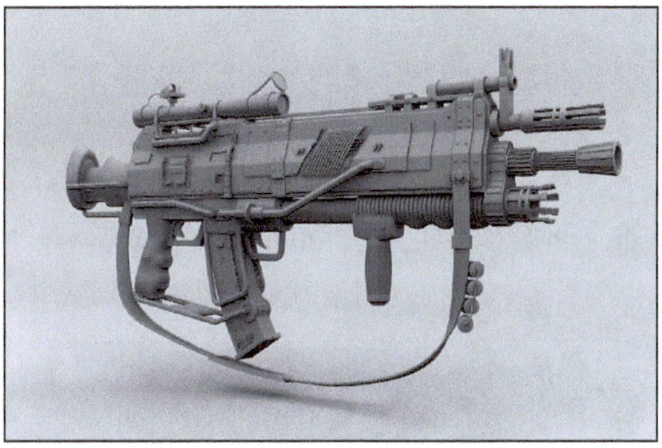

图 7-92

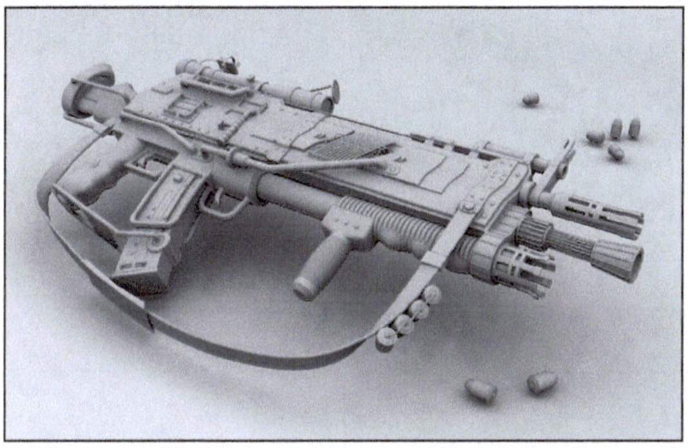

图 7-93

图 7-94

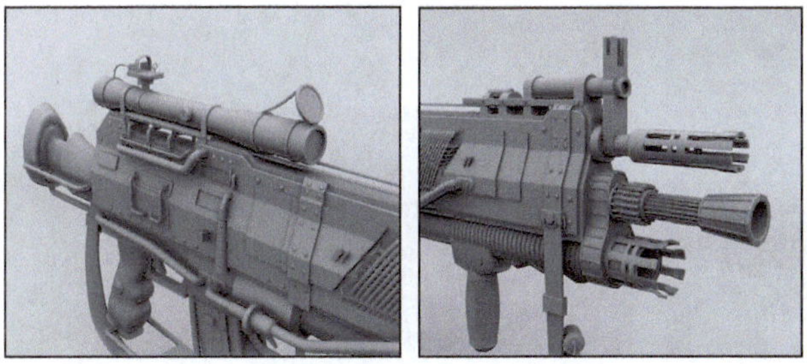

图 7-95

图 7-96

7.2 中级模型制作总结

使用基本几何体、扩展几何体和修改建模工具，掌握正确的方法，能够快速、准确地完成 3ds Max 中级模型。下面一些模型（如图 7-97～图 7-100 所示）就是运用创建机枪的方法完成的，读者可以对它们进行临摹练习，这对建模技术的提高很有帮助。

图 7-97

图 7-98

图 7-99

图 7-100

习题 7

1. 简述重型机枪模型的制作思路和流程。

2. 根据下面的游戏原画，完成游戏武器三维模型，并将它们各分三个角度进行渲染，如图 7-101 所示。

图 7-101

3. 如何使用光线追踪渲染模型？

4. 简述复杂场景的管理方法。

5. 渲染抗锯齿的操作方法是什么？

第8章

3ds Max 高级建模——编辑多边形建模

本章重点：

① 掌握多边形建模整体思路。

② 运用多边形建模方法完成一些常见模型。

学习目的：

编辑多边形建模是 3ds Max 建模的法宝，理解和掌握多边形建模技术，就能在三维模型世界里做到无所不能。在主流三维软件中，不管是 3ds Max 还是 Maya，它们虽然有些工具和场景的管理方法不同，但是它们主流的建模方法是完全相同的，即编辑多边形建模。编辑多边形建模的核心思路就是在基础模型的基础上，使用多种编辑多边形工具，对基础模型进行细节雕刻，创作者就像雕塑家一样，把模型由一个粗模逐步雕刻、细化出精模来。本章的学习目的就是通过一些常用模型的实际操作、演练，掌握编辑多边形各种建模工具的用法，理解建模思路。

8.1 编辑多边形高级建模工具详解

8.1.1 多边形建模工作流程

运用编辑多边形建模工具创建模型通常由以下三个环节构成。

第一，创建基础形体。根据需要创建物体的形态，想象出它的三维基础模型，如人物头部的三维基础模型应该是球形、汽车模型的三维基础模型是长方体等。基础形体还可以通过车削、挤出、放样来完成。总之，基础模型的创建以大型正确、模型段数恰当为优秀。

第二，编辑多边形。使用编辑多边形命令的主要工具，对基础模型进行深入刻画，编辑多边形提供各种功能的三维编辑工具，从而可以实现对基础模型切割、挤出、倒角、插入等操作，完成模型细节。

第三，网格平滑。一个光滑表面的模型是由成千上万个多边形组成的，我们不可能用编辑多边形来进行模型的平滑细分，好在 3ds Max 提供了网格平滑工具，如图 8-1 所示。

图 8-1

编辑多边形建模由【编辑网格】工具、【编辑多边形】工具、【网格平滑】工具构成。

编辑多边形和编辑网格的进入方法有两种：① 使用修改器列表，如图 8-2 所示；② 在选择的基础物体上单击右键，选择【转换为可编辑多边形】或【转换为可编辑网格】，如图 8-3 所示。

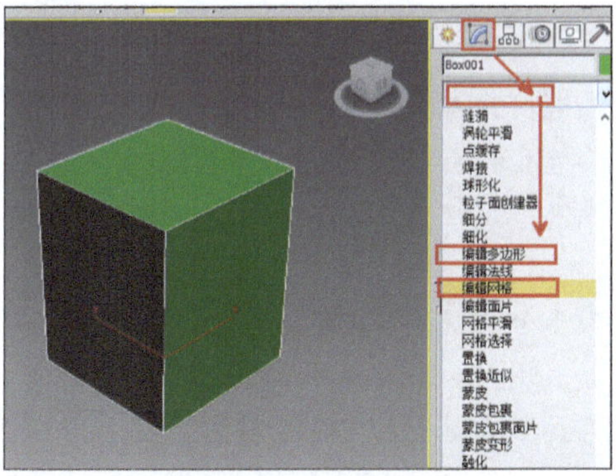

图 8-2

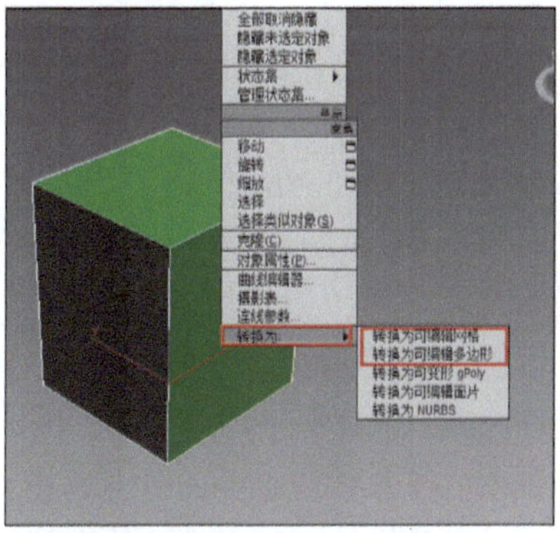

图 8-3

8.1.2 Edit Mesh 编辑网格工具

编辑网格修改工具是 3ds Max 较早版本的多边形修改工具，主要由顶点、边、面、多边形、元素 5 个子物体级别组成。忽略背面可以在选择时，不选择（忽略）背面的子物体，如忽略选择背面的顶点、边、面等，如图 8-4 所示。

使用软选择就是能够让规定范围内的点（衰减值控制范围）处于半选择状态，移动选择的顶点时，处于半选择状态的顶点也会适当跟随移动。图 8-5 为移动顶点时是否勾选使用软选择的对比，衰减数值决定软选择范围的大小。

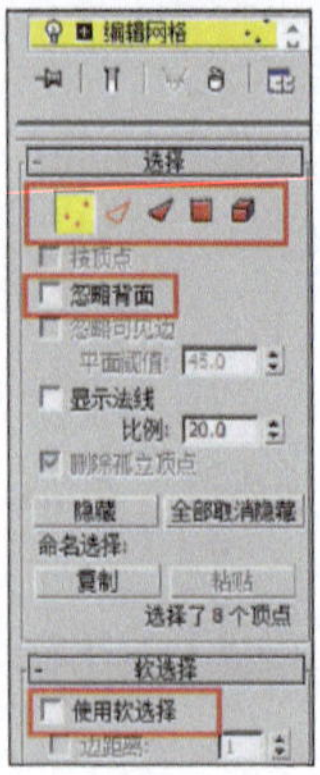

图 8-4

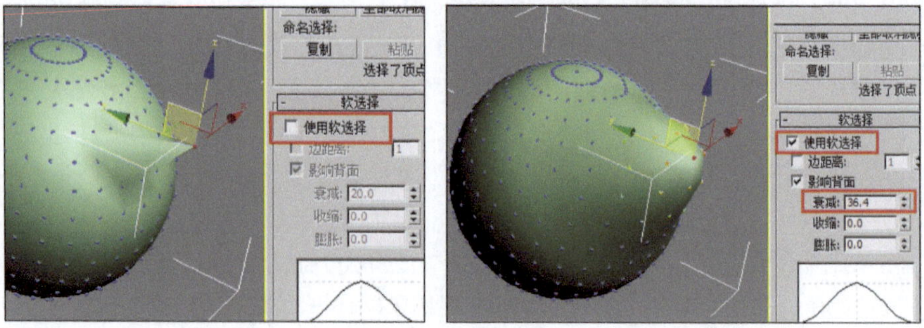

图 8-5

编辑网格顶点级别的主要命令如图 8-6 所示。

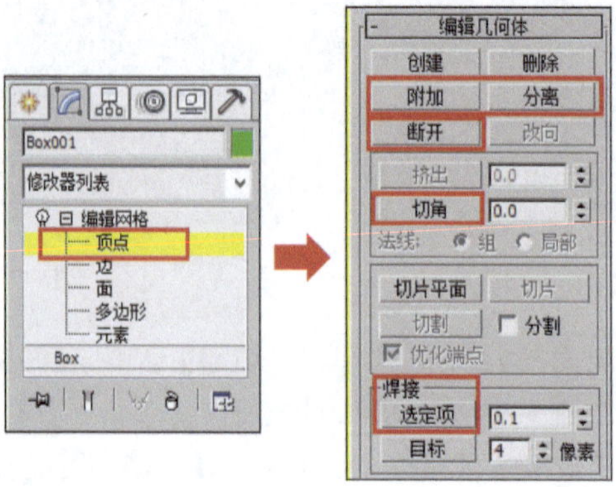

图 8-6

【附加】：将另外一个三维物体结合进来，与现在编辑的物体形成一个物体。

【分离】：与附加功能相反，能够将当前选择的子物体分离出去，形成一个新的物体。

【断开】：将一个顶点断开，形成两个或多个顶点。

【切角】：将一个顶点切成一个平面。

【焊接】：将选择的多个顶点通过一定参数焊接成一个顶点，与断开功能相反。

【移除孤立顶点】：将没有线段或面相连的孤立顶点删除，如图 8-7 所示。

【视图对齐】：将选择的多个顶点取平均值，对齐到激活视图上，如图 8-7 所示。

【栅格对齐】：将所选择的多个顶点对齐到辅助网格上，如图 8-7 所示。

【平面化】：将选择的顶点取平均值放在一个平面上，如图 8-7 所示。

【塌陷】：将选择的多个顶点塌陷成一个顶点，如图 8-7 所示。

编辑网格边级别主要命令如图 8-8 所示。

【挤出】：对边进行挤出操作，如图 8-9 所示。

【切角】：将边切成一个平面，如图 8-10 所示。

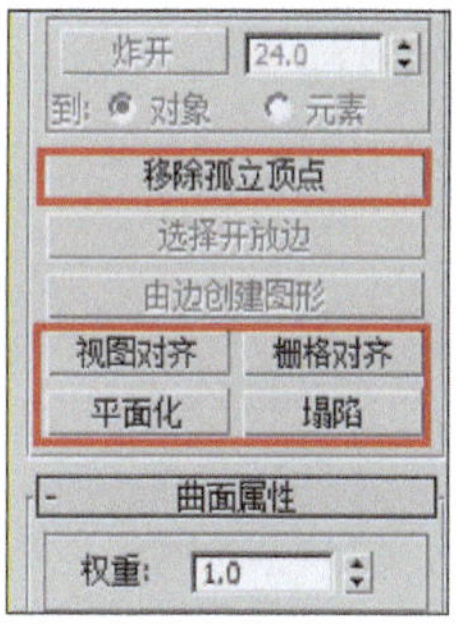

图 8-7

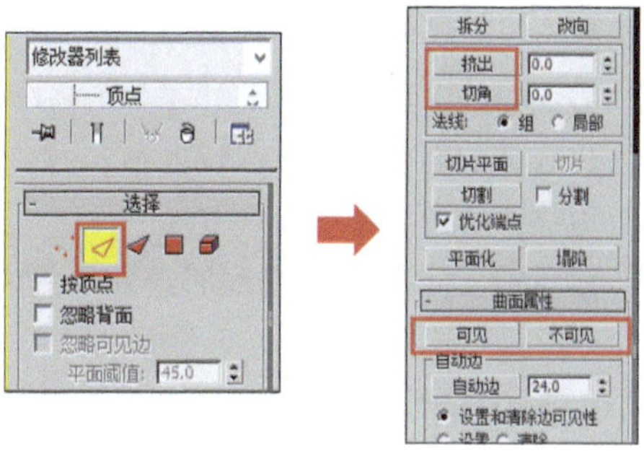

图 8-8

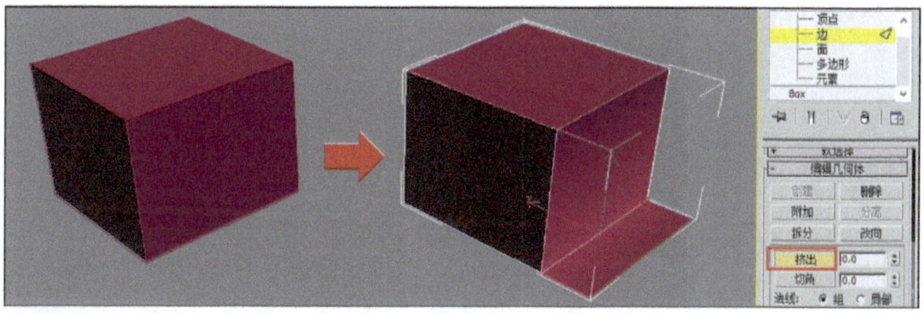

图 8-9

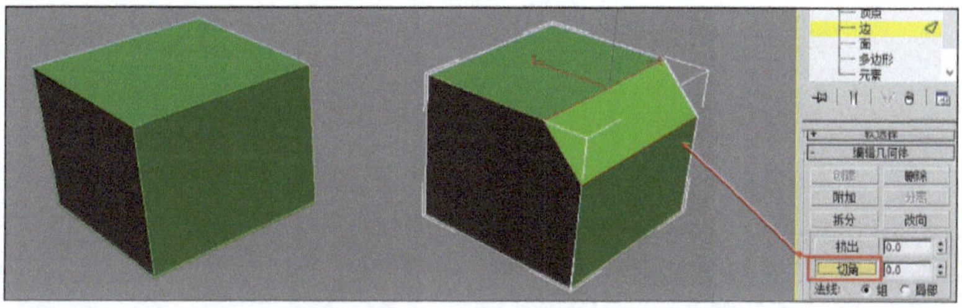

图 8-10

【可见】：使隐藏的边可见，如图 8-11 所示。

【不可见】：使可见的边隐藏，如图 8-11 所示。实线显示的边为可见边，虚线显示的边为不可见边，通过边子物体级别【可见】/【不可见】命令可以对边的属性进行转化。

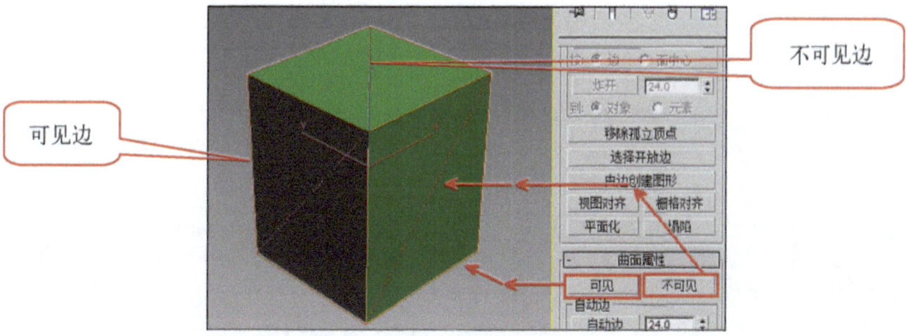

图 8-11

编辑网格面级别由于处理的子物体是三角形的面，而现实生活中要求处理三角形面的物体很少，所以不常使用。

编辑网格的多边形级别是我们使用较多的一个子物体级别，如图 8-12 所示。

【挤出】：将选择的多边形表面向外或向内挤出。

【倒角】：将选择的面挤出后放大或缩小。

【切割】：对物体表面进行细分。

【炸开】：将选择的面根据面与面的夹角炸开成物体或元素，如果选择物体，炸开后会形成很多碎片物体。

【平滑组】：通过下方的数字可以将所选择的面放在不同的光滑组内，同一个光滑组内的面与面之间的夹角不可见。

【按平滑组选择】：可以选择同一个光滑组中所有的面。

【清除全部】：将选择所有表面的光滑组全部清除，如图 8-13 所示。

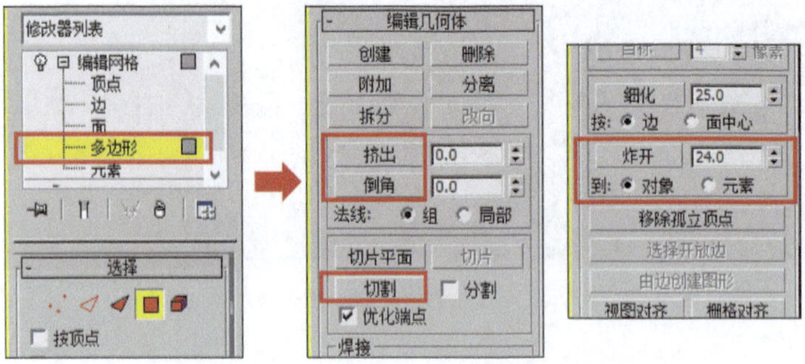

图 8-12

图 8-13

一个球体将光滑组清除的结果如图 8-14 所示。

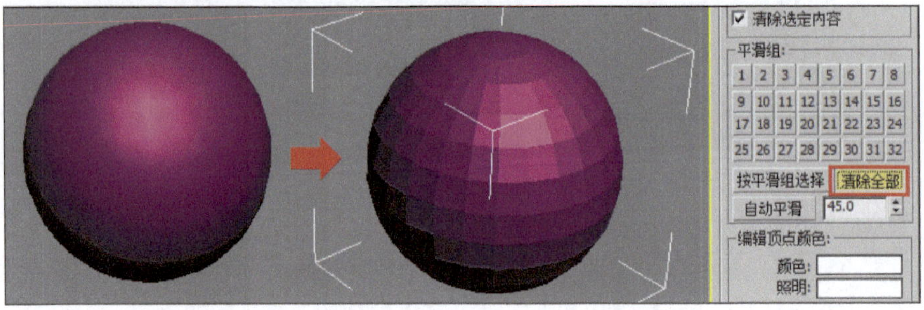

图 8-14

编辑网格的元素级别常用来选择或分离物体的元素。元素可以理解为模型中一些小的结合体，如茶壶的元素包括壶身、壶把、壶盖、壶嘴构成，如图 8-15 所示。

图 8-15

8.1.3　编辑多边形工具

编辑多边形 Edit Poly 是 3ds Max 2014 版本更新后增加的一个功能强大、方便易用的模型编辑修改器。在模型制作时，通常使用【编辑多边形】工具，某些不太常用、缺少的命令可以使用编辑网格命令补充。

编辑多边形与编辑网格有很多命令含义相同，如图 8-16 所示。

【忽略背面】：选择子物体时，忽略背面的子物体。

【收缩】：减少子物体的选择数量。

【扩大】：增加子物体的选择数量。

【环形】：在选择线段子物体时，将所有环形（平行）的线段选择。

【循环】：在选择线段子物体时，将所有线圈（首尾）相连的线选择。

Edit Poly 与 Editable Poly 命令完全相同，只是名称不同而已。

下面来看编辑多边形的【顶点】级别的主要命令，如图 8-17 所示。

【移除】：将多余的顶点去除。

【断开】：将一个顶点断开成两个或多个顶点。

【挤出】：将顶点朝外或朝内进行挤出，如图 8-18 所示。

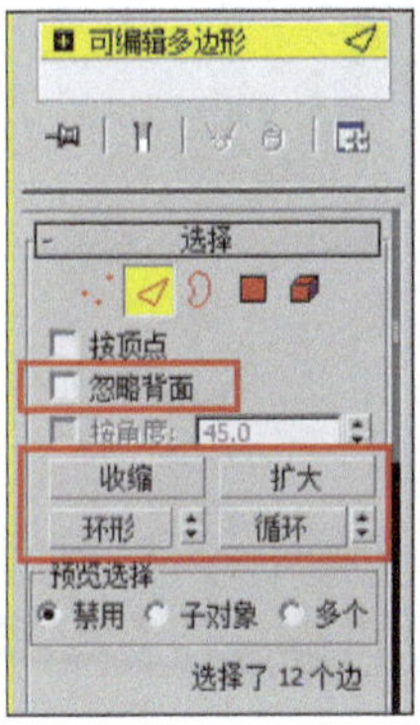

图 8-16

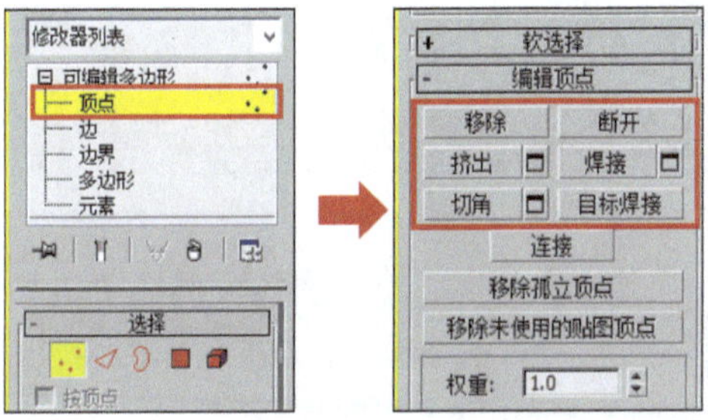

图 8-17

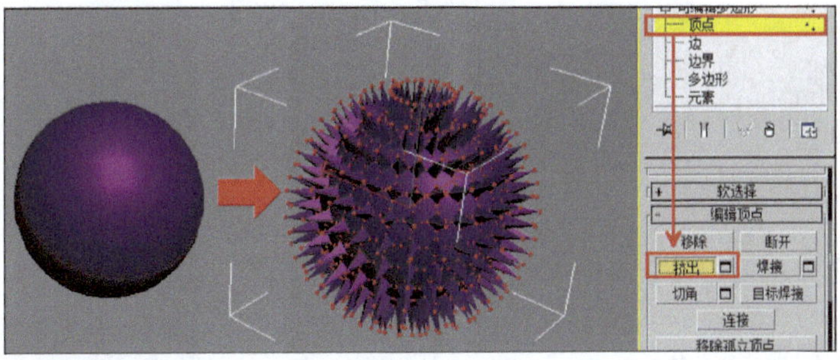

图 8-18

【焊接】：将多个顶点焊接成较少顶点。

【切角】：将顶点切成平面。

【目标焊接】：将一个顶点拖动并焊接到另一个顶点上。

编辑顶点的【边】级别的主要命令如图 8-19 所示。

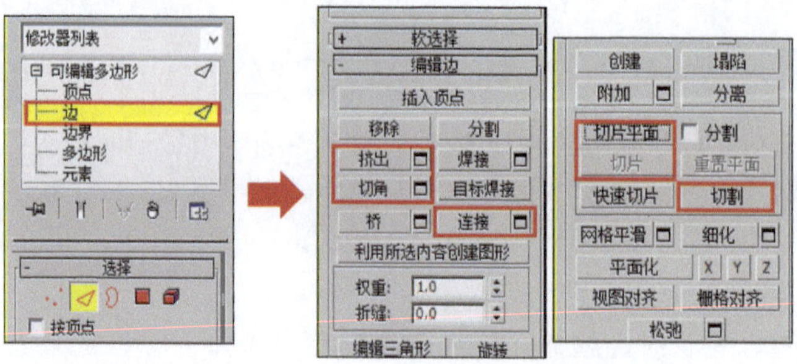

图 8-19

【挤出】：对边进行挤出。

【切角】：与编辑网格相同，将边切成平面。

【连接】：在两条边或多条边之间进行连接，让选择的边中间创建出新的线段，是平等细分面的好方法，如图 8-20 所示。在边级别，选择平行的或相邻的两条边，单击【连接】命令参数，调整连接的边数，然后确认，连接操作完成。

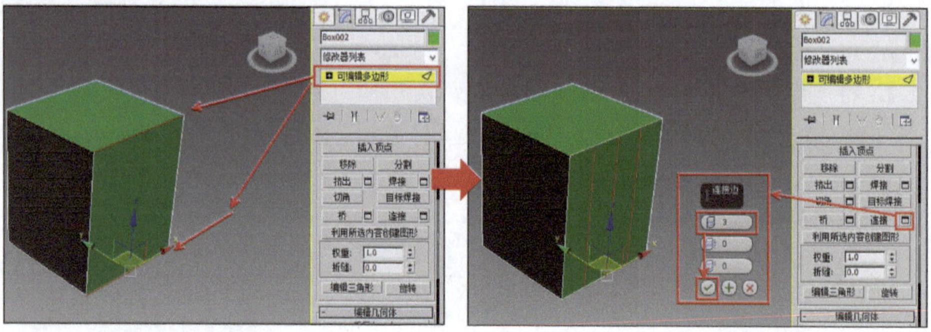

图 8-20

【可编辑多边形】的第三个子物体级别是【边界】。面的边缘就是边界。一个封闭的球体是没有边界的，但是一个开口的球体就有边界，如图 8-21 所示。其中最常用的命令是【封口】，如图 8-22 所示，能够将一个边界用一个平面封起来。

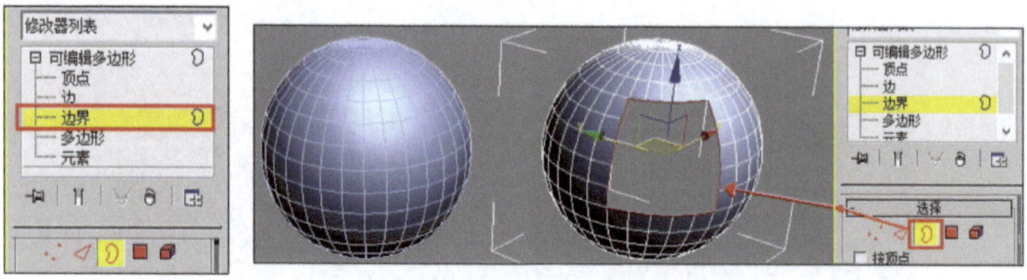

图 8-21

【编辑多边形】最主要的命令集中在它的多边形子物体级别，如图 8-23 所示。

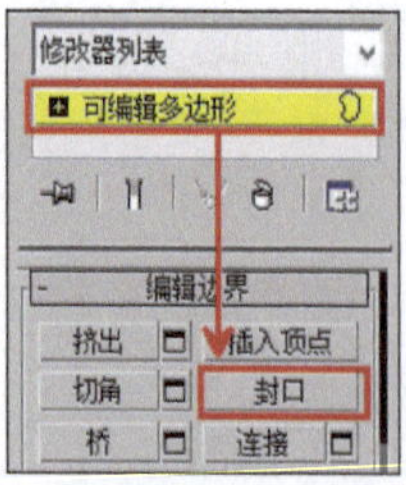

图 8-22

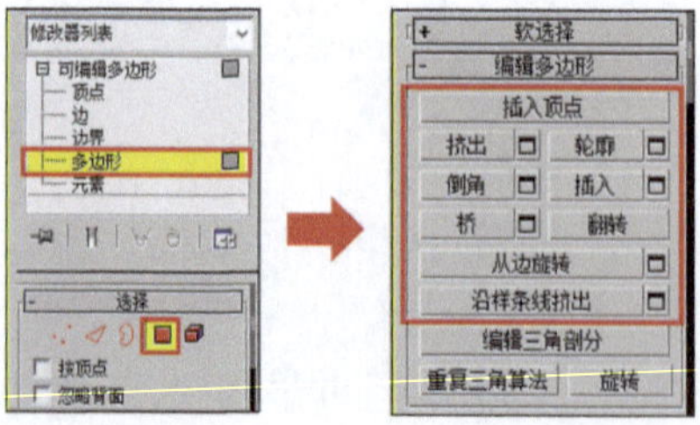

图 8-23

【插入顶点】：在物体表面添加顶点，相邻的顶点与其线段相连，用来细化模型表面，如图 8-24 所示。

【挤出】：将面向内或向外挤出。

【轮廓】：将面在原地放大或缩小。

【倒角】：将面挤出后放大或缩小。

【插入】：将面原地向内插入，如图 8-25 所示。

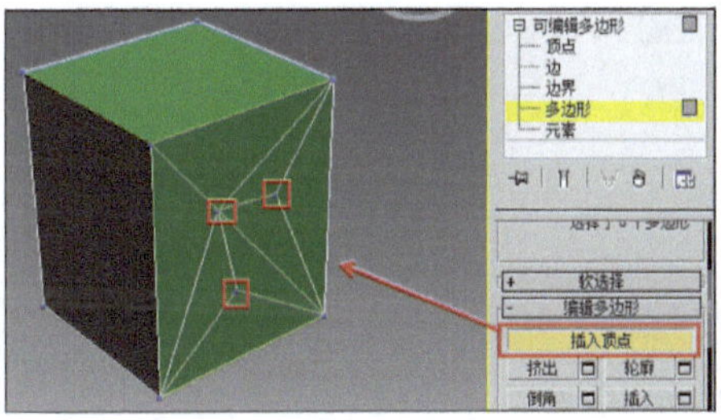

图 8-24

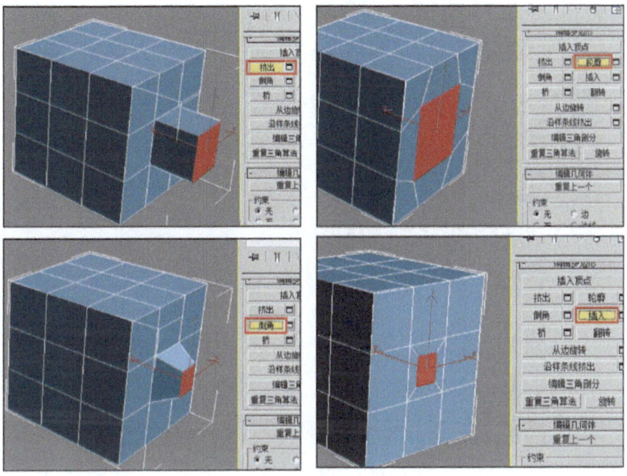

图 8-25

【翻转】：将面的正面朝向翻转。例如，将一个茶壶表面进行法线翻转，可以看到物体的内表面，如图 8-26 所示。

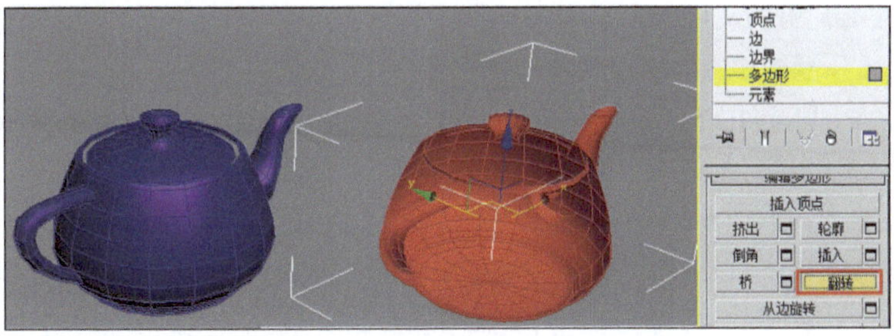

图 8-26

【从边旋转】：选择的面沿着你选择的某条边挤出。

操作流程如下：选择需要翘起的面，单击【从边旋转】后的按钮，弹出浮动面板，选择模型上任意一条边为翘起的轴，调整翘起的角度，效果如图 8-27 所示。

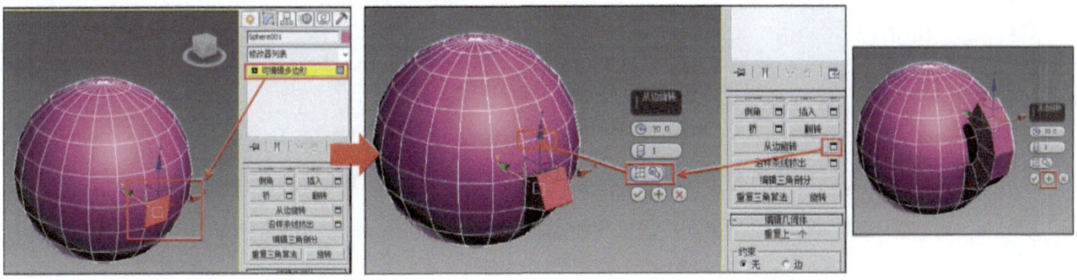

图 8-27

【沿样条线挤出】：将物体的选择面沿一根样条线向外挤出，能做出比较怪异的效果。

操作流程如下：创建要沿着挤出的样条线，如螺旋线，选择球体的一个面，单击【沿样条线挤出】，在弹出的面板上单击【挑选螺旋线】，适当调整面板上的参数，效果如图 8-28 所示。

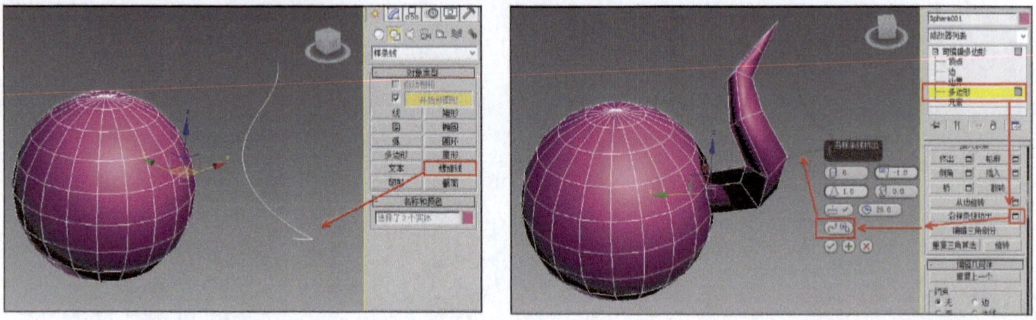

图 8-28

【塌陷】：将选择的面塌陷成一个顶点，如图 8-29 所示。

【附加】：附加结合其他三维物体到当前物体。

【分离】：将所选择的多边形分离成新的物体或元素。

【切片平面】：网格细分的一种工具，配合切片工具使用。方法是单击切片平面，将它移动到需要切割的位置，单击切片按钮则完成。

【切割】：手动剪切物体的表面，用来细分物体表面的常用工具。

【平面化】：沿 X、Y、Z 轴将所选择的面进行平面化。

编辑多边形的绘制变形工具可以在三维物体表面快速绘制雕刻模型，前提是编辑的模型要有足够的网格数。

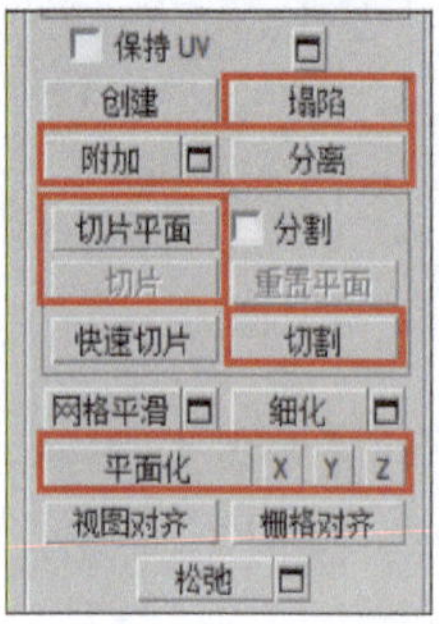

图 8-29

【推/拉】：将模型沿法线方向向内或向外推拉变形。

【松弛】：平缓模型表面高低差异，对模型变形剧烈的位置进行柔化，如图 8-30 所示。

下面来使用绘制变形工具完成一个小山坡的实例，了解绘制变形的使用流程。

1）创建一个平面，如图 8-31 所示。

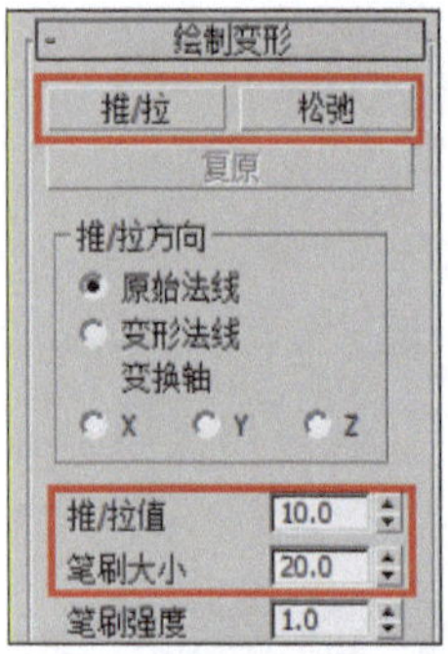

图 8-30

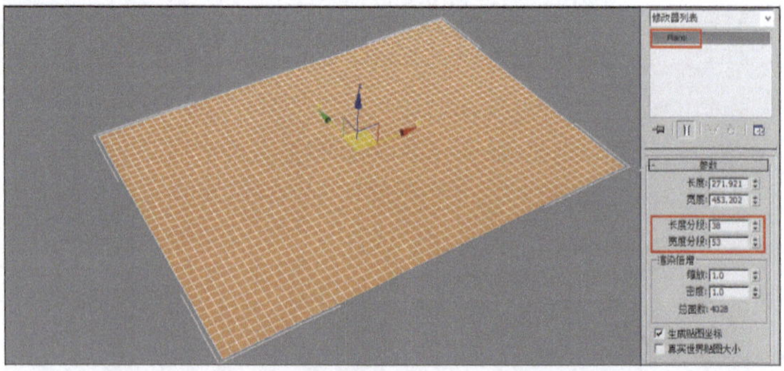

图 8-31

2）右键单击，平面转化为可编辑多边形，在【可编辑多边形】中选择【绘制变形】，如图 8-32 所示。调整笔刷的强度和大小，在平面上进行绘制，有些高低起伏过高的地方可以使用【松弛】工具让其舒缓，山坡造型创建完成，如图 8-33 所示。

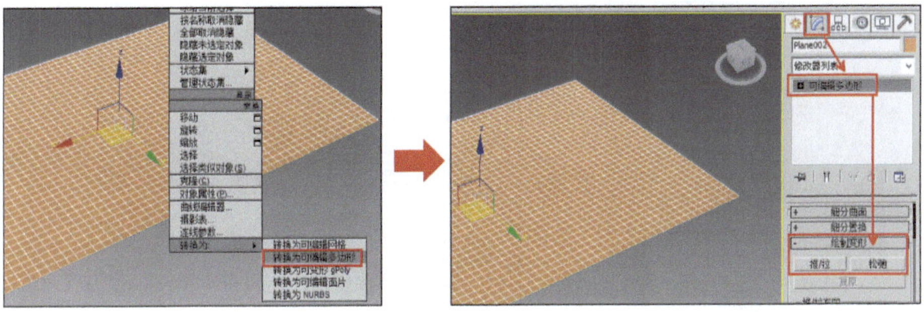

图 8-32

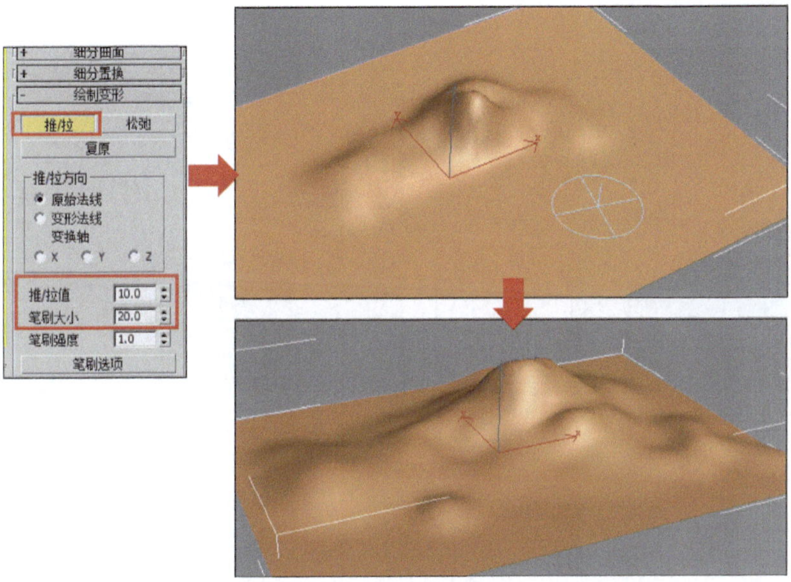

图 8-33

3）在【可编辑多边形】的【元素】级别中有两个主要命令【设置 ID】和【选择 ID】，如图 8-34 所示。ID 是面或元素身份的意思，【设置 ID】可以将选择的面或元素设置成 1 或其他一个数字。【选择 ID】是能够通过面或元素已经存在的 ID 号将其选择。例如，在【选择 ID】后输入 2，单击【选择 ID】命令，就能把 ID 为 2 的所有面选择。物体面 ID 的划分是为了与材质 ID 划分相对应使用的，具体使用方法会在材质章节具体了解。

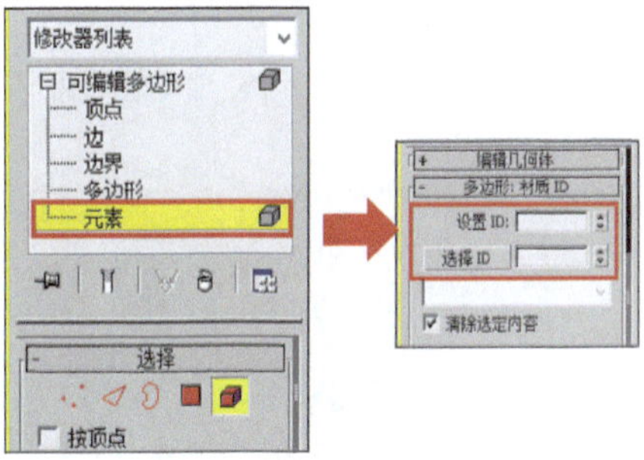

图 8-34

8.1.4　网格平滑工具 Mesh Smooth

网格平滑工具是在物体模型使用编辑多边形或编辑网格完成后，由于手工编辑细分模型很难做到又细微又光滑，所以使用【网格平滑】工具来完成，如图 8-35 所示。

网格平滑工具的使用方法是：选择需要平滑的三维物体，在修改器列表中选择【网格平滑】命令，如图 8-36 所示。【细分量】中的【迭代次数】是网格平滑最重要的命令，当其值是 1 时，平滑后所产生的面是平滑以前的 4 倍；为 2 时，光滑后所产生的面是平滑以前的 16 倍。由于平滑后产生的面很多，所以网格平滑中的【迭代次数】的最大值常为 2。

图 8-35

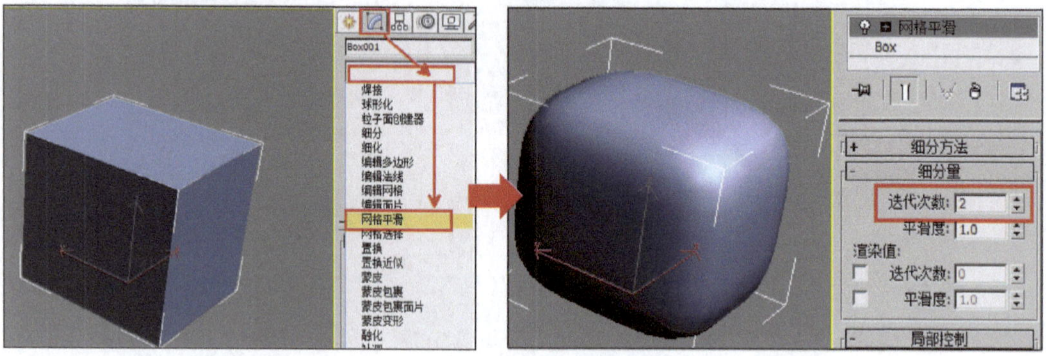

图 8-36

8.2 多边形建模实例

下面通过一些实例来了解编辑多边形建模的工作流程。

8.2.1 沙发

1）创建一个长方体，调整长方体的段数如图 8-37 所示。在修改器列表中添加【编辑多边形】命令。

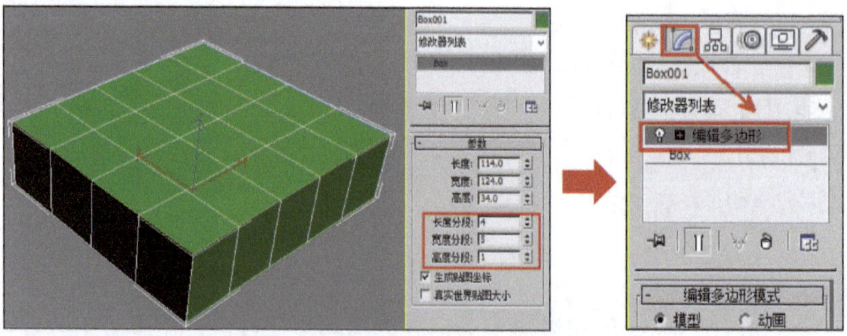

图 8-37

注 意

在编辑网格或编辑多边形时，通常按 F4 键，将透视图显示为线框加实体的状态，只有这样，我们才能清晰地看到需要编辑的网格。

2）进入【编辑多边形】的【面】级别，配合 Ctrl 键将一圈面选择，如图 8-38 所示。

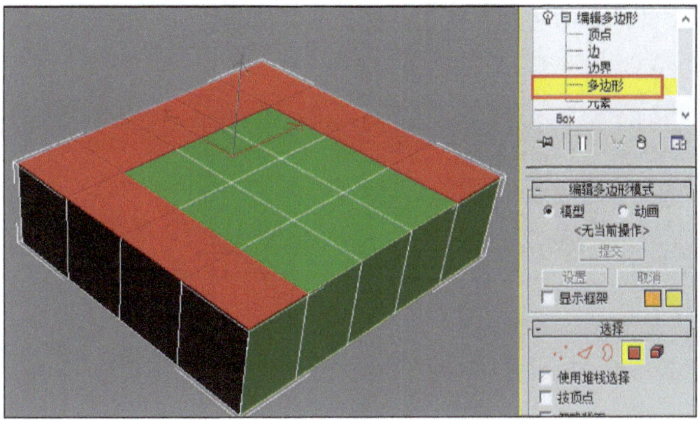

图 8-38

注　意

编辑多边形有顶点、边、边界、面、元素五个级别，进入不同的级别除了可以单击命令面板按钮，还可以通过快捷键来进入，它们对应的快捷键分别是数字键 1、2、3、4 和 5。

3）使用【挤出】工具将选择的一圈面挤出，如图 8-39 所示。

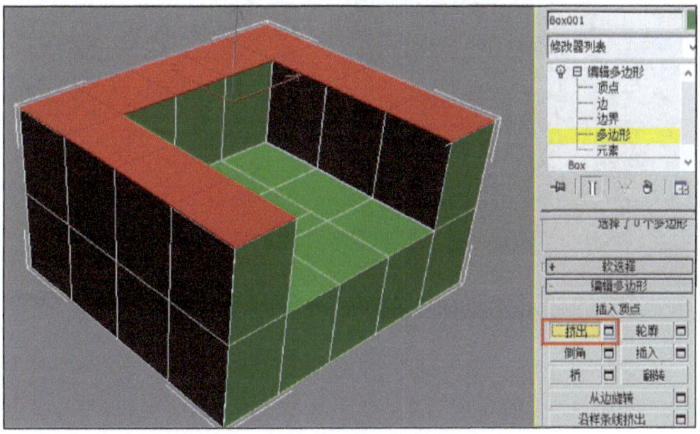

图 8-39

4）为模型添加【网格平滑】命令，并将平滑的【迭代次数】设为 2，发现刚才生硬的沙发模型变得平滑了，这个模型现在看起来有些像现代的沙发模型，如图 8-40 所示。

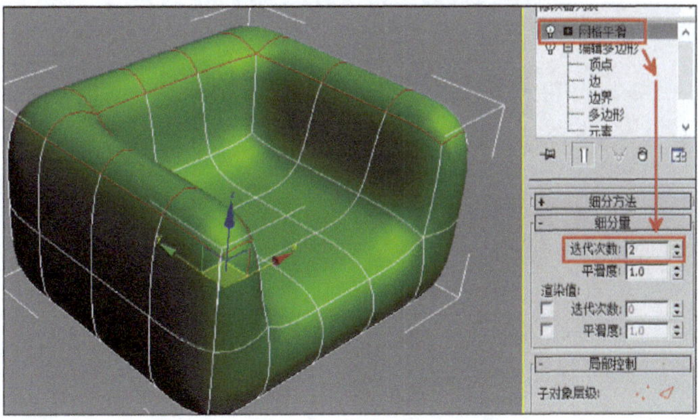

图 8-40

下面对其进行修改，完成沙发的靠背部分。

5）进入【编辑多边形】的【面】级别，选择靠背部分的面，使用【挤出】命令继续向上挤出，靠背沙发大形完成，如图 8-41 所示。

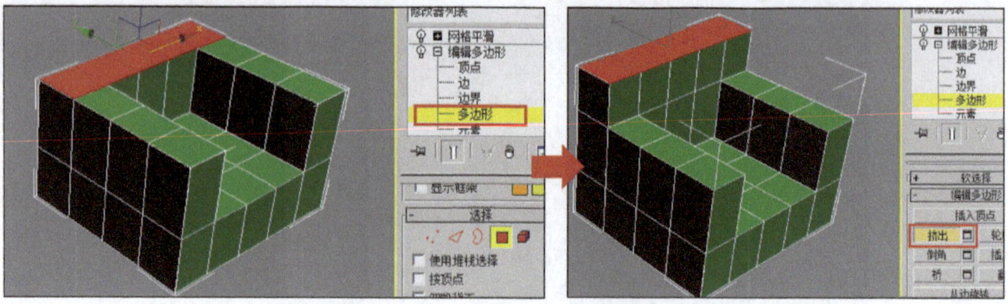

图 8-41

6）回到【网格平滑】级别，发现沙发靠背出现，但有些死板，如图 8-42 所示。下面再对它进行形态上的调整。

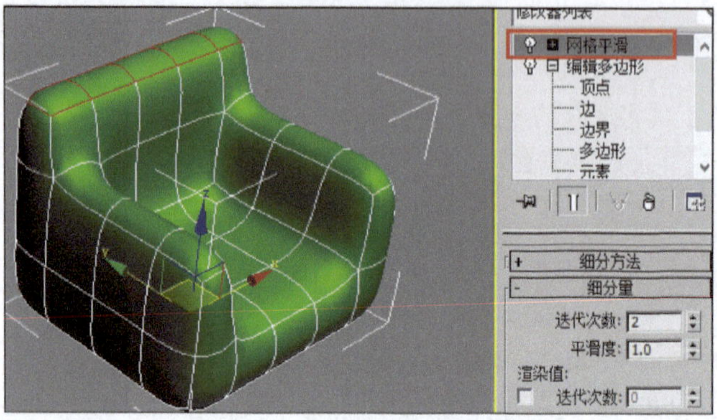

图 8-42

7）进入【编辑多边形】的【顶点】级别，勾选【显示框架】，然后单击【选择】，前视图中的沙发中出现了控制网格，如图 8-43 所示。

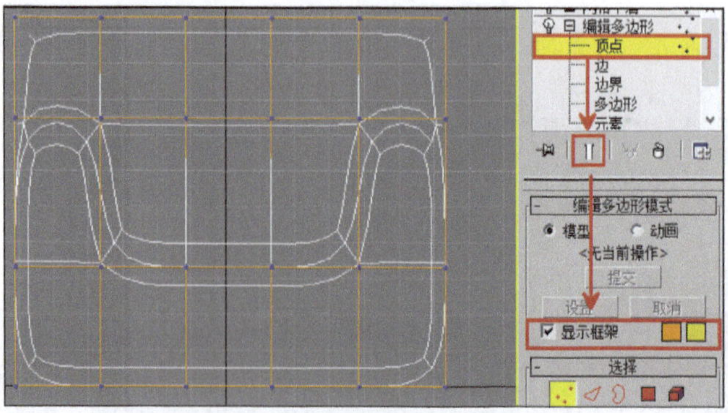

图 8-43

8）在前视图、左视图、顶视图三个视图上分别对顶点的位置进行调整，再观察透视图，发现原来生硬的沙发现在好多了，如图 8-44 所示。

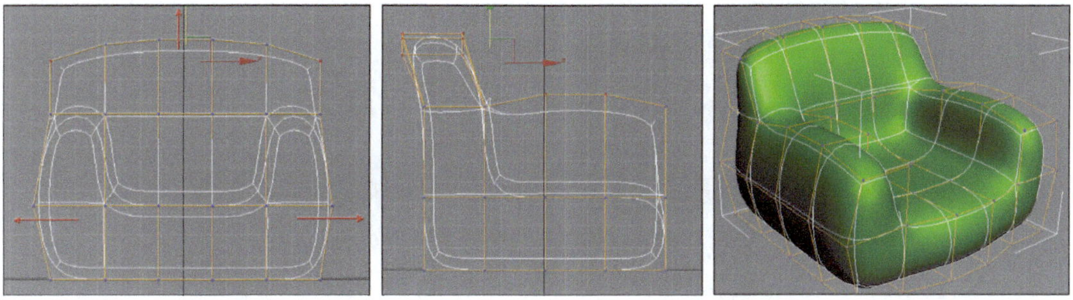

图 8-44

9）为沙发赋予一个布纹材质。按 M 键，打开材质编辑器，选择任意一个材质球，将它赋予物体，如图 8-45 所示。

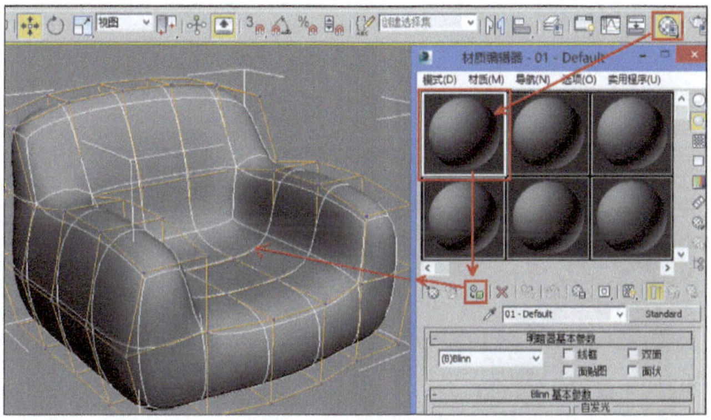

图 8-45

10）单击【漫反射】后面的方框，在贴图类型中选择【位图】，在弹出的选择位图对话框中找到想要使用的沙发贴图，勾选显示贴图按钮，这时透视图中沙发就有布纹贴图了，如图 8-46 所示，只是贴图的大小不太正确。

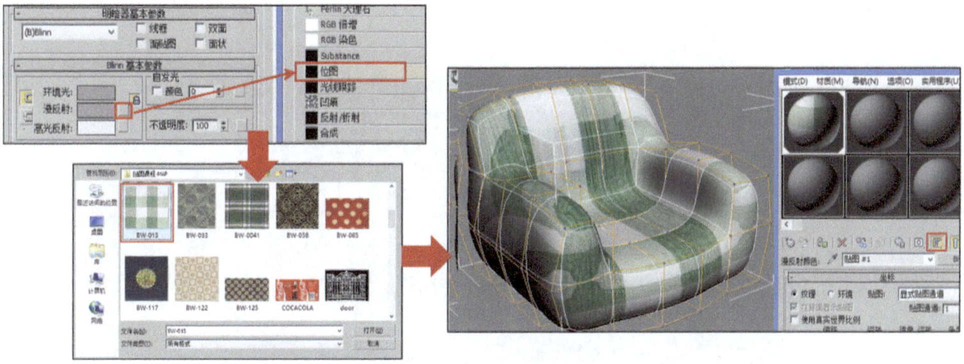

图 8-46

11）在修改器列表中为沙发物体添加 UVW 贴图坐标，将贴图类型改为【长方体】，调整长度、宽度、高度的数值，如图 8-47 所示。

12）使用倒角的长方体完成沙发坐垫，复制沙发并完成地毯物体。使用前面学过的天光渲染方法对场景进行渲染，沙发模型的主体部分就通过【编辑多边形】工具完成了，如图 8-48 所示。

图 8-47

图 8-48

8.2.2 足球、篮球、排球

下面使用编辑网格来完成足球模型。

1）在【扩展基本体】面板上创建异面体，如图 8-49 所示。

图 8-49

2）进入修改面板，将异面体的类型改为【十二面体/二十面体】类型，调节【系列参数】中的【P】（长宽比例）为 0.36，如图 8-50 所示。

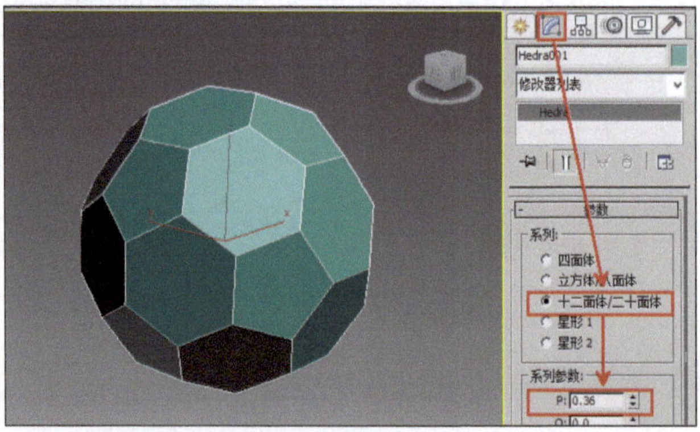

图 8-50

3）在修改面板中添加【编辑网格】修改器，进入【多边形】子物体级别；选择所有的面，使用【炸开】工具，将其炸开成元素；使用【挤出】命令对选择的面进行第一次挤出，再使用【倒角】工具做第二次挤压，如图 8-51 所示。

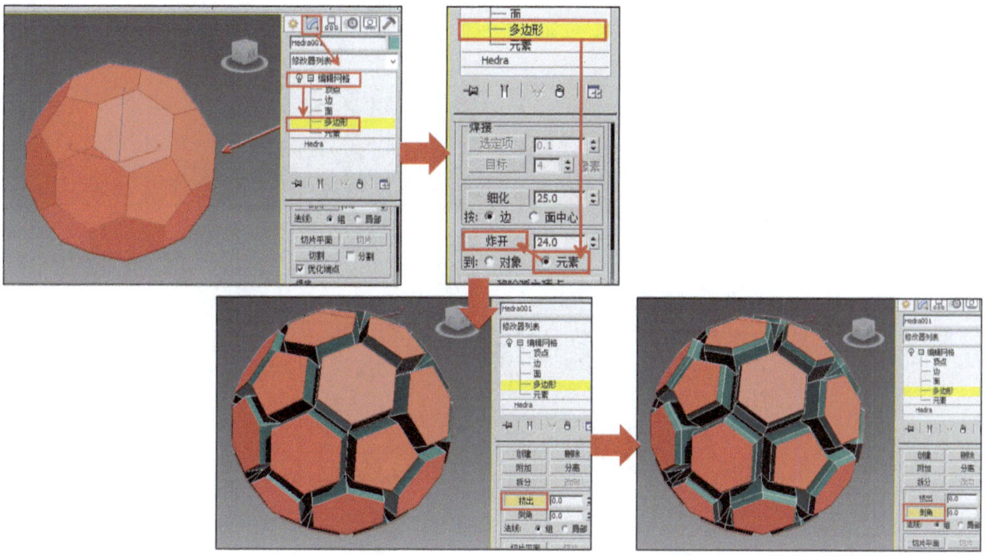

图 8-51

4）单击【编辑网格】，取消面的选择，如图 8-52 所示。

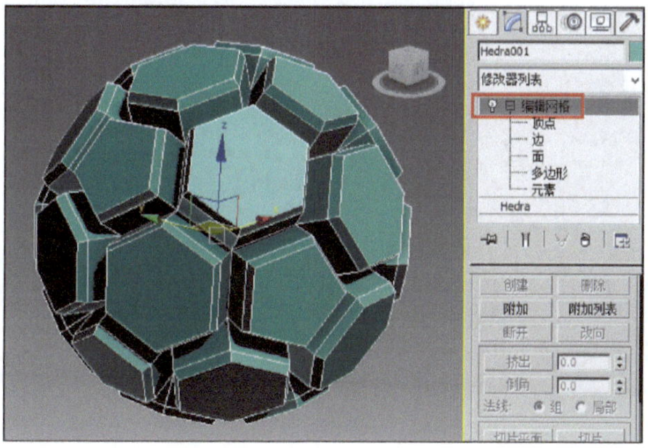

图 8-52

5）为足球添加【网格平滑】，将其【细分方法】改成【经典】模式，将【迭代次数】设为 2，如图 8-53 所示。

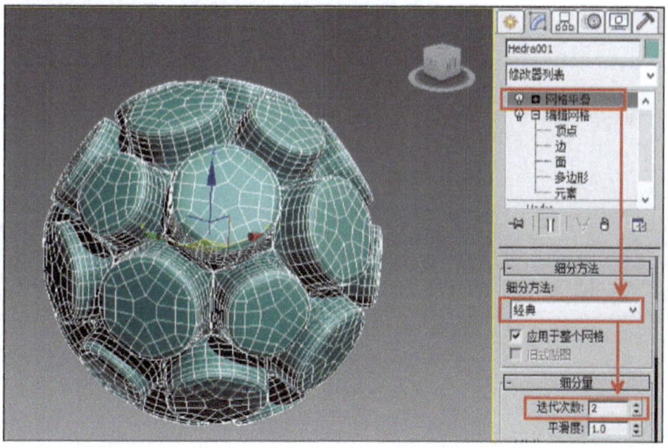

图 8-53

6）添加【球形化】命令，按 F4 键，去除【线框】显示，足球模型完成，如图 8-54 所示。

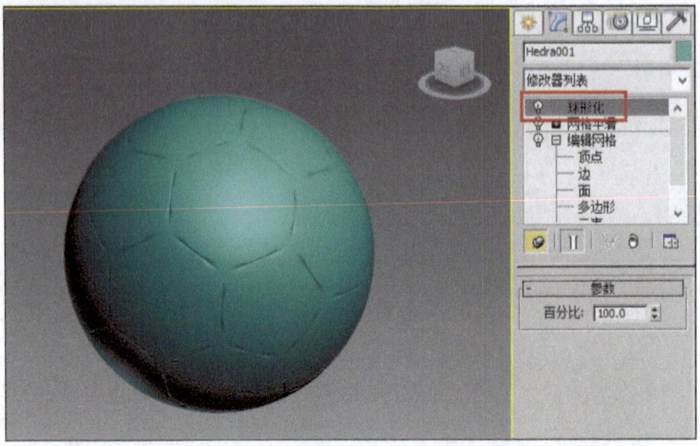

图 8-54

下面为足球添加材质。

7）按 M 键，打开【材质编辑器】，选择任意材质球，将材质球的种类由【标准】改为【多维/子对象】类型，在弹出的菜单中选择【多维/子对象】，如图 8-55 所示。

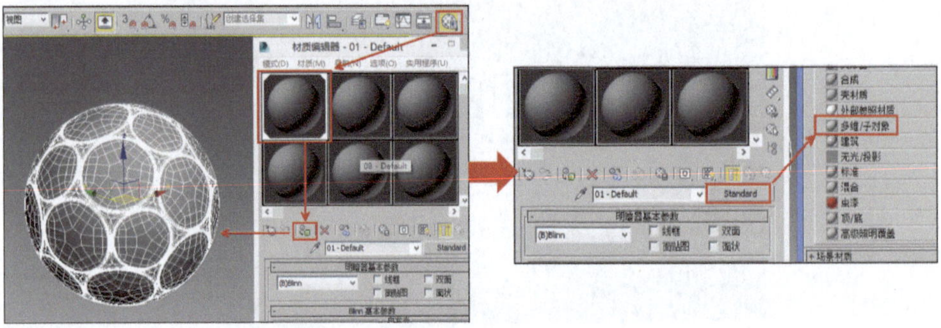

图 8-55

8）在材质面板上，将材质的数量设为 2，将它们的颜色改成一黑一白，如图 8-56 所示。

9）将材质赋予物体，足球模型创建完成，如图 8-57 所示。

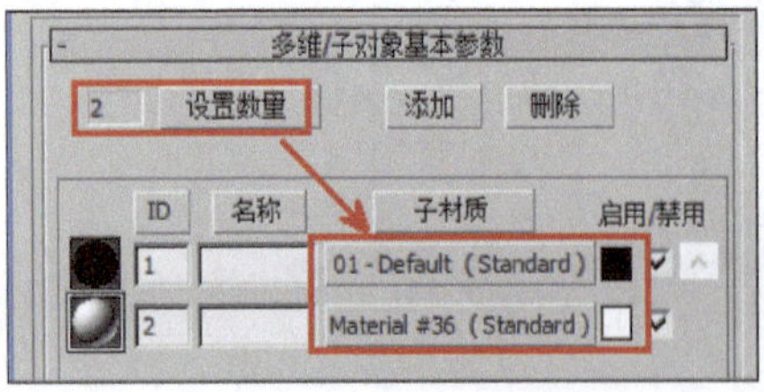

图 8-56

图 8-57

篮球模型和足球模型明显不同，足球主要由两个图形单元构成，篮球表面由曲线分割构成，如图 8-58 所示。下面讲述使用制作篮球贴图配合球体模型完成篮球的方法。

图 8-58

10）打开三维捕捉工具，使用【线】命令在网格上画出如图 8-59 所示的图形，注意直线的起始点和结束点。

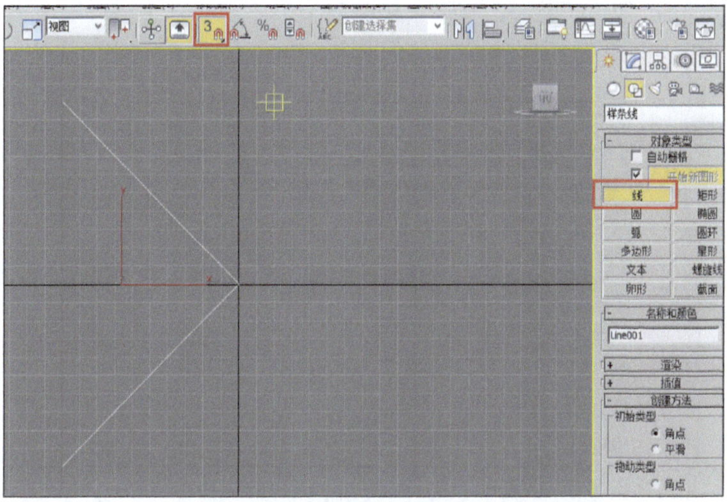

图 8-59

11）将【开始新图形】功能关闭，再创建其他三条直线，如图 8-60 所示，右下角小图是所有画出直线的拆分效果。

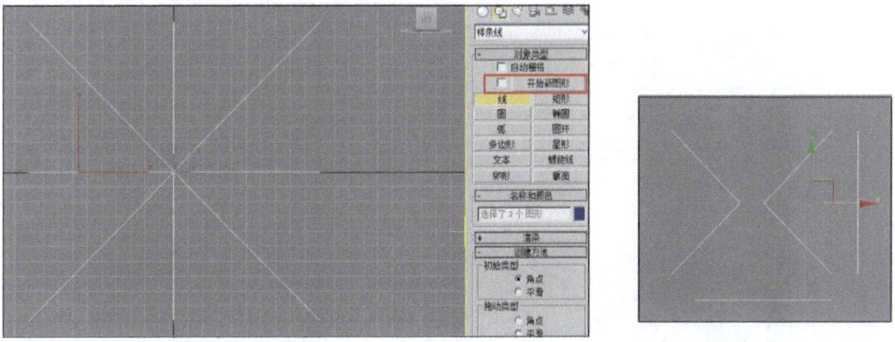

图 8-60

12）进入修改面板，进入【顶点】子物体级别，选择中心的 2 个顶点，使用【圆角】工具对中心的顶点进行倒圆角，如图 8-61 所示。

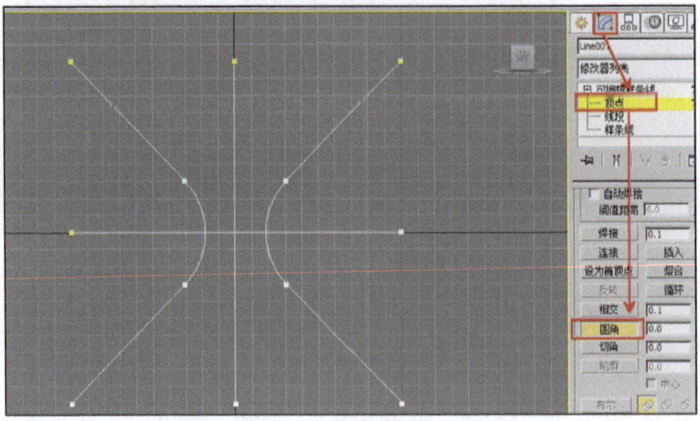

图 8-61

13）进入编辑样条线的展卷栏，勾选【在渲染中启用】和【在视口中启用】，将【径向】的【厚度】（半径）加大，这样原始的二维曲线就能够渲染了，如图 8-62 所示。这也是渲染二维曲线的常用方法。

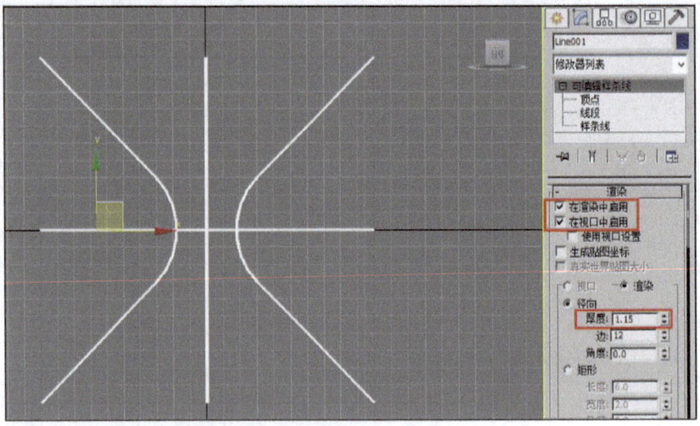

图 8-62

14）按下数字键 8，调入环境和特效面板，将背景颜色改为深红色，如图 8-63 所示。

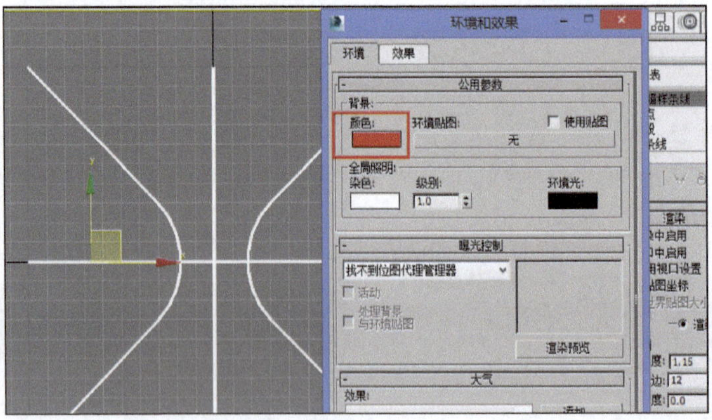

图 8-63

15）退出环境面板，选择篮球直线并将它的线框色改为黑色，如图 8-64 所示。

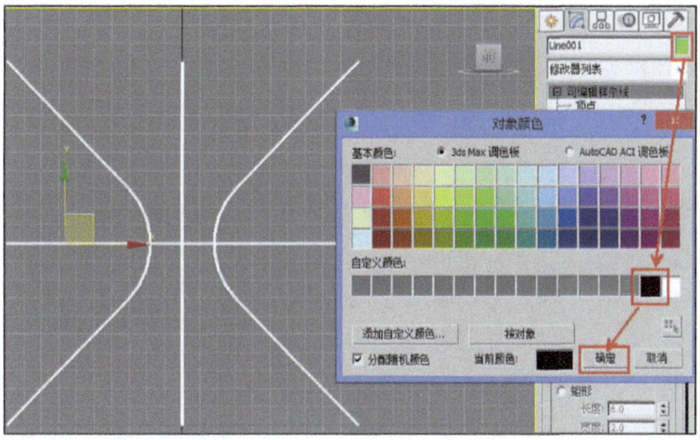

图 8-64

16）选择篮球曲线，打开主工具栏的渲染帧窗口，修改渲染区域为【裁剪】，选择自动选定对象区域，单击【渲染】，方形篮球贴图渲染出来，如图 8-65 所示。

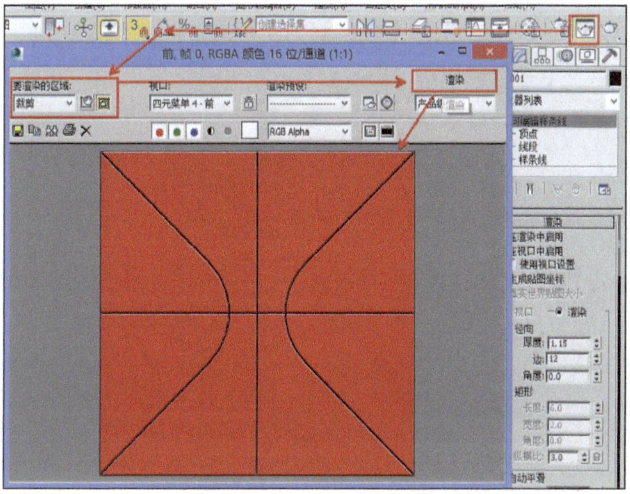

图 8-65

17）将渲染出来的结果保存为“篮球贴图.jpg”文件，篮球贴图制作完成，如图 8-66 所示。

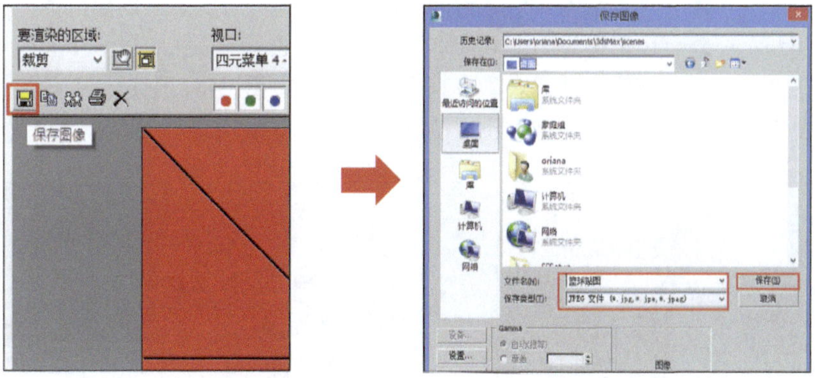

图 8-66

18）重新开始一个场景，创建一个球体。打开材质编辑器，将任意一个材质球赋予球体；单击该材质漫反射后的对话框，在弹出的贴图类型中选择【位图】；再选择刚才保存的篮球贴图，单击【显示贴图通道】按钮，贴图就显示在场景中的篮球物体上了，如图 8-67 所示。

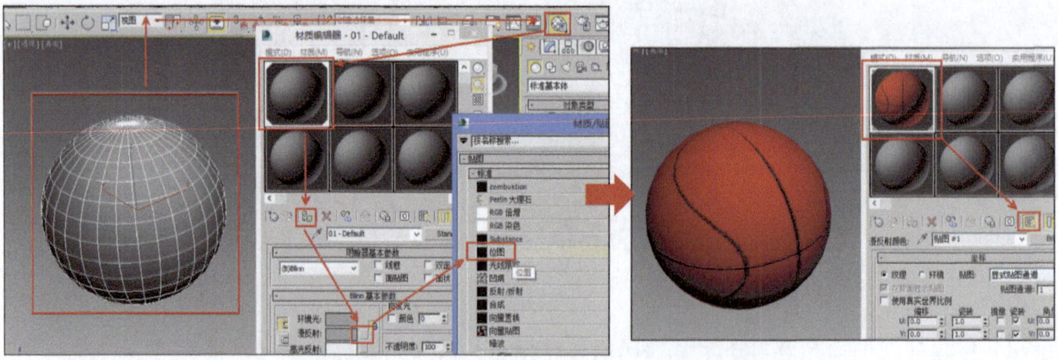

图 8-67

19）选择篮球并给它添加【UVW 贴图】坐标修改器，篮球模型材质创建完成，如图 8-68 所示。

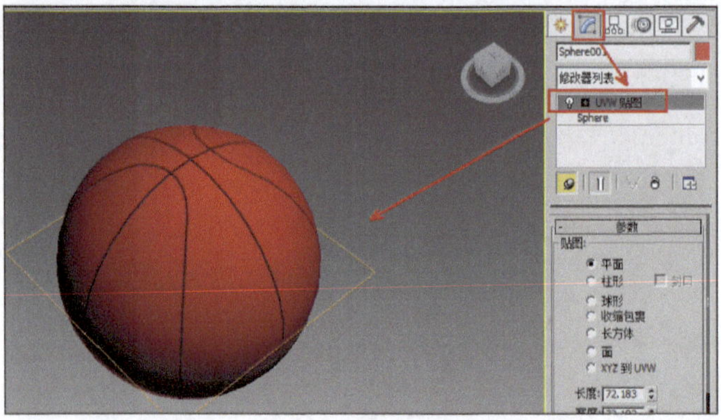

图 8-68

排球模型如图 8-69 所示，建模过程请参照配套光盘的视频教程。

从足球、篮球、排球建模实例可以看出，我们在创建模型时，会根据模型的特征来决定采用何种方法。比如，足球模型采用异面体对其调整，产生基础造型，然后进一步修改完成；篮球由于它表面纹理的特征，基本形体难以把握，但是它的贴图很有规律，所以采用创建篮球贴图，通过贴图来弥补模型的不足；排球可以理解为它由 6 个相似的大面构成，所以先完成一个大面，然后复制得到其他部分。这 3 个球体的建模方法代表了完全不同的 3 种建模思路，通过这些建模经验的积累，能够在遇见更复杂模型的时候，选择恰当的建模方法，如图 8-70 所示。

图 8-69

图 8-70

8.2.3　游戏塔楼

游戏塔楼最终完成效果如图 8-71 所示，具体制作过程如下。

图 8-71

1）在顶视图上创建【多边形】，使用【挤出】命令对多边形进行挤出，如图 8-72 所示。

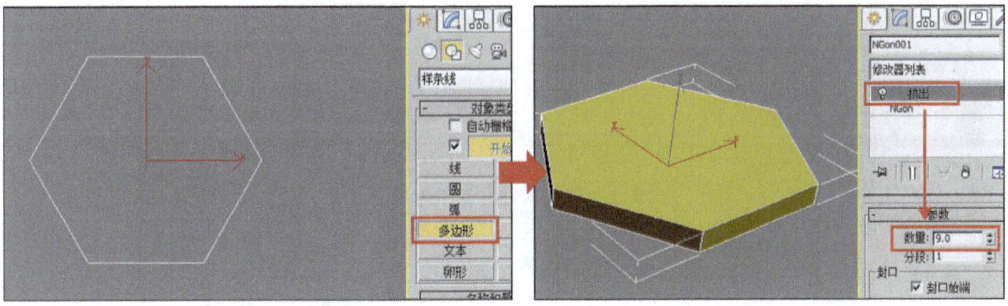

图 8-72

2）添加编辑【多边形】命令，对面进行【插入】和【倒角】操作，完成游戏塔楼大形，如图 8-73 所示。

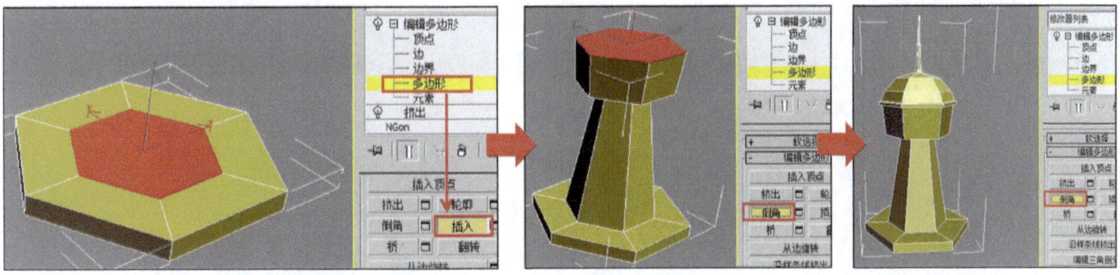

图 8-73

3）选择塔楼表面，使用【插入】工具对其进行向内插入，如图 8-74 所示。

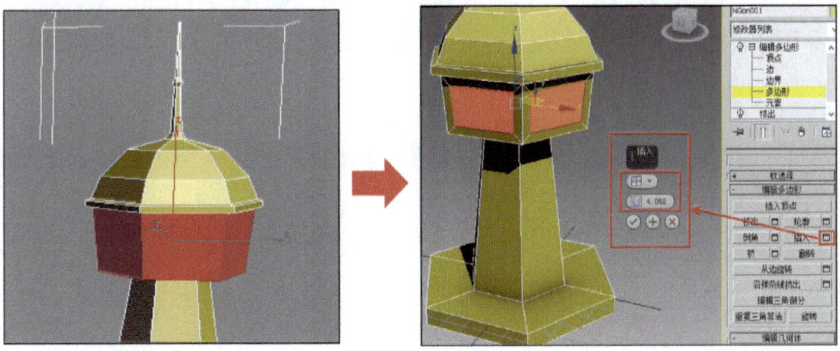

图 8-74

4）按 Alt+X 组合键，进入半透明显示模式，使用【挤出】命令将面向内挤出，完成后按 Delete 键删除，如图 8-75 所示。

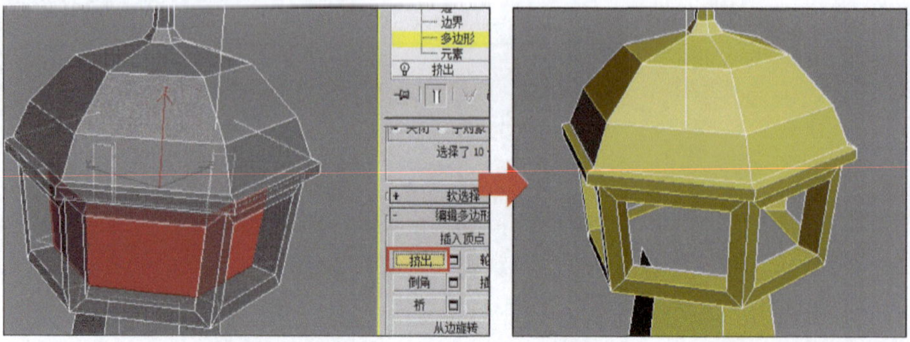

图 8-75

5）进入【顶点】子物体级别，使用【焊接】工具将多余的顶点焊接，如图 8-76 所示。

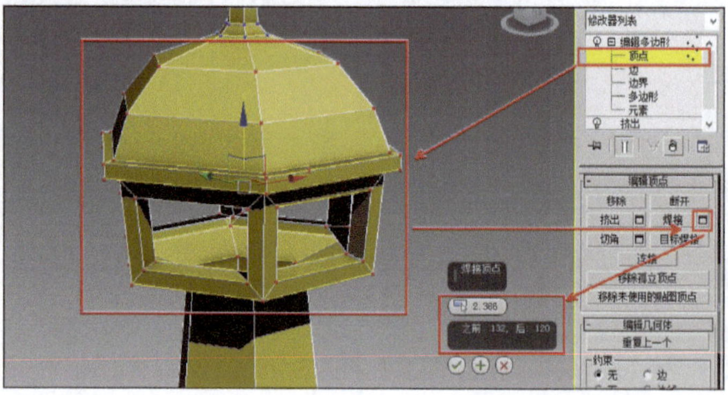

图 8-76

6）进入边界级别，选择上下两个边界，使用【封口】命令对它们进行封口，如图 8-77 所示。

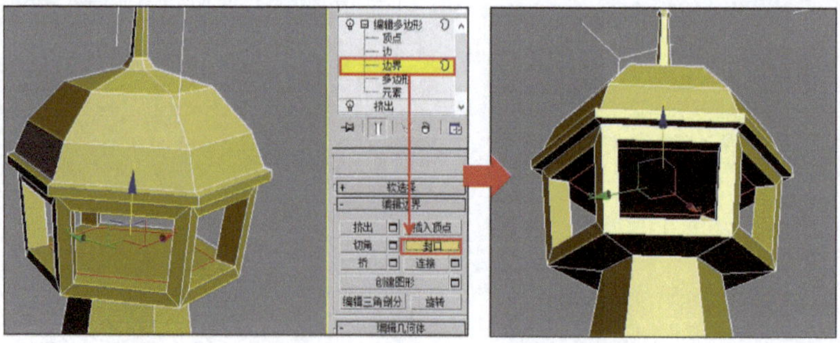

图 8-77

7）选择底面使用向内【插入】，然后进入【顶点】级别，使用【切角】命令对顶点进行切角，最后进入面级别，对其向下【挤出】，如图 8-78 所示。

8）使用前面学过的基础建模方法完成游戏塔楼的配件制作，使用天光配合光线跟踪渲染，游戏塔楼的场景模型就完成了，如图 8-79 所示。

9）修改细节后换一个角度渲染，如图 8-80 所示。

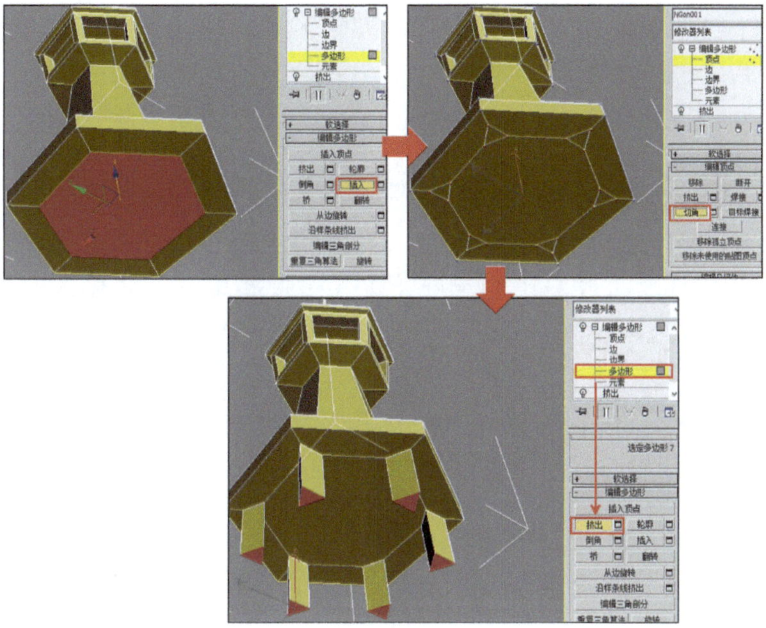

图 8-78

图 8-79

图 8-80

8.2.4　茶壶

茶壶的最终完成效果如图 8-81 所示，具体制作过程如下。

1）在透视图创建一个立方体，添加【编辑多边形】修改器，进入【多边形】级别，使用【插入】命令将顶面向内【插入】，如图 8-82 所示。

图 8-81

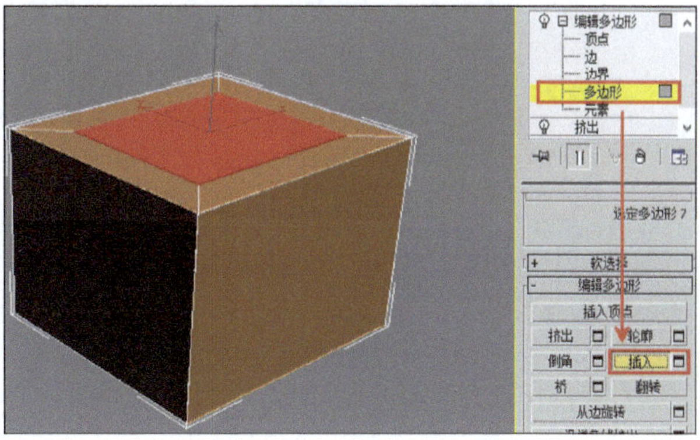

图 8-82

2）使用【倒角】命令将模型向上倒角挤出，尽量让其造型像茶壶的壶口，如图 8-83 所示。

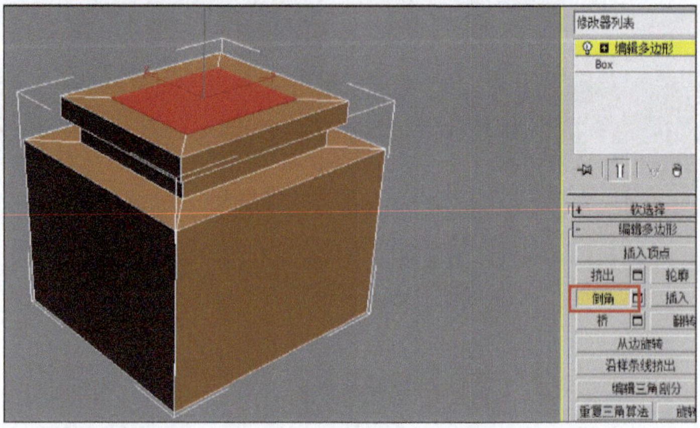

图 8-83

3）按 Alt+X 组合键，进入物体的半透明选择状态，将物体向内【倒角】挤出，如图 8-84 所示。

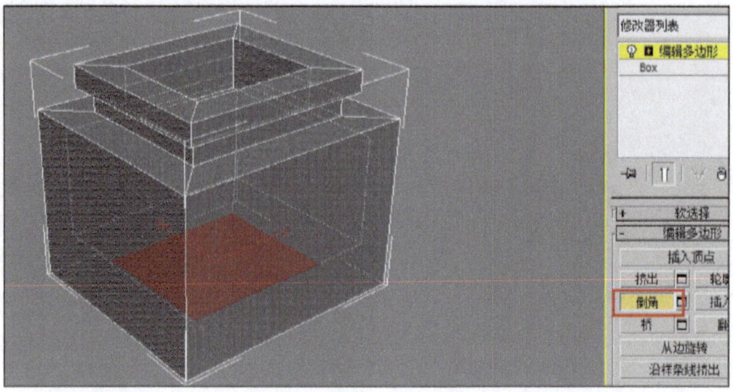

图 8-84

4）选择壶身侧面的 4 个面，使用【倒角】工具向外挤出，如图 8-85 所示。

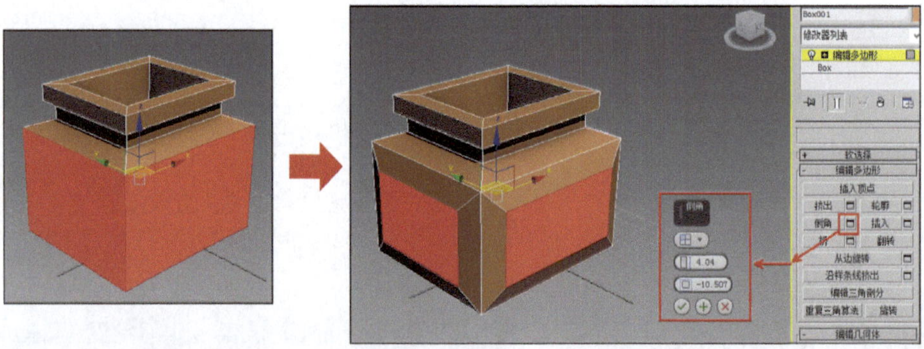

图 8-85

5）使用【挤出】命令将左面多边形挤出，如图 8-86 所示。

6）激活前视图，将前视图最大化，进入【顶点】编辑级别，将顶点调整成壶嘴的形态，如图 8-87 所示。

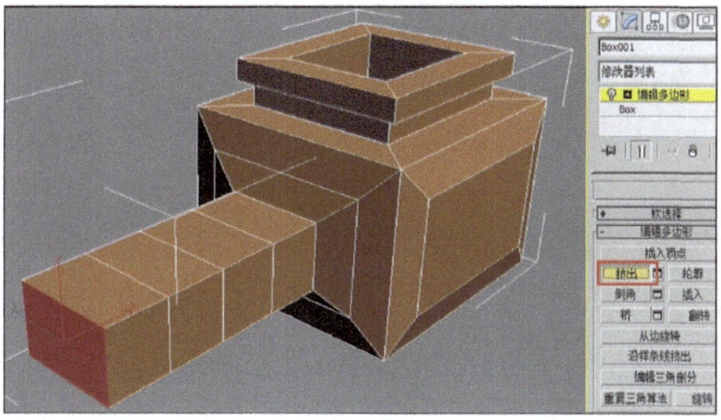

图 8-86

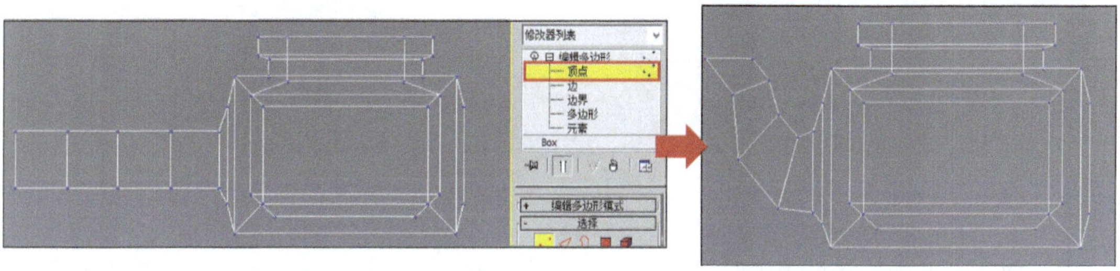

图 8-87

7）选择壶口顶点，打开【顶点】的【软选择】，使用【缩放】工具对其进行缩放，如图 8-88 所示。

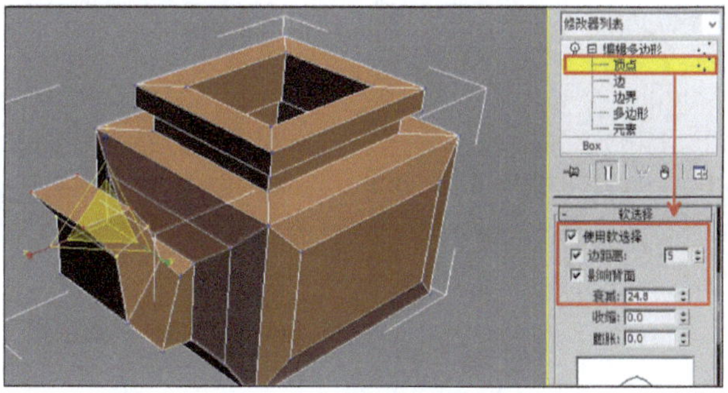

图 8-88

8）使用【倒角】工具对壶口进行加工，如图 8-89 所示。

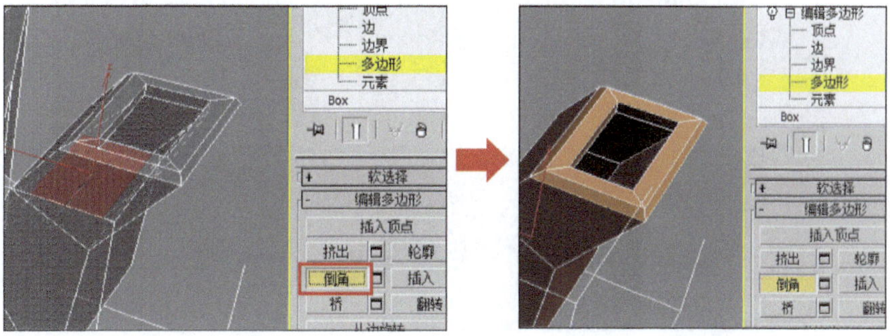

图 8-89

9）使用【挤出】工具挤出茶壶手柄，并对它进行调整，如图 8-90 所示。

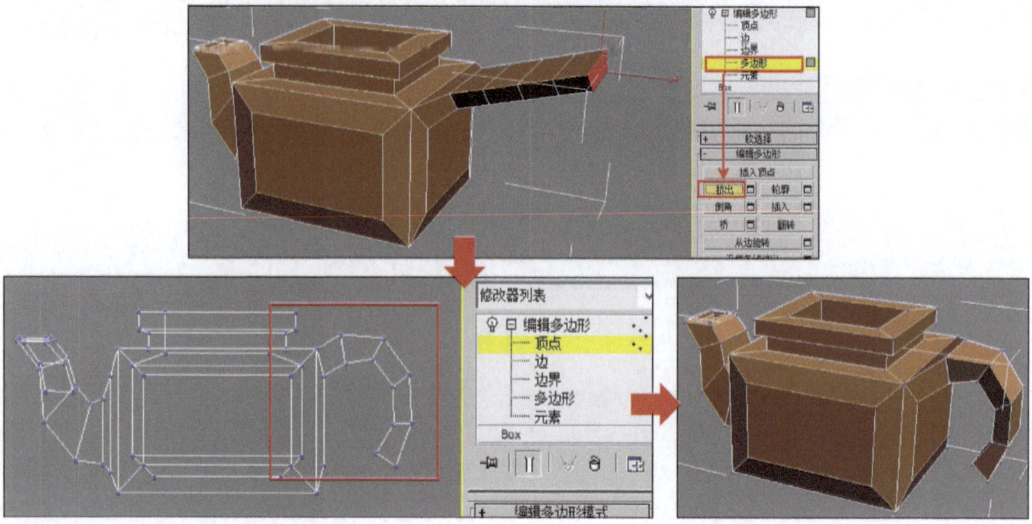

图 8-90

10）将壶把底部用【倒角】挤出，选择两个断开的表面，使用【桥】命令连接，如图 8-91 所示。

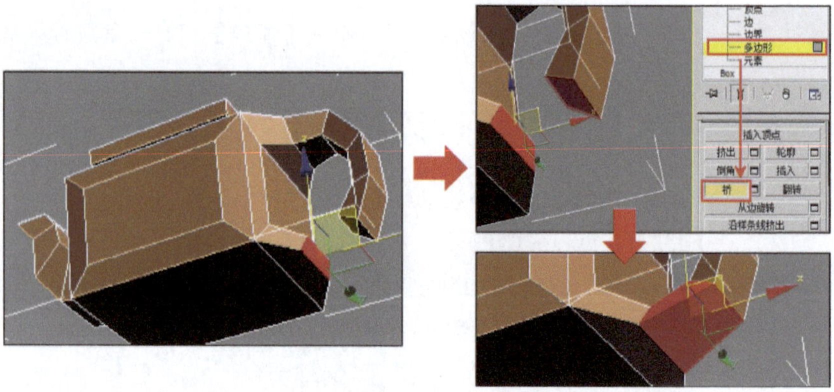

图 8-91

11）为茶壶加上【网格平滑】命令，茶壶基本造型完成，如图 8-92 所示。

图 8-92

下面完成壶盖模型。

12）在壶身旁边创建长方体，添加【编辑多边形】命令，如图 8-93 所示。

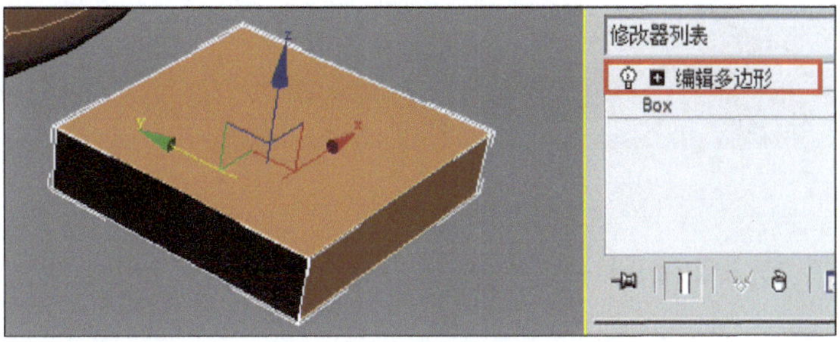

图 8-93

13）使用【倒角】命令完成壶盖顶部和底部造型，如图 8-94 所示。

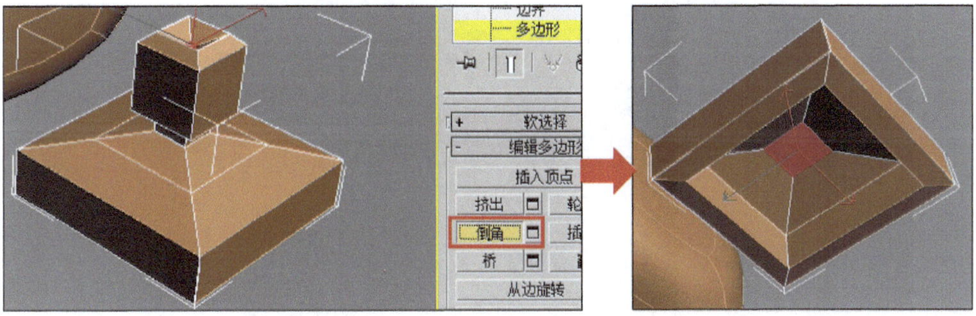

图 8-94

14）将壶盖网格平滑后放置在壶身上，如图 8-95 所示。

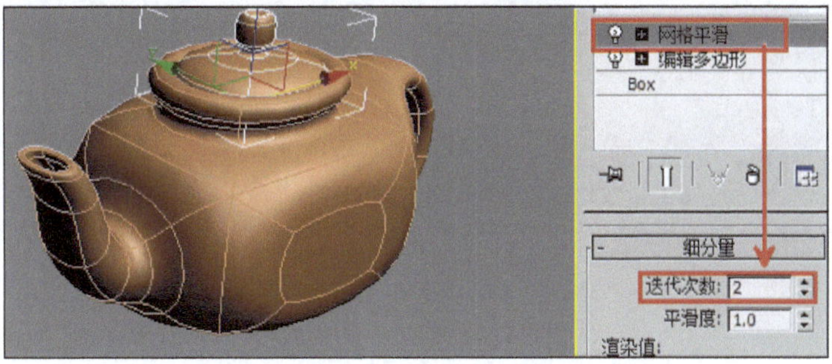

图 8-95

注　意

网格平滑的【迭代次数】通常为 2。

下面完成小茶杯模型。

15）使用【Line】工具画出茶杯的横截面，并对它进行【车削】成型，注意调整车削的轴，如图 8-96 所示。

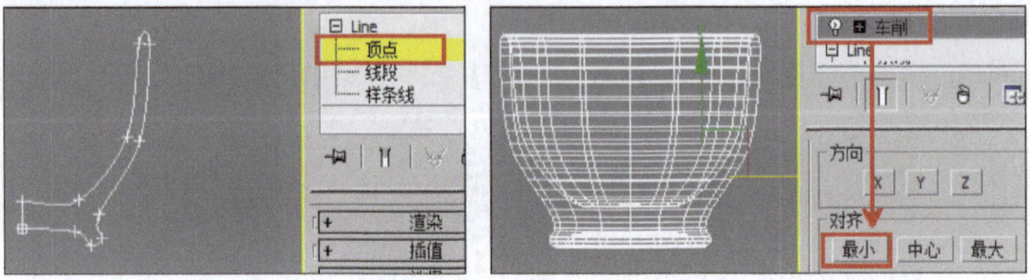

图 8-96

16）使用【编辑多边形】命令将一个长方体修改成茶壶的底座，如图 8-97 所示。

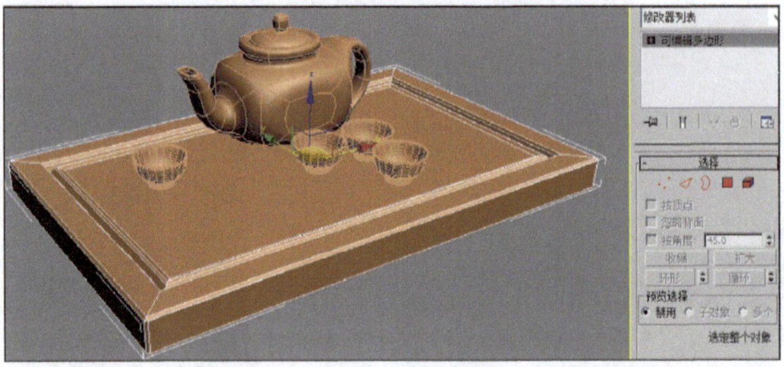

图 8-97

17）在底座的下方创建两个长方体，使用【布尔】命令将其减去，如图 8-98 所示。茶壶造型完成。使用天光配合光线追踪对场景进行渲染，如图 8-99～图 8-101 所示。

图 8-98

图 8-99

图 8-100

图 8-101

8.2.5 汽车轮胎

汽车轮胎最终完成效果如图 8-102 所示，具体操作过程如下。

图 8-102

1）在顶视图中创建二维图形中的 N 边形，挤出后，添加【编辑多边形】命令，如图 8-103 所示。

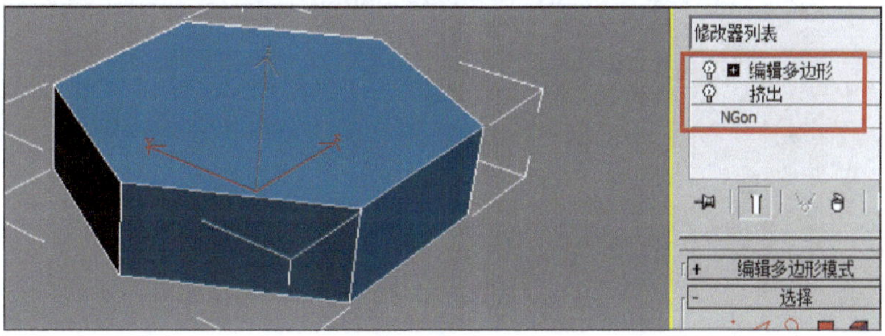

图 8-103

2）进入【编辑多边形】级别，选择侧面的 6 个面，使用【倒角】命令进行倒角挤出，如图 8-104 所示。

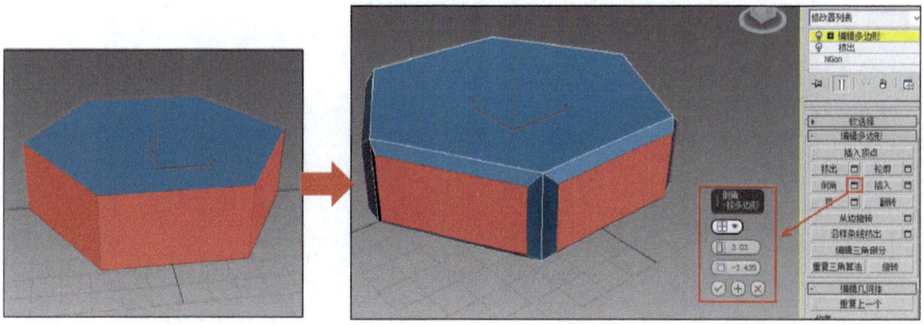

图 8-104

3）继续对其进行【倒角】挤出操作，如图 8-105 所示。

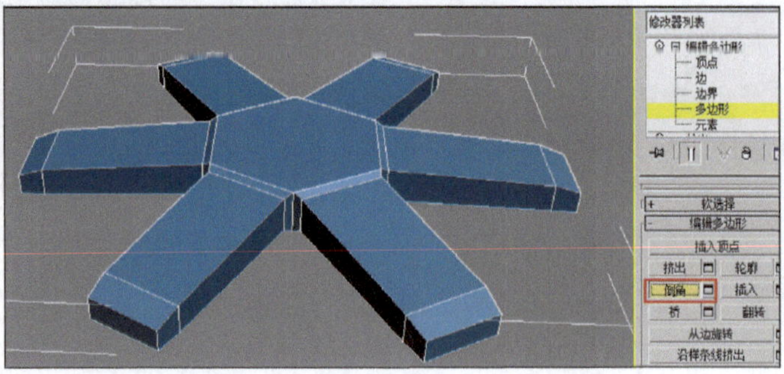

图 8-105

4）选择底部 6 个多边形，向下【挤出】后删除，如图 8-106 所示。

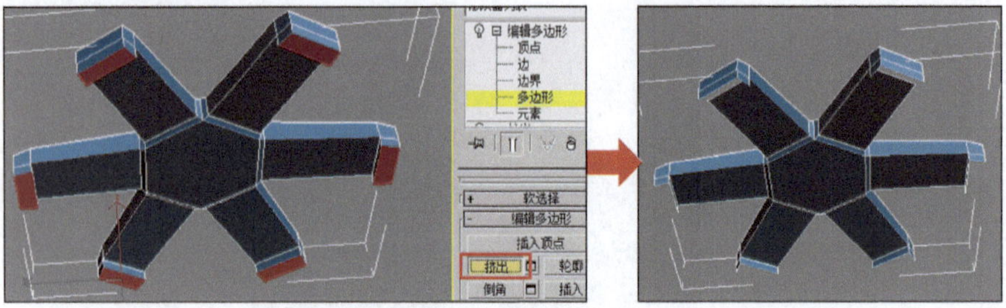

图 8-106

5）在顶视图上创建管状体，调节【高度分段】、【端面分段】后与多边形对齐，如图 8-107 所示。

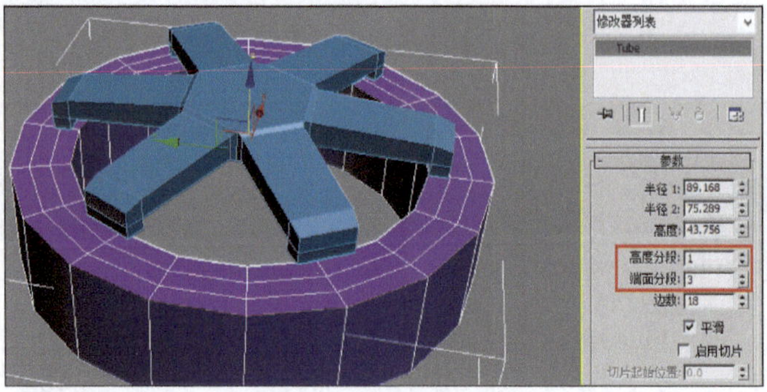

图 8-107

6）添加【编辑多边形】命令，选择管状体的一圈面，向下移动，如图 8-108 所示。

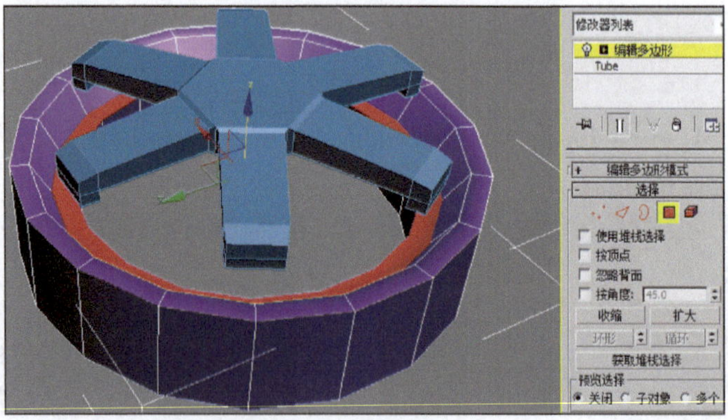

图 8-108

7）选择所有的多边形，单击【清除全部】，将其平滑组的数据去除，如图 8-109 所示。

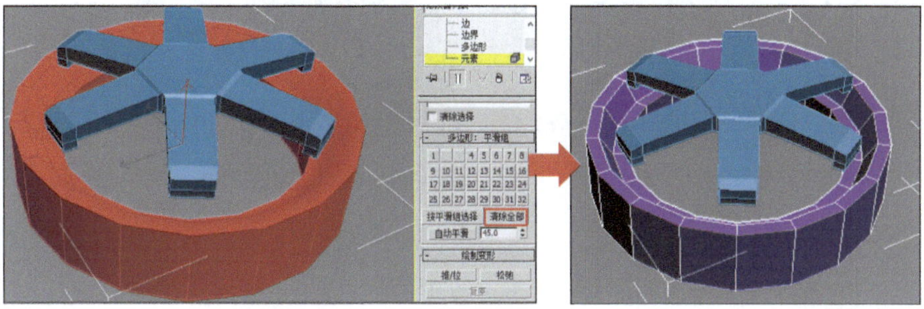

图 8-109

8）进入【边】级别，选择钢圈的 4 个环形边，使用【切角】命令对其进行切角，如图 8-110 所示。

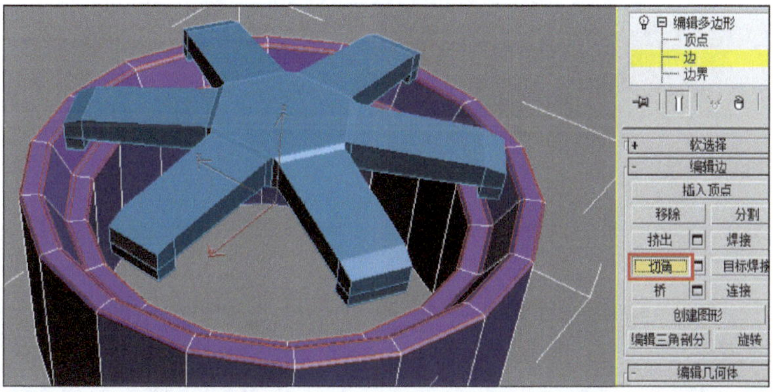

图 8-110

9）在顶视图将管状体旋转 5°，使其网格分布与中间造型对齐；在透视图中，选择与中间造型重叠的 6 个面，将 6 个面删除，使用【附加】工具将它们结合在一起，如图 8-111 所示。

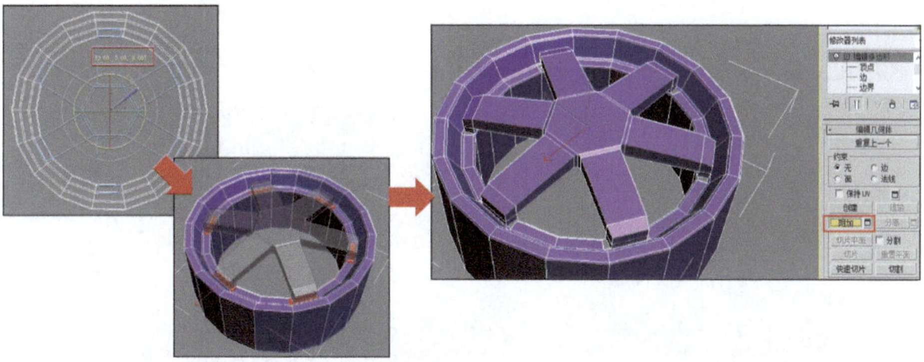

图 8-111

10）进入【顶点】级别，使用【目标焊接】工具将钢圈开口的顶点焊接；完成后，选择钢圈侧面所有的直线，使用【连接】工具将它们连接，如图 8-112 所示。

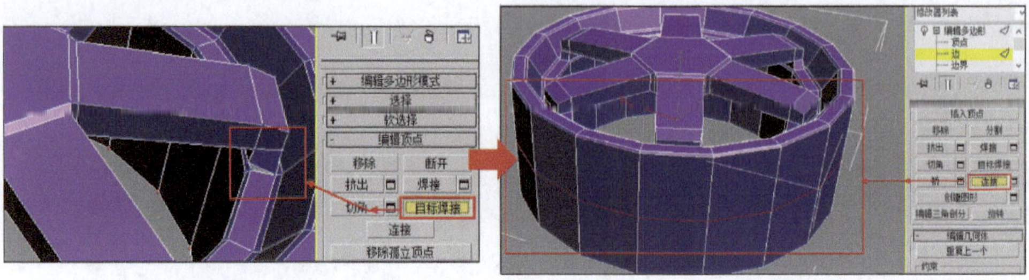

图 8-112

11）使用【切角】工具将连接线切开，变成双线，如图 8-113 所示。

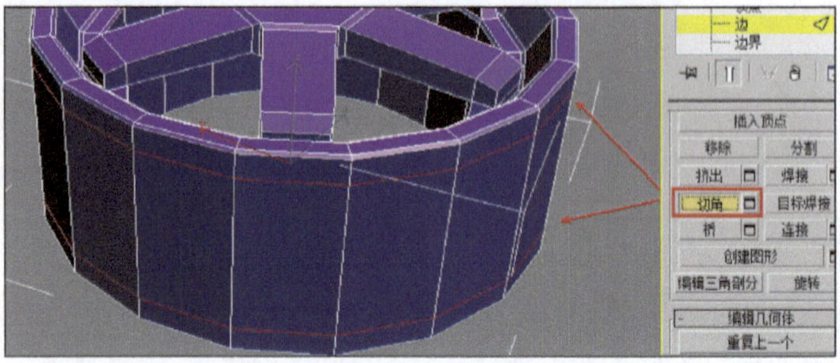

图 8-113

12）勾选【忽略背面】，配合 Ctrl 键选择侧面中间所有的面，使用【倒角】命令向中间倒角挤出，如图 8-114 所示。

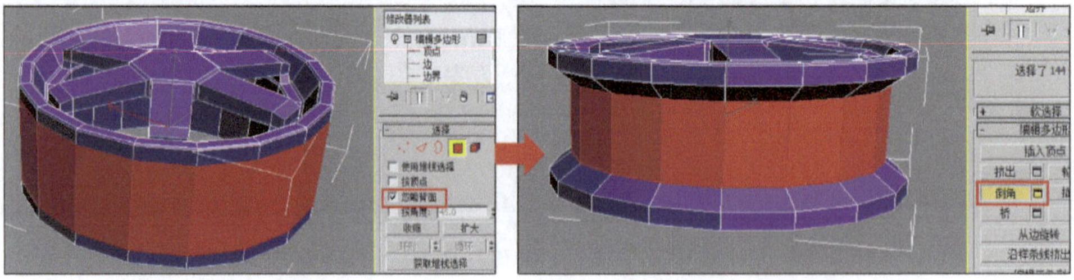

图 8-114

13）使用【倒角】命令将钢圈中心向内挤出，如图 8-115 所示。

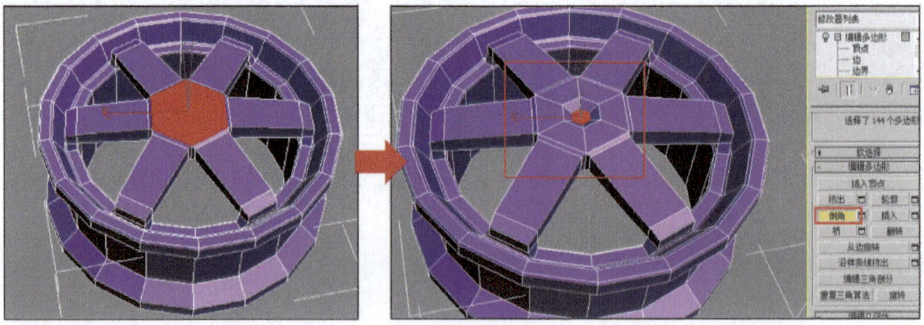

图 8-115

14）选择钢圈 6 个钢爪的边线，使用【连接】工具将其进行连接，如图 8-116 所示。

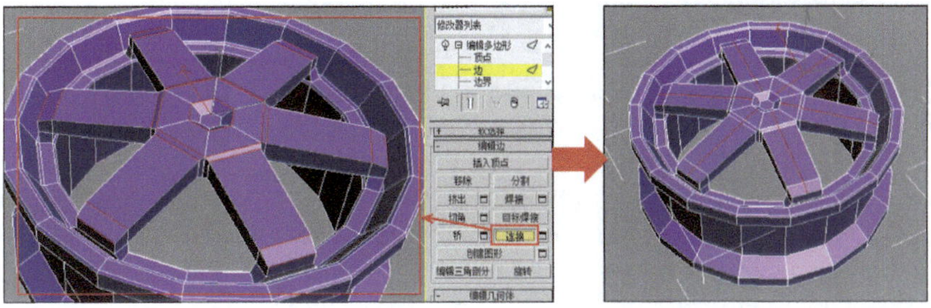

图 8-116

15）进入【顶点】级别，对选择的顶点进行缩放，如图 8-117 所示。

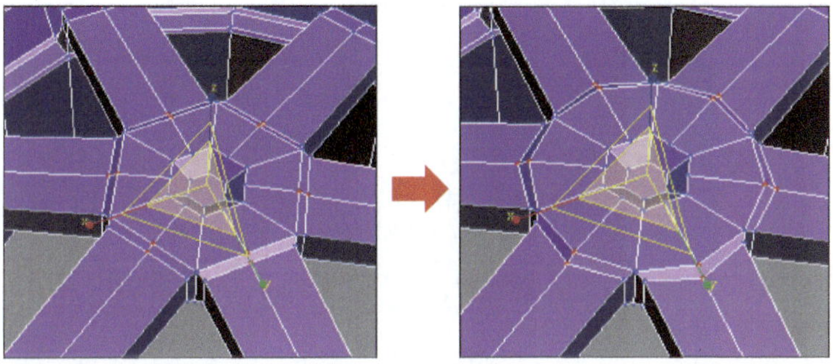

图 8-117

16）选择直线造型的一圈线，使用【连接】工具将它们连接；选择 6 个顶点，使用【切角】工具将顶点切角成四边形，如图 8-118 所示。

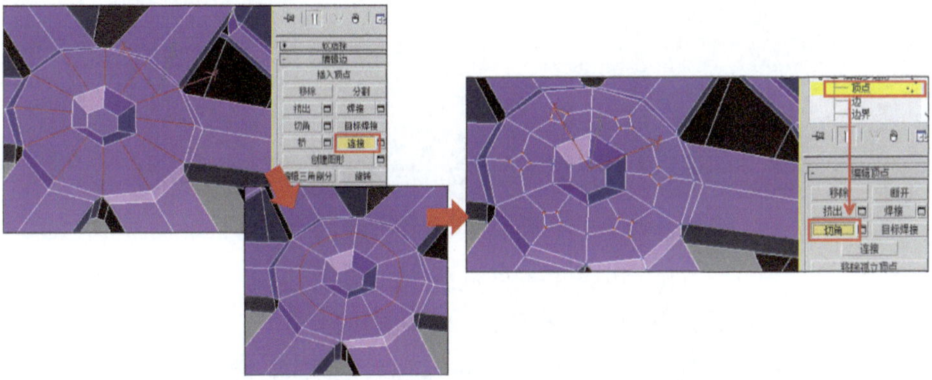

图 8-118

17）选择中间的 6 个面，向内【倒角】挤出造型，如图 8-119 所示。

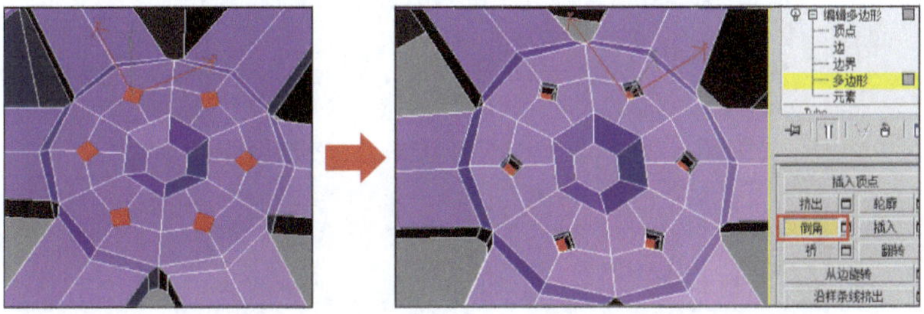

图 8-119

18）将中心部分顶点的高低位置进行调整，使其更有钢圈立体造型；将正中间平面倒角挤出，添加【网格平滑】命令，将平滑【迭代次数】改为 2 次，钢圈基本造型完成，如图 8-120 所示。

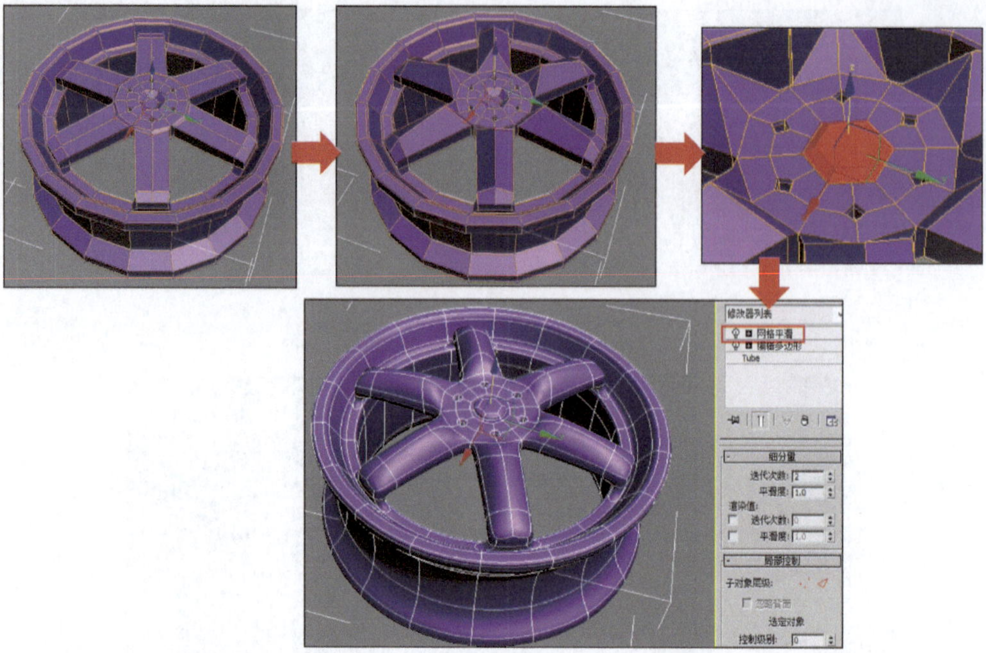

图 8-120

19）完成轮胎的模型。创建管状体，使用【网格平滑】工具对其进行网格平滑，如图 8-121 所示。

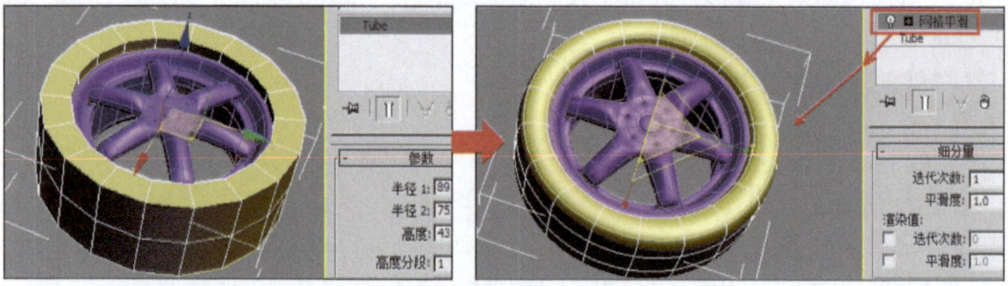

图 8-121

20）创建轮胎花纹。在前视图中画出单个花纹的二维图形，使用【可编辑多边形】命令将其倒角挤出成三维物体，将其复制后结合成一个物体，如图 8-122 所示。

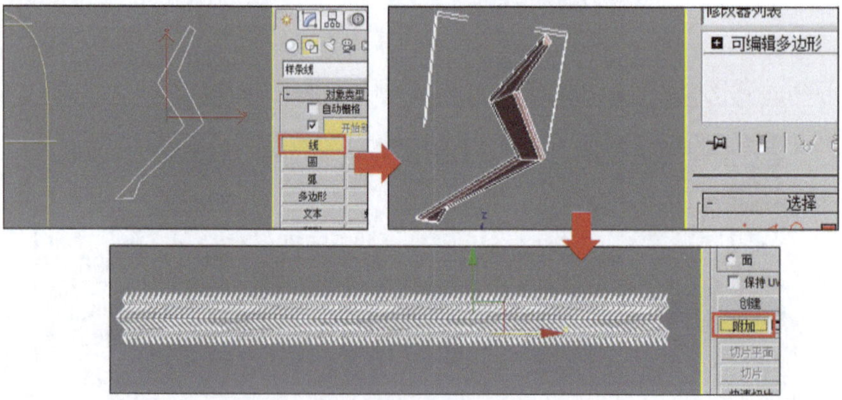

图 8-122

21）使用【弯曲】命令将其弯曲，如图 8-123 所示。

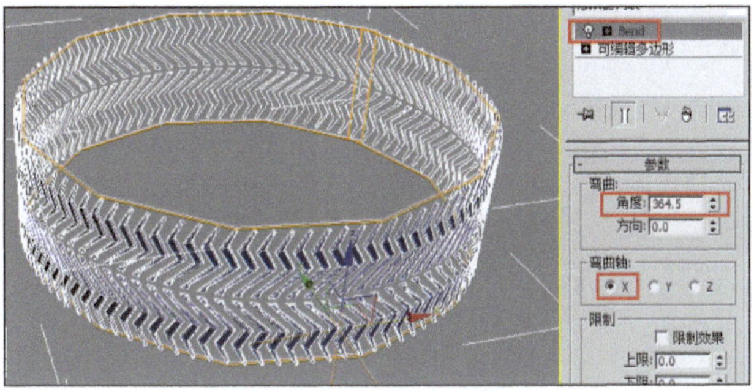

图 8-123

22）将轮胎上的花纹与轮胎对齐，缩放大小使其匹配，这时发现中间的花纹被轮胎覆盖。添加【FFD 3×3×3】命令，选择中间的控制点进行缩放，轮胎模型基本完成，如图 8-124 所示。

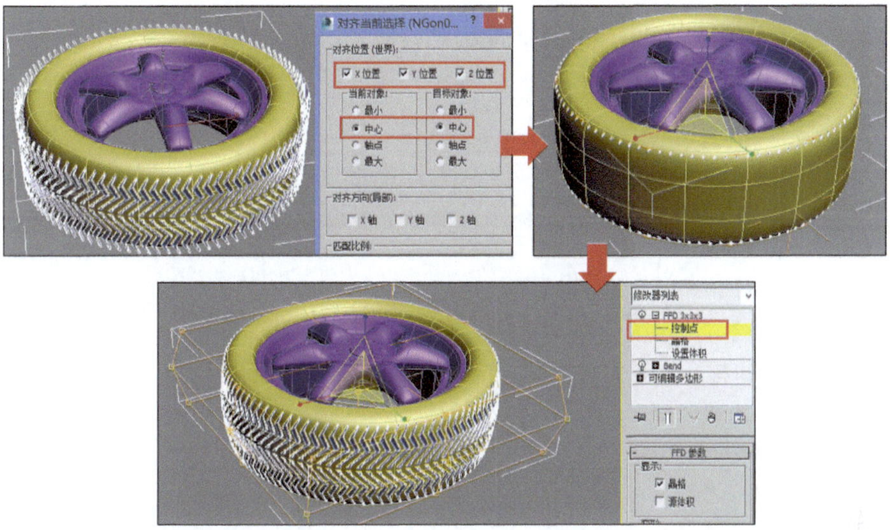

图 8-124

23）为模型添加刹车片等细节，如图 8-125 所示。

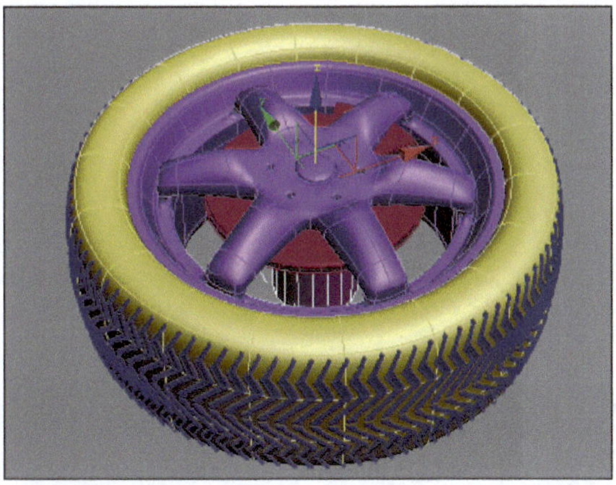

图 8-125

24）使用天光配合光线跟踪渲染，如图 8-126 所示。

图 8-126

8.2.6 金鱼

金鱼模型的建模过程请参照教学资源中的视频教程。

习题 8

1. 简述多边形建模的工作思路和流程。
2. 完成足球、篮球和排球模型。
3. 谈谈你对模型网格布线是怎样理解的。
4. 【可编辑多边形】有哪些子物体级别？
5. 举例说明【可编辑多边形】中重要工具的使用方法。

第9章

3ds Max高级建模实例

本章重点：

① 理解并运用多边形建模工具。
② 运用多边形建模方法完成复杂模型。

学习目的：

编辑多边形建模需要通过创建难易不同、内容不同、形形色色的物体来积累建模经验并提高制作水平，本章通过经典的赛车模型和卡通角色模型的实际操作、演练，读者将进一步理解编辑多边形建模思路和建模工具的使用方法。

9.1 一级方程式赛车

9.1.1 建模主要思路与工具

本章将完成如图 9-1 所示的 F1 赛车模型，它在建模的技术方法上对 3ds Max 的初学者提出了更高的要求。

三维软件建模的主体思路可以划分为细分建模和堆砌建模两大类。

本章使用细分建模完成赛车的车身部分（见图 9-1），因为它是一个曲面整体，无法用堆砌建模方法来完成。相对堆砌建模方法来说，细分建模在建模工具的技术、曲面模型的理解方面，都对使用者提出了更高的要求。

图 9-1

堆砌建模要求设计者对模型的大小比例关系、空间位置有很好的把握。如图 9-2 所示，赛车的车轮等零部件部分都是通过堆砌建模完成的。

图 9-2

细分建模的主要工具包括：编辑网格、编辑多边形、对称、网格平滑等。

堆砌建模的主要工具包括：挤出、车削、倒角、FFD 变形工具等。

下面来完成如图 9-1 所示的赛车模型。

9.1.2 F1 赛车三视图的调入与匹配

在完成一个赛车建模以前，我们要尽量多找一些不同角度的赛车照片作为参考，最好有标准的汽车三视图，如图 9-3、图 9-4 所示。

图 9-3

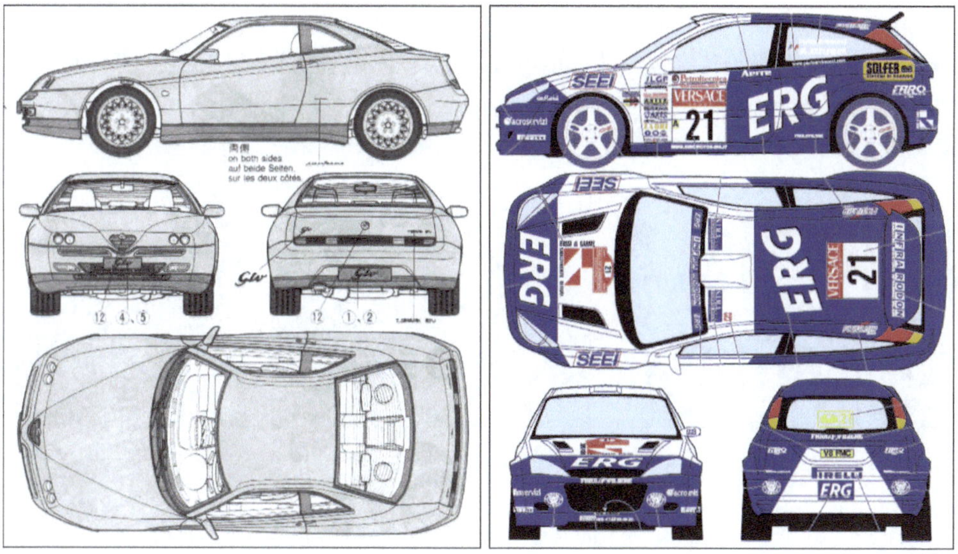

图 9-4

F1 赛车三视图如图 9-5 所示，如果三视图的长宽像素大小不一样，需要在 Photoshop 软件中将赛车的三视图调整为图像长宽比例相等的图片（如三视图长宽大小统一为 800×600 像素）。

为了弥补三视图立体感的不足，我们可以搜集更多的 F1 赛车图片作为建模的参考，如图 9-6 所示。

图 9-5

图 9-6

1）打开 3ds Max 软件，在前视图创建平面物体，将平面物体的长度改为 60 单位，宽度为 80 单位，长宽比例与参考图长宽比例一致，使用旋转工具，激活角度扑捉（快捷键是 A）；在前视图选择平面物体，按 Shift 键，锁定 X 轴旋转复制 90°；再选择平面物体，在顶视图沿 Y 轴旋转 90°，完成 3 个分别与 X、Y、Z 轴平行的平面，如图 9-7 所示。

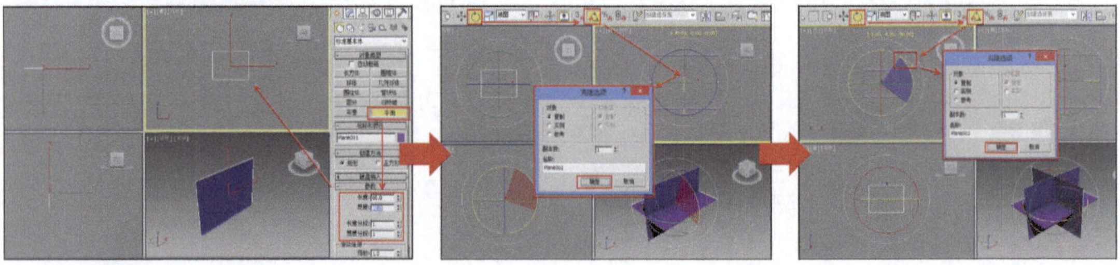

图 9-7

2）分别选择 3 个平面，沿着与平面垂直的轴向平移，将其距离适当拉开；将 4 个视图的显示模式修改为【明暗处理】模式；打开主工具栏的材质编辑器工具，选择一个空白材质球，单击【将材质赋予选定对象】工具，将材质赋予选择的物体；选择该材质球【漫反射】贴图通道，再选择【位图】通道，贴入 F1 赛车前视图参考图；选择【在视口中显示明暗处理材质】命令，参考贴图正确显示在透视图与三视图中，如图 9-8 所示。

3）选择新的材质球，使用同样的方法，分别贴入赛车的左视图和顶视图，如图 9-9 所示。

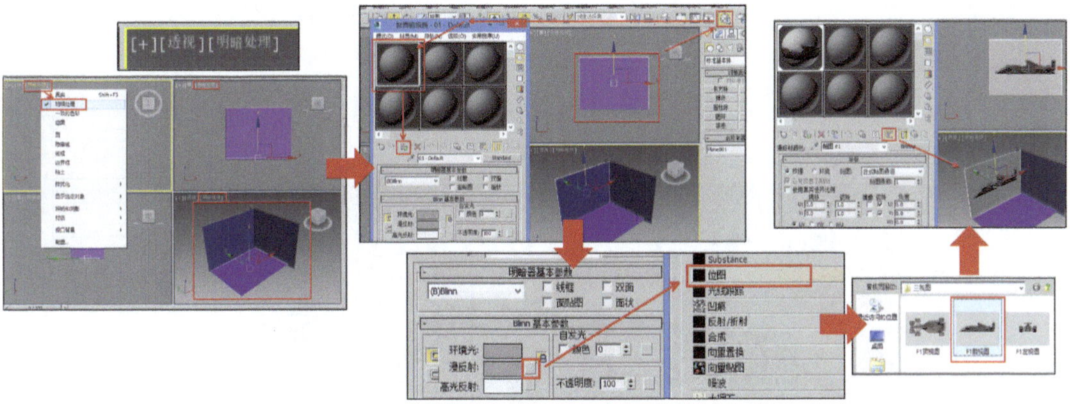

图 9-8

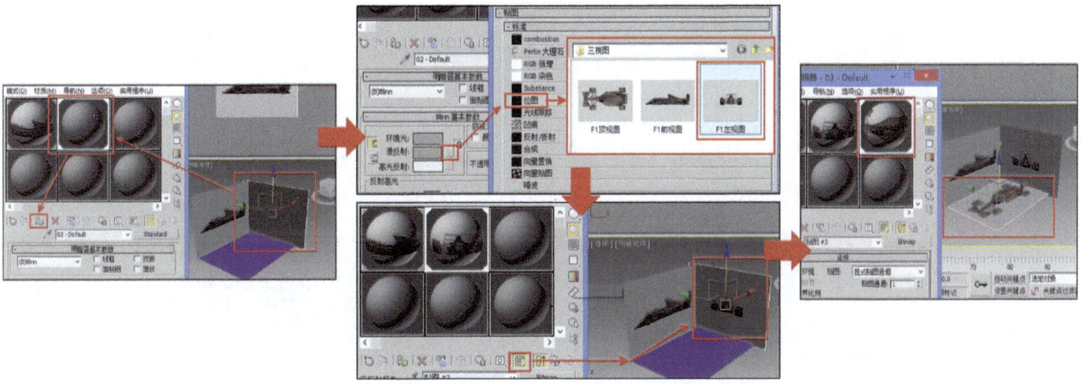

图 9-9

4）选择创建的参考物体，勾选显示面板的【背面消隐】命令，平面物体背面就会自动隐藏了。创建长方体物体，修改长宽高数值，使其正好与顶视图、前视图中参考图大小相同。如果 Box 物体阻挡了背景图显示，可选择 Box 物体后，按 Alt+X 组合键，半透明显示 Box 物体，再按一次，可退出半透明显示。移动左视图中的参考图平面物体，使其与长方体物体对位，如图 9-10 所示。

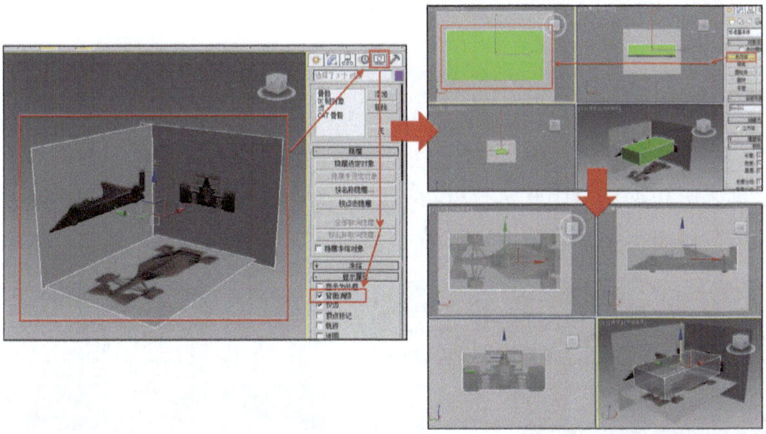

图 9-10

注　意

三视图的匹配工作是为了让三视图建立正确的位置关系，只有立方体长、宽、高大小与背景车身大小完全匹配的时候，背景的三视图对赛车模型的创建才有参考价值。

9.1.3 赛车车身制作

1）删除二视图匹配使用的 Box 物体，在前视图上使用二维形体的【线】工具画出赛车的封闭侧面轮廓，画曲线时使用多段直线连接构成，如图 9-11 所示。

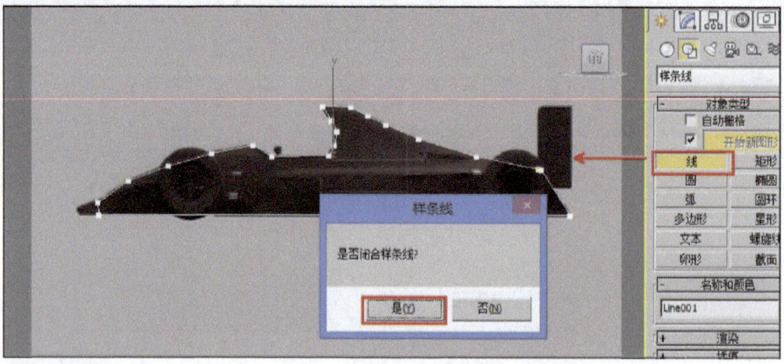

图 9-11

2）选择赛车车身，单击右键，将直线转换为【可编辑多边形】，选择多边形子对象，对赛车侧面进行【挤出】，如图 9-12 所示。

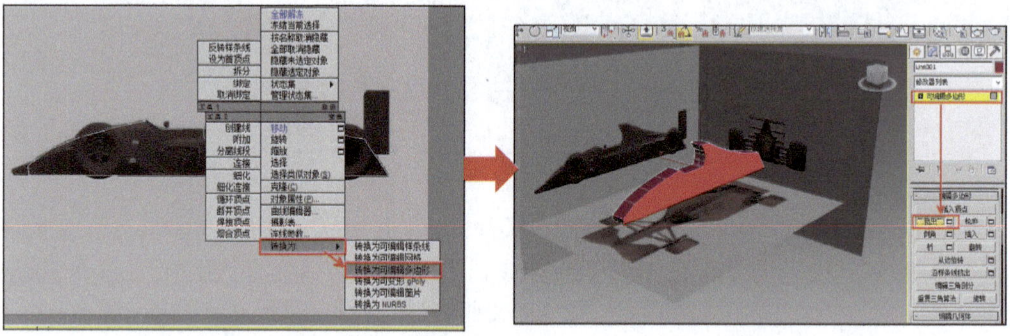

图 9-12

注　意

在使用编辑多边形建模的时候，我们一般会在透视图中按快捷键 F4（线框加实体显示键）。

3）退出多边形的选择状态，并在修改器列表中为其加入对称工具，调整对称轴向为正确的 Z 轴，进入到【可编辑多边形】级别并单击显示最终结果开关，这样就能在可编辑多边形的子物体修改的时候显示对称以后的结果了，如图 9-13 所示。

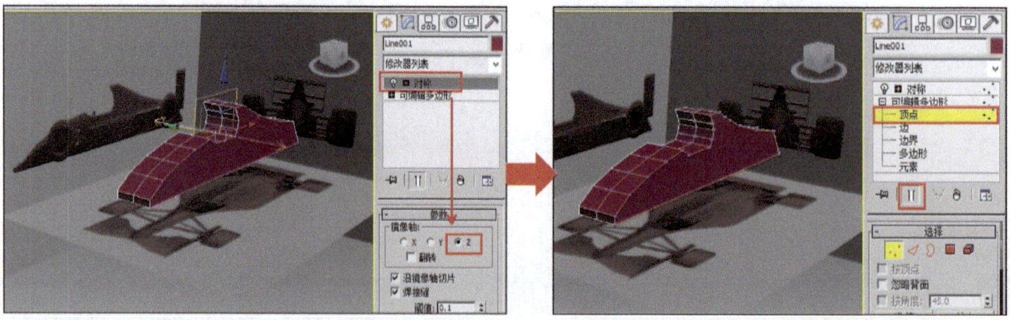

图 9-13

注 意

如果感觉赛车线框色不够醒目，可根据个人爱好对赛车线框色进行调整，如将红褐色车身调整为淡蓝色。

4）进入【可编辑多边形】的【顶点】子物体级别，在工作区单击右键，在弹出的菜单中选择【剪切】，在透视图上对侧面多边形进行剪切，如图 9-14 所示。

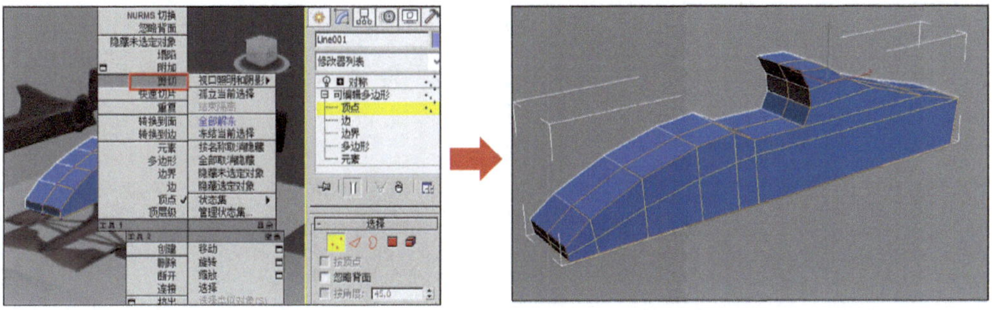

图 9-14

注 意

切割时，尽量顶点切割到顶点上，切割后的多边形最好以四边形为主。

5）切割完成后，进入多边形的【顶点】子物体级别，使用【移动】工具，对赛车一侧的顶点根据赛车的三视图比例大小进行调节。赛车对应的一侧由于使用了【对称】命令，也会自动响应。不要移动赛车对称轴上（车身中间）的顶点。顶点调整完成后如图 9-15 所示。

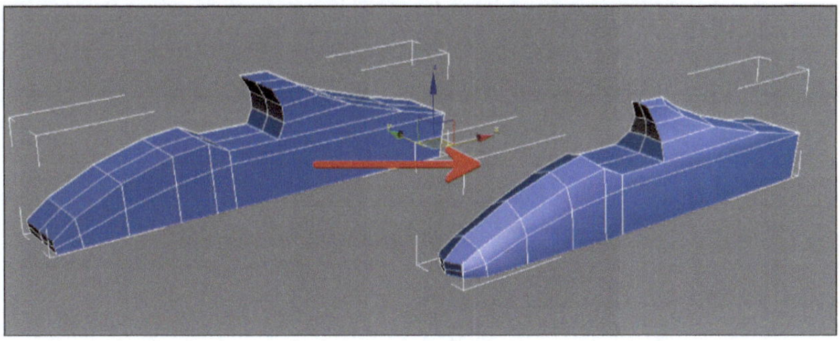

图 9-15

此时，赛车车身由于面剪切移动修改的原因，会出现如图 9-16 所示的光滑组的显示现象（不会影响到最终赛车建模结果）。为了统一模型的显示，更好地看清物体边界切面，可以在多边形的子物体级别按 Ctrl+A 组合键，选择所有的多边形，然后单击【多边形：平滑组】的【清除全部】命令，如图 9-17 所示。

6）进入【多边形】子物体级别，使用【挤出】命令，根据三视图的大小比例要求，挤出赛车的侧翼，如图 9-18 所示。

7）进入【顶点】子物体级别，根据赛车三视图的大小比例要求，移动赛车侧翼顶点，如图 9-19 所示，赛车车身的大体形态就基本出来了。接下来将对赛车的车身进行进一步的剪切细分，将赛车的细节形态刻画出来。

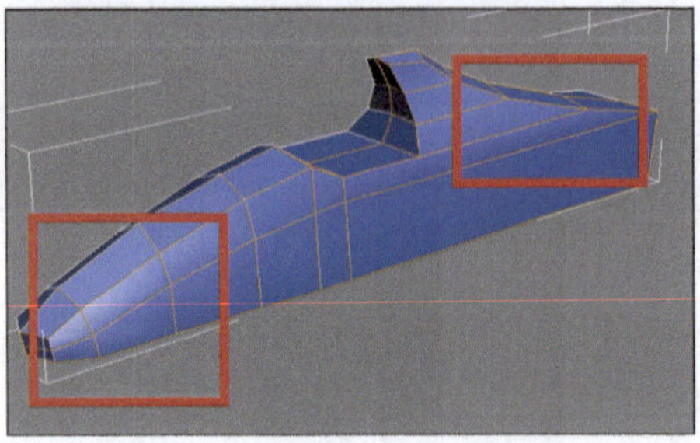

图 9-16

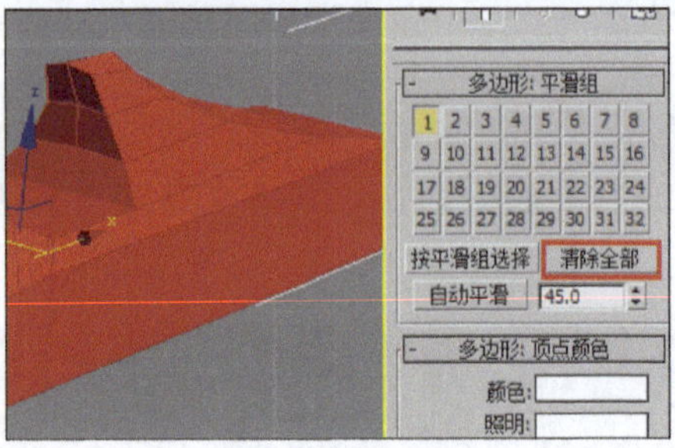

图 9-17

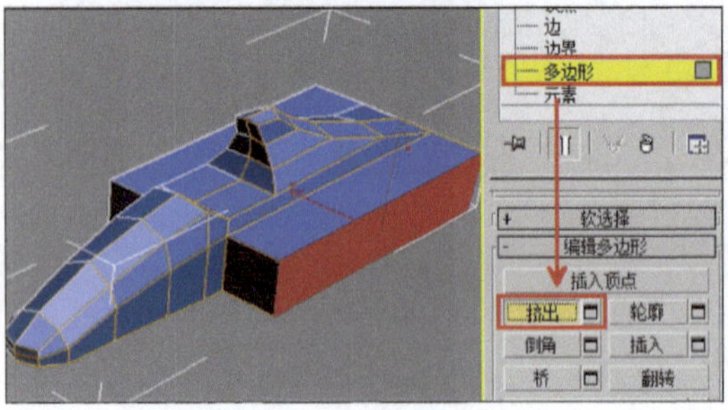

图 9-18

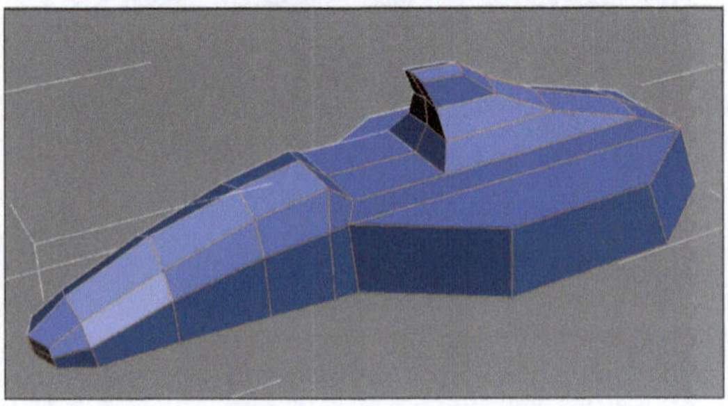

图 9-19

8）在修改堆栈中选择【对称】命令，单击右键，选择【塌陷到】，出现子物体动画将会被删除的警告，如图 9-20 所示，单击【是】按钮，这样就将对称的修改塌陷到了可编辑多边形上。因为下一步要对赛车的驾驶窗等中心部位进行细化，而这个部位在赛车的中心轴上，不需要对称。

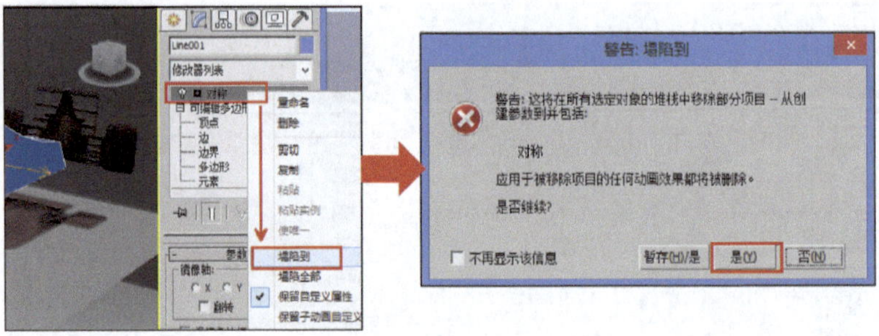

图 9-20

9）塌陷完成后的编辑修改器如图 9-21 所示。

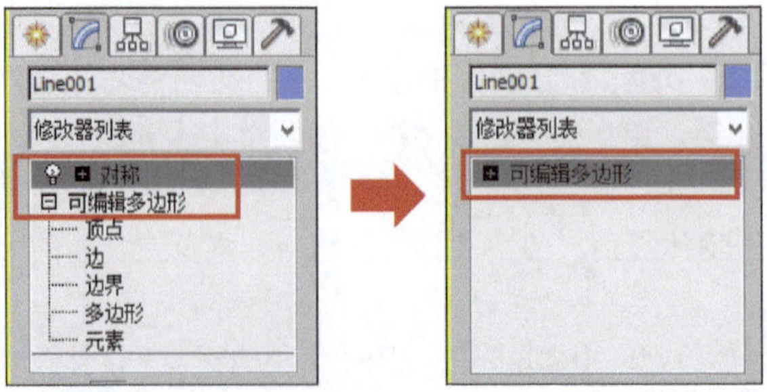

图 9-21

10）进入【多边形】子物体级别，选择赛车顶部的两个面，对其使用【插入】命令，将两个面向内进行插入，如图 9-22 所示。

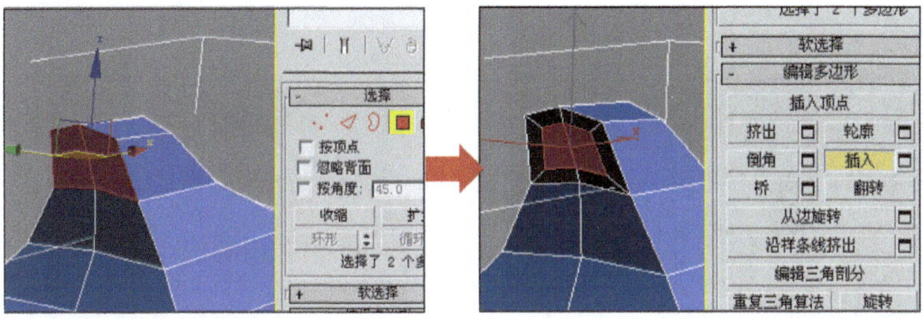

图 9-22

11）插入后，保持面的选择状态，按 Alt+X 组合键，进入半透明显示状态，对面进行向内【倒角】挤出。挤出两次，第一次浅一些，第二次深入一些，并调整顶点与面的位置，如图 9-23 所示。

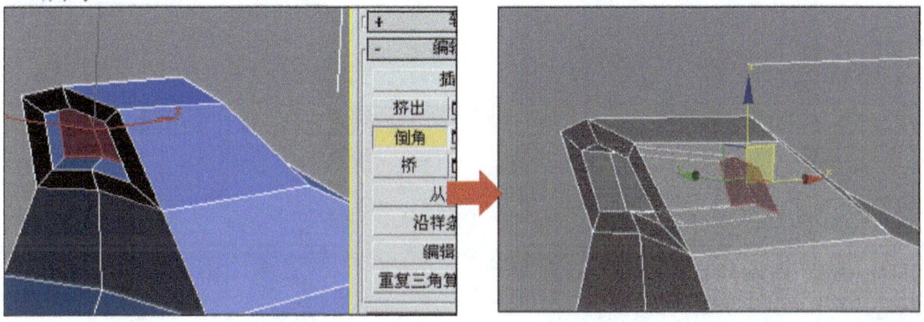

图 9-23

12）再次按 Alt+X 组合键，退出半透明显示状态。对模型加入【网格平滑】工具，将【迭代次数】改为 2，观察模型顶部网格平滑后的结果，如图 9-24 所示。

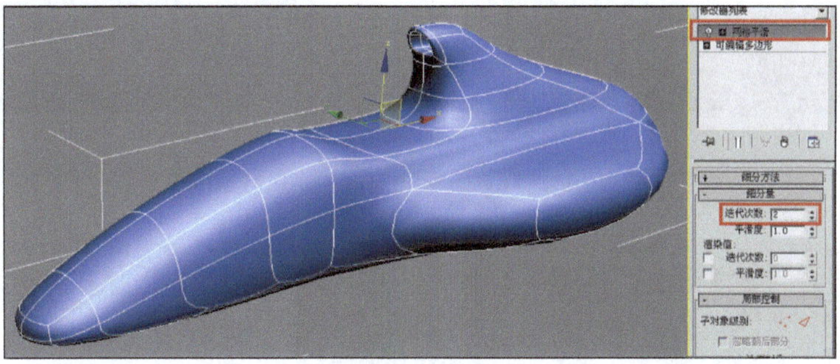

图 9-24

13）单击【网格平滑】工具前的灯泡，关闭【网格平滑】工具，进入【多边形】子对象级别；选择驾驶窗部位的四个多边形，执行向内【插入】命令，如图 9-25 所示。

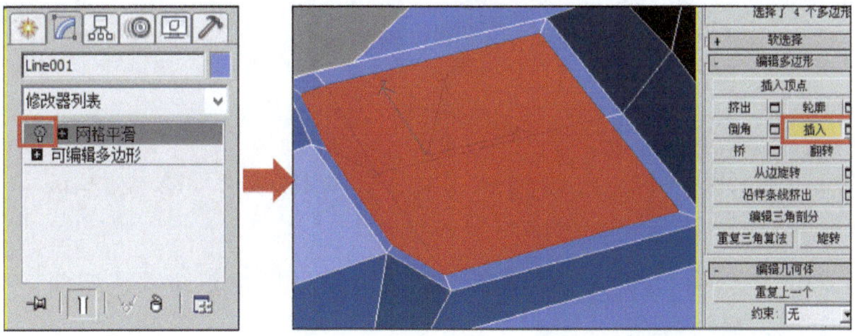

图 9-25

14）保持对多边形的选择状态，对多边形进行朝下挤出，如图 9-26 所示。挤出完成后，发现基础的四个面不在同一平面上，可以使用【平面化】工具让四个面统一在一个平面上，如图 9-27 所示。

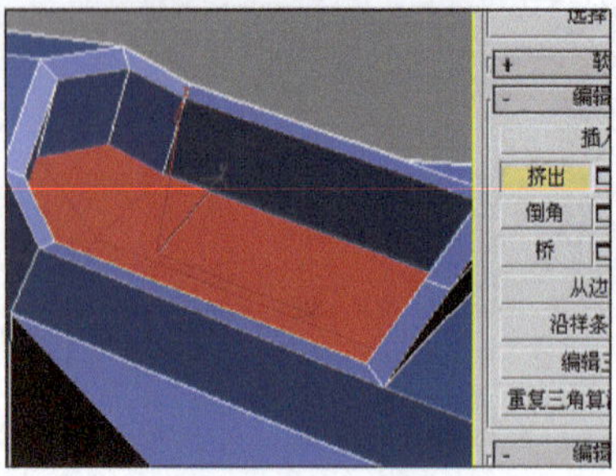

图 9-26

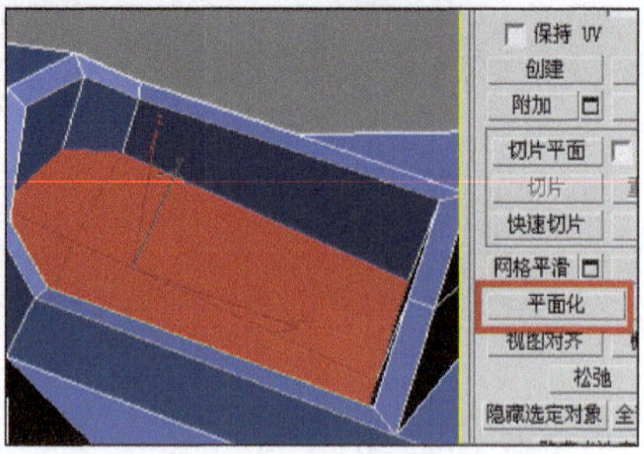

图 9-27

15）按 Alt+X 组合键，进入半透明显示状态，再次对面进行向下的挤出操作，如图 9-28 所示。选择驾驶窗前的四个面，如图 9-29 所示，向内进行两次【倒角】挤出操作，并调整顶点与多边形的位置，如图 9-30 所示。

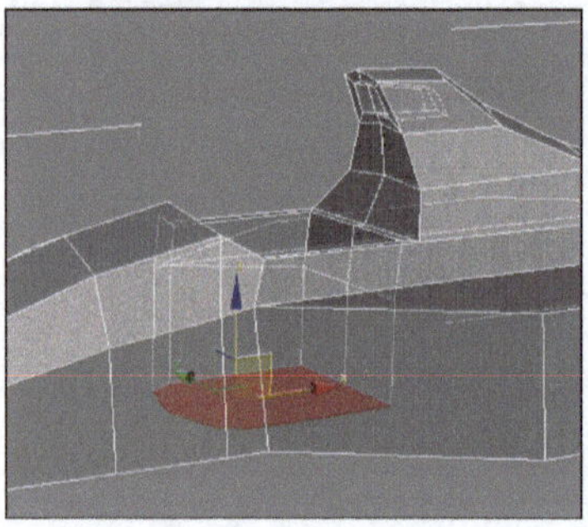

图 9-28

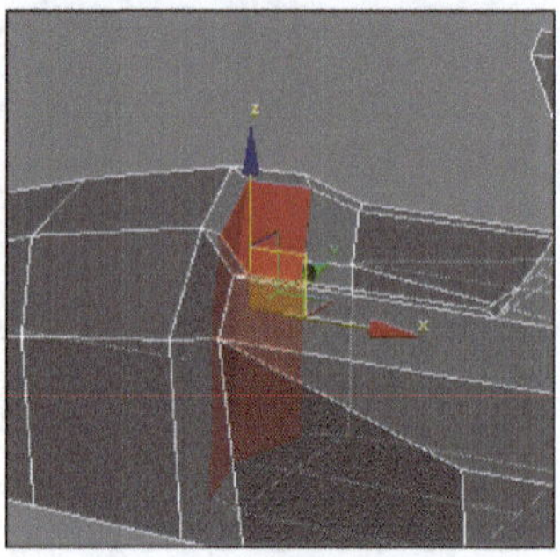

图 9-29

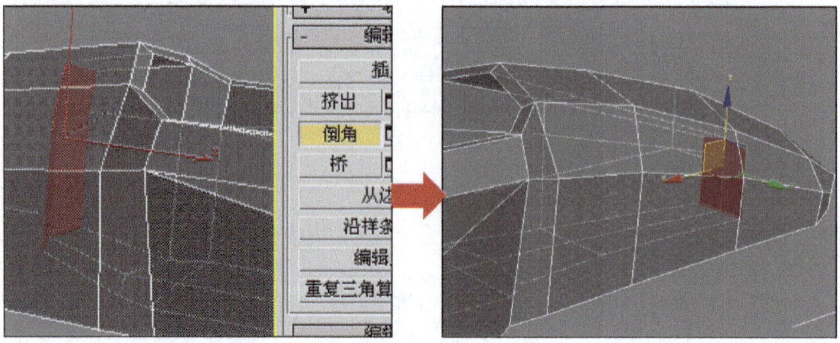

图 9-30

16）点亮网格平滑的灯泡开关，启用【网格平滑】工具，查看网格平滑后的车身结果，车身的顶部与驾驶窗都增加了细节，如图 9-31 所示。

仔细观察，驾驶窗的前面和侧面在网格平滑后都会有变薄的问题，如图 9-32 所示。这是由于模型网格布线不够合理造成的，下面对它进行调整。

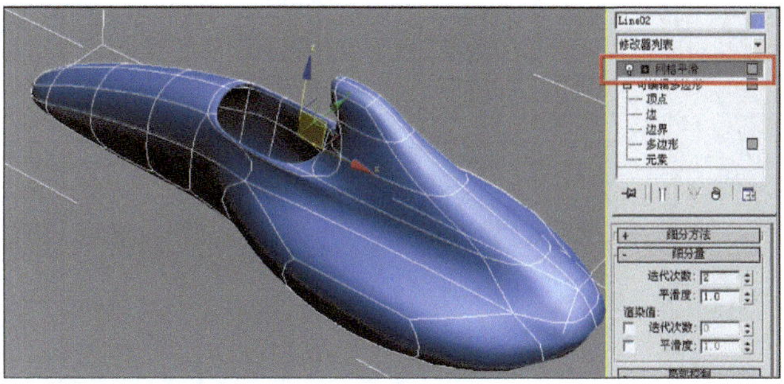

图 9-31

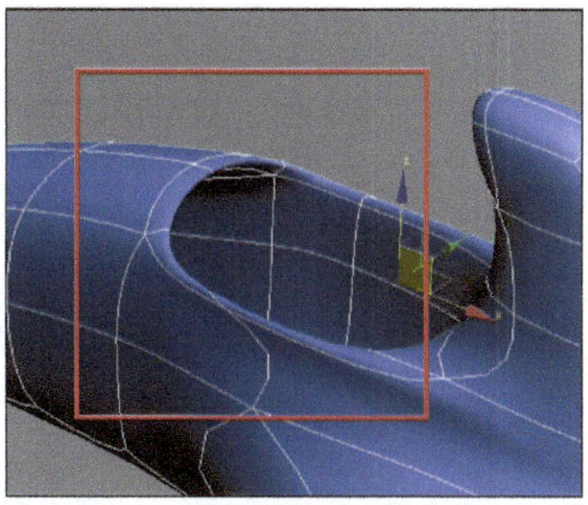

图 9-32

17）切换到左视图，进入【顶点】子物体级别，选择赛车左侧的全部顶点，如图 9-33 所示，按 Delete 键，将其全部删除，如图 9-34 所示。

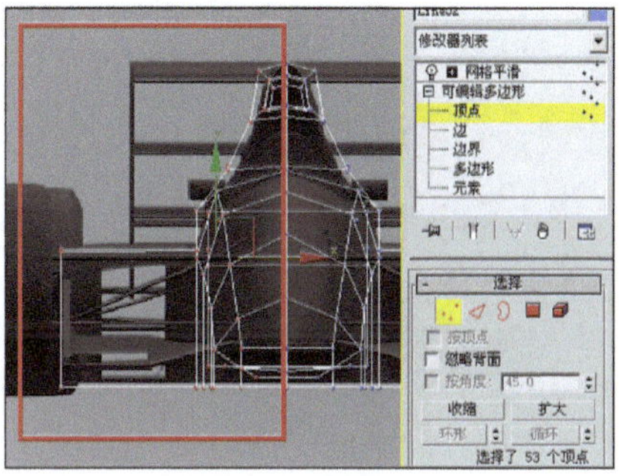

图 9-33

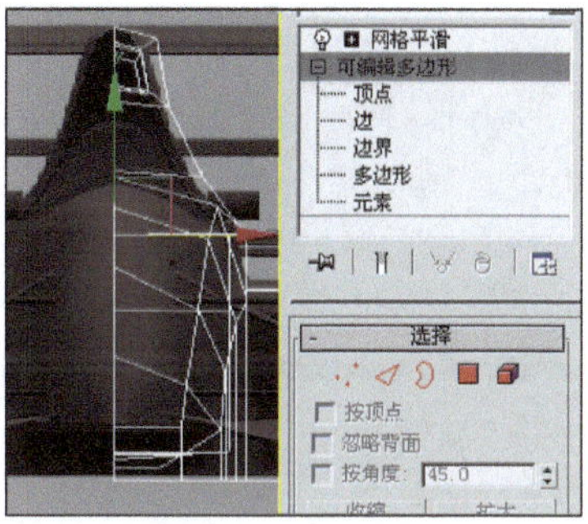

图 9-34

18）退出【顶点】子物体级别，重新添加对称修改器，选择正确的对称轴向，如图 9-35 所示。

注　意

在对称物体的建模过程中，我们会多次使用【对称】或者【塌陷对称】命令，这些命令的使用主要依模型制作的需要。如建立或修改模型对称轴中心部分时，需要【塌陷对称】命令；建造或修改对称轴两侧的造型时，要重新删除一侧顶点，并建立对称关系。对称关系的建立或塌陷需要读者在实践工作中积累经验。

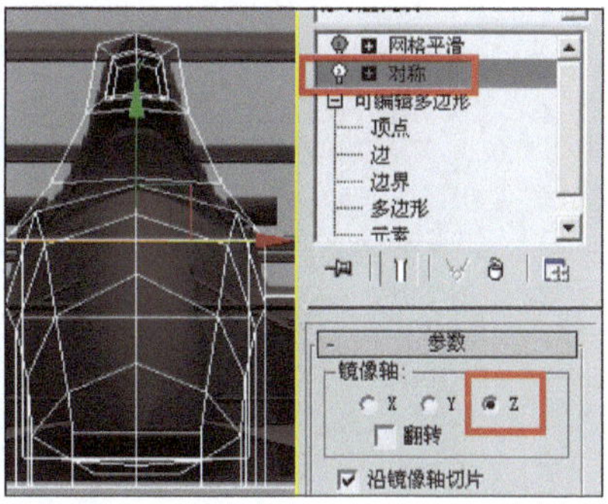

图 9-35

19）赛车驾驶窗平滑后变薄是由于布线不够合理造成的，进入【顶点】子物体级别，使用【剪切】命令对驾驶窗边缘进行剪切，如图 9-36 所示。剪切完成后，对添加的新顶点进行相应的位置调整，使其相对平滑分布在赛车驾驶窗的表面。网格平滑后观察测试结果，如图 9-37 所示，赛车驾驶窗边缘得到了很好的控制。

下面来完成赛车两翼的风洞造型，由于目前两翼的布线较少，网格平滑后物体造型变化较大，为了得到比较有形的两翼模型，需要对两翼布线进行细分。细分的方法除了可以使用顶点级别的剪切外，还可以使用线段级别的连接命令。

1）进入【线段】子物体级别，选择任意一条侧翼的水平线段，使用【环形】辅助选择工具能自动将其他几条平行线段选择下来；保持四条线段的选择状态，进行【连接】操作，模型会自动用一根线段将选择的四根线段连接，如图 9-38 所示。

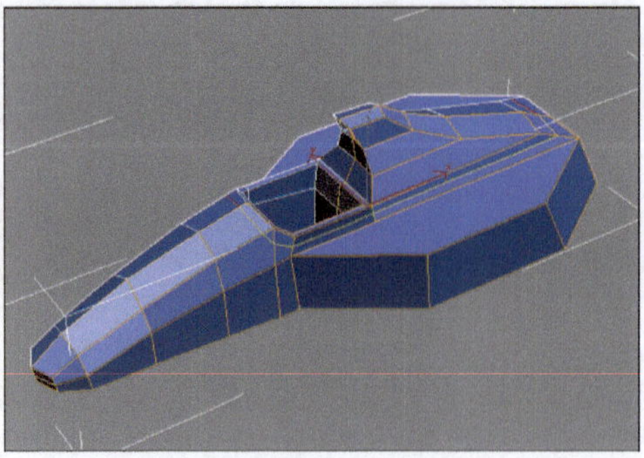

图 9-36

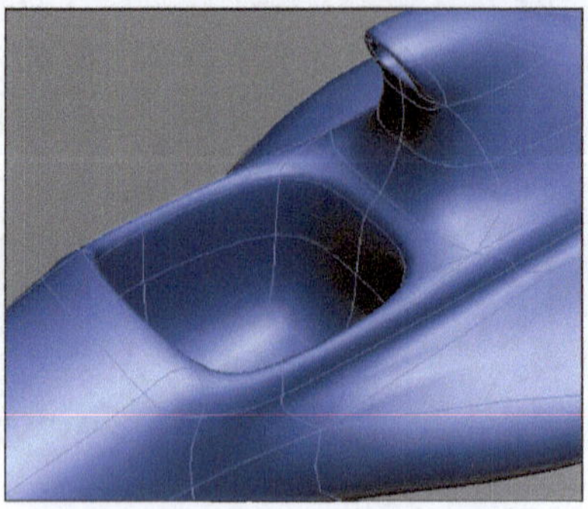

图 9-37

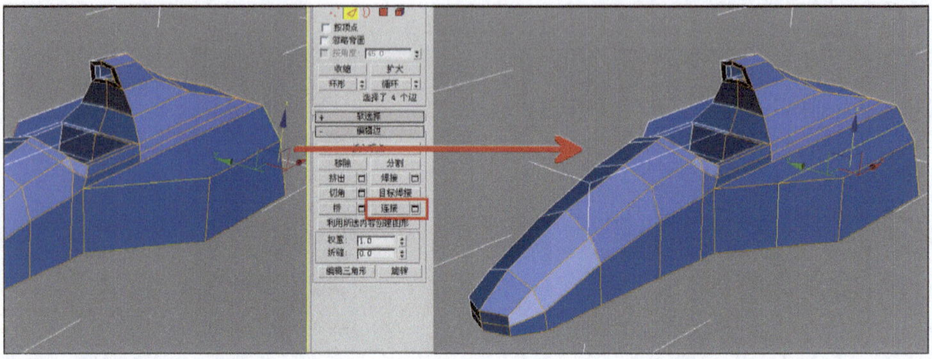

图 9-38

2）选择任意一条垂直的侧翼线段，再次使用【环形】辅助选择命令，使用【连接】命令进行连接，如图 9-39 所示。

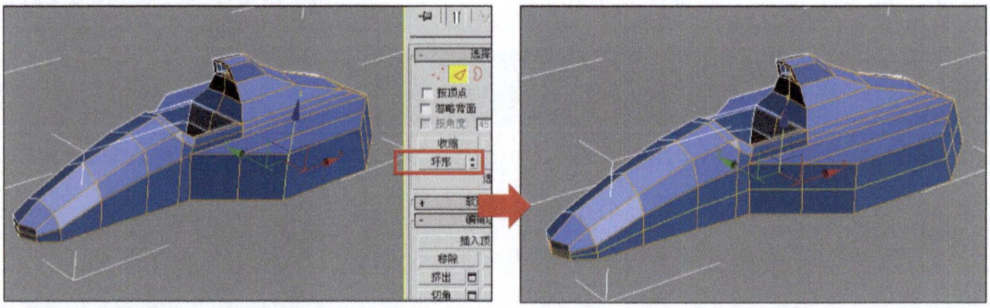

图 9-39

3）对模型侧翼的风洞口进行【剪切】操作，预留出风洞口向内挤出的 4 个多边形，如图 9-40 所示。

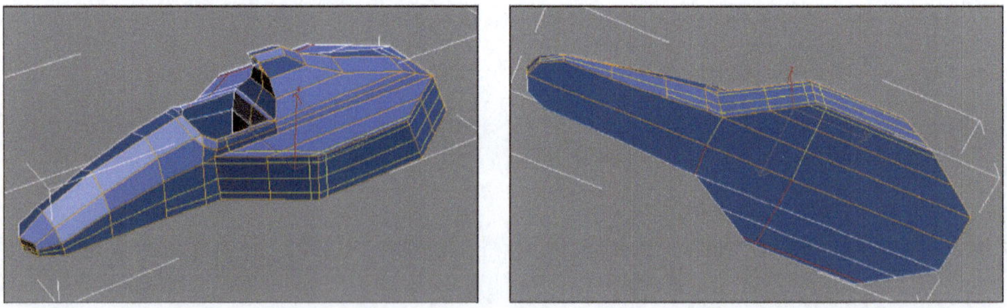

图 9-40

注　意

模型布线与最终网格平滑之间的关系是：越是有造型、结构明显的地方，越需要有较多的布线；越是平滑、曲面较多的地方，越需要较少的布线。

4）选择风口位置的 4 个多边形，向内进行第一次挤出。为了得到比较平滑的倒角效果，第一次挤出的数量应较少，如图 9-41 所示。

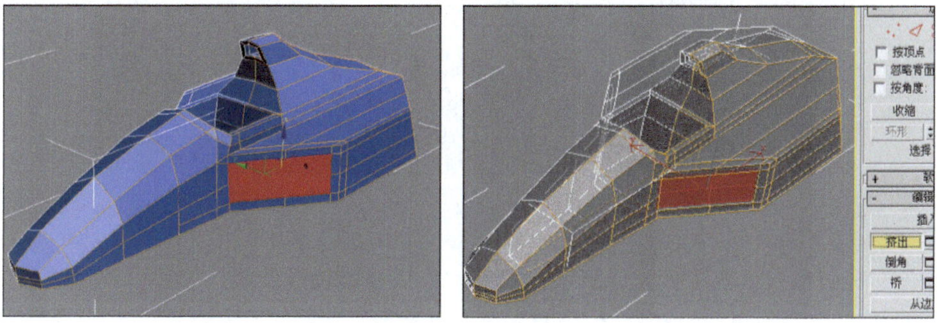

图 9-41

5）将风口的 4 个多边形向内进行第二次挤出，并移动它们的位置，配合【缩放】工具所定 X 轴缩放，使其在一个水平面上，如图 9-42 所示。

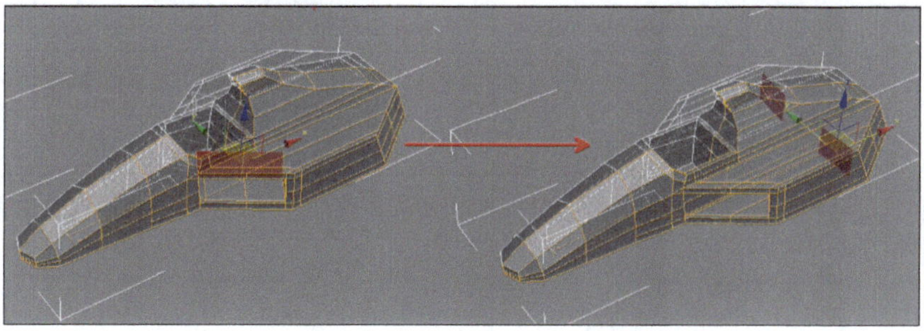

图 9-42

6）激活【网格平滑】工具，赛车车身两翼的造型就基本建造出来了，如图 9-43 所示。

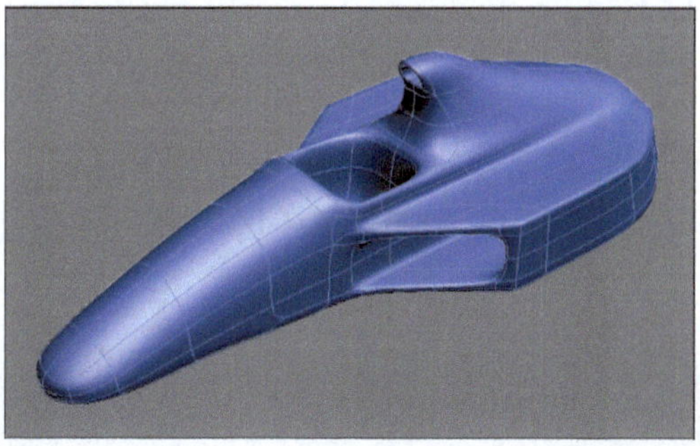

图 9-43

9.1.4　赛车车轮的制作

赛车车轮使用堆砌建模的方法来完成。

赛车车轮模型由外向内可以分解成橡胶外胎、钢圈、钢圈内心和轴 4 部分，如图 9-44 所示。橡胶外胎和钢圈可以使用【车削】命令完成，钢圈内心是使用编辑样条线挤出成型，车轮的轴是扩展基本几何体中的切角的圆柱体。最后把这些零部件拼凑在一起，就可以完成赛车的车轮模型。下面来制作车轮。

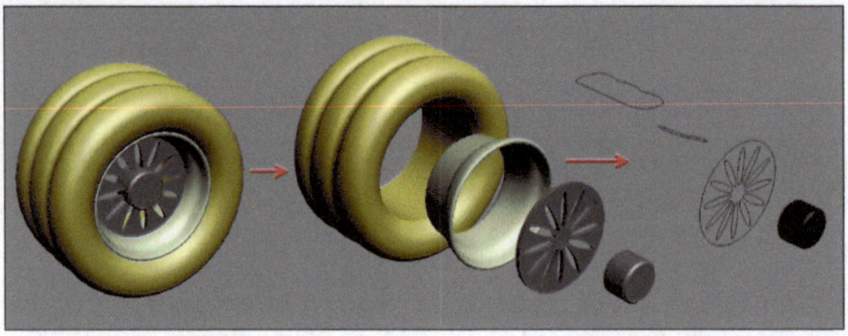

图 9-44

1）在顶视图使用直线工具完成汽车橡胶外胎的横截面轮廓曲线，使用修改器列表中的【车削】工具对刚才所绘制的二维曲线进行车削成型，如图 9-45 所示。

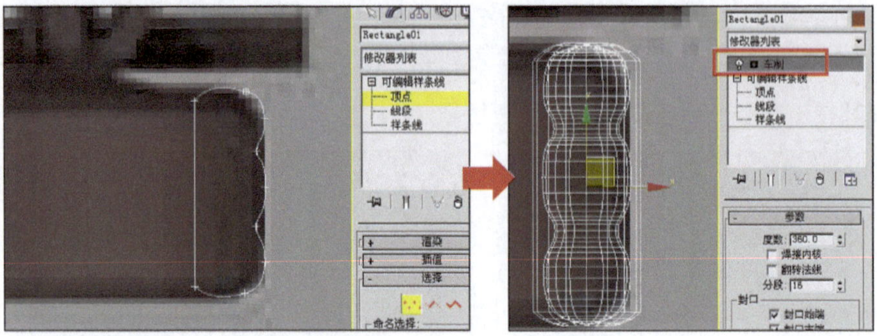

图 9-45

【车削】命令使用后，默认的车削旋转轴是曲线 X 轴的最小值。我们看到车削的结果不正确，需要对车削的旋转轴进行更改。

打开车削修改器的加号开关，选择车削的子物体【轴】，配合顶视图的赛车背景参考图，将轴水平移动到正确的位置，如图 9-46 所示。这时，由于【车削】默认的旋转【分段】数有点低，导致赛车外胎的光滑度较低，我们需要对车削的分段数进行调整，如图 9-47 所示。

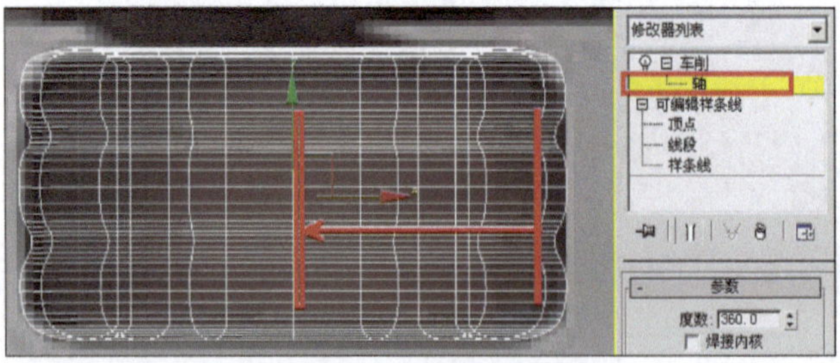

图 9-46

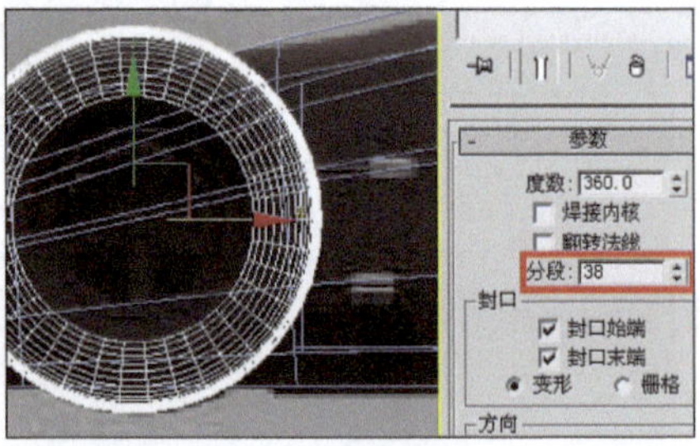

图 9-47

2）使用二维直线工具，在顶视图完成钢圈的侧面轮廓，如图 9-48 所示。

3）同样，使用【车削】命令将钢圈旋转成型，也需要对车削物体的旋转轴子对象和车削的分段数进行调整，完成后将钢圈对齐到橡胶外胎的中心，如图 9-49 所示。

4）完成钢圈内心。在前视图上参考赛车三视图，画出圆形二维曲线物体，如图 9-50 所示。

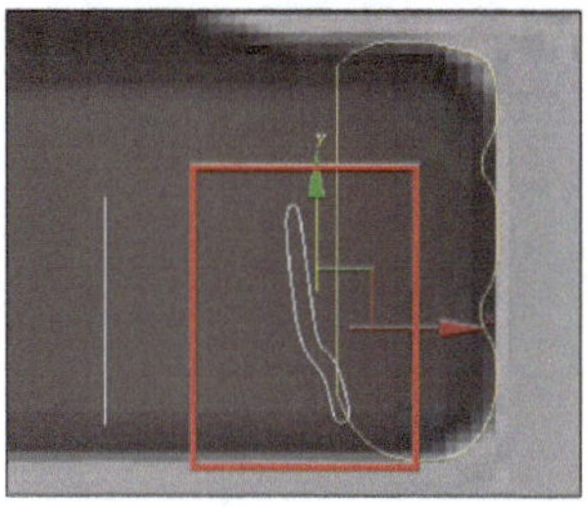

图 9-48

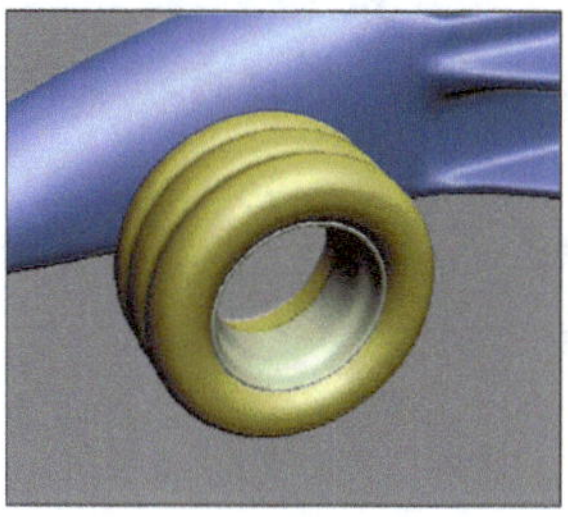

图 9-49

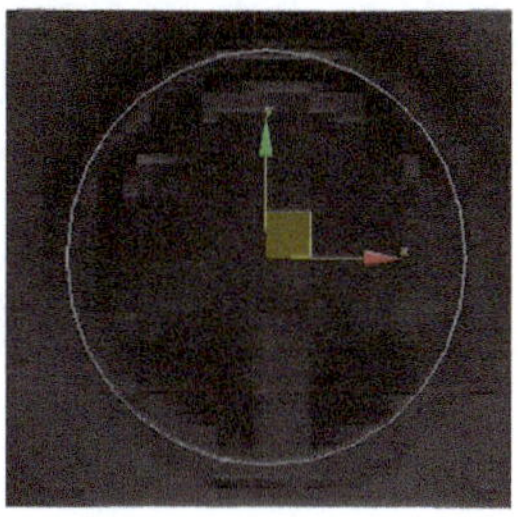

图 9-50

5）画出椭圆，并与刚才画出的圆形中心对齐；在层次面板上使用【仅影响对象】命令，将椭圆水平移动到正确的位置上，这样椭圆的轴心与圆形的轴心重叠在一起，如图 9-51 所示。关闭【仅影响对象】工具，使用【旋转变换】工具，打开角度捕捉开关，沿 Z 轴旋转 20°，复制 11 个，如图 9-52 所示。

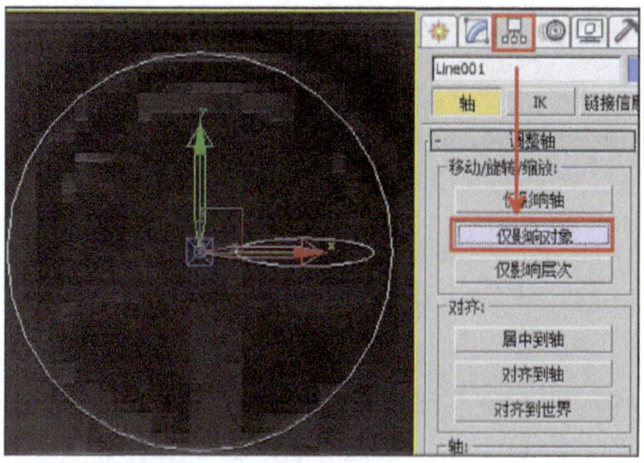

图 9-51

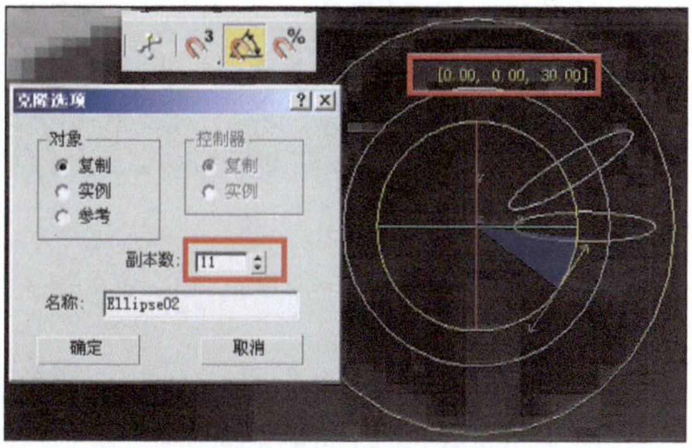

图 9-52

6）选择二维曲线中的大圆形，单击右键，将其转换为【可编辑样条线】。在【可编辑样条线】命令中使用【附加】工具，将其他 12 个椭圆依次进行附加，结合成一个二维物体，如图 9-53 所示。使用修改器列表中的【挤出】命令将二维曲线挤出，将钢圈内心与橡胶外胎和钢圈进行对齐，调整前后位置，如图 9-54 所示。

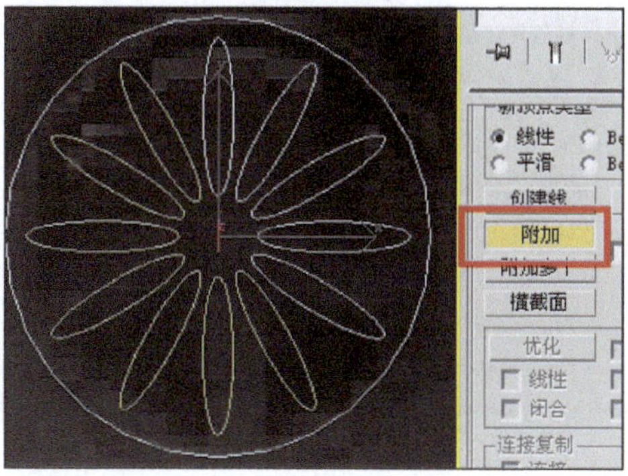

图 9-53

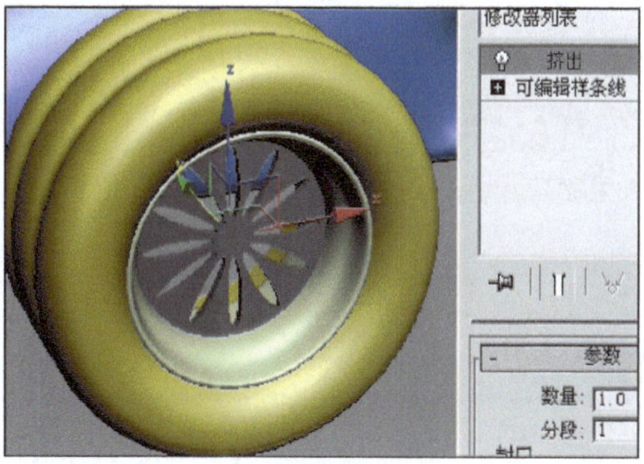

图 9-54

7）使用扩展基本几何体的【切角圆柱体】命令完成车轮的轴心，并移动对齐到正确的位置，如图 9-55 所示。

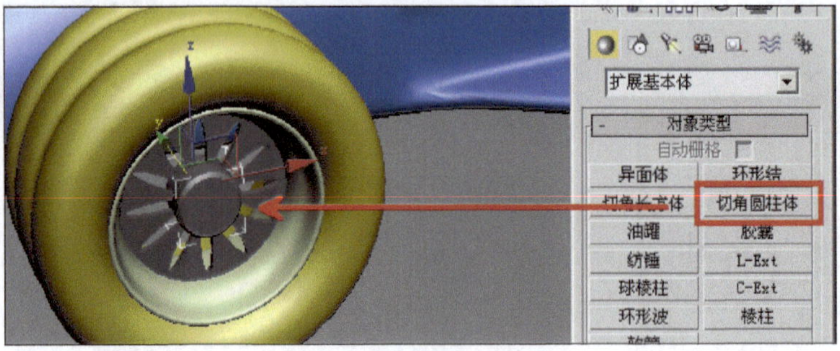

图 9-55

8）车轮部分基本完成，我们再使用扩展基本体中的【切角长方体】工具完成车身与车轮连接的部分，连接后的结果和拆分图如图 9-56 所示。

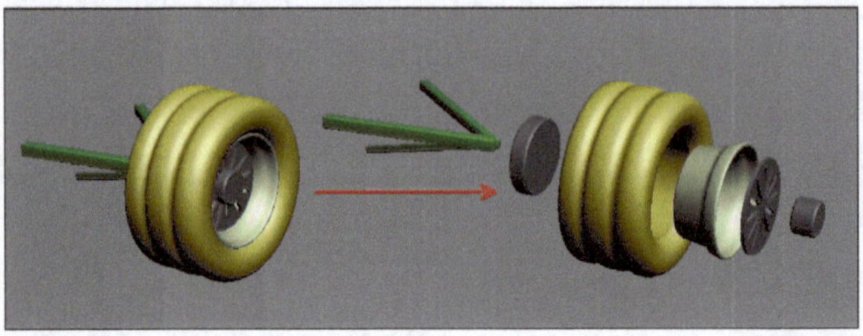

图 9-56

9）赛车车轮的一侧完成以后，我们对其进行全选，使用镜像【复制】工具，将它沿 Y 轴进行镜像复制，如图 9-57 所示。

将赛车的前轮复制，移动到后轮位置，由于赛车后轮轮胎的宽度比前轮略宽一些，我们可以选择橡胶外胎模型，进入它的【可编辑样条线】级别，选择【顶点】子物体，将橡胶外胎的轮廓加宽。这样，加宽以后的外胎横截面车削的结果符合赛车三视图的要求，如图 9-58 所示。

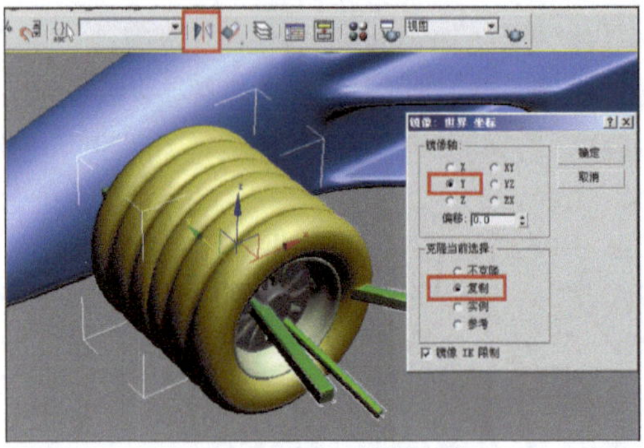

图 9-57

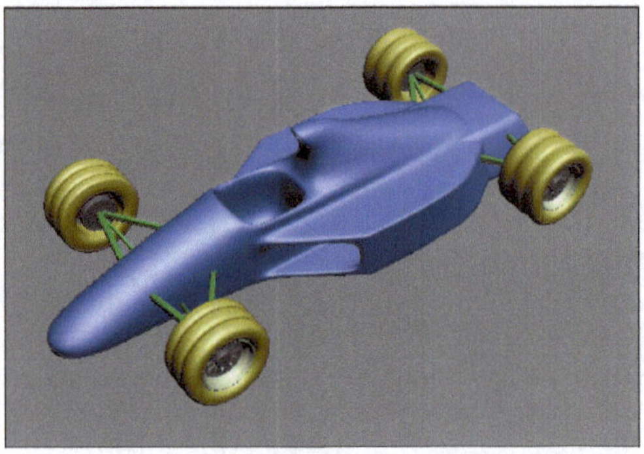

图 9-58

注　意

在建模的过程中很少使用缩放变形工具，因为缩放变形工具只能改变物体的外形大小，而物体的参数大小并没有发生变化，所以上面修改后轮外胎的时候没有直接使用缩放变形工具。

9.1.5 赛车零件制作

在赛车车身与前后 4 个车轮建模完成以后，我们开始建立其他赛车车身零件，主要包括车头部分的挡板和尾翼。

车头部分挡板可以拆分成 3 部分完成，如图 9-59 所示。

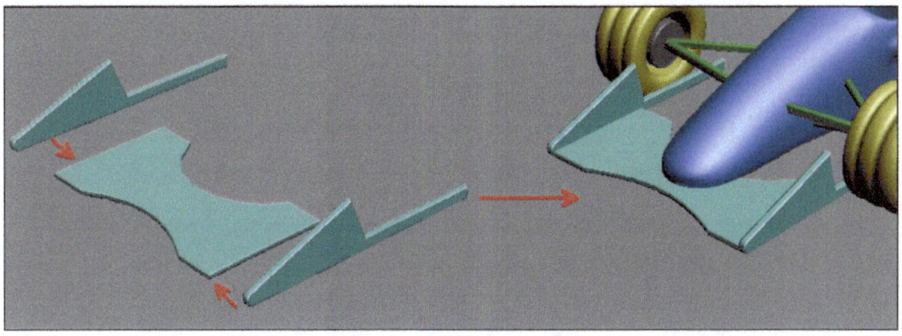

图 9-59

1）在顶视图，使用【二维曲线】命令，配合编辑样条线工具完成挡板的中间部分，如图 9-60 所示。再使用【倒角】命令将二维图形转化为三维形体。注意倒角的数值作用，这里使用双面倒角，如图 9-61 所示。

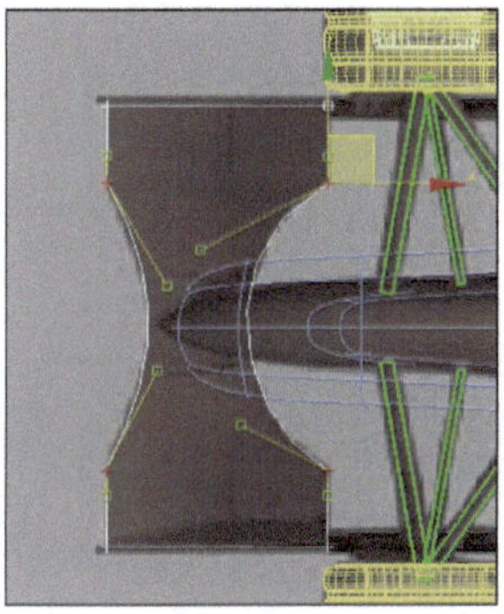

图 9-60

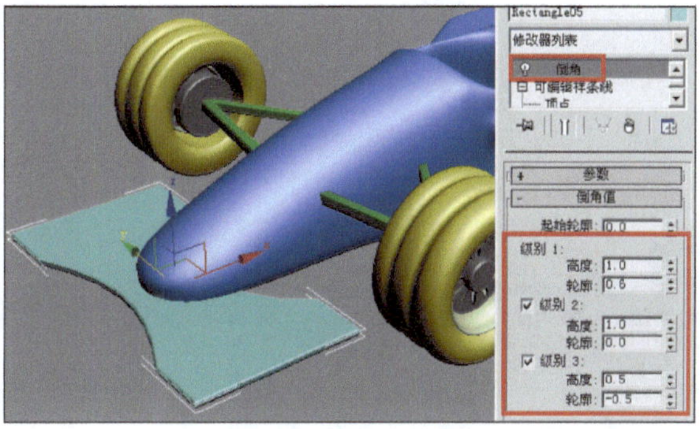

图 9-61

2）配合赛车的三视图，在前视图使用【二维曲线】工具画出物体的挡板侧翼的轮廓，同样使用【倒角】命令成型，并把它们正确地拼装在一起，如图 9-62 所示。

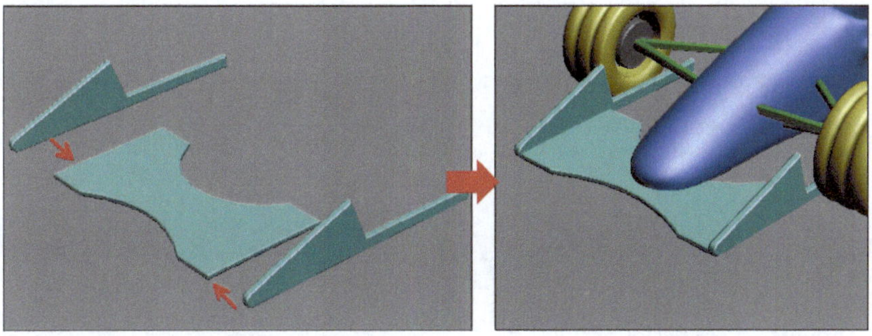

图 9-62

3）使用相同的方法完成赛车的尾翼，如图 9-63 所示。

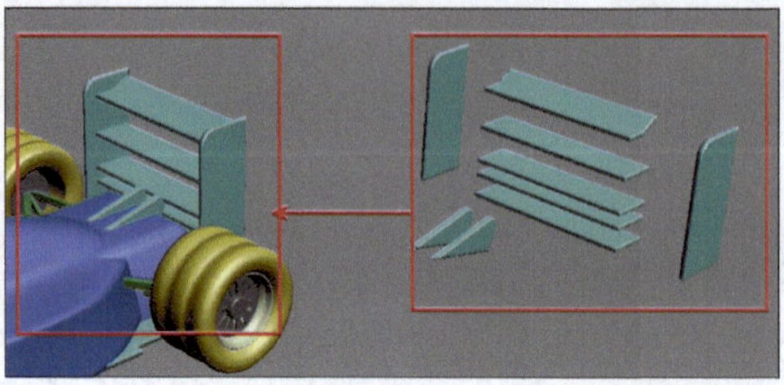

图 9-63

4）使用【编辑多边形】命令完成赛车的座椅和后视镜模型，根据三视图的位置要求最终装配到正确的位置上。这样，赛车的模型基本上就制作完成了，如图 9-64 所示。

图 9-64

9.1.6 赛车模型渲染

一个模型完成以后，好的渲染结果对模型也是至关重要的。这里使用 3ds Max 自带的天光系统和高级照明的光跟踪器对赛车模型进行渲染。

注　意

在渲染之前，我们对赛车模型架设目标摄像机，摄像机的架设对渲染是比较重要的，虽然透视图具有透视观察物体的作用，但是由于建模过程中透视图的反复缩放旋转操作，导致模型完成时，透视图的显示结果有可能有较大的误差，所以一般会架设摄像机来进行模型的最终渲染。

1）激活顶视图，创建目标摄像机，移动到适当的位置。

2）激活透视图，按 C 键，这样透视图就转变为摄像机视图了，如图 9-65 所示。再次调整摄像机的位置和目标点的位置，使摄像机视图有较好的构图。

3）激活并缩小顶视图，创建一个较大的【平面】，这里把它当成赛车停放的地面，如图 9-66 所示。

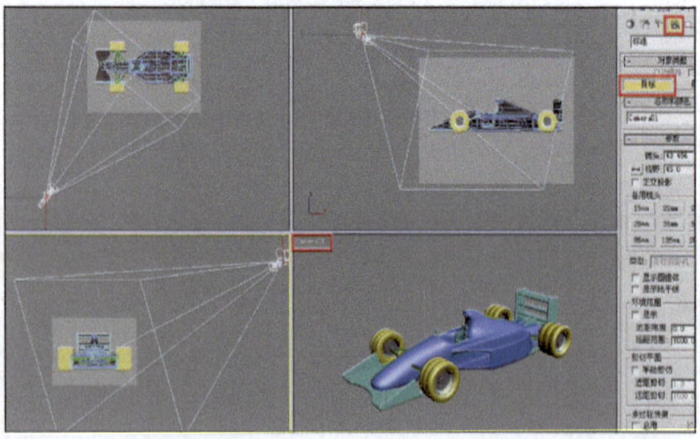

图 9-65

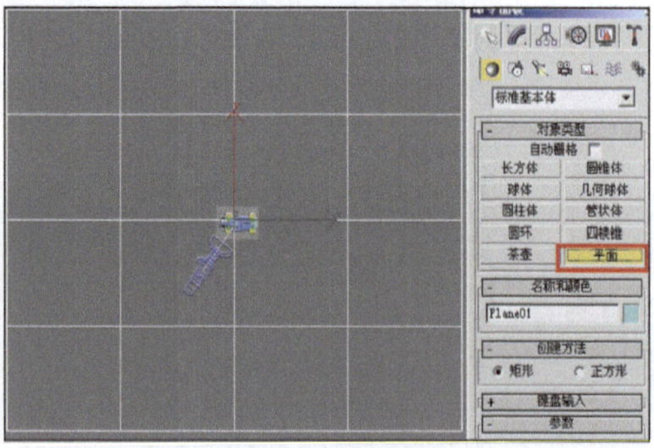

图 9-66

4）按 M 键，打开材质编辑器，选择地面，赋予地面一个浅灰色材质。选择赛车所有物体，赋予赛车深灰色，如图 9-67 所示。

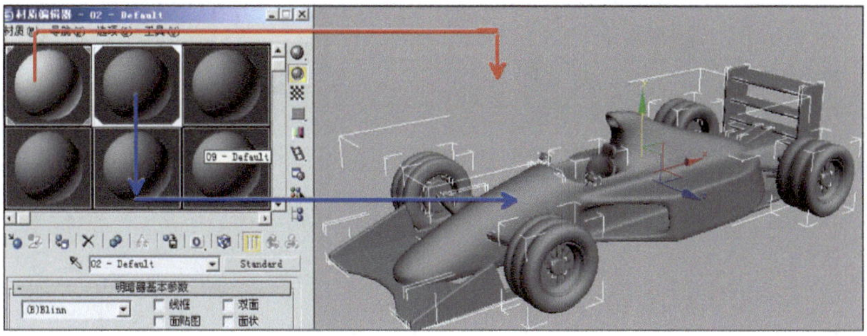

图 9-67

5）创建灯光中选择标准灯光中的【天光】。天光能模拟阴天的效果，对场景模型进行 360° 全方位的照明。天光可以放置在场景的任意位置，它不会受到位置角度变化的影响，如图 9-68 所示。

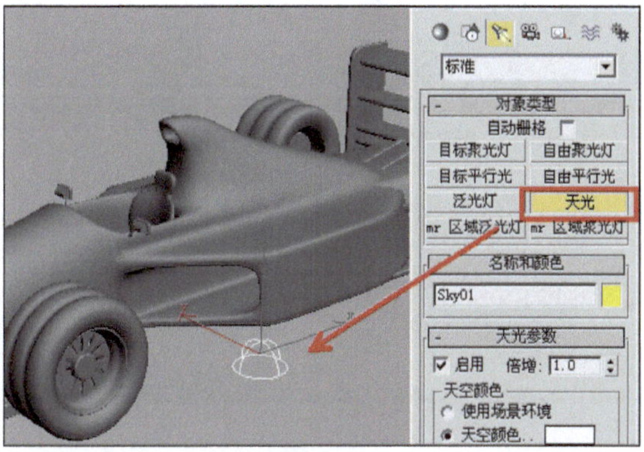

图 9-68

6）激活摄像机视图，使用渲染菜单的高级照明、光跟踪器。天光在照明场景模型的时候，一般会使用高级照明的光线跟踪器来配合渲染，这样能够得到非常细腻的光影效果，如图 9-69 所示。打开【光跟踪器】面板，单击【渲染】，如图 9-70 所示。

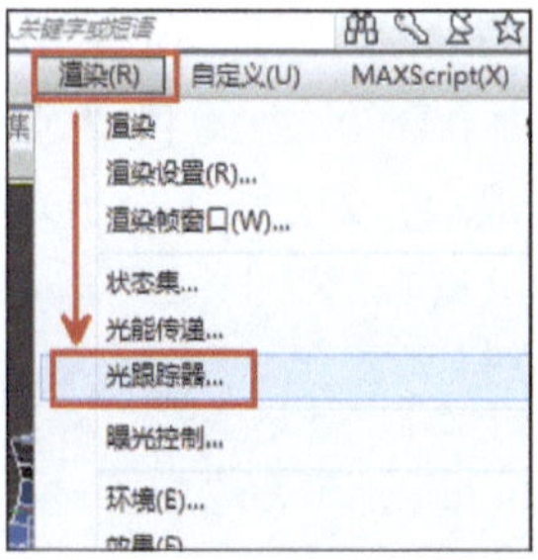

图 9-69

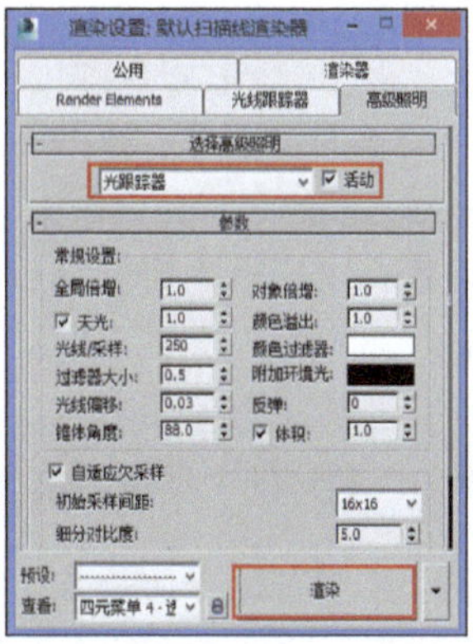

图 9-70

通过几分钟的渲染，赛车的一个灰度模型就渲染出来了。可以多调整摄像机的角度来完成 F1

赛车的多角度渲染，如图 9-71 和图 9-72 所示。

图 9-71

图 9-72

7）使用同样的建模方法完成装甲机器人模型，如图 9-73 所示。

图 9-73

9.2 卡通角色模型

9.2.1 卡通角色的制作流程

卡通角色的制作流程可分为 5 个步骤，包括造型设计、建模、材质、骨骼和动画。

1. 造型设计

造型设计是最重要的一步。一个卡通角色必须具备独特的个性，这是角色成功与否的关键。在游戏开发公司，这一步是由企划部门和原画部门共同完成的。角色设计不仅要包括角色的外部特征，还要包括角色的性格、爱好、表情等。设计好的角色一般会首先在纸上画出来，如图 9-74 所示。如果是游戏里用到的角色，还要设定它的动作，如走动、攻击、受击、施法、死亡等。通过这些动作表情，将角色独特的个性展现出来。

2. 建模

造型设计完成后，第二步就开始建模。根据用途的不同，需要制作不同类型的模型。

如果游戏使用的是二维引擎（即角色是以图片的方式载入到游戏中），制作这样的模型没有什么限制性。第二种用于三维游戏的模型要求就很高了，为了游戏的流畅性，要求角色的面数要很低，通常称为低面建模，面数一般为 600～1000，这类模型的细节都是通过材质贴图来实现的。第三种是片头动画里用到的模型，此类模型要求精致，可近距离观看和用于面部特写镜头等，如图 9-75 所示。

图 9-74

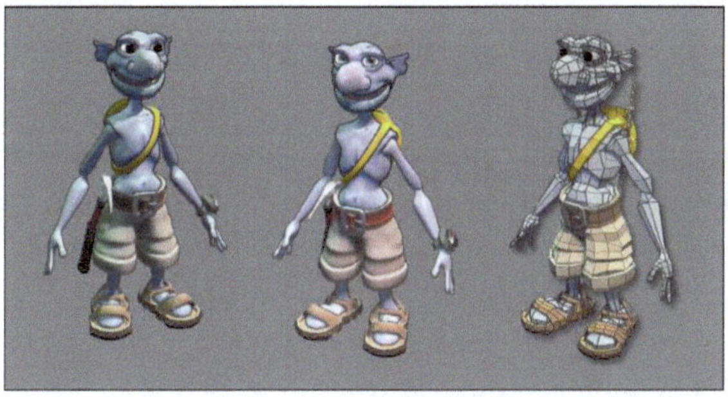

图 9-75

本书介绍的是第一种和第三种，这是不制作游戏模型也可以使用的建模方法。

3. 材质

材质可以在建模完成后再开始制作，也可以与建模同步进行。

材质部分包括反光度、透明度等属性，更多的效果还要靠贴图来表现。

4. 骨骼

3ds Max 自带的骨骼是 Bones 骨骼工具，与它配套的是 Skin 蒙皮工具。其实任何几何体都可以用来做骨骼，如 Box、Cylinder 等。还有一种骨骼系统 CharacterStudio，以前它是以插件的形式存在的，现在已经收录到软件中，与它配套的是 Physique 工具。

5. 动画

动作和表情是最能体现角色独特个性的一个步骤，即使是模型和材质一般的角色，加上动画也会栩栩如生。

9.2.2 卡通模型的制作思路

掌握模型的制作思路一定要做到灵活变通、举一反三。

首先，如果从书本上学到某个命令能够完成某种效果，一定要能联想到它还能完成类似的其他效果。另外，对模型的建造方法不能过于局限，要灵活，敢于创新。

其次，在模型的二维手绘稿完成以后，不必过急动手，应对二维手稿进行模型分析，看看哪些部分能够使用堆砌的方法，哪些部分需要使用细分的方法。有了清晰的思路后再进行制作，做到心中有数。

最后，多学习和借鉴别人的建模方法，这也是非常有效的方法。多学习和推敲高手的工作流程与技术，总结经验；不光是高手，即使是水平比我们低的人，也会有他独特的想法、做法和值得我们学习之处。

9.2.3 卡通小女孩制作

下面来看卡通小女孩的制作流程，如图 9-76 所示。

1）在三维模型制作以前，首先完成卡通角色的造型设计，如图 9-77 所示。一般要完成卡通角色的前视图、侧视图和透视效果图，二维造型设计完成以后，就可以进行模型的制作了。

图 9-76

图 9-77

2）将卡通角色的三视图在 Photoshop 中裁剪分割为长宽比例相同的三个文件。打开 3ds Max，分别在前视图和左视图创建与参考图长宽比例相同的平面物体，打开材质编辑器，贴入对应的参考图，如图 9-78 所示。

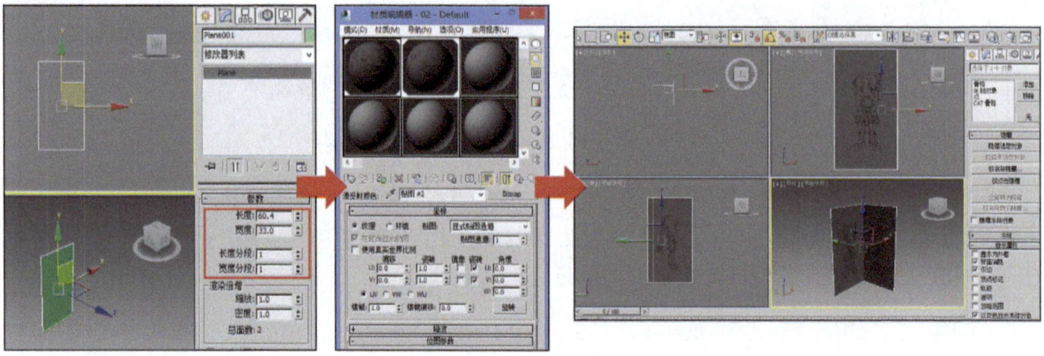

图 9-78

通过对卡通角色平面图的分析，我们可以将卡通角色模型大致拆分成身体、头、上肢、下肢 4 部分来完成，每部分主要使用编辑多边形建模来实现。

下面来完成卡通角色小女孩的身体的模型。

3）在前视图上建立长方体，设置长方体的长宽高分段数，如图 9-79 所示。选择创建的立方体，单击右键，将其转换为【可编辑多边形】，在其【顶点】级别中选择左侧的顶点并删除，如图 9-80 所示。

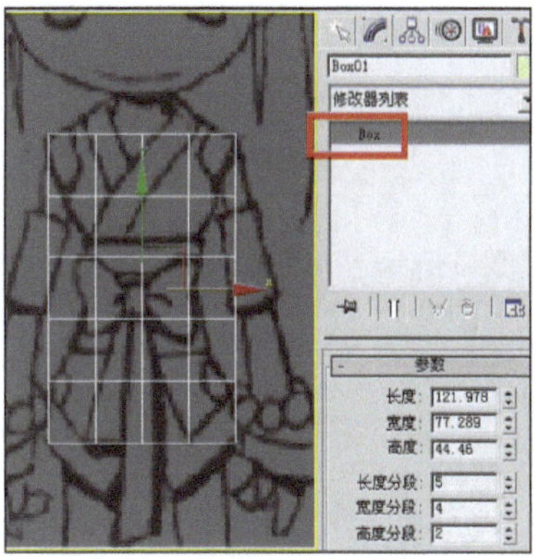

图 9-79

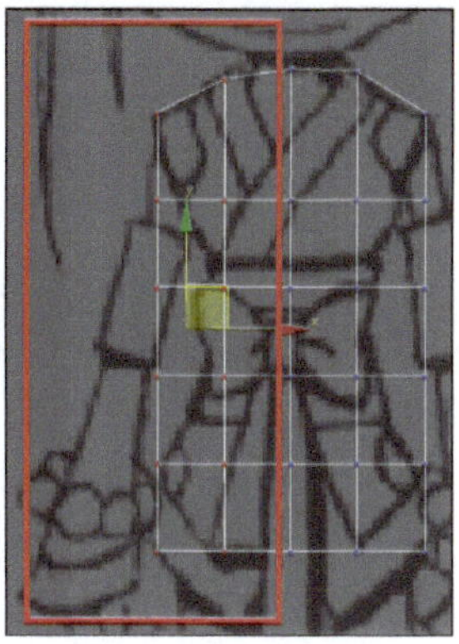

图 9-80

4）在修改器列表中选择【对称】命令，将删除一半顶点的立方体对称复制，如图 9-81 所示。选择【可编辑多边形】的【顶点】子物体级别，并勾选【显示最终结果】，如图 9-82 所示。修改一侧顶点时，对称的另一侧顶点也会进行相应的修改操作，这是我们制作有对称轴物体的标准开始方法。

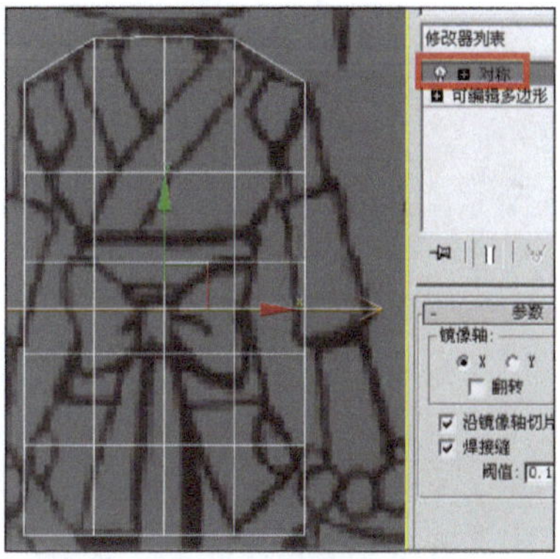

图 9-81

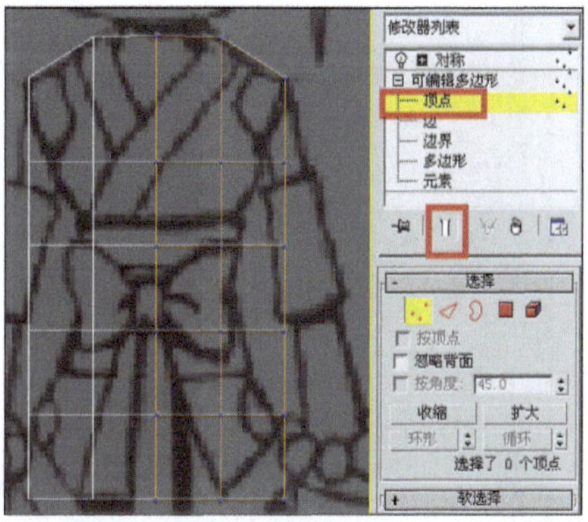

图 9-82

5）对照前视图与左视图小女孩背景参考图，在【顶点】子物体级别，使用【移动】工具移动一侧的顶点，使其与参考图的外形大体匹配，如图 9-83 所示。

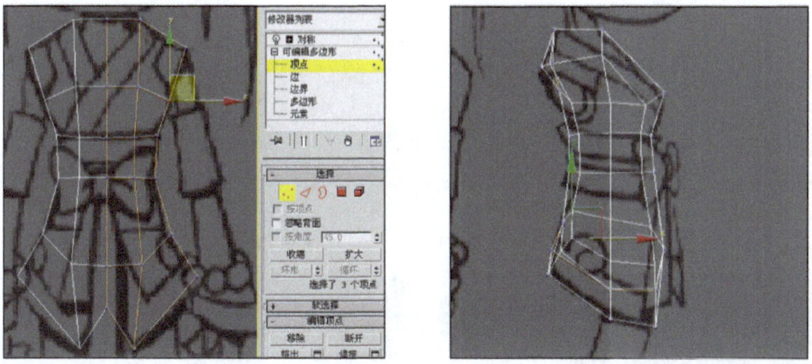

图 9-83

6）在不容易观察的模型表面，我们可以在透视图上旋转观察并调整，有些身体部位曲线细分不够，可以在模型上单击右键，使用【可编辑多边形】的【剪切】工具，进行进一步的切割划分，如图 9-84 所示。

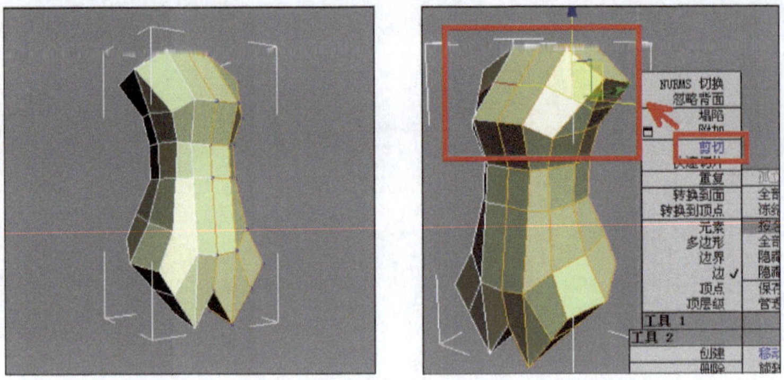

图 9-84

7）观察小女孩的角色设定稿发现，小女孩的身体并不是完全对称的，在身体的大形完成以后，在修改堆栈的【对称】命令上单击右键，选择【塌陷到】命令，如图 9-85 所示。由于小女孩的身体并不是完全对称的，需要使用【编辑多边形】命令根据角色设定手稿进行切割划分，如图 9-86 所示。

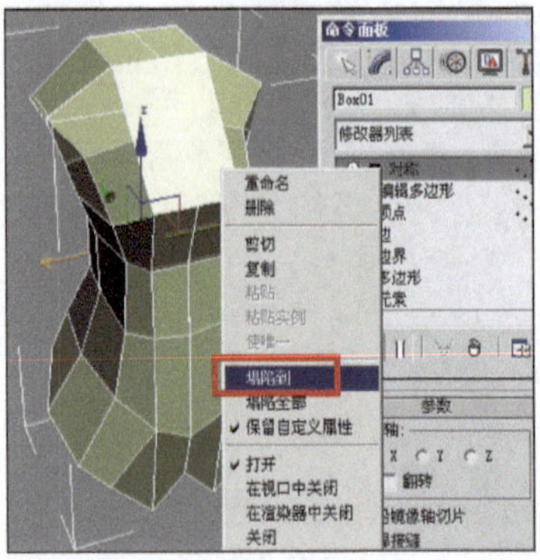

图 9-85

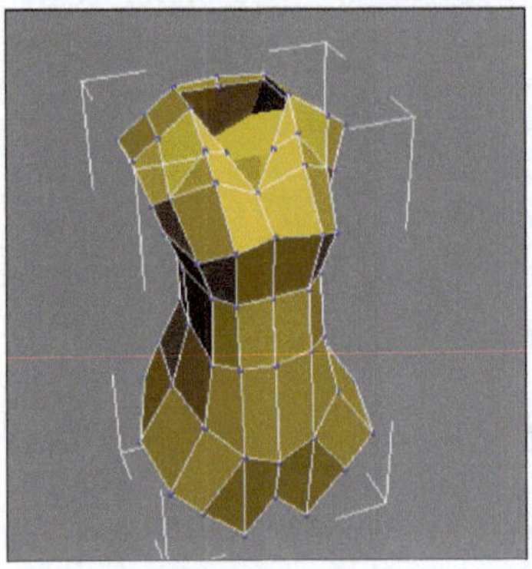

图 9-86

8）使用【剪切】、多边形【挤出】、【倒角】命令对身体部分进行进一步细分，如图 9-87 所示。在编辑多边形基础上，加入【网格平滑】修改器，观察平滑以后的效果。小女孩身体大致形态就出来了，如图 9-88 所示。

图 9-87

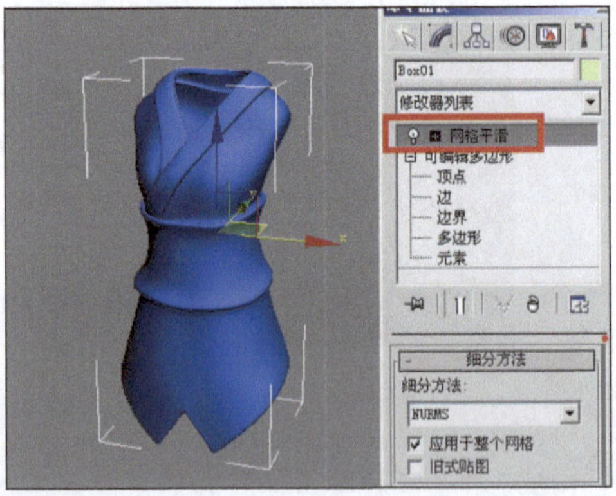

图 9-88

9）进一步完成身体腰部的蝴蝶结模型。使用【创建二维直线】命令，配合前视图，完成蝴蝶结的正面曲线，如图 9-89 所示。使用【挤出】命令将蝴蝶结曲线挤出，在挤出的模型基础上使用【可编辑多边形】工具完成蝴蝶结的细节，如图 9-90 所示。

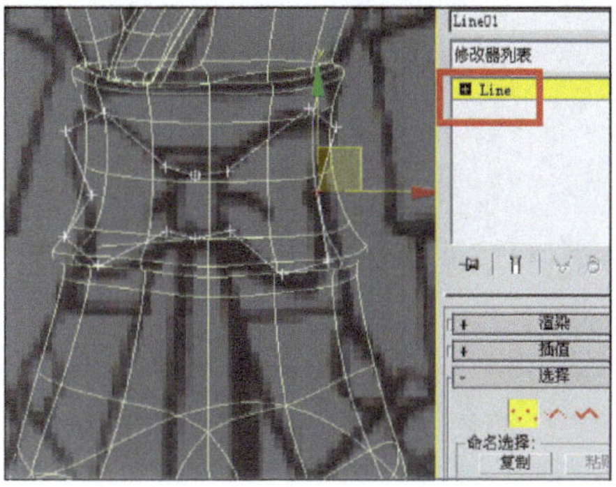

图 9-89

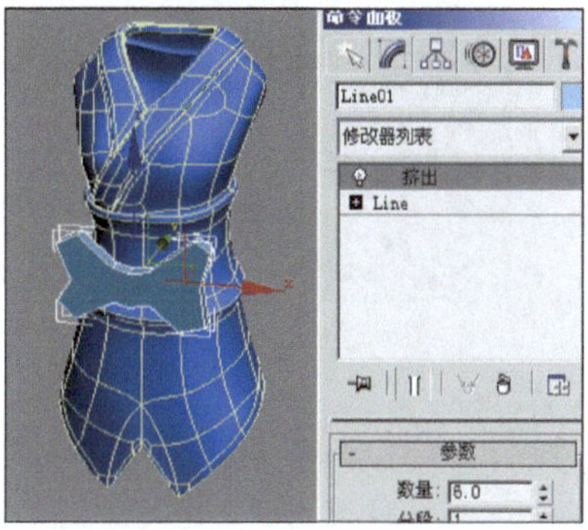

图 9-90

10）单击右键，将挤出的蝴蝶结转换为【可编辑多边形】，通过【切割】、【移动】、【倒角】等命令对蝴蝶结进行修改，如图 9-91 所示。

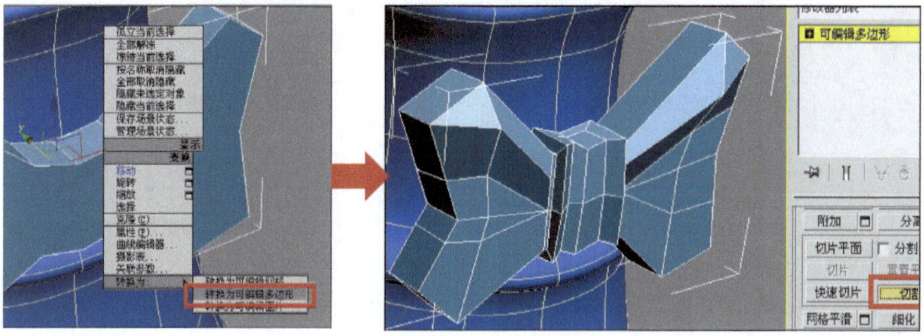

图 9-91

网格平滑使用以前与网格平滑使用以后的模型对比如图 9-92 所示

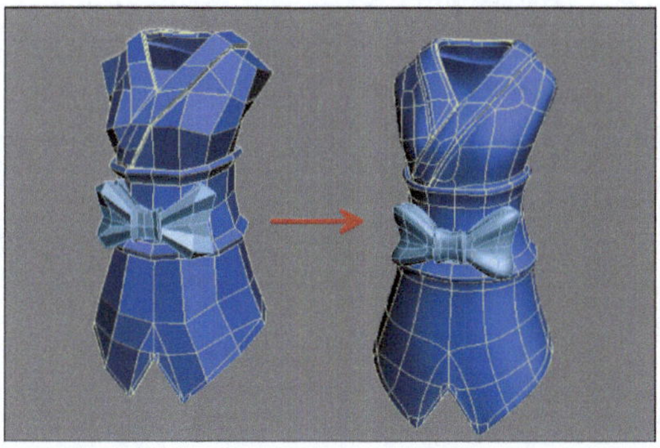

图 9-92

下面来完成蝴蝶结下面的两根飘带。

1）创建立方体模型，并给它划分适当的段数，配合【FFD】工具，进入 FFD 的【控制点】级别，调整出飘带的外形，如图 9-93 所示。

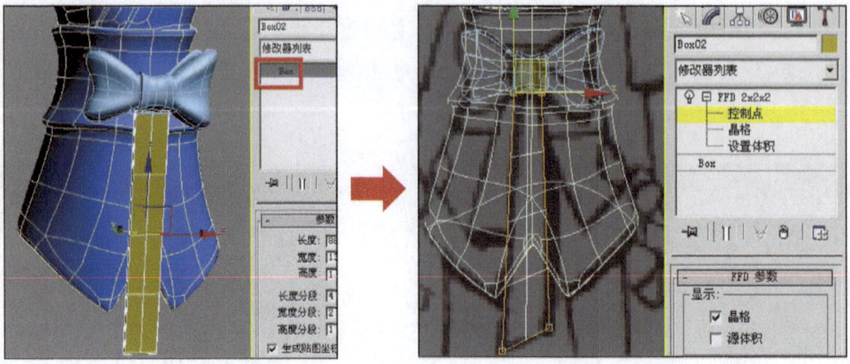

图 9-93

2）飘带大形完成以后，将立方体转换为【可编辑多边形】，对飘带的褶皱进行细微的调整。完成后的布线图和网格平滑后的结果如图 9-94 所示。

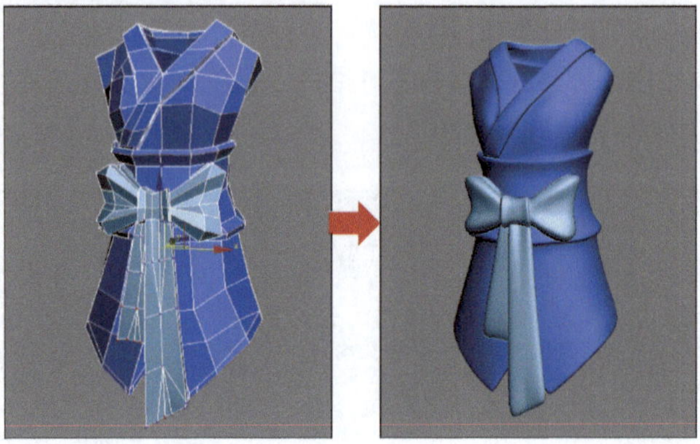

图 9-94

3）关于腰带绳索模型，我们使用二维曲线工具完成腰带绳索曲线。进入修改面板，在【渲染】卷展栏中勾选【在渲染中启用】和【在视口中启用】选项，适当调整绳索的厚度（粗细），如图 9-95 所示。这样，卡通角色小女孩的身体部分模型就基本完成了。

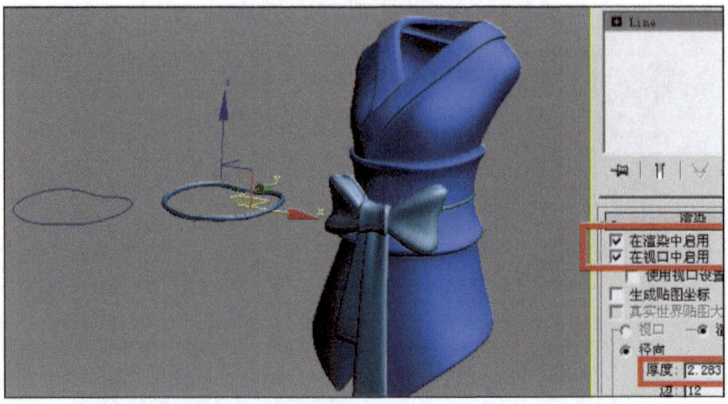

图 9-95

下面开始制作小女孩角色的头部模型。

1）在左视图上建立一个球体，减少球体的分段数，如图 9-96 所示。

2）在球体上单击右键，转换为【可编辑多边形】，在其【顶点】级别使用【软选择】工具移动顶点位置，如图 9-97 所示。

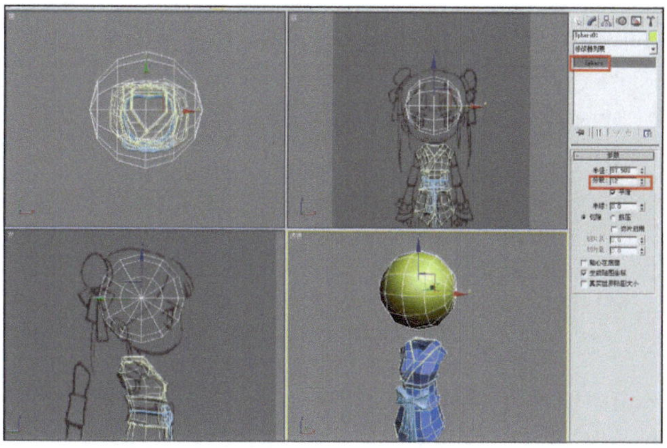

图 9-96

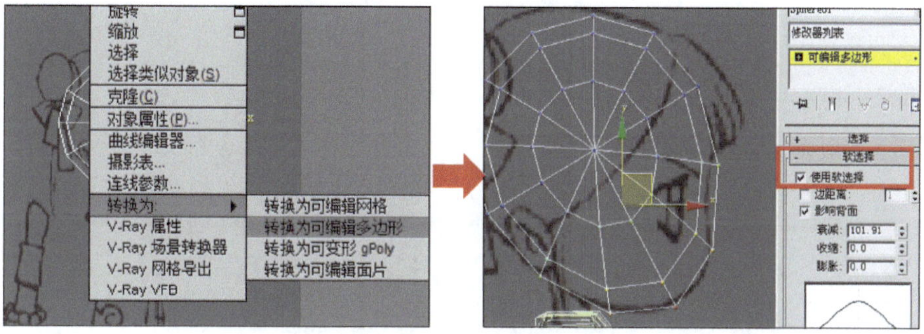

图 9-97

3）在修改器堆栈中加入【对称】命令，调整为正确的轴，如图 9-98 所示。

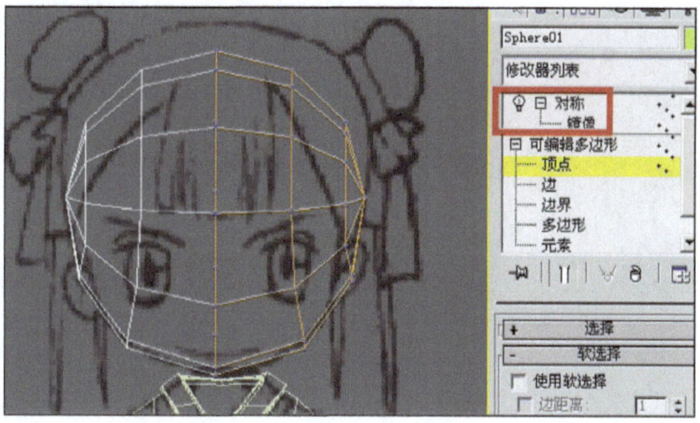

图 9-98

4）在编辑多边形中，使用【剪切】命令对物体的多边形进行细分，让它逐渐模拟出小女孩头部的正确形态，如图 9-99 所示。

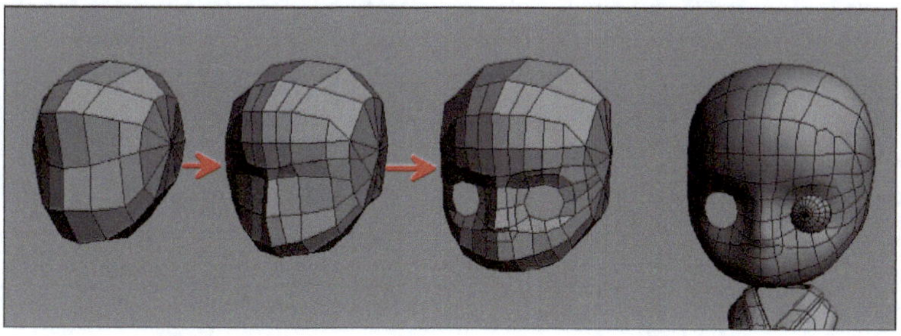

图 9-99

5）完成头发模型时，由于是模型的中间部分，像第 8 章完成赛车模型一样，需要对对称修改器进行塌陷，如图 9-100 所示。

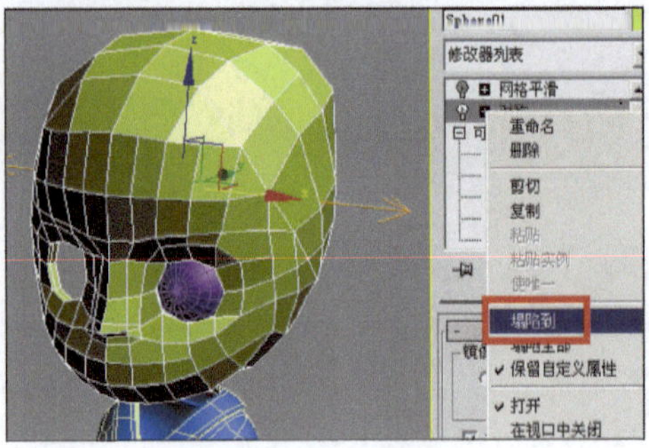

图 9-100

6）在【编辑多边形】的【多边形】级别，选择小女孩的头发表面，使用【插入】命令将表面向内插入，如图 9-101 所示。

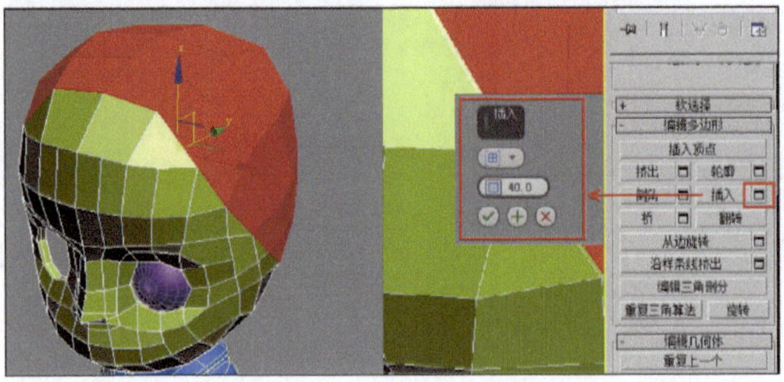

图 9-101

7）使用【倒角】命令将选择的多边形挤出，如图 9-102 所示。头发的基本厚度就完成了。

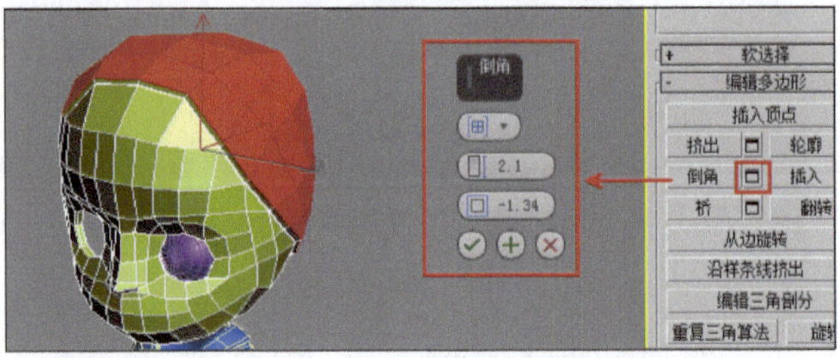

图 9-102

下面来完成小女孩头顶两侧的发髻模型。由于两侧是对称的，需要再次删除左侧多边形，如图 9-103 所示，然后重新使用【对称】命令，并调整到正确的轴上，如图 9-104 所示。

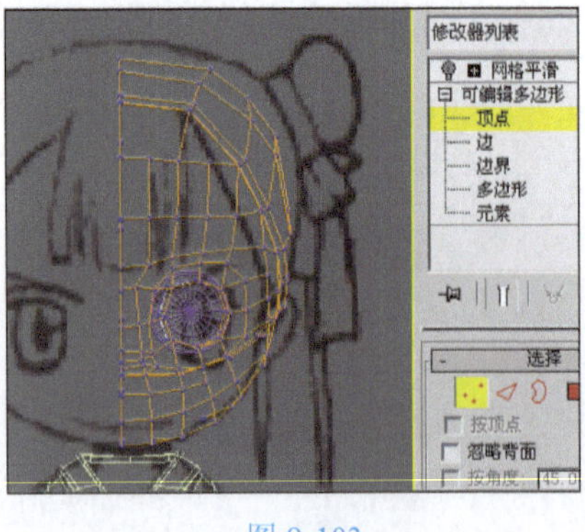

图 9-103

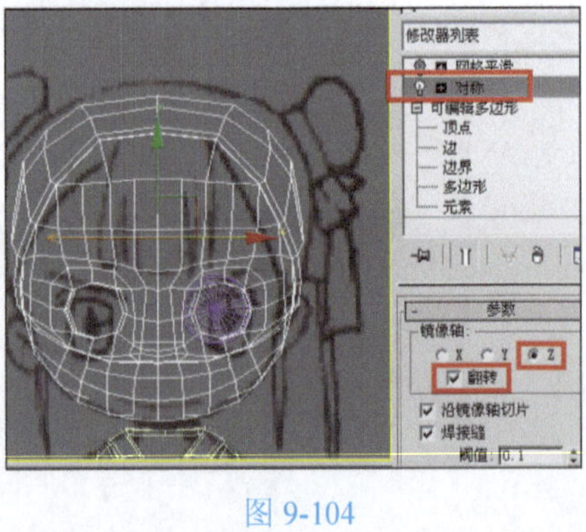

图 9-104

注　意

在一个对称模型的制作过程中，我们可能需要多次使用创建或塌陷对称命令，建立或塌陷对称命令主要取决于要完成的模型的部位，如果是对称轴的两边，就要建立对称命令，如果是对称轴上修改，就需要塌陷对称命令。

图 9-105 是小女孩头部模型建立的过程图，这是一个从整体模型到逐步细分的过程。布线的规则是：平缓的表面布线较少，转折较大、有结构造型的表面布线较密。布线的疏密对物体最终的网格平滑有很大的影响，也是判断一个模型建模是否合理的重要因素，布线能力的培养可以通过多观察分析优秀布线作品来实现。

头部和身体的网格平滑前与网格平滑后的结果对比如图 9-106 所示。

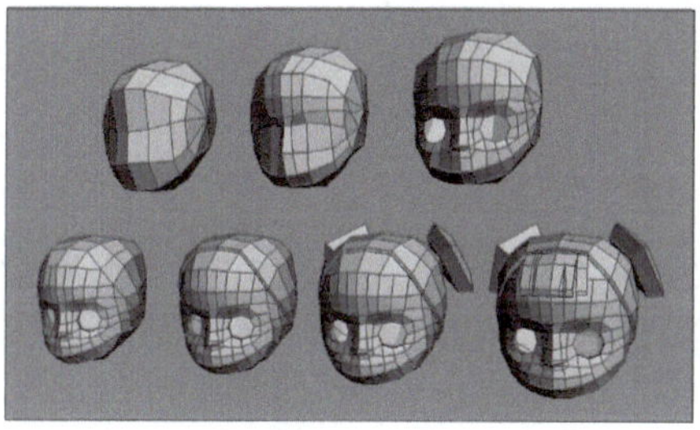

图 9-105

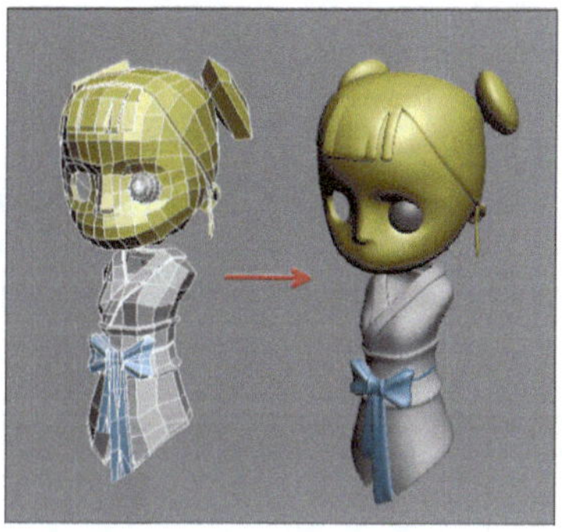

图 9-106

在头部和身体模型基本完成以后，下面来完成发髻布袋的细节。

1）使用【二维直线】命令画出发髻头花的基本形态，使用【挤出】命令成型，然后单击右键，转换为【可编辑多边形】，使用【剪切】、【移动】等命令，将模型细化，如图 9-107 所示。

2）头部和身体光滑前后模型的比较如图 9-108 所示。

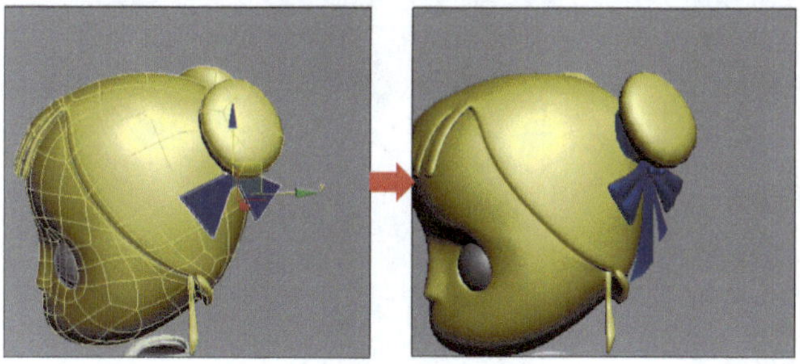

图 9-107

图 9-108

3）选择小女孩颈部挤出的面，向内插入，如图 9-109 所示。向下重复挤出，如图 9-110 所示。

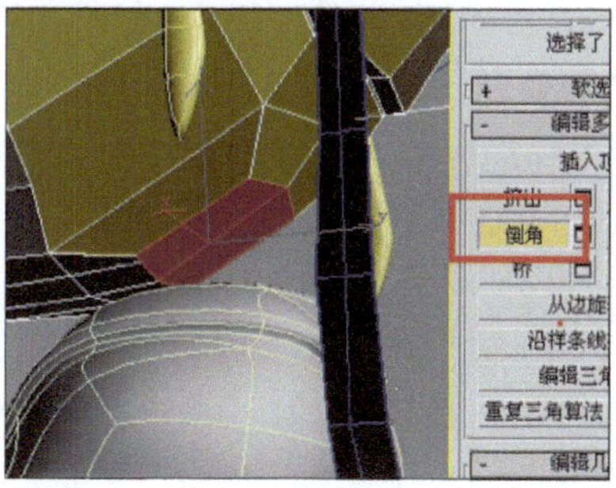

图 9-109

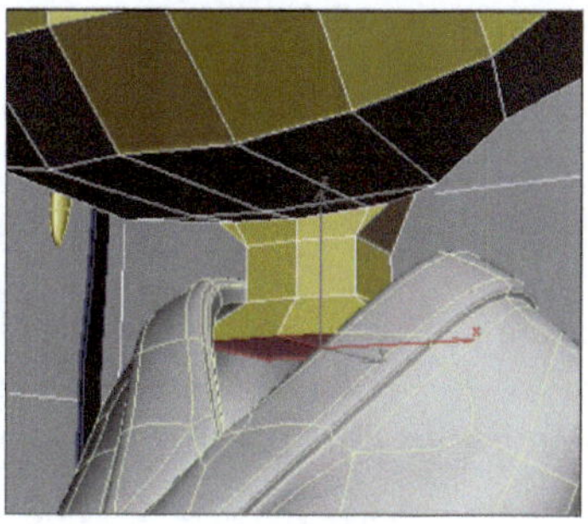

图 9-110

4）继续朝下挤出，调整顶点位置，完成从颈部到肩部再到胸部的平缓过度，如图 9-111 所示。

注 意

当身体部分阻碍我们观察形体的时候，可以选择身体模型，按 Alt+X 键切换为半透明显示，再按一次可以返回实体显示状态。

5）头、颈部、肩部、身体模型完成后，【网格平滑】2 次小女孩模型，如图 9-112 所示。小女孩卡通角色大体的造型就完成了。

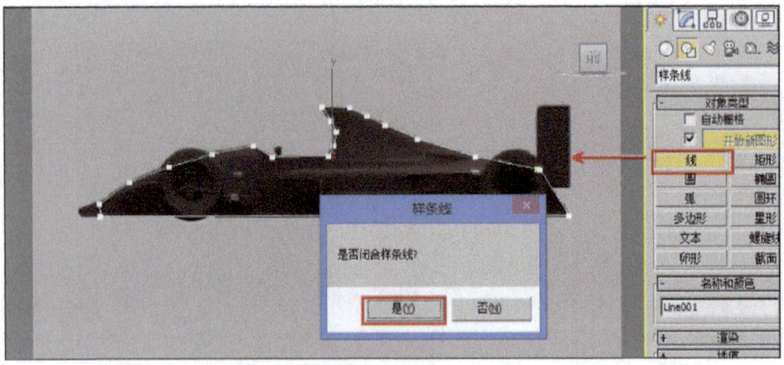

图 9-111

图 9-112

下面来完成小女孩的手臂模型。

1）在左视图上，使用【二维直线】工具画出手臂的外形，再使用【挤出】工具将二维直线挤出，移动到正确的位置，如图 9-113 所示。

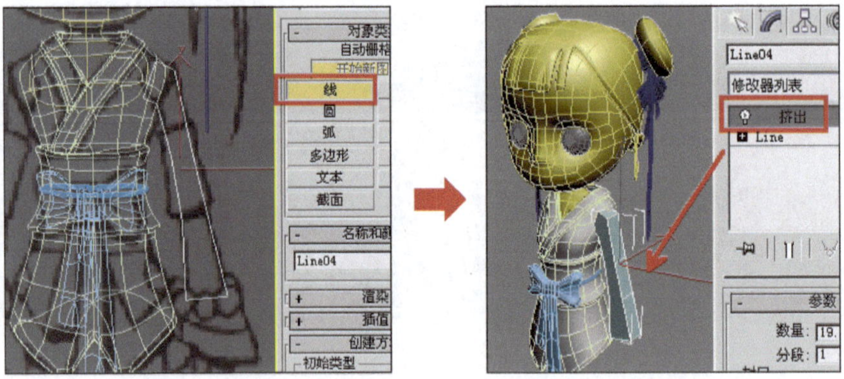

图 9-113

2）在手臂模型上单击右键，转换为【可编辑多边形】，使用【剪切】命令对模型进行细分，如图 9-114 所示。使用【切割】命令进一步切割表面，移动顶点，将手臂模型细化，如图 9-115 所示。

3）完成袖子的时候可以使用【倒角】命令，挤出并逐渐放大，如图 9-116 所示。

4）同样，使用画线、挤出、编辑多边形的方法完成小女孩手部造型，如图 9-117 所示。

5）创建三维基本几何体中的圆柱体，调整为较低的分段数，并旋转到小女孩的上臂上方，单击右键，转换为【可编辑多边形】，对它进行【剪切】、【移动】、【倒角】等命令。网格平滑后，完成上臂衣服的制作，如图 9-118 所示。

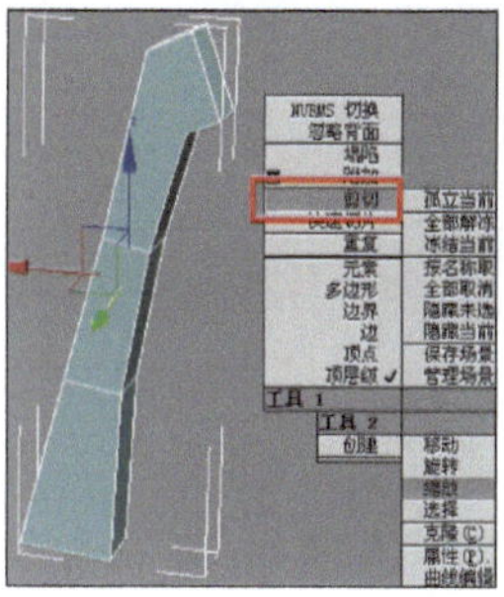

图 9-114

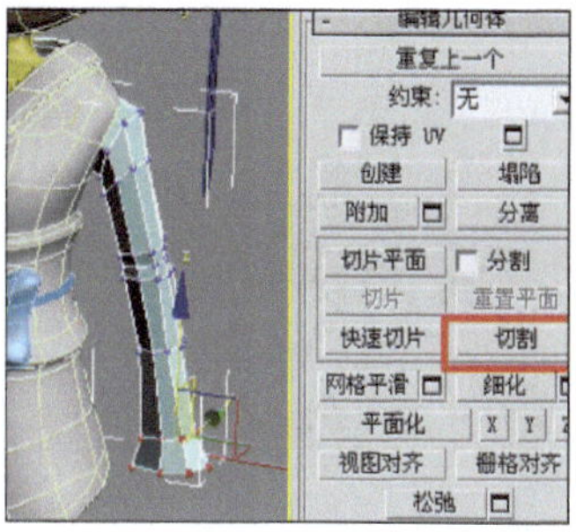

图 9-115

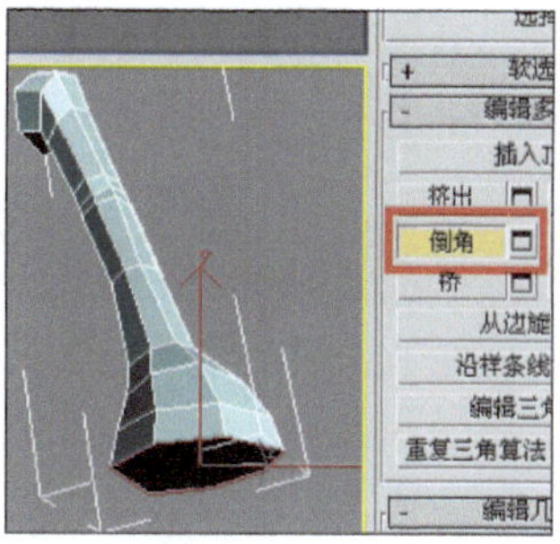

图 9-116

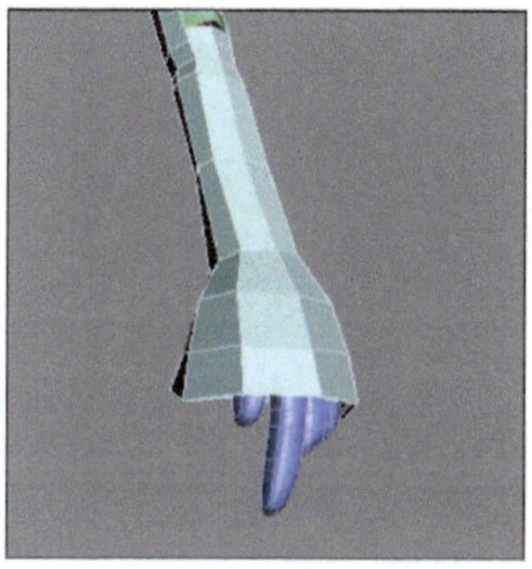

图 9-117

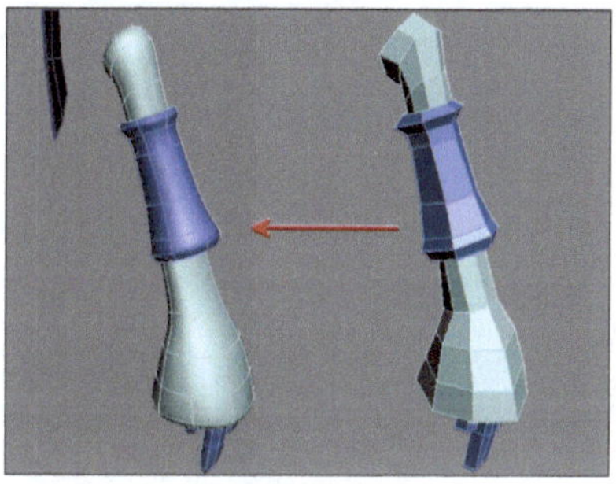

图 9-118

下面来完成手部的一串装饰手链的制作。

1）画出二维曲线圆形，旋转并移动到正确的位置上，如图 9-119 所示。

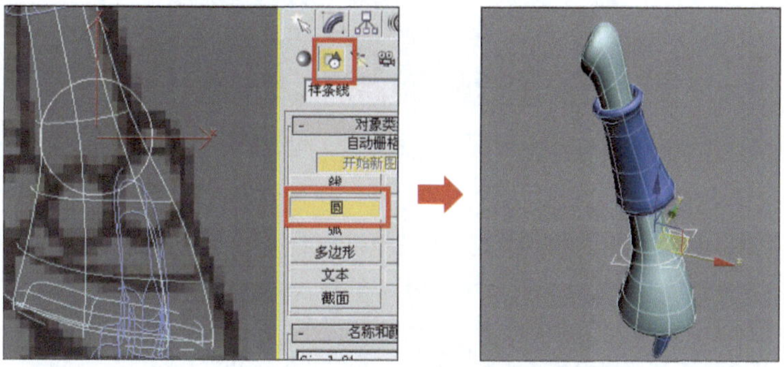

图 9-119

2）创建并选择一个三维球体，使用工具菜单下对齐中的【间隔工具】，如图 9-120 所示。

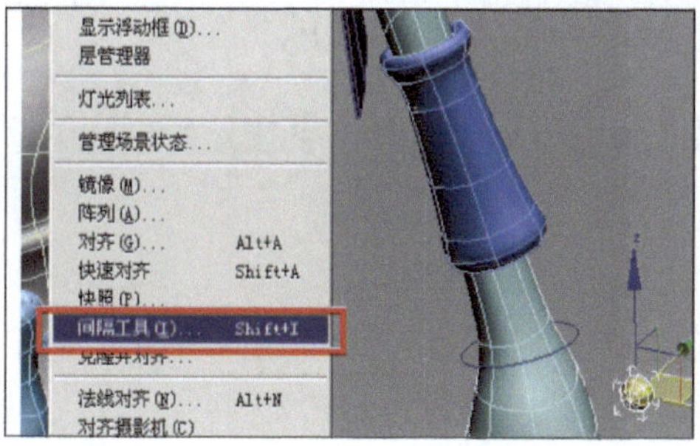

图 9-120

3）在弹出的间隔工具面板上单击【Circle01】命令，选择刚才画出的二维曲线，增加复制数量，勾选【前后关系】中的【跟随】。可以发现，球体就会沿着选择的二维样条曲线等距离复制了，如图 9-121 所示，然后单击【应用】。

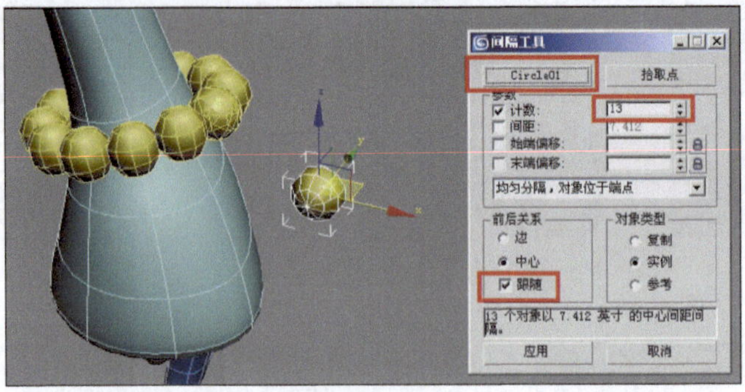

图 9-121

4）将右侧的手臂模型镜像复制到左侧，参考背景视图移动到正确的位置。网格平滑前后的模型对比效果如图 9-122 所示。

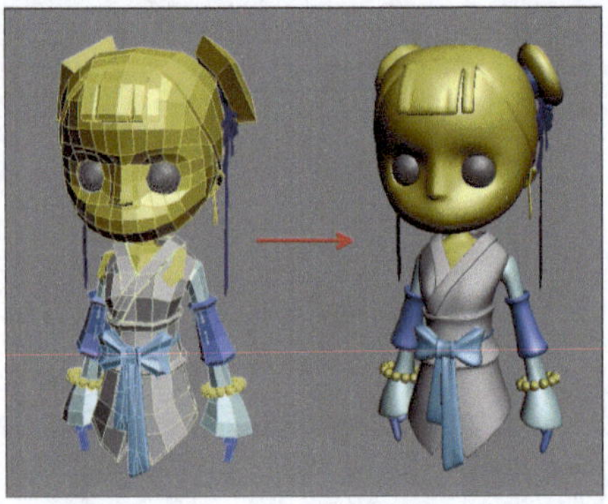

图 9-122

5）在前视图上创建圆柱体，调整为较低的段数，然后将圆柱体转换为【可编辑多边形】，使用【剪切】、【倒角】、【挤出】等工具，将圆柱体修改成腿部的形状，如图 9-123 所示。

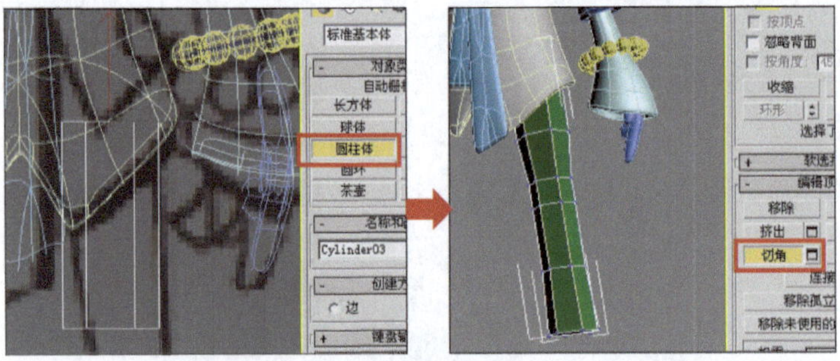

图 9-123

下面完成腿部护腕模型。

创建圆柱体，旋转移动到正确的位置，将其转换为【可编辑多边形】，对它进行【剪切】、【移动】、【倒角】、【挤出】等操作。如果某些部位不想它太规则，可以在【顶点】级别中勾选【使用软选择】工具，对物体的顶点进行调节，如图 9-124 所示。

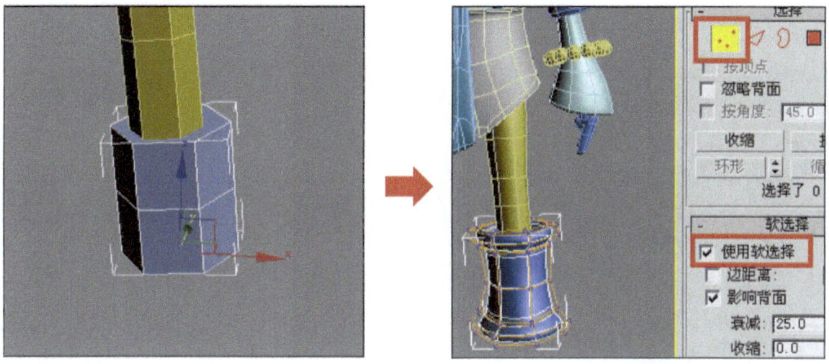

图 9-124

注　意

这里多次用到圆柱体，并减少其段数，再转换为【可编辑多边形】，这是因为角色的手臂和腿部与圆柱体非常近似。

下面来完成鞋子的模型。

1）在顶视图上，使用【线】命令画出鞋子的轮廓线，并对其进行挤出，移动到正确的位置上，如图 9-125 所示。

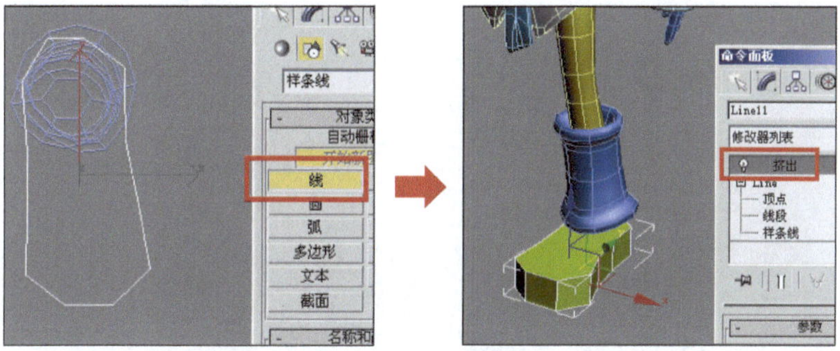

图 9-125

2）单击右键，将鞋子的大形转换为【可编辑多边形】，进行【挤出】、【剪切】、【倒角】等操作，将鞋子模型进行细化，如图 9-126 所示。网格平滑后如图 9-127 所示。

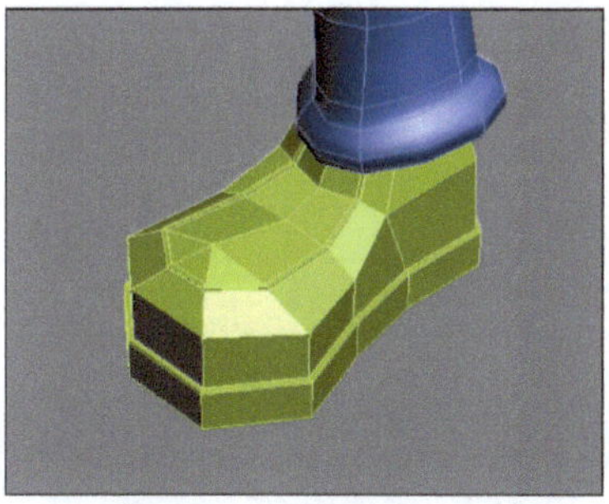

图 9-126

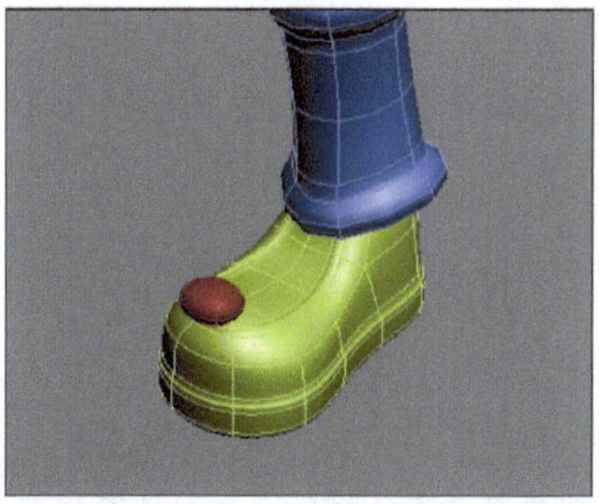

图 9-127

3）完成后的左侧模型进行镜像复制，调整到正确的位置，小女孩的角色模型基本上就完成了。图 9-128 是网格平滑前后的对比效果。

4）建立天光，给小女孩模型统一的白色，使用渲染菜单——光跟踪器进行渲染，如图 9-129 所示，小女孩的模型就渲染出来了。

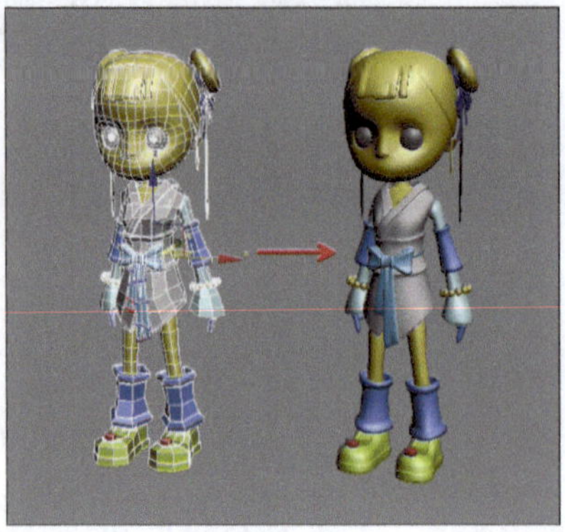

图 9-128

图 9-129

9.2.4 卡通角色材质贴图

灰色模型渲染完成后，下面为卡通角色模型添加材质。

1）按 M 键，打开材质编辑器，选择身体模型，将一个没用使用过的新材质赋予身体模型，如图 9-130 所示。

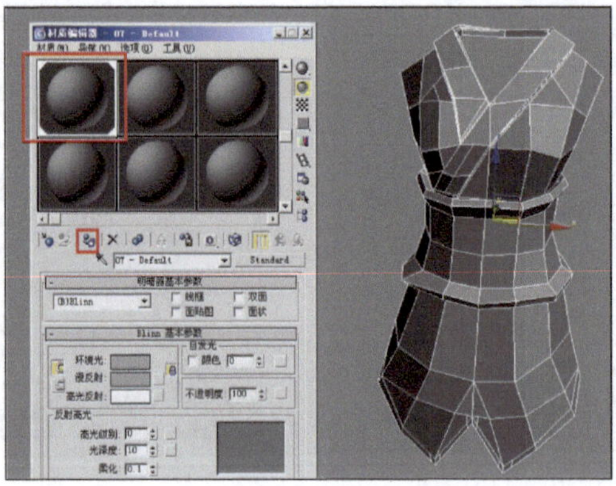

图 9-130

观察二维角色设定稿后发现，卡通角色小女孩的身体衣服是由 3 种材质组成，所以需要使用多维/子物体材质。

2）选择刚才赋予身体衣服的材质球，将它的材质类型由原始的标准材质转换为【多维/子物体】材质，将其数量设置为 3 个，分别将其颜色调整成二维角色设定时身体衣服所用的 3 种颜色，如图 9-131 所示。

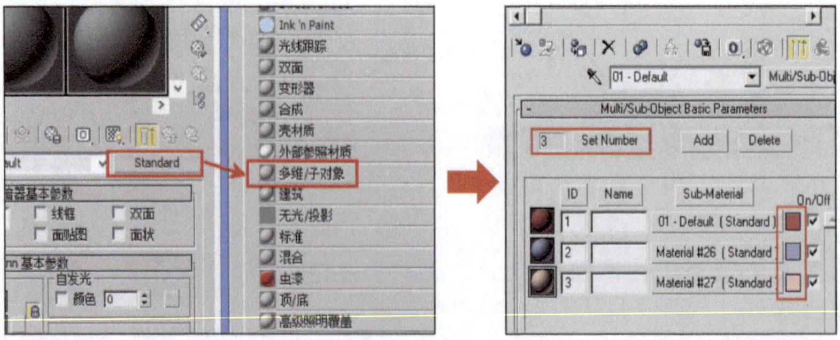

图 9-131

颜色设定完成后，我们发现，身体衣服的颜色并不是按照我们所想的进行分布，下面对它进行调整。

3）选择身体衣服模型，进入【可编辑多边形】的【多边形】级别，选择身体衣服所有多边形，在【多边形属性】展卷栏中，将材质【设置 ID】赋予 1。这样，多维子对象中的 1 号材质就全部覆盖在身体衣服物体上了。再选择衣服的衣领多边形，将【设置 ID】赋予 2，材质中的 2 号材质就赋予了衣领模型。同理，将腰部护腰的【设置 ID】改为 3，如图 9-132 所示。

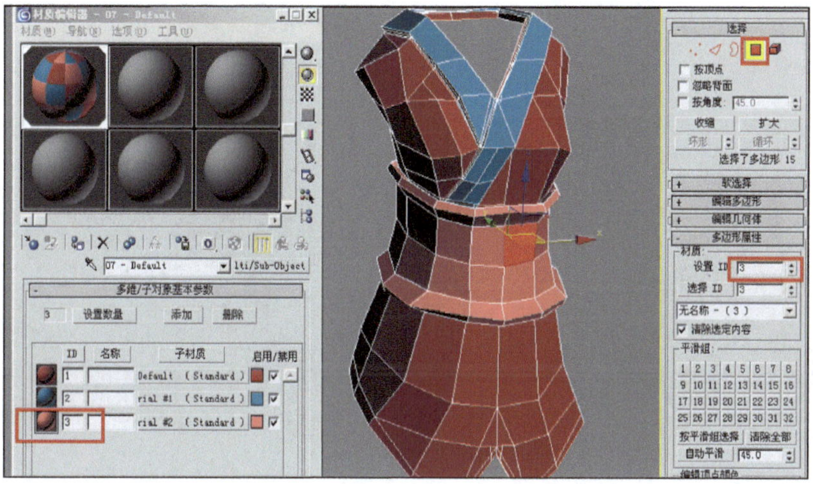

图 9-132

4）下面完成头部贴图。选择头部模型，进入【可编辑多边形】的【多边形】级别，选择头发表面，使用【分离】工具将头发模型进行分离，如图 9-133 所示，并给头发赋予一个灰褐色的标准材质。头发的材质就完成了。

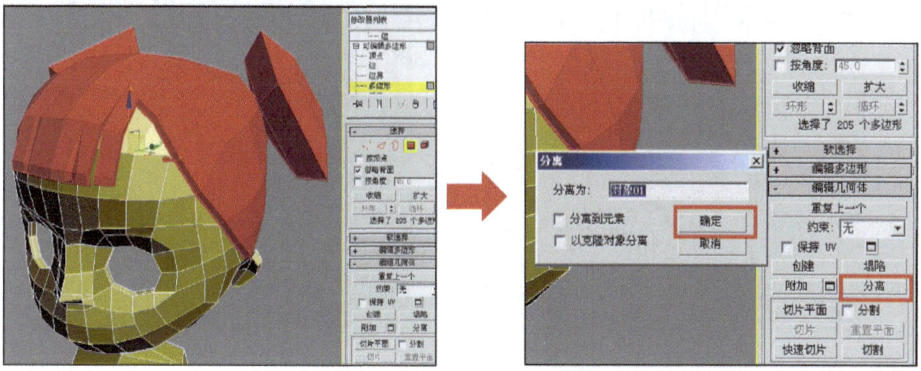

图 9-133

5）选择脸部模型，对它加入【UVW 贴图】修改器，将贴图坐标修改为【圆柱形】，如图 9-134 所示，因为圆柱形贴图坐标更接近卡通角色的脸部造型。

6）在 UVW 贴图坐标修改器面板的上面加入【UVW 展开】修改器，对圆柱形的贴图坐标进行展开，如图 9-135 所示。

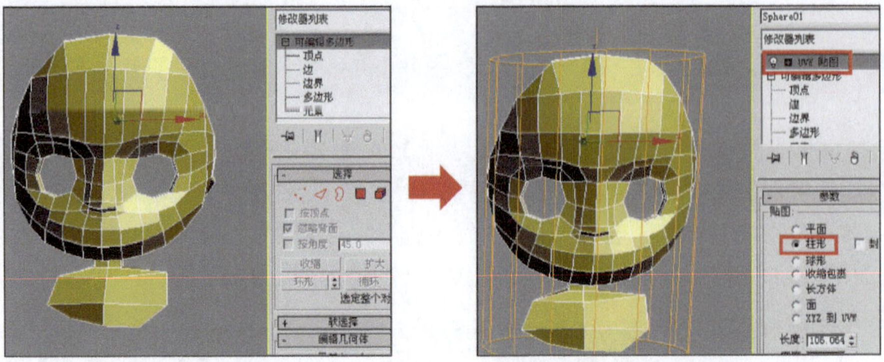

图 9-134

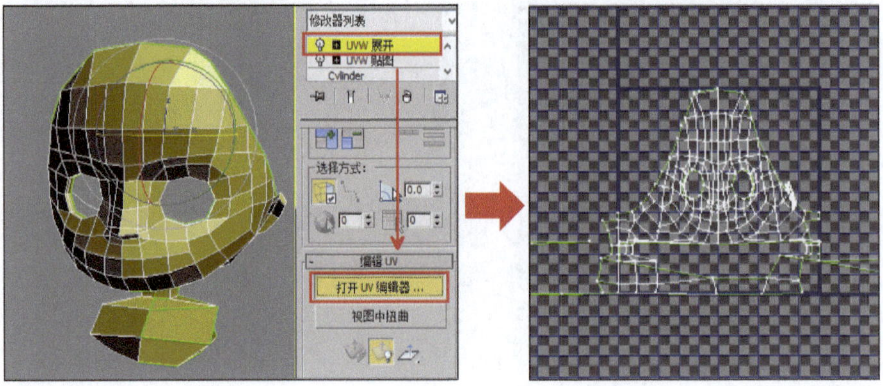

图 9-135

7）单击编辑按钮，在 UVW 展开的编辑窗口中使用【自由形式模式】工具，对脸部表面进行编辑，让它的顶点能够正确地展开，如图 9-136 所示。这样更有利于接下来贴图的绘制。

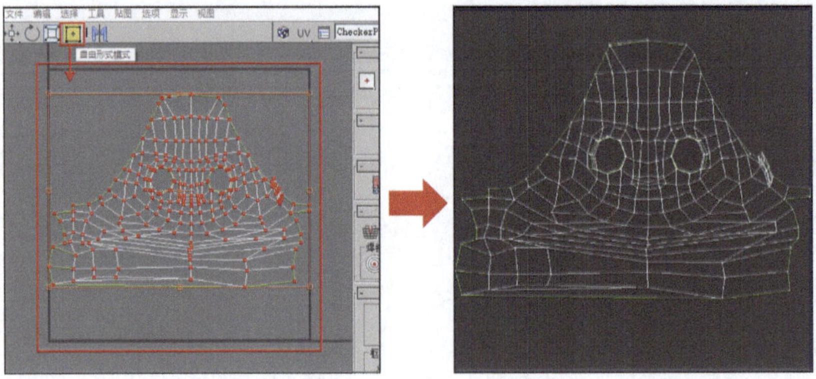

图 9-136

8）在 UVW 展开的编辑窗口对编辑好的脸部展开模型，使用工具菜单的【渲染 UVW 模板】进行渲染保存，如图 9-137 所示。

9）运行 Photoshop 软件，并将刚才渲染保存的脸部模型展开图打开。

10）建立新图层，在脸部模型展开网格参考图的对照下，对模型表面的材质贴图进行绘制。可以多建立一些图层，如眉毛、脸蛋等。绘制完成以后，将绘制完成的脸部贴图另存为 JPG 文件格式，如图 9-138 所示。

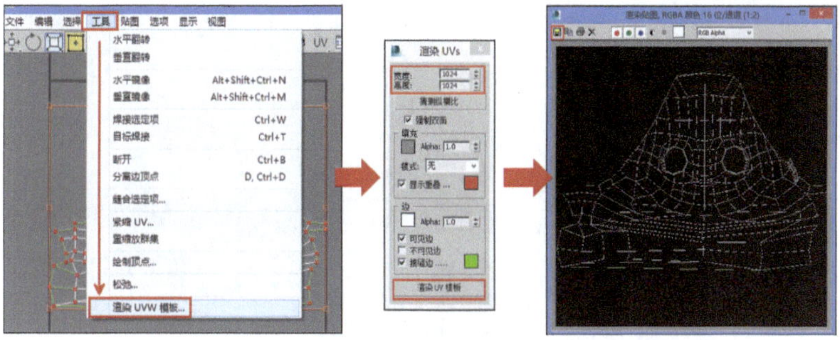

图 9-137

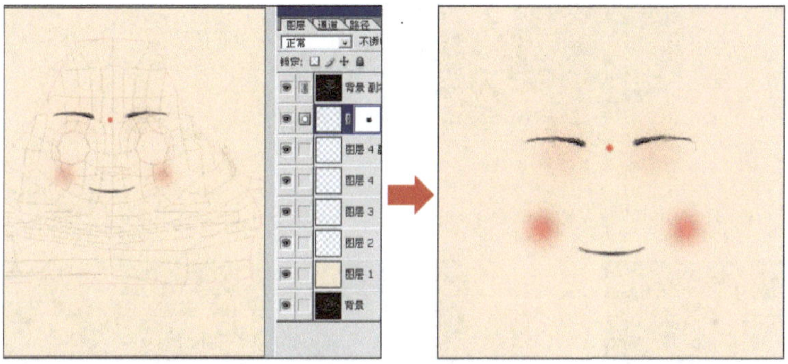

图 9-138

11）回到 3ds Max 中，选择脸部模型，将任意一个未使用的空材质球赋予脸部模型，在漫反射贴图通道中贴入刚才绘制的脸部贴图文件，勾选显示贴图按钮。这时，脸部贴图能很好地对应到我们想贴的位置，这也是为什么我们开始要做贴图展开和贴图展开渲染输出的原因，如图 9-139 所示。眼睛贴图可使用位图或自带的渐变贴图完成。

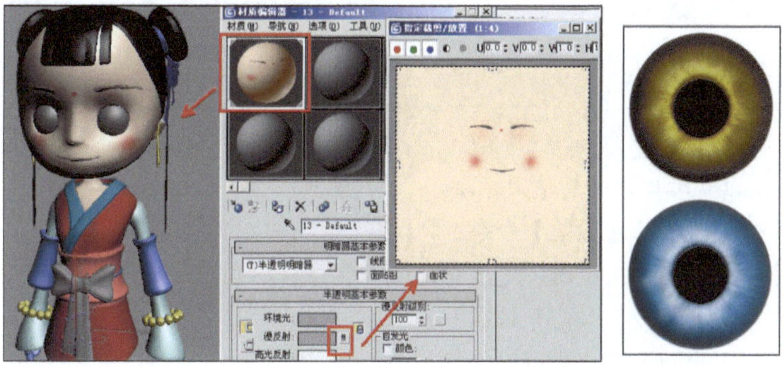

图 9-139

12）按照前面所讲的身体衣服分 ID 贴图的方法，对卡通小女孩角色的上臂和角色的腿部、鞋子进行贴图，如图 9-140 所示。

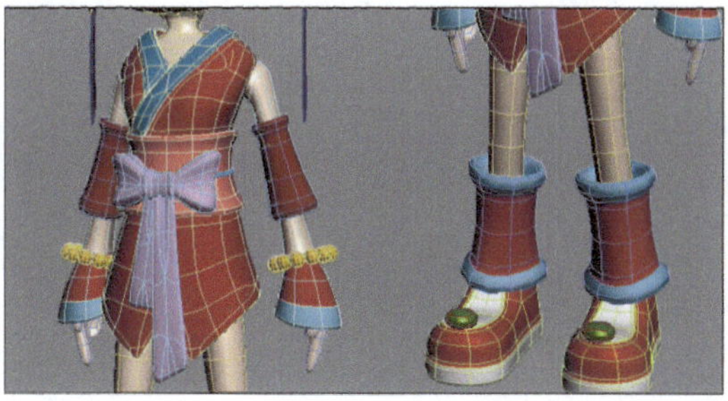

图 9-140

13）贴图全部完成后，创建天光，使用【渲染】→【高级照明】→【光跟踪器】，对场景进行渲染，如图 9-141 所示。

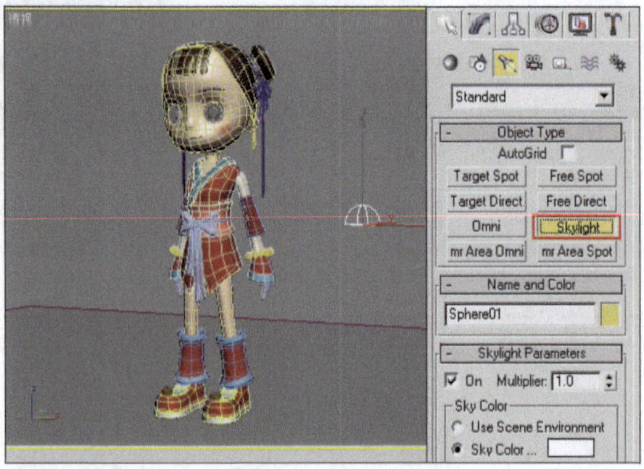

图 9-141

这样，活泼、可爱的卡通小女孩角色就完成了，如图 9-142 和图 9-143 所示。

图 9-142

图 9-143

习题 9

1. 简述 Symmetry 对称命令的使用方法。
2. 如何理解修改器中的【塌陷】命令？
3. 找一辆你喜欢的汽车三视图，完成它的三维模型。
4. 卡通角色的头部建模是如何开始的？
5. 完成一个你喜爱的卡通角色模型。

第10章

3ds Max材质基础

本章重点：

① 认识材质编辑器的主要命令，理解材质贴图工具的不同用法。

② 掌握不同材质贴图创建的思路和方法。

学习目的：

材质对三维世界中的物体来说是非常重要的，能给场景增加更多的艺术细节，营造符合作者或剧本要求的色调气氛；材质还能够弥补模型创建中的一些不足，模型和材质相互配合，发挥它们各自的长处，是我们在今后创作中不断追求的目标。

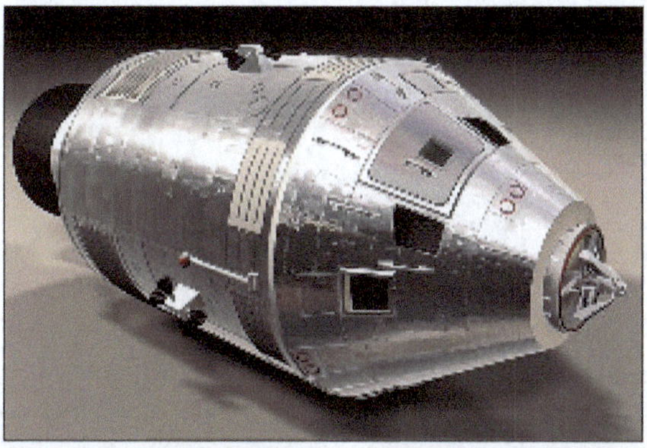

10.1 材质编辑器简介

在三维世界中，材质描述对象是通过如何反射或传送光来实现的。材质的重点是模拟物体的物理属性，如一个物体是金属、布料、泥土、塑料或是液体。相比材质而言，贴图是材质的组成部分，贴图能模仿三维世界中不同质感下的纹理。转印画就是一种贴图纹理，可以贴在金属、塑料、玻璃、手指等表面上，来表达一定的质感，如图 10-1 所示。贴图就像如图 10-2 所示的转印纸一样，能够贴到任何材质的物体表面。

图 10-1

图 10-2

10.1.1 材质编辑器的打开方法

材质编辑器的打开方法有如下 3 种。

第一种，按快捷键 M，材质编辑器面板打开，如图 10-3 所示。第二种，使用渲染菜单的【精简材质编辑器】进入，如图 10-4 所示。第三种，使用主工具栏的材质编辑器工具，如图 10-5 所示。

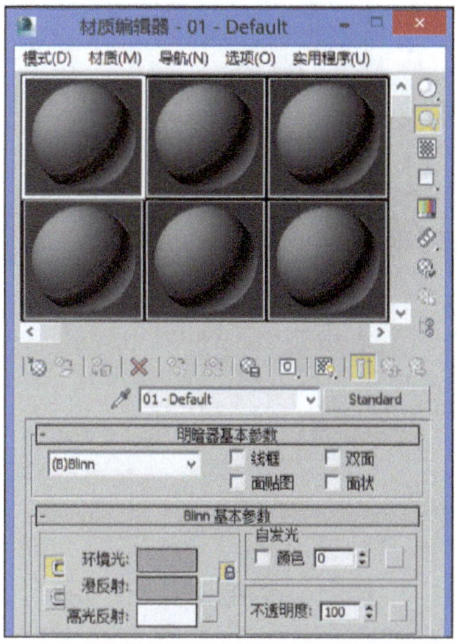

图 10-3

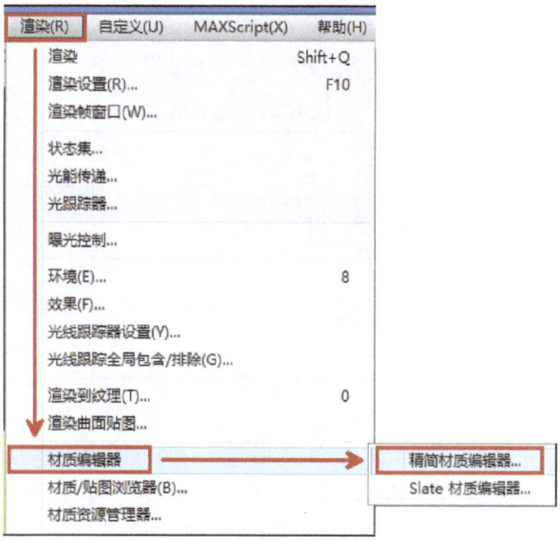

图 10-4

10.1.2 材质赋予物体

图 10-5

材质创建完成后，我们需要将已经创建好的材质赋予物体，一般有两种方法来实现。

第一种，选择物体，打开材质编辑器，选择某个材质球，按住鼠标左键，将材质球拖曳到需要赋予的物体上，松开鼠标，材质赋予完成。

第二种，选择物体，单击材质球，使用将材质赋予物体命令，如图 10-6 所示，完成材质赋予。

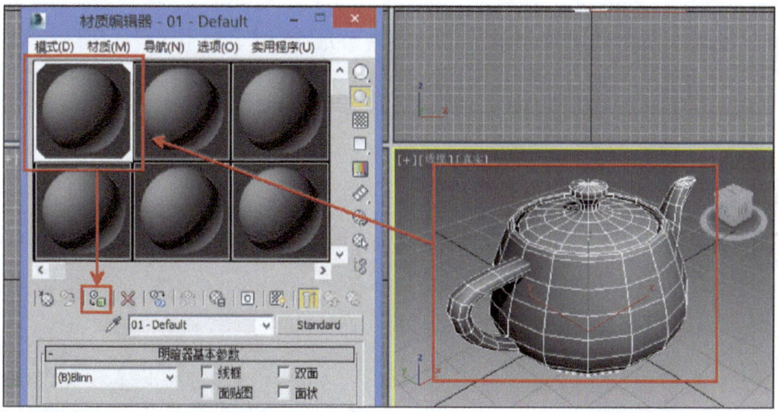

图 10-6

10.1.3 材质样本窗口

材质样本窗口是查看材质效果的主要窗口，默认显示 6 个灰色的材质球，可以用鼠标在材质球中间的接缝处拖动，实现对其他材质球的查看。

在样本窗口上单击右键，可以选择样本球的显示个数，选择【6×4 示例窗】，可以显示最多数量的样本球体，如图 10-7 所示。

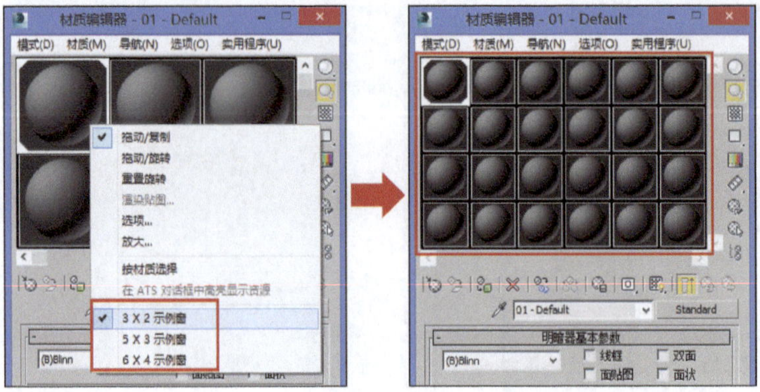

图 10-7

样本窗口指示器是指样本球四个角上的小三角形，它有 3 种指示状态，每种状态都包含着重要的材质使用信息。如图 10-8 所示，黄色的材质球指示器是白色的，代表黄色材质球已经被使用，而且现在已经选择了使用该材质的物体；红色的材质球指示器是灰色的，代表红色材质已经被使用，但是现在没有选择使用红色材质的物体；蓝色材质球的指示器没有出现，代表蓝色材质没有被任何物体使用。

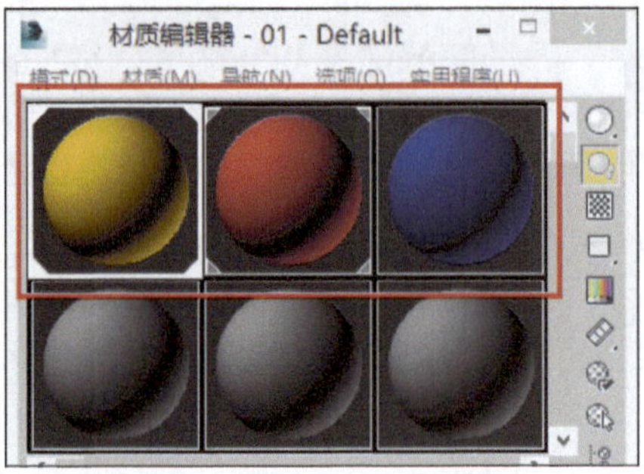

图 10-8

注　意

了解了材质球样本视窗指示器的指示含义，我们就能快速知道材质球和场景模型的关系。

10.1.4　材质工具栏

材质编辑器工具栏有垂直和水平两部分。垂直部分如图 10-9 所示。

【采样类型】：材质球的形状，可以将材质球改成立方体、圆柱体和球体的形状，对最终的材质贴图效果没有影响，可以单击工具右下角的小三角形进行更改，如图 10-10 所示。

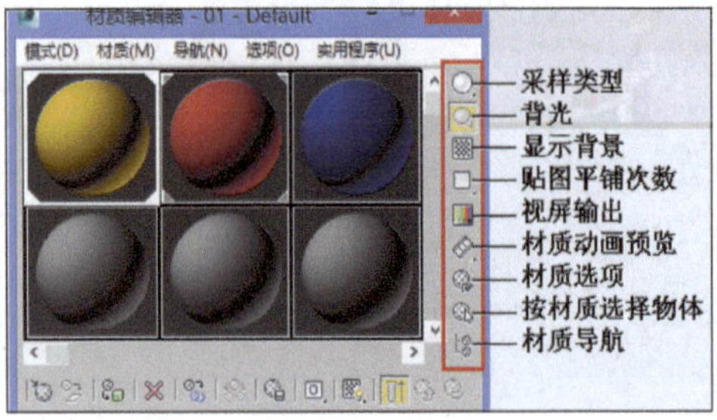

图 10-9

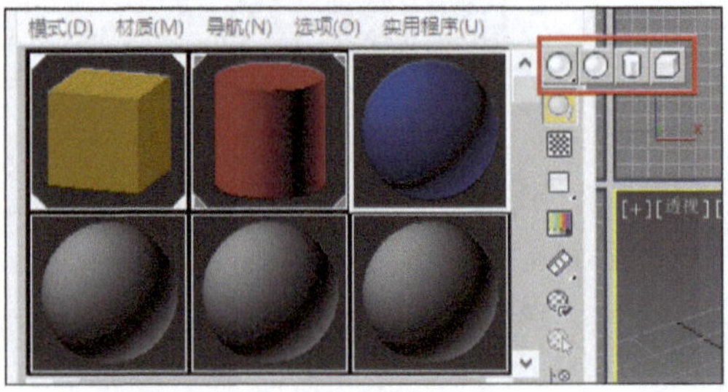

图 10-10

【背光】：材质球是否显示背景光。通常保持显示状态，这样能更好地观察材质效果。

【显示背景】：针对透明和半透明的物体，能够显示透明物体的透明度和折射率，如图 10-11 所示。

【贴图平铺次数】：显示样本球上贴图的重复次数，用来观察材质平铺效果，如图 10-12 所示。

【视屏输出】：对材质的颜色和纯度进行检查，查看在电视媒体中是否能正确显示。图 10-13 是开启检查后，颜色检查错误的结果。

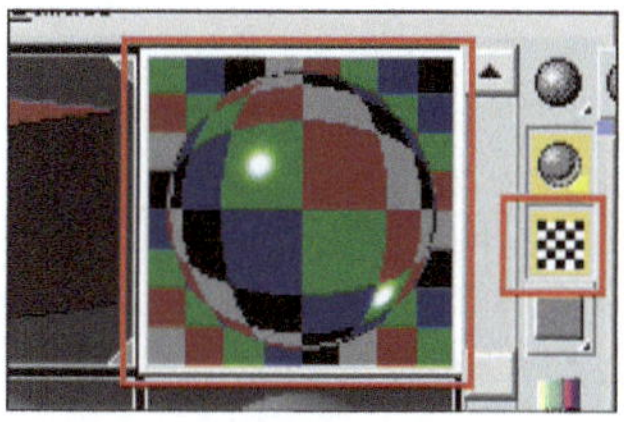

图 10-11

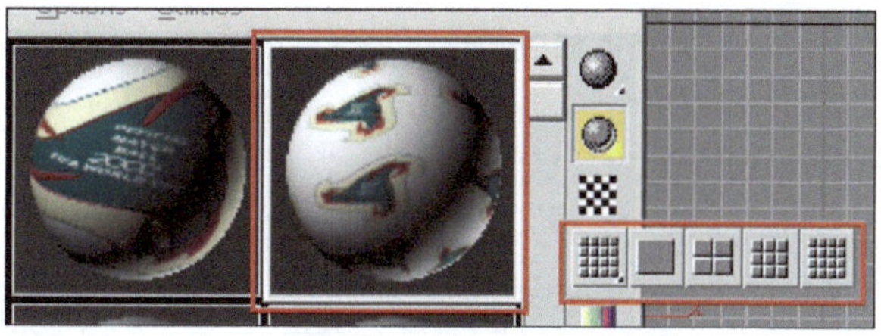

图 10-12

【材质动画预览】：如果材质进行了动画设置，可以用它来进行预览。

【材质选项】：材质编辑器细节参数设置，通常保持默认数值。

【按材质选择物体】：按材质来选择物体。选择材质球，再按材质选择物体，就能将场景中使用该材质的物体全部选择。

【材质导航】：帮助浏览较复杂的材质，能清晰显示材质贴图的组成。

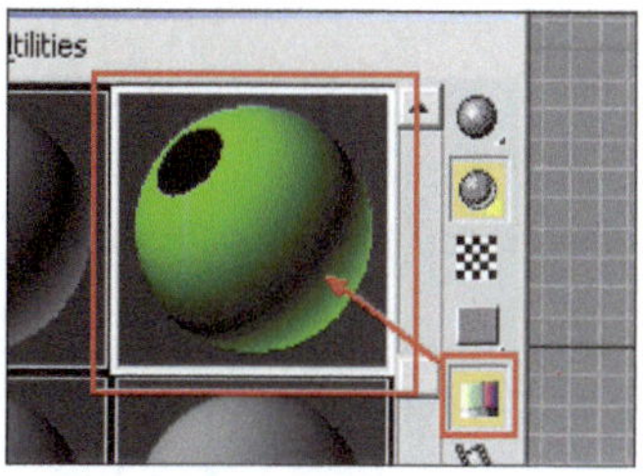

图 10-13

在材质编辑器工具栏垂直工具中最常用的是【显示背景】和【按材质选择物体】工具，如图 10-14 所示。

水平工具栏如图 10-15 所示。

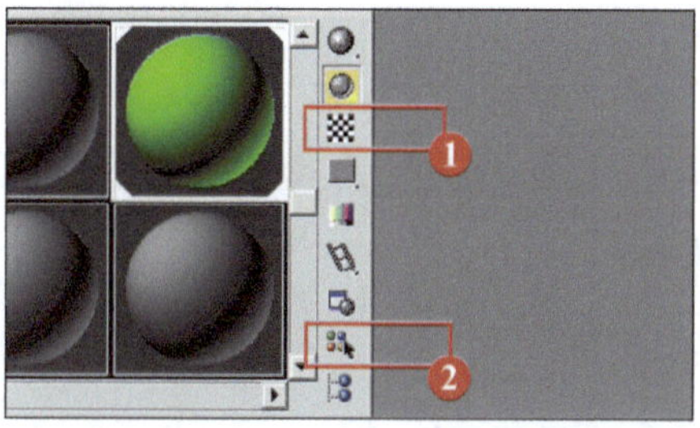

图 10-14

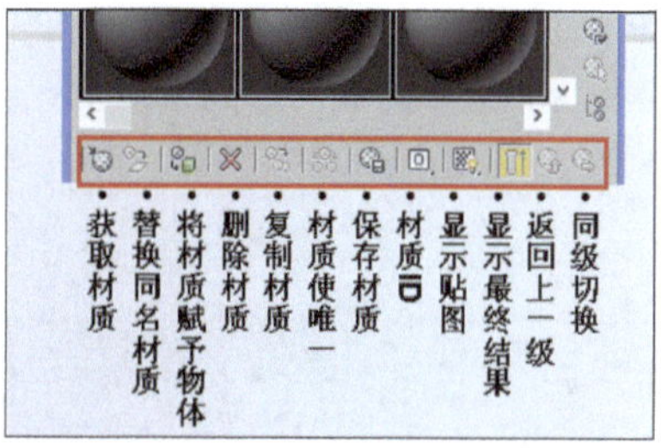

图 10-15

【获取材质】：从保存的材质或材质库中获取一个已经存在的材质。

【替换同名材质】：用来测试两个同名材质在场景中的不同效果，一般较少使用。

【将材质赋予物体】：选择物体，选择某个材质球，单击此工具后，可以将材质赋予选择的物体。

【删除材质】：删除无用的材质。

【复制材质】：将材质原地复制，原始材质被放入场景材质库中。

【材质使唯一】：将两个原本关联的材质解除关联。

【保存材质】：将材质存入材质库。

【材质 ID】：用不同的 ID 来区分材质，常用于后期特效处理。

【显示贴图】：当材质有贴图的时候，使用此工具可以在视图窗口显示贴图。

【显示最终结果】：材质样本视窗显示材质贴图的最终结果。

【返回上一级】：贴图级别返回上一级。

【同级切换】：贴图级别同级切换。

在材质编辑器的水平工具中常用的有【获取材质】、【将材质赋予物体】、【删除材质】、【保存材质】、【材质 ID】、【显示贴图】、【返回上一级】和【同级切换】。

在水平工具栏下方还有一行工具，如图 10-16 所示。①是吸管工具，能够在有材质的物体上将它使用的材质吸取下来，方便修改；②是材质名称，用来修改材质的名字，支持中文名称；③是材质类型，默认的 Standard（标准）材质，单击它，可以改变成其他类型的材质。

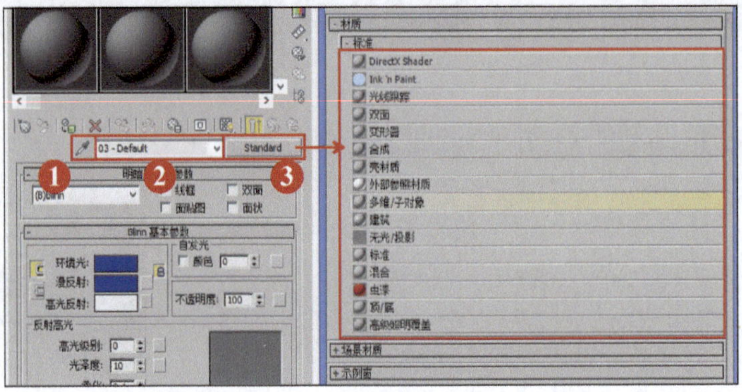

图 10-16

10.1.5 材质明暗生成器

明暗生成器是材质创建的基础参数，如图 10-17 所示，用来控制材质明暗生成类型。例如，在创建金属、布料、蜡烛等不同物理属性的材质时，需要选择不同类型的材质明暗生成器。材质明暗生成器由以下类型构成（如图 10-18 所示）。

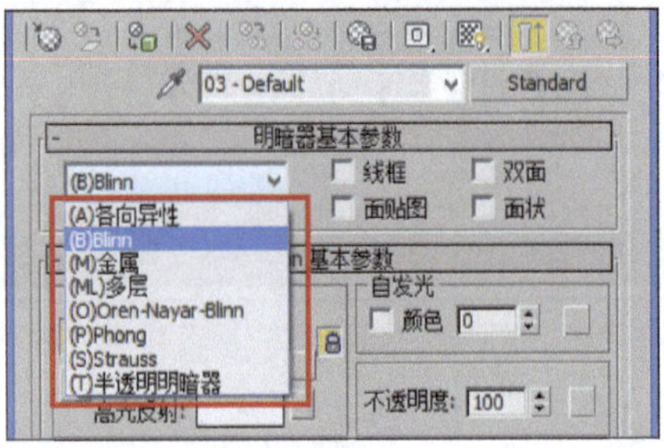

图 10-17

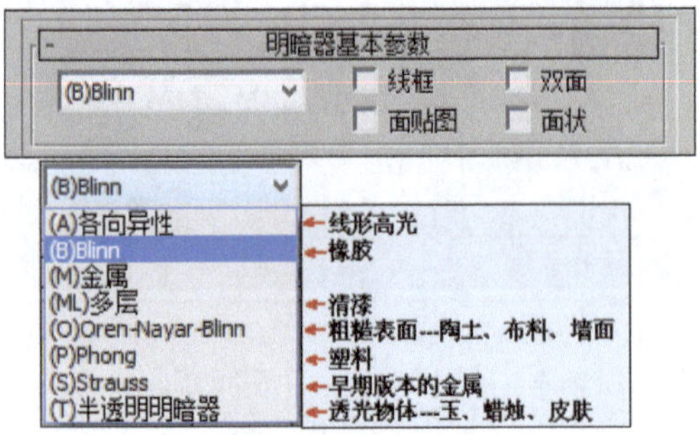

图 10-18

【各向异性】(Anisotropic)：材质高光类型呈线形，比较适合头发、丝绸等线形高光的材质。

【Blinn】(橡胶)：默认的材质类型，能模仿自然界中较多的半亚光物体。

【金属】(Metal)：高光对比比较强烈，易于模拟金属。

【多层】(Mullti-Layer)：模拟多层高光的材质物体，如清漆、汽车车漆等。

【Oren-Nayar-Blinn】(粗糙表面)：模拟较粗糙（亚光）物体，如陶土、麻布、粗糙墙面等。

【Phong】(塑料)：早期版本的半亚光材质，参数与 Blinn 基本相同。

【Strauss】(金属)：早期版本的金属材质，为了兼容早期完成的 Max 场景文件，所以还保留在明暗生成器中。

【半透明明暗器】(Translucent Shader)：模拟透光物体，如玉器、蜡烛、皮肤等。

图 10-19 是明暗生成器的 8 种类型。在众多的明暗生成器类型中，使用频率最高的是 Blinn（橡胶）和金属（Metal）。

明暗器参数中还有 4 个材质的选项是比较重要的，如图 10-20 所示。

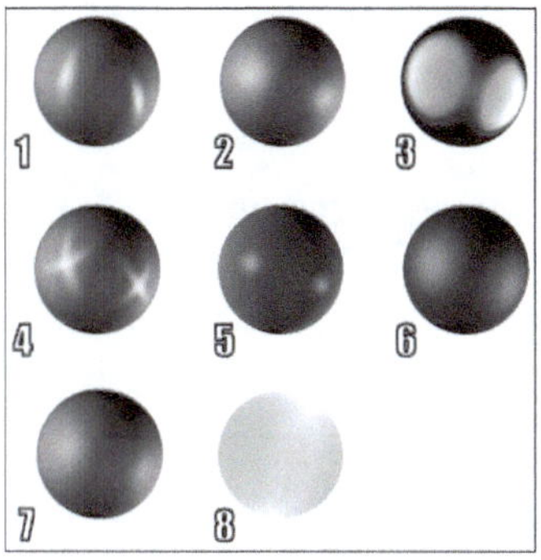

图 10-19

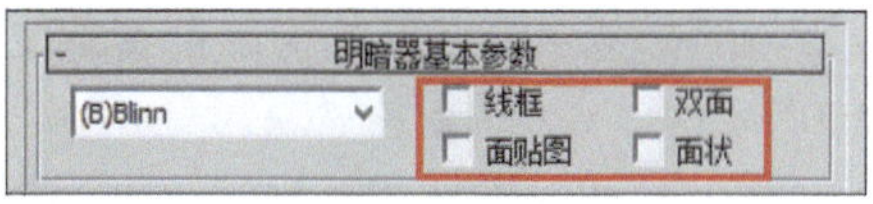

图 10-20

【线框】(Wire)：将物体的网格转换为线框。

【双面】(2-Sided)：将物体表面的正反面都使用材质，默认情况下只有正面显示。

【面贴图】(Face Map)：将贴图贴到物体的每个可见的表面上。

【面状】(Faceted)：清除物体的光滑组，按面状显示物体材质。

以茶壶为例，显示以上工具参数的表现效果如图 10-21 所示。

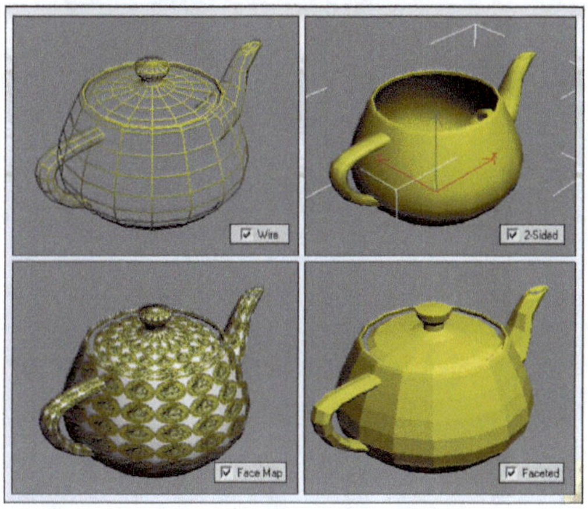

图 10-21

10.2 材质贴图基础知识

在创建材质之前我们需要了解材质贴图的基础参数，如图 10-22 所示。

【环境光】(Ambient)：与漫反射锁定，不常使用。

【漫反射】(Diffuse)：物体的反射颜色，经常被用来改变材质颜色。

【高光反射】(Specular)：物体高光的颜色，默认白色，不常更改使用。

【自发光】(Seif-Illumination)：控制材质是否自发光，如灯箱。

【不透明度】(Opacity)：参数 100 代表不透明，0 代表

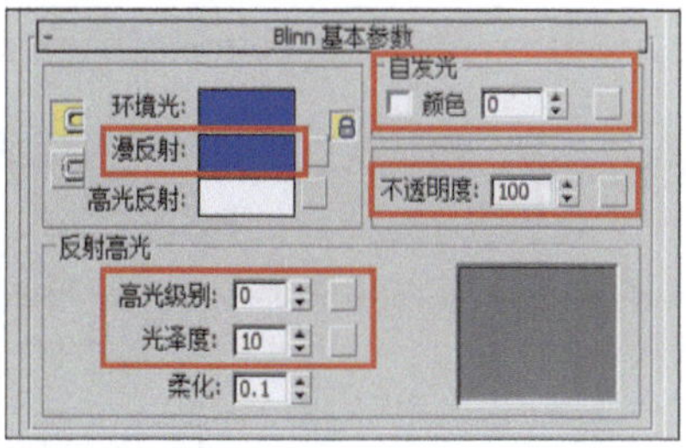

图 10-22

完全透明。

【高光级别】（Specular Level）：可以理解为高光强度。

【光泽度】（Glossiness）：可以理解为高光范围，值越大，高光范围越小。

【柔化】（Soften）：高光边缘模糊控制，一般很少使用。

基础参数中使用较多的有漫反射、自发光、不透明度、高光级别和光泽度。

10.2.1 背景贴图

使用渲染工具渲染场景，默认情况下是黑色的。我们会经常使用颜色或贴图改变场景背景的颜色，如图 10-23 所示。

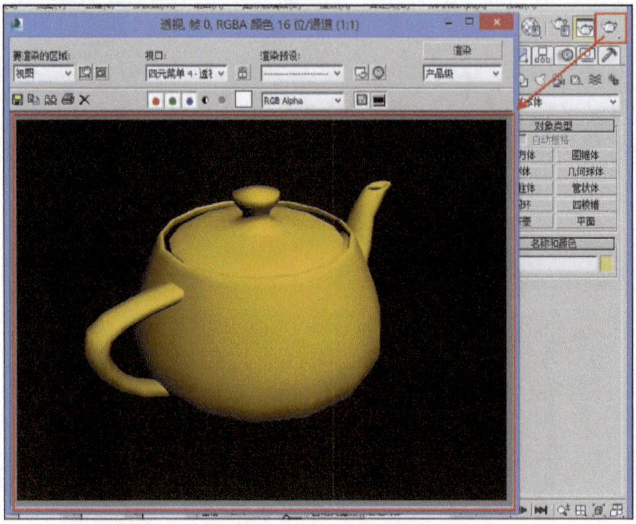

图 10-23

使用菜单命令或按快捷键 8，进入环境设置面板，如图 10-24 所示，可以将背景改为不同的颜色。

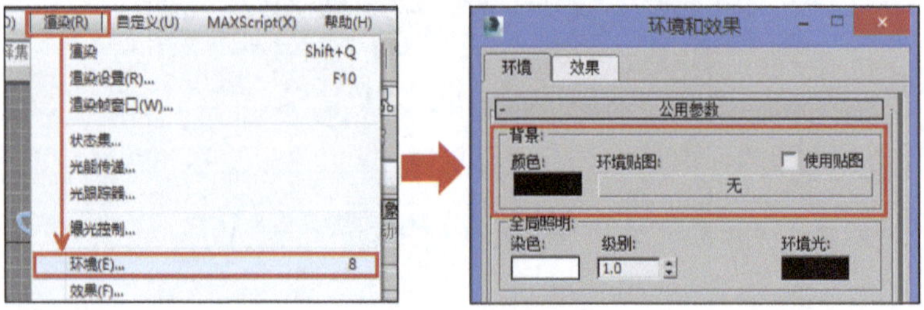

图 10-24

如果需要给背景贴入一张图片，可以单击环境贴图选项中的【无】按钮，在弹出的贴图类型中选择位图，然后找到需要贴图的位图，如图 10-25 所示。

背景添加完成后，打开材质编辑器，将背景贴图框拖曳到空白材质球上，复制环境贴图，修改贴图模式屏幕，渲染如图 10-26 所示。

10.2.2 表面纹理贴图

表面纹理贴图是使用最多的一种贴图类型，它代表物体表面到底使用什么贴图或纹理，如布纹、书籍、大理石，这些不只需要通过材质的物理属性来表现，还需要布纹、书籍、大理石的花色图片来配合。

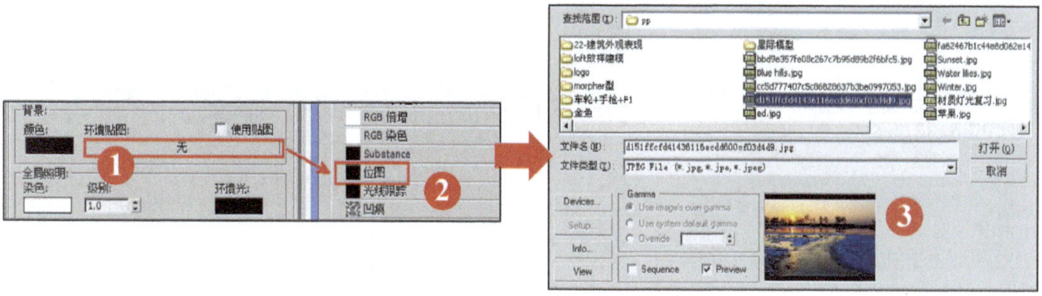

图 10-25

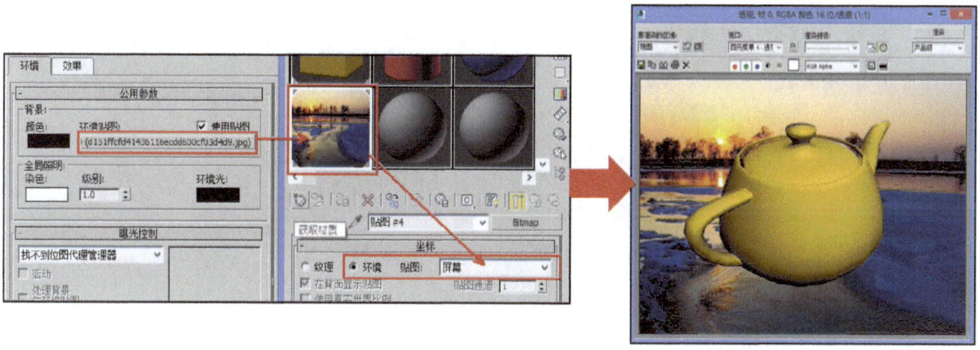

图 10-26

例如，给一个苹果完成材质贴图，具体操作如下。

1）创建球体，添加 FFD（圆柱体）【4×6×4】命令，如图 10-27 所示。

2）进入控制点修改级别，在前视图中选择中间的 4 个控制点，如图 10-28 所示。

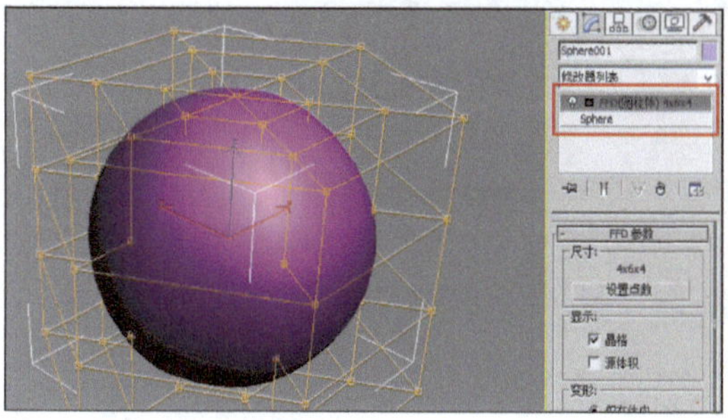

图 10-27

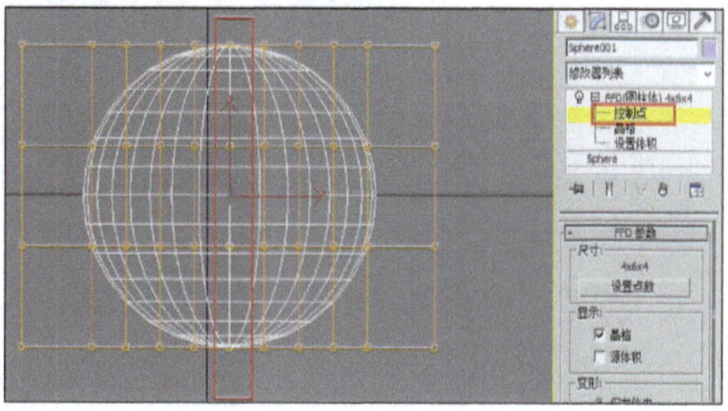

图 10-28

3）使用缩放工具，将中间的 4 个顶点进行缩放，完成苹果的上下凹槽，如图 10-29 所示。

4）添加【锥化】命令，调整数值，苹果大形完成，如图 10-30 所示。

5）完成苹果蒂模型。在顶视图中创建圆柱体，使用 Taper 对其进形锥化，添加【弯曲】工具对其进行弯曲，苹果模型完成，如图 10-31 所示。

6）选择苹果模型，进入材质编辑器，将一个空白材质赋予物体，如图 10-32 所示。

7）单击漫反射后的空白方框，添加贴图，在弹出的对话框中选择苹果贴图，如图 10-33 所示，完成后单击【在视口中显示贴图】按钮。

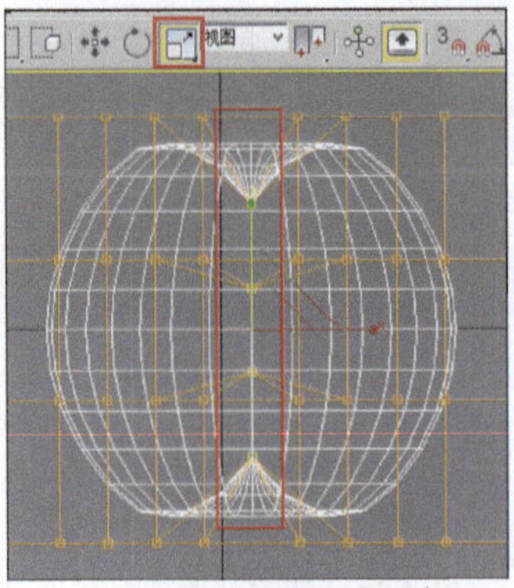

图 10-29

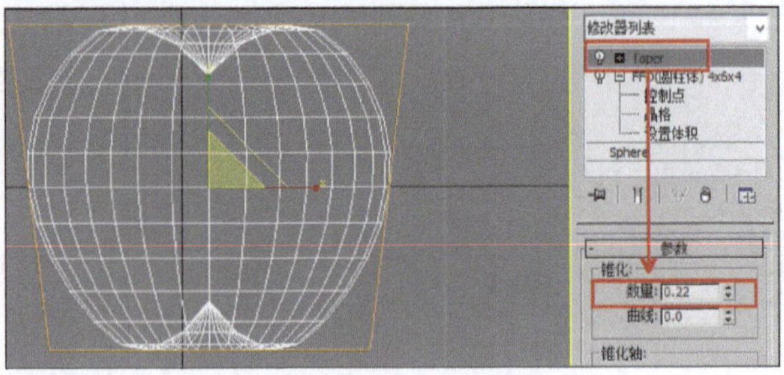

图 10-30

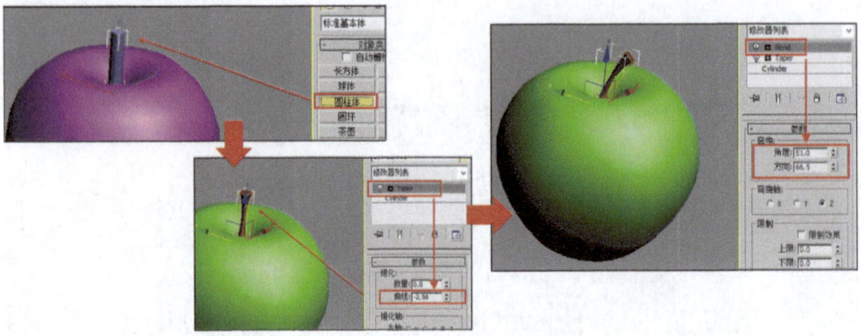

图 10-31

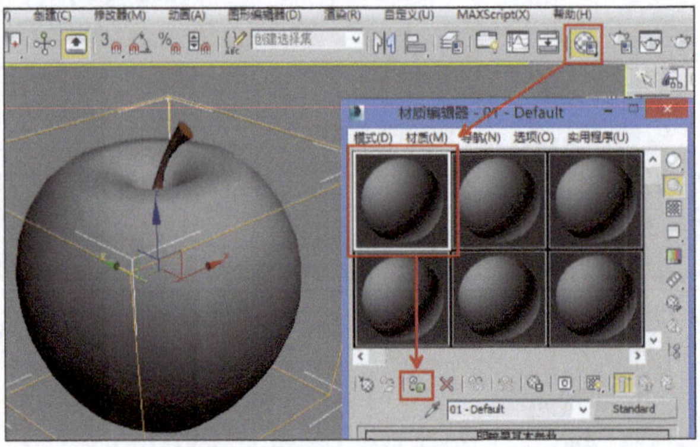

图 10-32

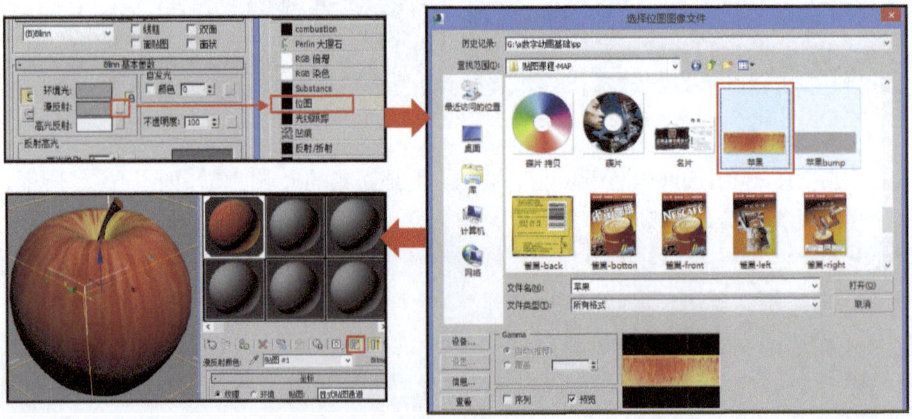

图 10-33

8）返回上一级，调整高光级别和光泽度，如图 10-34 所示。

9）对苹果进行复制，苹果表面纹理贴图完成，如图 10-35 所示。

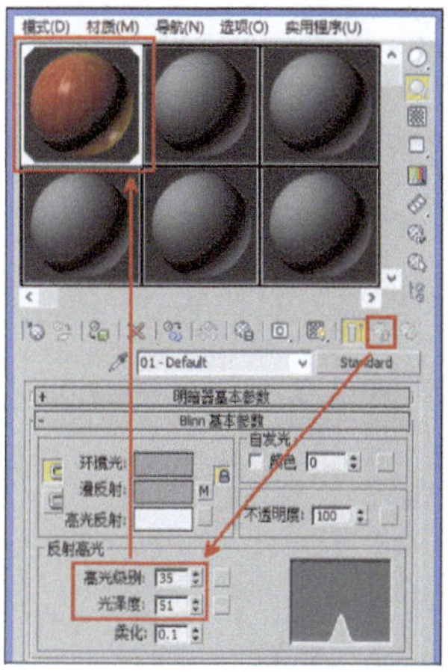

图 10-34

图 10-35

10.2.3　凹凸贴图

凹凸贴图能够用纹理模拟材质表面的凹凸效果，补充纹理贴图不能完整表现粗糙表面的不足。下面为一面砖墙添加凹凸贴图。

1）创建长方体，赋予任何一个材质，进入【贴图】展卷栏，单击凹凸贴图后的【无】按钮，如图 10-36 所示。在弹出的贴图类型中选择【位图】，再选择砖墙图片，如图 10-37 所示。

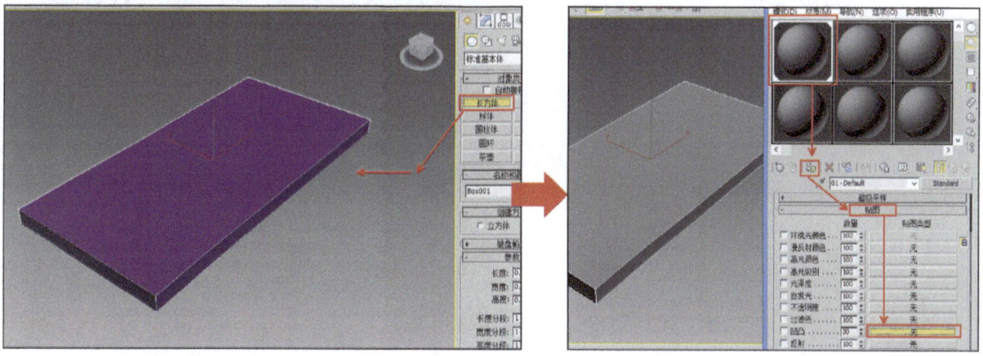

图 10-36

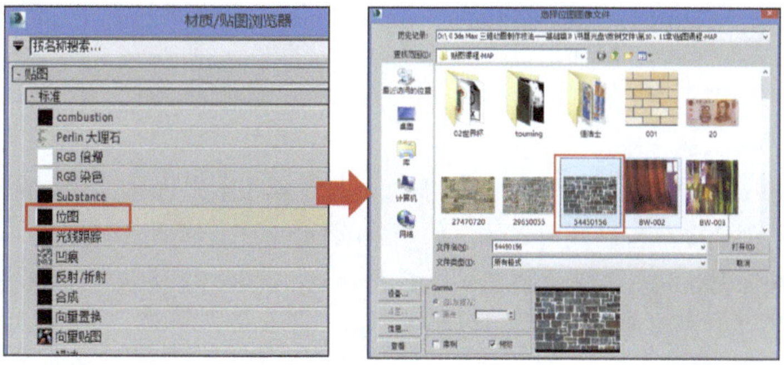

图 10-37

2）凹凸贴图完成后，渲染场景，发现贴图上出现凹凸效果，如图 10-38 所示。

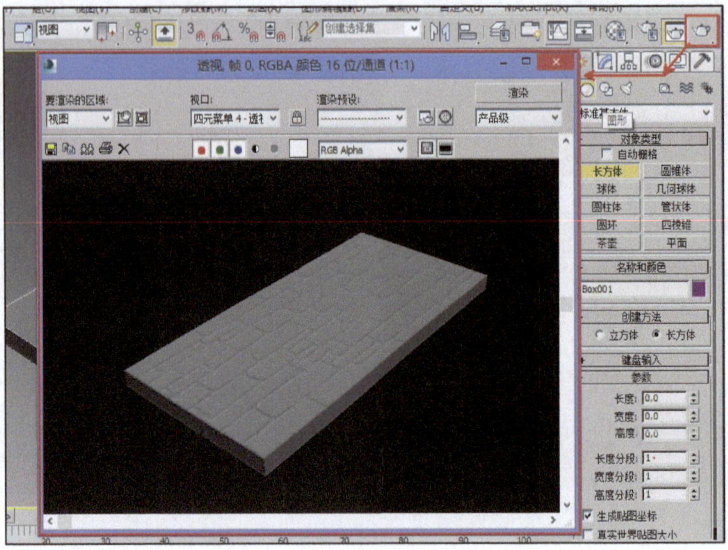

图 10-38

3）修改凹凸贴图后面的参数值，可以改变凹凸的程度，默认为 30，如图 10-39 所示。

一般凹凸值不能太高，过高会有些失真，毕竟这种凹凸结果是通过贴图来模拟的，并不是模型真正的凹凸，如图 10-40 所示。

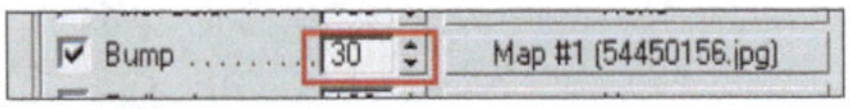

图 10-39

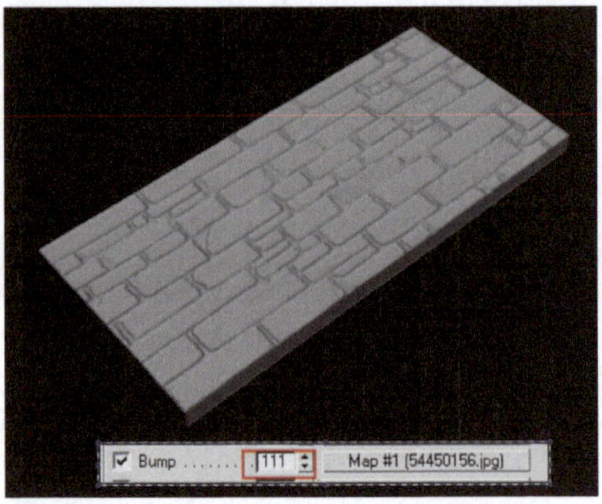

图 10-40

10.2.4 反射贴图

反射贴图是用来模拟自然界中表面比较光滑、会产生反射的物体，如金属、光滑的陶瓷、塑料等。

下面通过使用反射贴图完成不锈钢和黄金材质，来了解反射贴图的用法。

1）在透视图中创建套环扩展几何形体，如图 10-41 所示。

2）进入材质编辑器，将任意一个材质球指定给物体，将材质类型更改为【金属】，调整漫反射颜色为亮灰色，调整【高光级别】和【光泽度】为 100、80 数值，如图 10-42 所示。

3）进入【贴图】展卷栏，单击反射通道中的【无】按钮，在弹出的面板中选择【光线跟踪】类型，如图 10-43 所示。

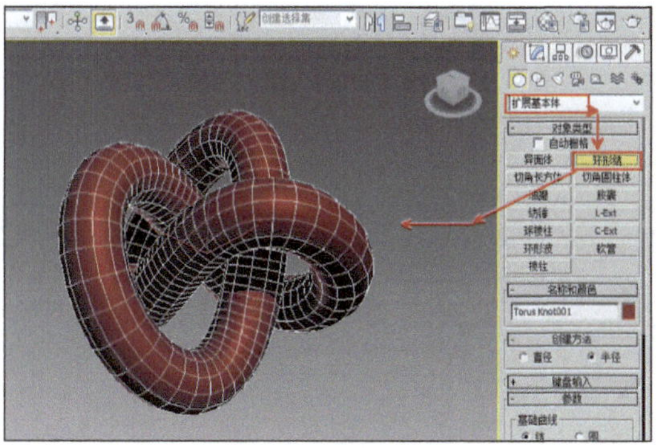

图 10-41

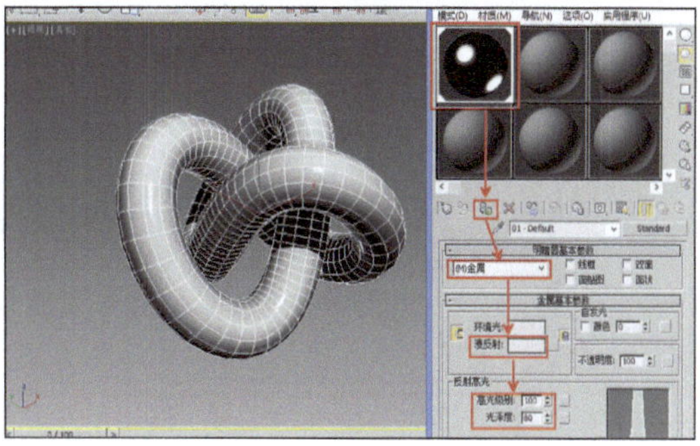

图 10-42

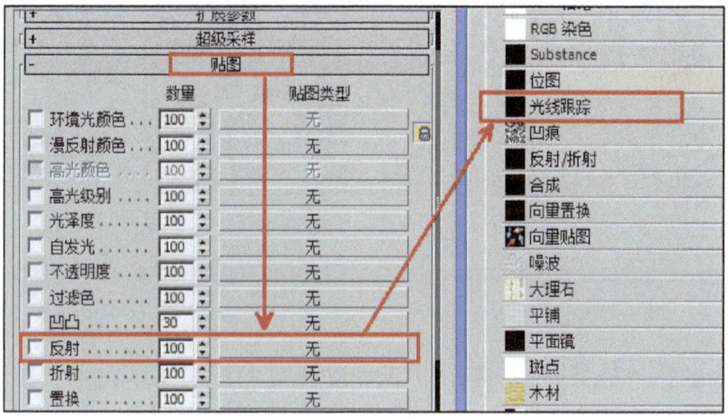

图 10-43

注　意

光线跟踪是一种算法，经常配合反射与折射使用，模拟金属、玻璃。

4）单击光线跟踪中的【无】，添加一张湖面的环境贴图（湖面贴图用来模拟不锈钢的环境），如图 10-44 所示。

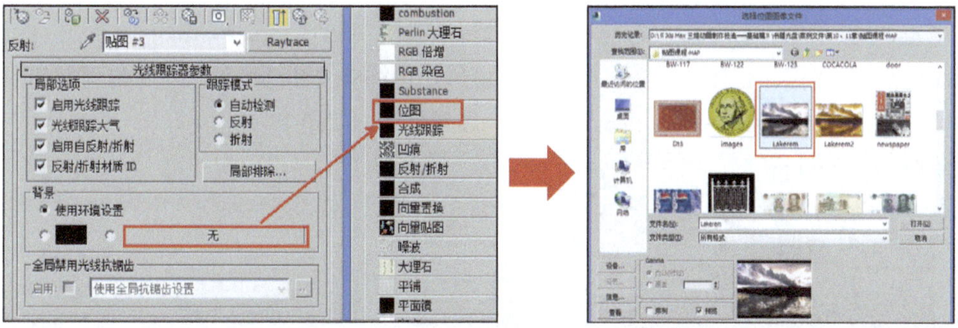

图 10-44

5）对模型进行渲染，不锈钢效果完成，如图 10-45 所示。用同样的方法可以完成黄金材质的创建，只需要将漫反射颜色改为黄色，光线跟踪环境贴图改为黄颜色的湖水贴图，如图 10-46 所示。

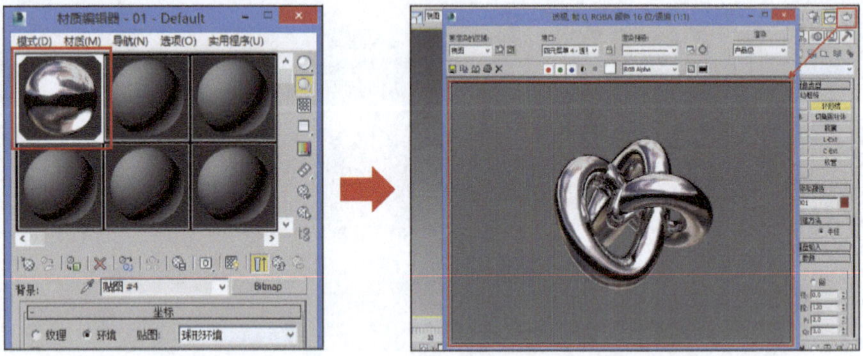

图 10-45

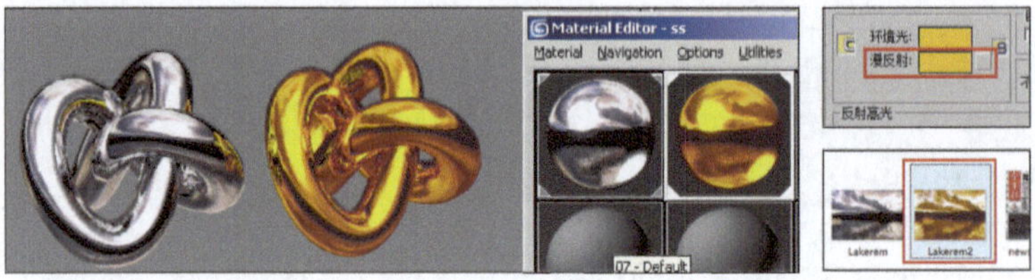

图 10-46

10.2.5 透明贴图

三维世界中有很多物体是难以用建模完成的，如枝叶茂盛的花草树木、材质逼真的静态人物、复杂工艺的铁艺栏杆，对于这些物体，我们可以使用透明贴图来实现。

下面以一个铁艺大门和一个树为例来了解透明贴图的用法。

1）创建地面、两个柱子和一个平面，平面用来完成铁门贴图，注意将平面中多余的段数去除，如图 10-47 所示。

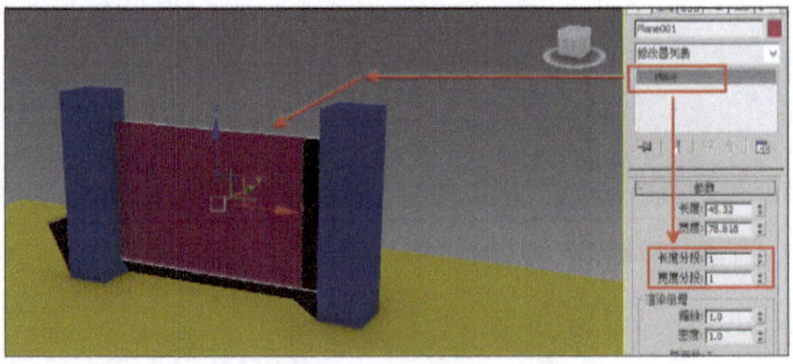

图 10-47

注 意

节省面资源是我们在建模时需要遵守的一项标准。

2）选择大门平面，将任意一个材质球赋予物体，将材质的颜色改为黑色（如果想要铁门是红色的就改为红色），单击透明度后面的贴图方框，选择位图，如图 10-48 所示。

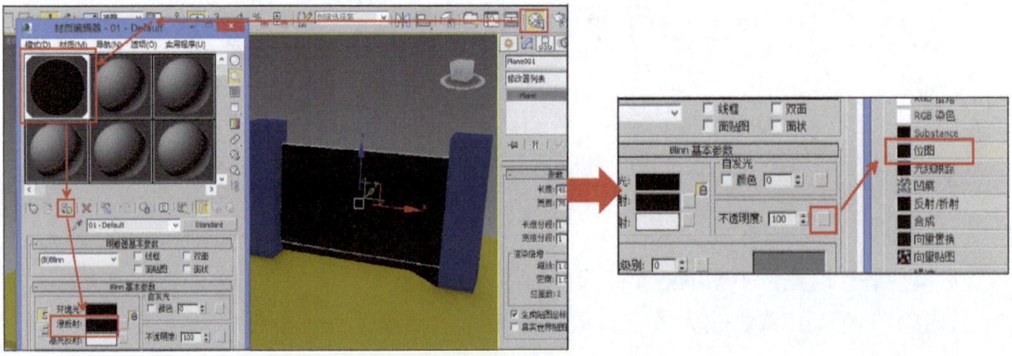

图 10-48

3）在弹出的面板上找到铁门黑白贴图，如图 10-49 所示。

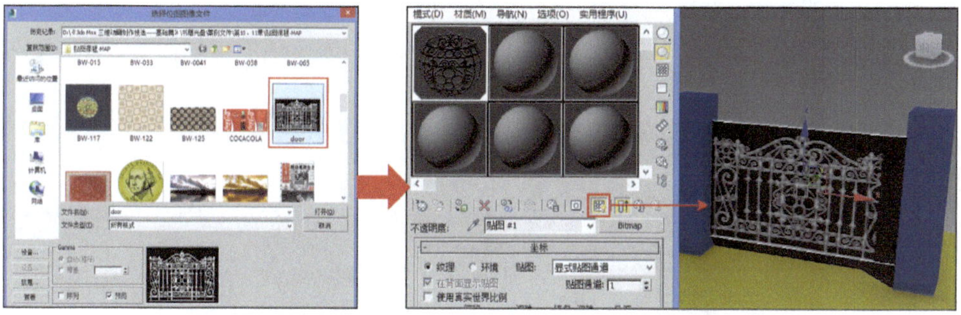

图 10-49

4）按下数字键 8，打开环境背景面板，将背景色改为灰色，因为背景默认的颜色是黑色，无法显示黑色的铁艺大门，背景修改完成后渲染，如图 10-50 所示，铁艺大门就完成了。

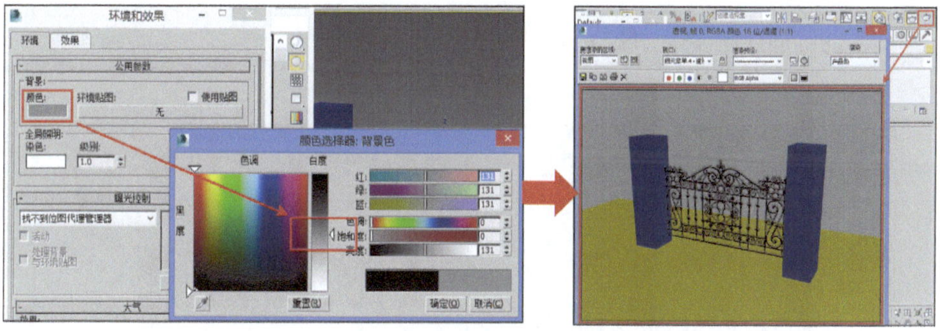

图 10-50

5）在大门的一侧创建一个平面，用来模拟树木，如图 10-51 所示。

图 10-51

6）进入材质编辑器，将一个新材质赋予树木平面；单击漫反射后的贴图方框，在弹出的贴图类型面板中选择【位图】，找到树木的彩色贴图，如图 10-52 所示。

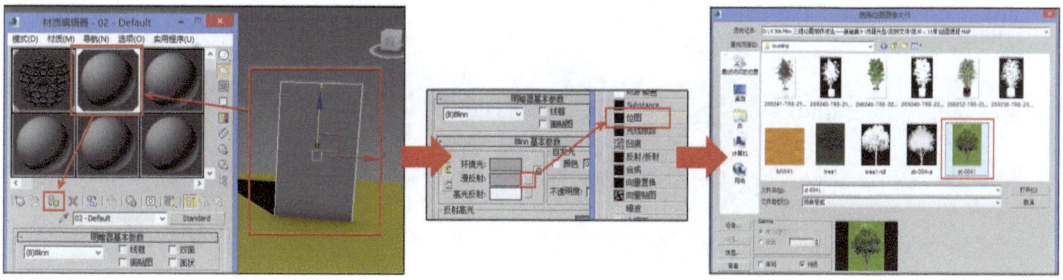

图 10-52

7）返回上一级，单击【显示贴图】按钮，并将【自发光】改为 100，因为树木贴图照片已经有了明暗关系，它的亮度不要受到场景灯光的影响，如图 10-53 所示。

现在只是完成了表面纹理贴图，如果渲染场景会发现树木旁边的方框没有去除，如图 10-54 所示。

图 10-53

图 10-54

8）使用透明贴图让不需要的地方透明。单击透明度后的贴图方框，选择树木黑白位图，如图 10-55 所示。

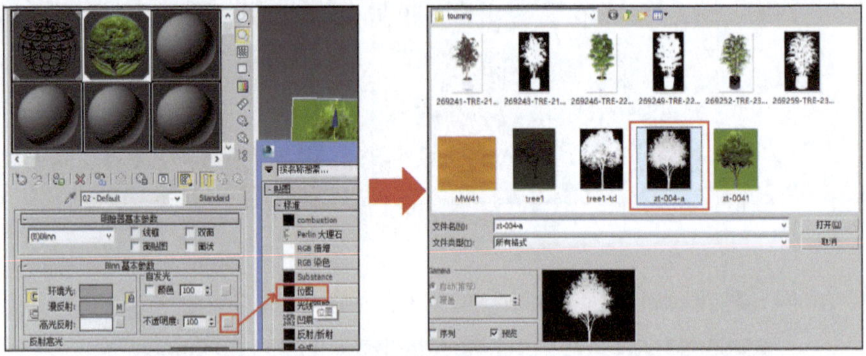

图 10-55

注　意

透明贴图就是一个用图像黑白控制透明度的程序，白色不透明，灰色半透明，黑色完全透明。

由于 3ds Max 2014 版本场景能够显示阴影，在材质最顶级中单击【在视口中显示明暗处理材质】后，贴图再次渲染场景，树木旁边多余的部分都透明了，如图 10-56 所示。

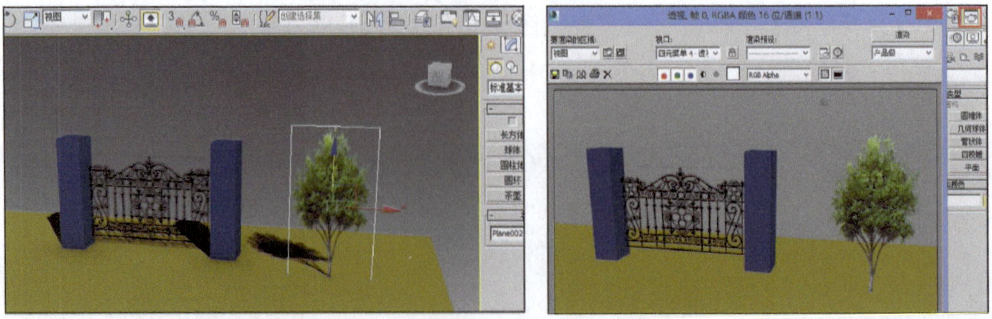

图 10-56

复制树木，给场景简单添加灯光，渲染结果如图 10-57 所示，原本比较复杂的铁门和树木模型我们通过透明贴图就完成了。

图 10-57

10.2.6　贴图坐标修改器

贴图坐标修改器是指如何将贴图放置到三维模型上的修改工具。其实，三维贴图就像用投影仪将图片投射到墙面一样，换句话说，就是用什么样的方法将贴图投影到模型上。

例如，一幅图片贴在长方体上，可以有不同的贴图方法，如图 10-58 和图 10-59 所示。贴图坐标就是控制如何将贴图投射到物体上。

图 10-58

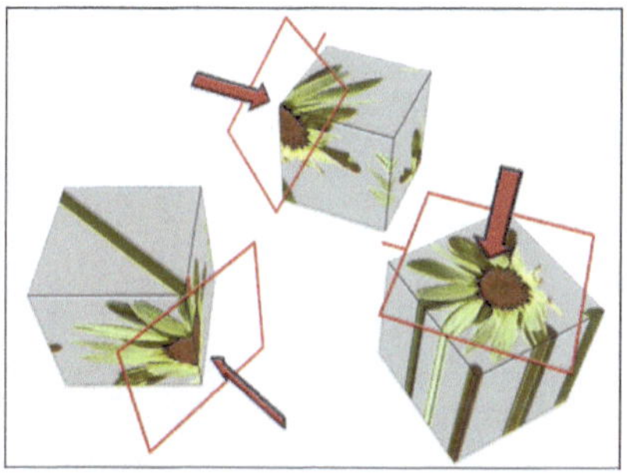

图 10-59

1）选择物体，在修改器列表中添加【UVW 贴图】中，如图 10-60 所示。

2）贴图坐标修改器有 7 种贴图投影类型，如图 10-61 所示。

图 10-60

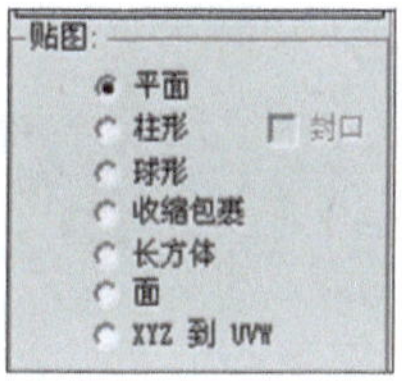

图 10-61

【平面】(Planar)：平面将贴图透视到物体上，如图 10-62 所示。

【柱形】(Cylindrical)：圆柱形将贴图投射到物体上，如图 10-63 所示。

【球形】(Spherical)：圆形将贴图投射到物体上，如图 10-64 所示。

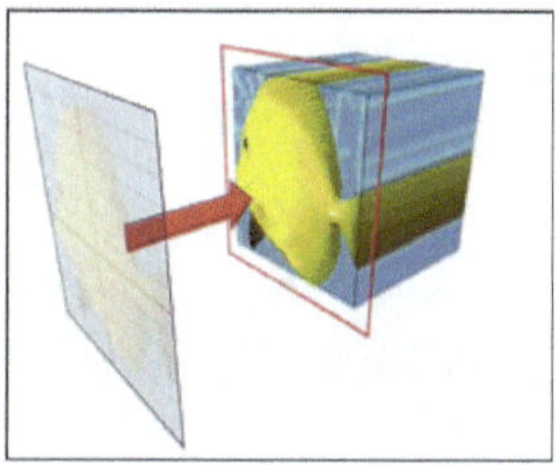

图 10-62

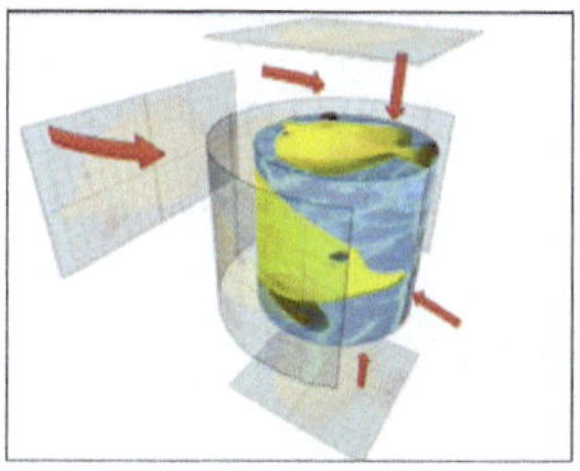

图 10-63

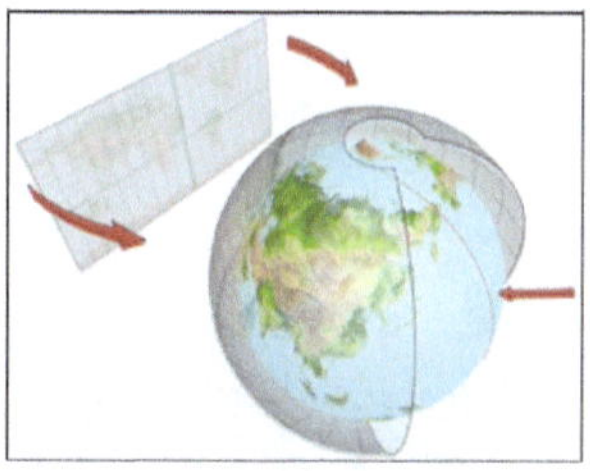

图 10-64

【收缩包裹】(Shrink Wrap)：将贴图的 4 个顶点收缩包裹到模型上，如图 10-65 所示。

【长方体】(Box)：将贴图从长方体的 6 个面向物体投射，如图 10-66 所示。

【面】（Face）：物体每个面贴一张贴图，如图 10-67 所示。

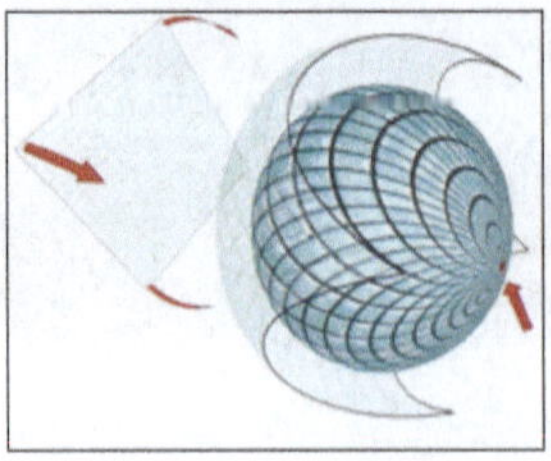

图 10-65

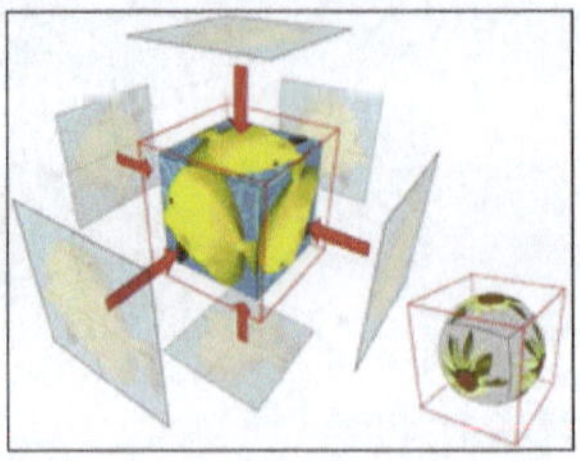

图 10-66

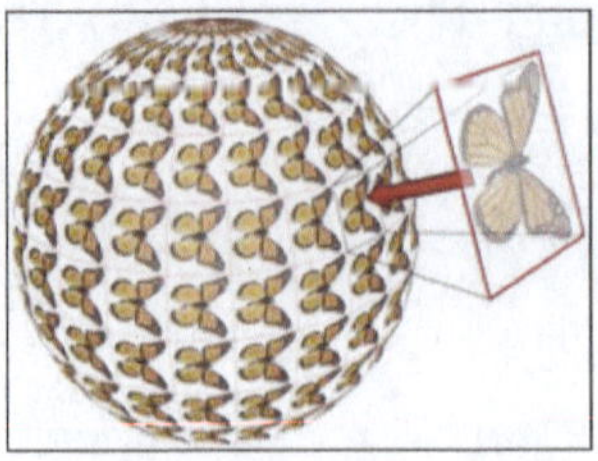

图 10-67

【XYZ 到 UVW】：针对程序贴图使用，能够让贴图跟随物体变形而变形，一般较少使用。

在这些贴图坐标中，我们通常会以三维物体的形态来决定使用什么样的贴图坐标。例如，易拉罐贴图会使用柱形贴图坐标，咖啡盒子会使用长方体贴图坐标等。在通常情况下，使用较多的是平面、柱形、球形和长方体贴图。

10.2.7 折射贴图

折射贴图一般用来创建光线透过，发生折射的物体，如玻璃。

下面创建一个玻璃材质来实现折射贴图的用法。

1）选择一个空白的材质球，将显示背景打开，调整【高光级别】和【光泽度】，如图 10-68 所示。

2）在贴图展卷栏中，单击折射后的【无】按钮，为其添加【光线跟踪】贴图，如图 10-69 所示。

3）玻璃折射材质完成，如图 10-70 所示。只有显示背景，我们才能看到玻璃折射后的结果。

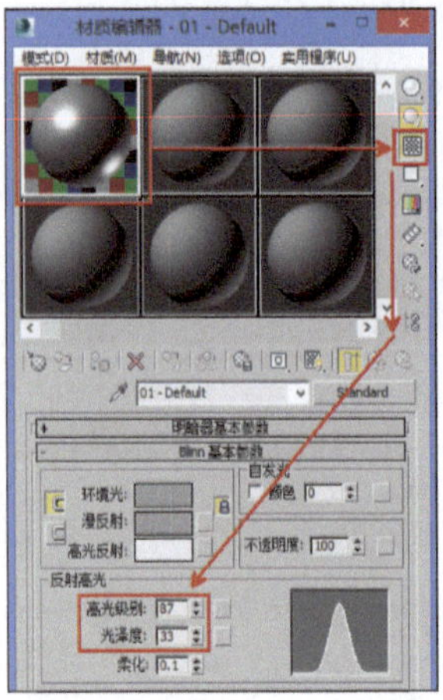

图 10-68

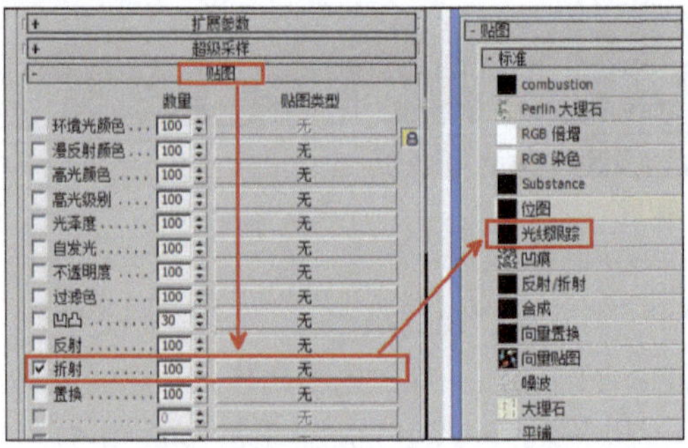

图 10-69

图 10-70

习题 10

1. 简述材质编辑器中主要工具的含义。
2. 怎样理解材质和贴图？
3. 谈谈金属材质的创建方法。
4. 明暗生成器的作用有哪些？
5. 怎样理解贴图坐标修改器？

第11章

3ds Max灯光基础知识

本章重点：

① 认识灯光的创建方法与种类特征。

② 理解灯光常用参数的使用方法。

学习目的：

如果说建模是三维世界的肉体，那么材质与灯光就是三维世界的灵魂。

材质与灯光在弥补模型细节不足、增强场景艺术氛围中扮演着非常重要的角色；同时，材质与灯光是息息相关的，材质影响灯光，灯光也影响材质。本章对灯光的种类与创建方法、灯光的常用参数进行详细讲述，要求读者理解灯光主要参数的含义，区分三维世界和现实世界中灯光的异同，从而在以后的创作中能够融会贯通、灵活运用。

11.1 灯光的种类与创建

3ds Max 默认场景有 2 盏灯，它们是帮助我们创建模型使用的，当我们创建新的灯光后，默认的 2 盏灯就会自动关闭，如图 11-1 所示。

图 11-1

灯光由【光度学】灯光和【标准】灯光组成。光度学灯光就像真实世界中的灯光一样，具有强度、分布情况、色温等真实世界灯光的信息，添加光域网文件后，通常用来模拟射灯光照效果，如图 11-2 所示。标准灯光由 8 种灯光组成，其中使用最多的是【目标聚光灯】（Target Spot）和【泛光】（Omni）。

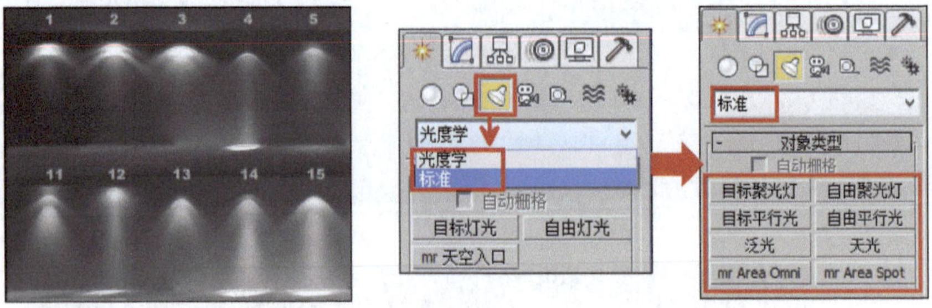

图 11-2

【目标聚光灯】：灯光由发射点和目标点，呈锥形向外反射，类似于日常生活中手电筒发出的光线，如图 11-3 所示。

【自由聚光灯】（Free Spot）：灯光只有发射点，发射方向可通过旋转发射点控制，控制比较自由，如图 11-3 所示。

【目标平行光】（Target Direct）：有发射点和目标点，灯光呈圆筒形发射，如图 11-4 所示。

【自由平行光】（Free Direct）：灯光只有发射点，旋转发射点可改变灯光方向，如图 11-4 所示。

【泛光】（Omni）：光线由发射点向外面方向发射（360° 发射），就像灯泡或太阳，由一个点向外发射，如图 11-5 所示。

【天光】（Skylight）：与泛光灯相反，灯光从 360° 方向向内发射，类似阴天的天光，由于是反方向向内发射，天光没有位置和角度差异，如图 11-5 所示。

【mr Area Omni】：配合 MR 渲染器使用的泛光灯，外形与标准泛光灯相同。

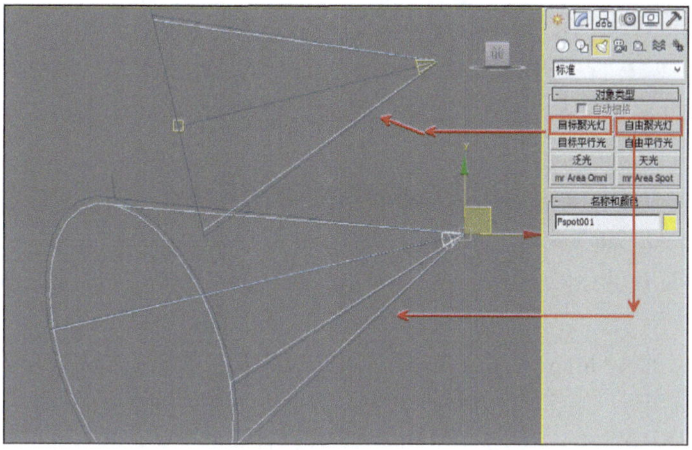

图 11-3

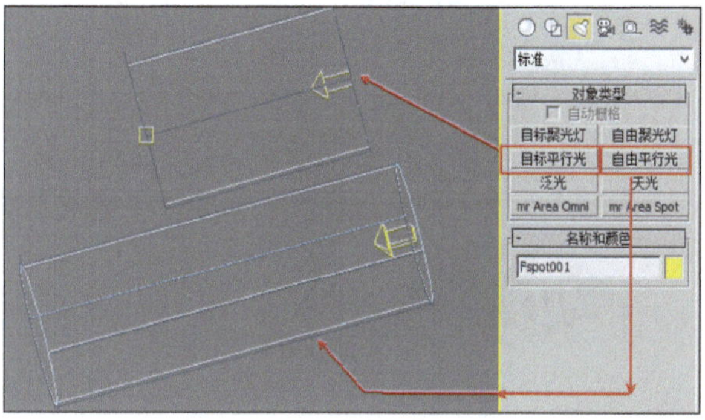

图 11-4

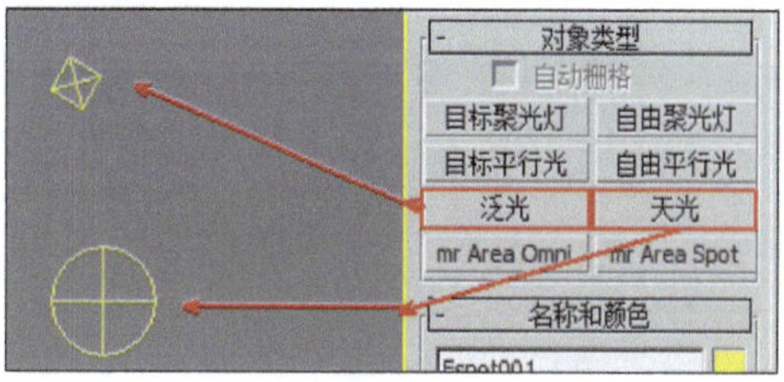

图 11-5

【mr Area Spot】：配合 MR 渲染器使用的聚光灯，外形与标准聚光灯相同。

11.2　灯光参数详解

灯光的常用参数由 8 部分组成，如图 11-6 所示，【mental ray 间接照明】和【mental ray 灯光明暗器】是配合 MR 渲染器使用的属性。【常规参数】展卷栏主要控制灯光的全局开关、阴影和排除，如图 11-7 所示。

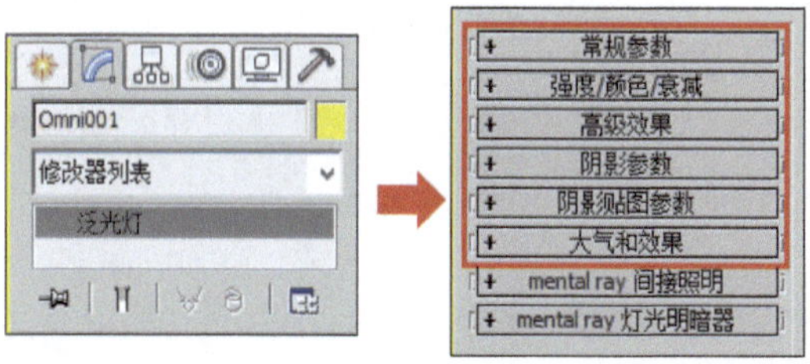

图 11-6

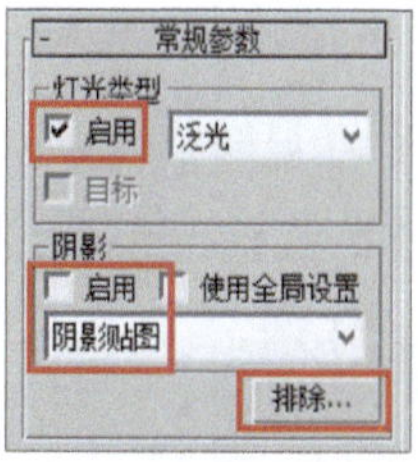

图 11-7

11.2.1　灯光的阴影

在默认情况下，3ds Max 中灯光的阴影是关闭的，可以勾选阴影下方的【启用】来控制阴影的开关。默认的阴影类型有 5 种，如果安装 Vray 渲染器，就会出现配合渲染器使用的阴影类型，如图 11-8 所示。

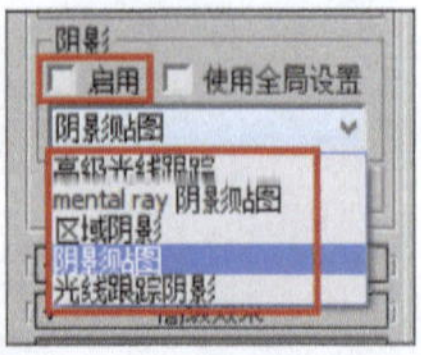

图 11-8

【高级光线跟踪】(Adv.Ray Traced)：对原始的光线跟踪阴影进行了优化，能加快渲染速度。

【Mental ray 阴影贴图】：配合 MR 渲染器使用的阴影。

【区域阴影】(Area Shadows)：当默认灯光有尺寸的时候，会产生更真实的区域阴影。图 11-9 为区域阴影产生的结果，A 为阴影柔化（区域产生）部分，B 为主体阴影部分。

【阴影贴图】(Shadow Map)：用一张贴图从灯光的发射点发射出去，模拟阴影，是所有阴影类型中速度最快的一种阴影，阴影是否准确与阴影贴图的大小有关，如图 11-10 所示。

【光线跟踪阴影】(Ray Traced Shadows)：跟踪计算灯光发出的每条射线，阴影计算准确，但速度较慢，如图 11-10 所示。

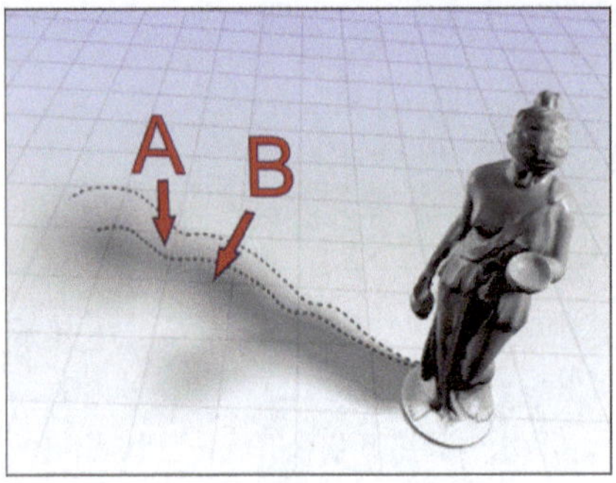

图 11-9

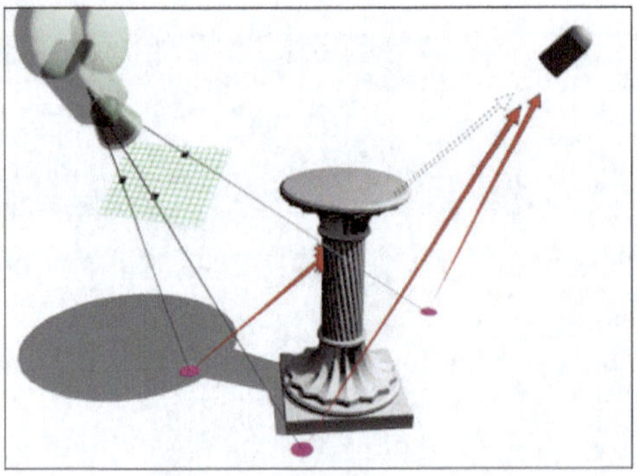
图 11-10

11.2.2 聚光灯和泛光灯的衰减

【强度/颜色/衰减】展卷栏主要参数有倍增（Multipler）、近距衰减（Near Attenuation）和远距衰减（Far Attenuation），如图 11-11 所示。

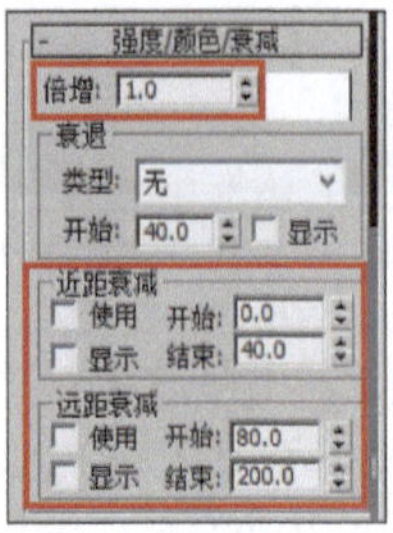

图 11-11

【倍增】：灯光的亮度倍增值。

【近距衰减】：离灯光越近强度越弱，越近越衰减。真实世界中没有这种现象，一般很少使用。【开始】与【结束】数值决定衰减的起始范围。

【远距衰减】：距离灯光越远强度越弱，越远越衰减。真实世界中灯光都会产生远距衰减，在三维灯光模拟中会经常使用。

【使用】是衰减是否使用的开关，【显示】是只在未选择的状态下是否显示衰减的边界线框，【开始】和【结束】是控制衰减的开始和结束位置，如图 11-11 所示。

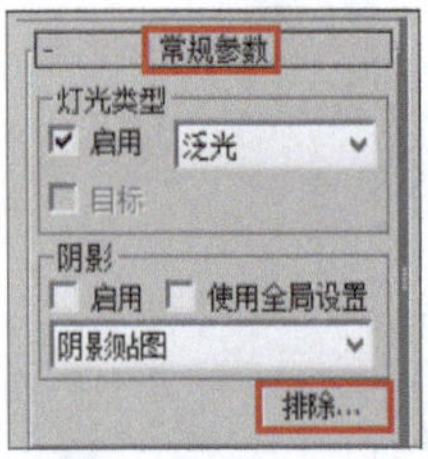

图 11-12

11.2.3 灯光的引入与排除

在【常规参数】展卷栏中（如图 11-12 所示），【排除】按钮可以控制灯光的引入（包括）和排除。灯光的引入和排除是三维世界中灯光的一种模拟现象，是指灯光可以照射某个物体，也可以排除某个物体，这样就能对场景照明进行精细的照明设计与控制。例如，场景创建完成后，架设灯光，整体光照效果非常好，但是某个物体的暗部照明不太充分，如果现在去调整整体灯光会破坏全局效果，这时可以专门为该物体的暗部增加一盏灯光，让它只照明这个物体，从整体效果到细节效果就都得到了充分的表现。

单击【排除】，弹出引入和排除面板，单击排除或包含可以控制灯光是引入还是排除，照明和阴影投射可以分开控制，左侧的场景对象列出了场景中的全部模型，可以对其进行选择并通过中间的箭头将其放入引入或排除的列表中，如图 11-13 所示，当前的结果就是将 Teapot01 物体进行了灯光的排除。

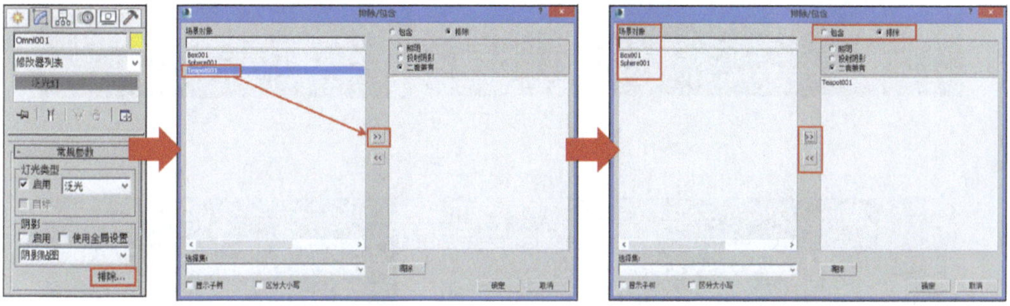

图 11-13

11.2.4 聚光灯的光束衰减和形状

创建一个简单的场景，添加目标聚光灯，调整灯光发射点的位置，对场景进行渲染，发现物体没有阴影；选择灯光，将阴影开关打开，再次渲染，阴影出现。如果聚光灯照射区域过于明显失真，可以对它的光束进行调整，如图 11-14 所示。

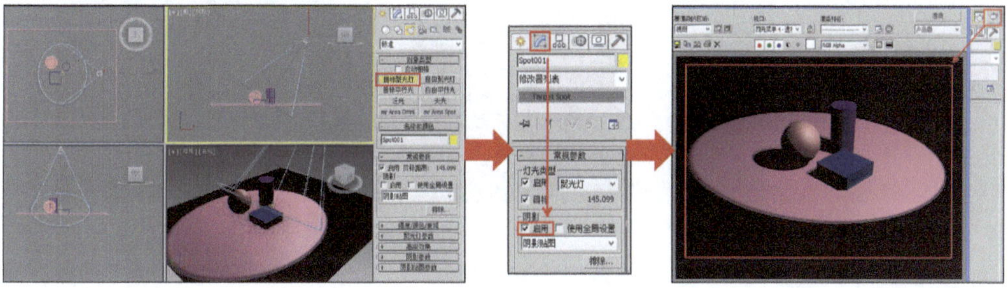

图 11-14

进入修改面板，在聚光灯参数光锥中有 2 个命令：【显示光锥】，能显示聚光灯的照射范围；【泛光化】（越界照明），能够越出光锥范围控制，像泛光灯一样全方向照明创建，但是光锥外不能产生阴影，如图 11-15 所示。

调整【聚光区/光束】和【衰减区/区域】数值，就可以调整光锥，【圆形】和【矩形】用来设置光锥的形状，渲染如图 11-16 所示，光照比以前更加柔化自然。

将聚光灯的光束形状改变成【矩形】，可以模拟出从窗外射入阳光的效果，如图 11-17 所示。

图 11-15

11.2.5 阴影的色彩和密度

在【阴影参数】面板中最重要的两个命令是阴影的【颜色】和【密度】。阴影的色彩可以是黑色的，也可以根据场景氛围的需要调成任何颜色；密度是指阴影的浓密程度，将它的数值降低可以得到半透明的阴影，如图 11-18 所示。将阴影的颜色和密度调整后，渲染场景如图 11-19 所示。

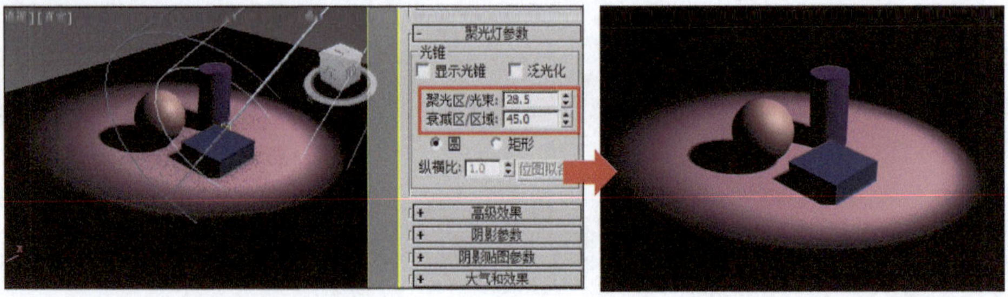

图 11-16

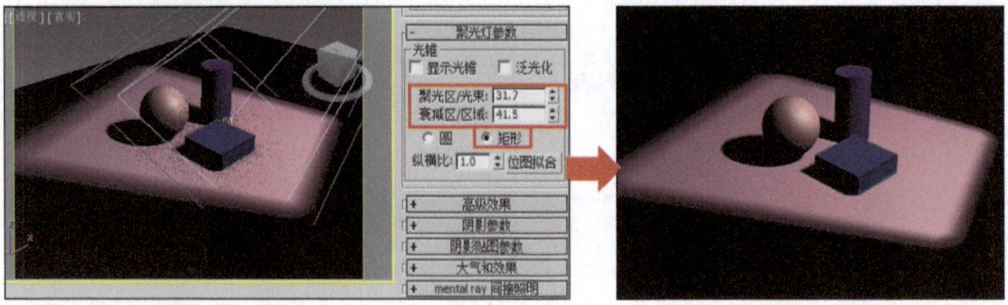

图 11-17

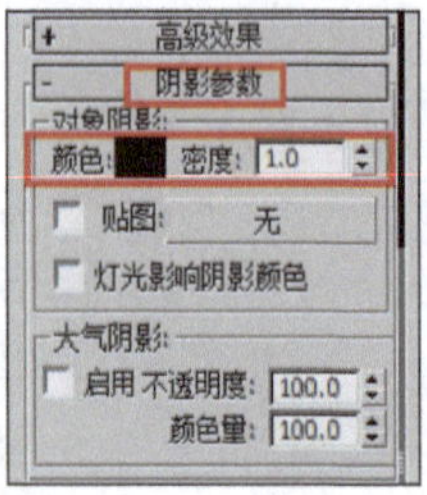

图 11-18

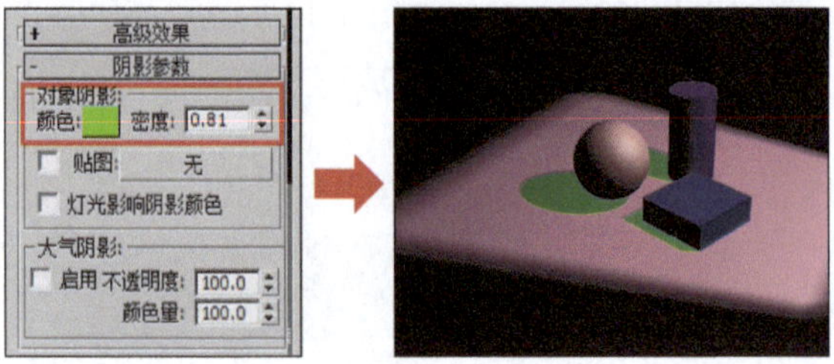

图 11-19

11.2.6 Shadow Map 阴影贴图的细化

阴影贴图由于它的渲染速度是所有阴影中最快的，所以在工作中经常使用，特别是建筑漫游动画中，由于场景非常复杂，用光线跟踪渲染可能需要十几分钟，而同样的场景使用阴影贴图渲染只需要 30 秒。光线跟踪渲染速度慢但是准确，阴影贴图渲染速度快但是细节不够。在实际渲染时，我们通常要求得到质量又好渲染速度又快的方法，而阴影贴图的细化能弥补阴影贴图细节表现不准确的问题，如图 11-20 所示。

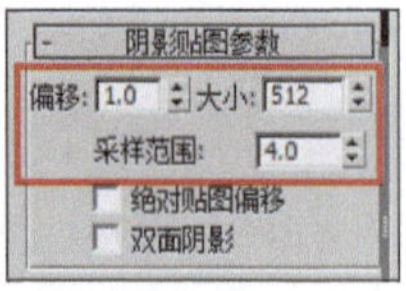

图 11-20

【偏移】(Bias)：默认值为 1，指阴影偏移的距离，值为 0 时阴影最准确。

【大小】(Size)：默认值 512 代表阴影贴图长宽值都是 512 像素。该值越大，细节越清晰，越小，阴影越不准确。建筑漫游动画中由于场景较大，阴影贴图的数值可调到 2000 或更高。

【采样范围】(Sample Range)：值越小，锯齿越严重，越大，则越模糊，一般保持默认值。

习题 11

1. 简述灯光的分离和特征。
2. 灯光的阴影类型有哪些？它们各自有什么特点？
3. 灯光引入和排除的操作方法是什么？
4. 如何调节阴影贴图中阴影的颜色和清晰度？
5. 怎样理解灯光的衰减？

第12章 材质灯光实例

本章重点：

① 了解材质灯光使用流程。

② 掌握混合材质在表现旧场景中的作用。

③ 掌握卡通角色贴图的展开与贴图绘制。

学习目的：

前面对建模、材质、灯光进行了深入讲解，本章将通过不同的实例将它们融会贯通，学习建模、材质、灯光在一个场景中是如何配合使用的。本章实例包括：① 简单贴图场景 CD 盒实例，学习多维子对象贴图的使用方法；② 金元宝场景实例，学习金属、玉器材质的创建；③ 易拉罐场景实例，学习放样和双面材质的创建；④ 蜡烛台上实例，学习混合材质构成与使用方法；⑤ 卡通角色贴图，学习贴图的展开与绘制技巧。通过这些实例的熟练掌握，真正做到建模、材质、灯光充分理解、灵活运用、无所不能。

12.1　简单贴图场景 CD 盒实例

简单贴图场景如图 12-1 所示。

图 12-1

1）完成场景中的一个雀巢咖啡盒。创建一个长方体，打开材质编辑器，赋予它一个材质，如图 12-2 所示。

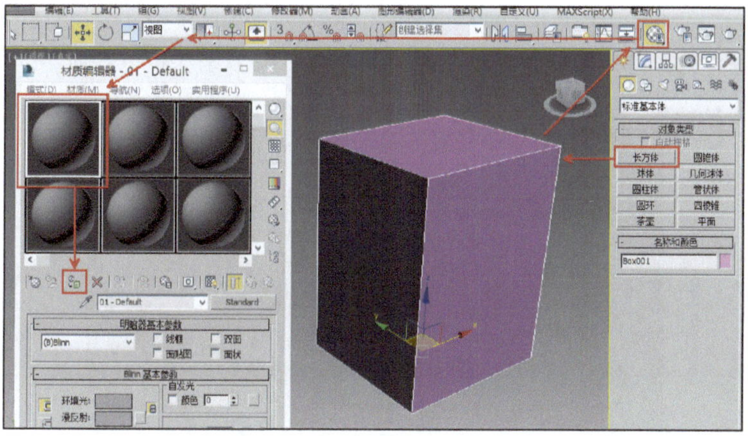

图 12-2

2）将标准材质类型改为【多维/子对象】材质类型，设置数量为 6 个（雀巢咖啡盒有 6 个侧面），将 6 个侧面改为 6 种颜色，如图 12-3 所示。

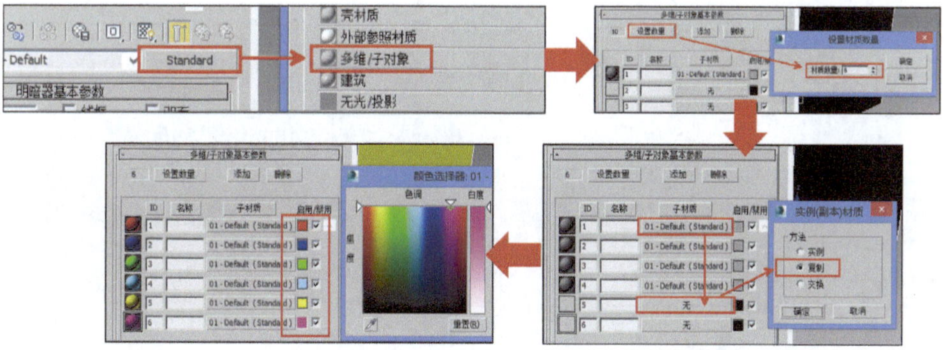

图 12-3

注 意

多维/子对象材质其实是一个标准材质的结合体，它允许一个物体内部由很多不同的标准材质组成。

3）长方体的 6 个面分别由 6 种不同颜色的标准材质构成，如图 12-4 所示。

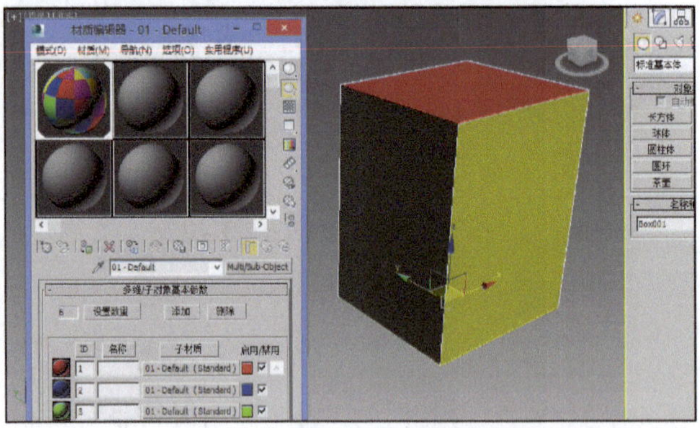

图 12-4

4）单击黄色标准材质按钮，进入黄色材质子对象级别，如图 12-5 所示。单击漫反射贴图后面的方框，选择【位图】，再选择咖啡盒正面贴图，选择显示贴图通道，咖啡盒正面贴图完成，如图 12-6 所示。

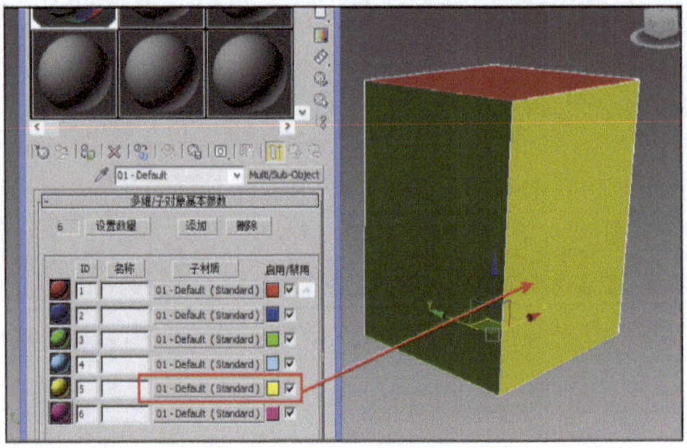

图 12-5

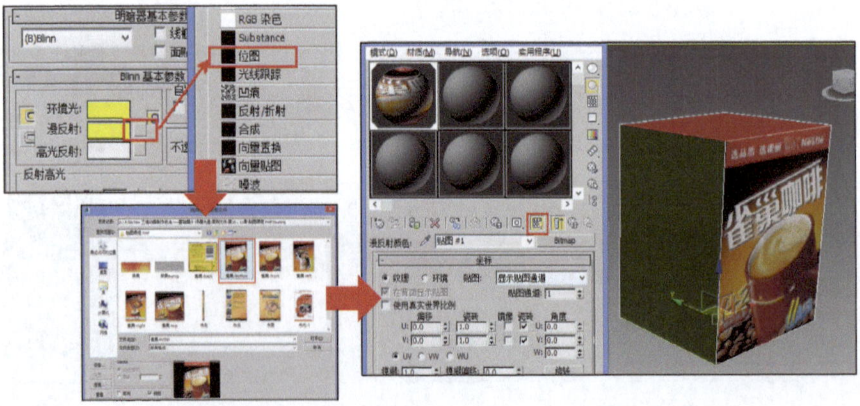

图 12-6

5）返回最顶级，为咖啡盒的顶面完成贴图。单击红色标准材质，漫反射后添加【位图】，出现选择图片的对话框；选择咖啡盒底部图片，单击【打开】按钮，顶部贴图完成，如图 12-7 所示。如果发现贴图方向有错误，应该旋转贴图中【W】轴的数值为 90°。

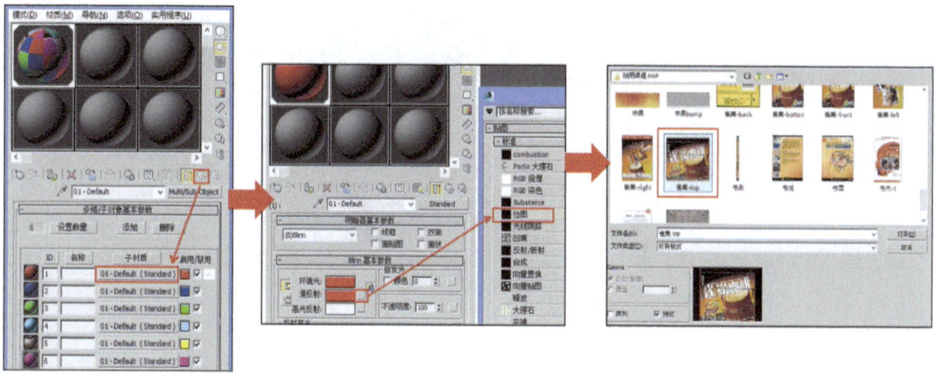

图 12-7

6）在位图级别，将贴图的角度选项中的【W】轴改为-90，查看贴图旋转的结果，如图 12-8 所示。

图 12-8

注　意

贴图旋转都是通过这种方法来完成的。

7）用同样的方法将咖啡盒的 6 个侧面完成，如图 12-9 所示。

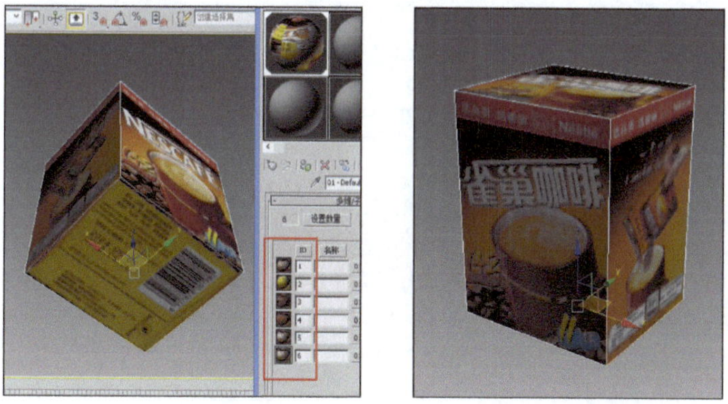

图 12-9

8）创建一个 CD 盒，给它赋予一个新的材质，将材质类型由标准改为【多维/子对象】材质，如图 12-10 所示。

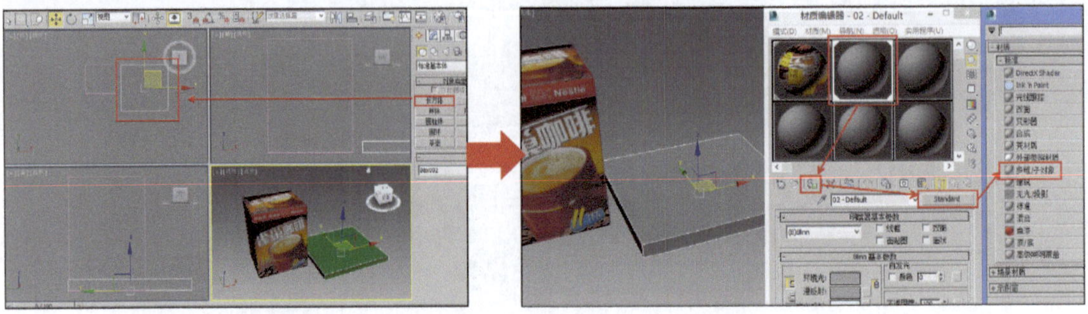

图 12-10

9）将子对象材质数量改为 6，分别更改颜色后贴图，CD 盒创建完成，如图 12-11 所示。

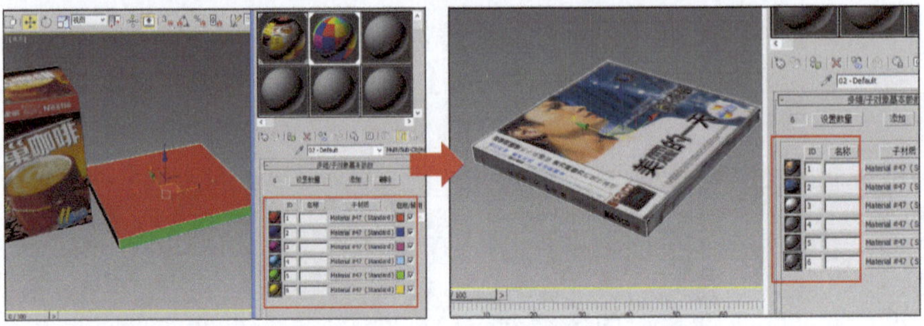

图 12-11

10）使用【长方体】创建一本书的模型。由于书只有 4 个材质（正面、贴图侧面、背面、白色侧面），所以设置书的材质 ID。在书上单击右键，将其转换为【可编辑多边形】；进入面级别，选择所有的面，在【设置 ID】中填入“1”。现在书的所有面 ID 都是“1”，如图 12-12 所示。

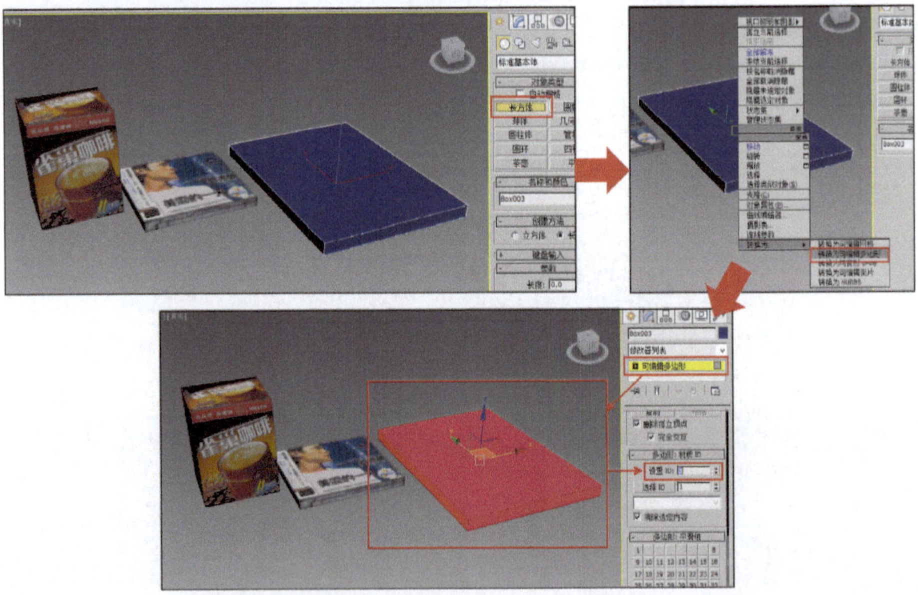

图 12-12

注　意

面 ID 的设置是为了与材质 ID 对应，前面咖啡盒不用设置是由于它的 6 个面正好是 6 个不同的材质。

11）使用同样的方法，分别将正面设置为 2、侧面为 3、背面为 4，这样物体材质的 ID 就设置好了，如图 12-13 所示。

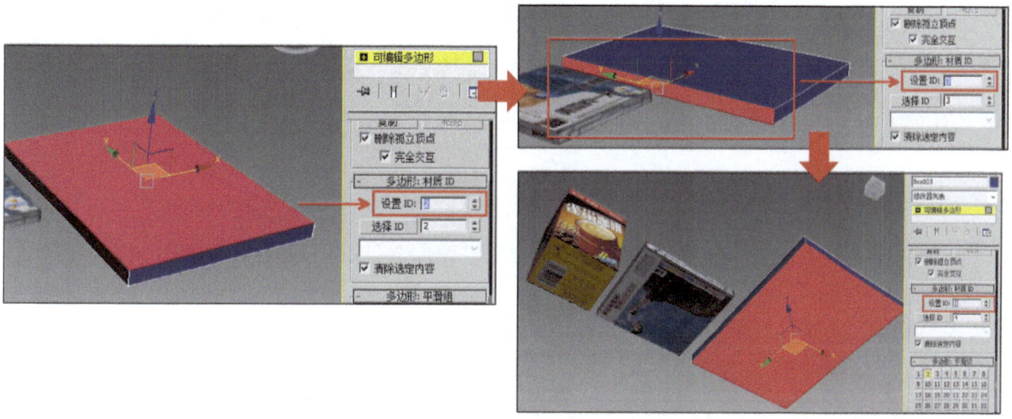

图 12-13

12）打开材质编辑器，给书赋予一个新的材质，将材质类型改为【多维/子对象】材质，设置材质数量为 4，如图 12-14 所示。

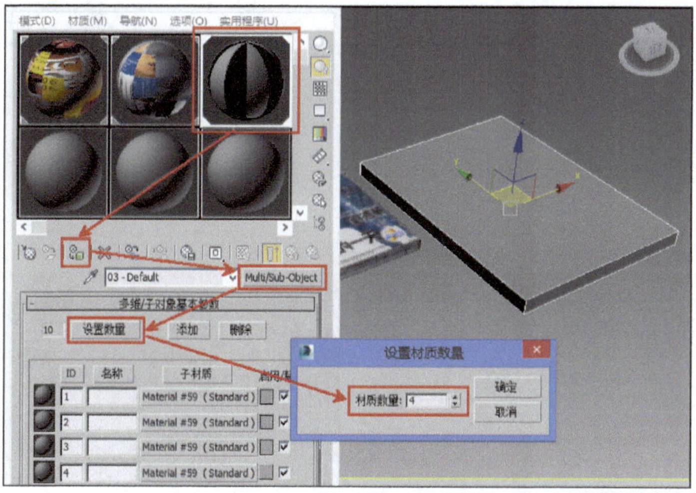

图 12-14

13）【材质 ID】与编辑多边形中的【设置 ID】是一一对应的。2 号是书籍的正面，3 号是有贴图的侧面，4 号是背面，1 号是 3 个白色的侧面，如图 12-15 所示。

14）分别为正面、侧面、背面添加不同的贴图，书籍贴图完成，如图 12-16 所示。

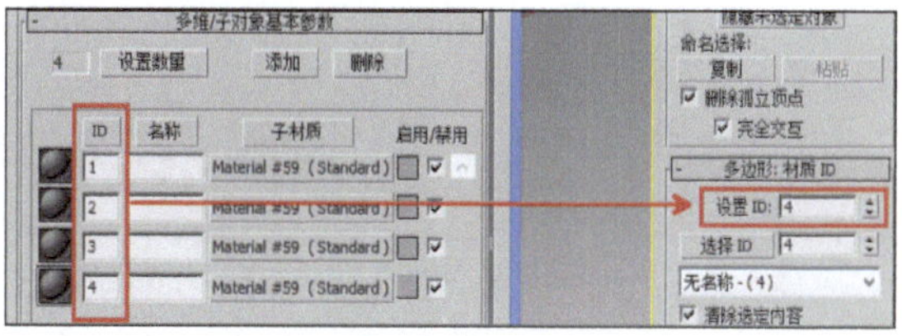

图 12-15

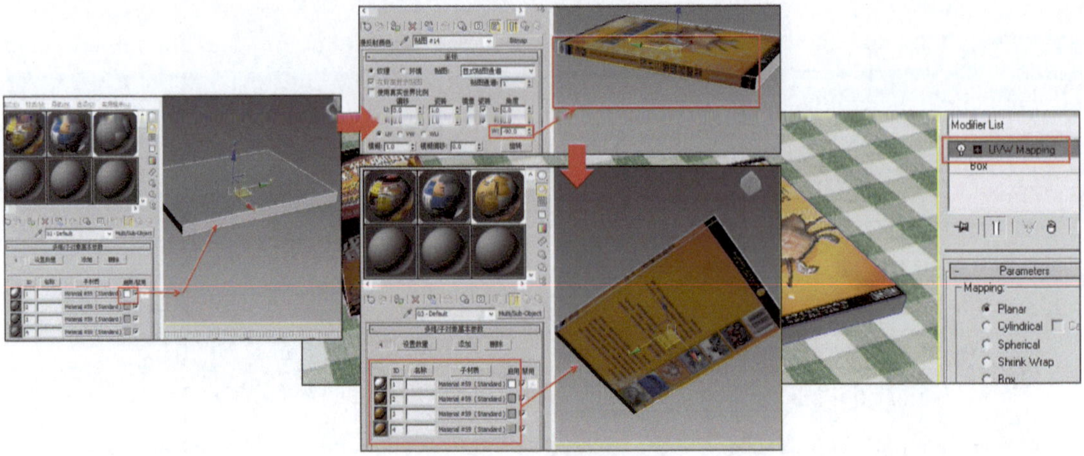

图 12-16

15）创建较大的桌面物体，添加布纹材质，可以使用【UVW 贴图修改器】调整贴图平铺的大小，如图 12-17 所示。

图 12-17

16）为场景添加彩色铅笔。先创建圆柱体，并将圆柱体的段数进行修改，使用编辑多边形【倒角】工具向外挤出，铅笔的模型完成，在面的级别为铅笔划分 3 个 ID，并给它添加材质，如图 12-18 所示。

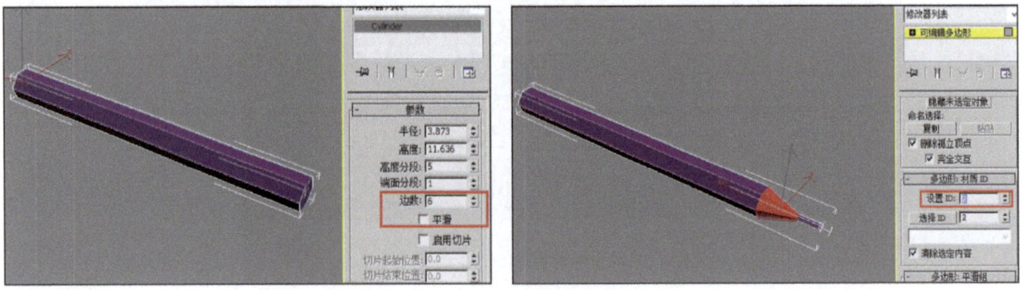

图 12-18

17）为场景添加细节，并摆放一个比较自然的静物场景，注意疏密大小关系，如图 12-19 所示。

18）为场景创建【目标聚光灯】，调整灯光发射点的位置，如图 12-20 所示。

19）在场景的左侧创建【泛光灯】，将它的灯光强度降低，模拟环境光，如图 12-21 所示。

图 12-19

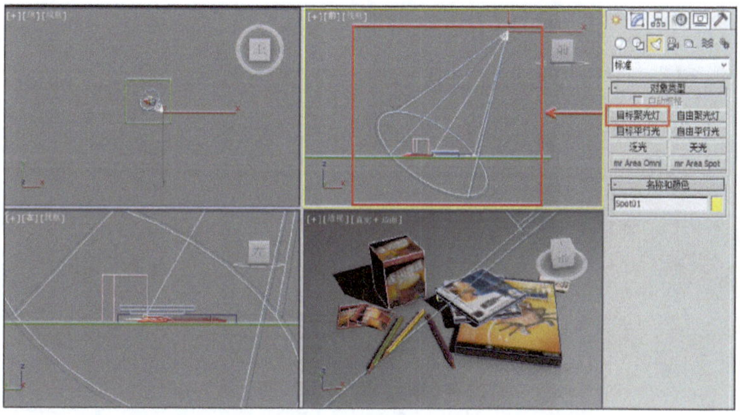

图 12-20

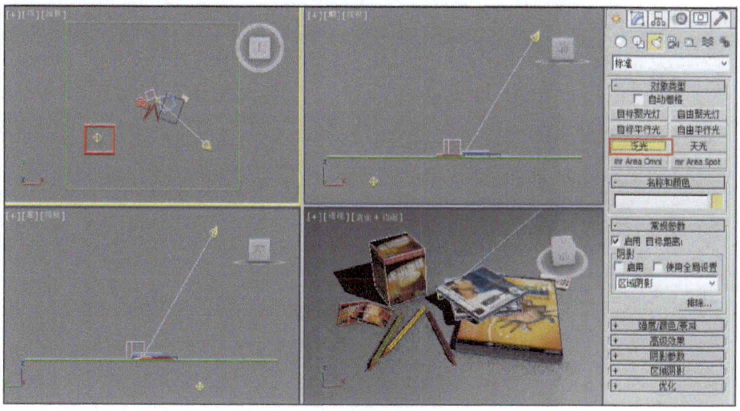

图 12-21

20）选择聚光灯，将其投影改为【区域阴影】，设置越界照明选项，如图 12-22 所示。

21）对场景进行渲染，发现区域阴影的效果不够柔和，这是由于灯光的尺寸不够。进入【区域阴影】设置面板，将【阴影质量】和【区域灯光尺寸】提高，如图 12-23 所示。

22）再次渲染，CD 盒场景创建完成。更换桌布材质，可获得不同的场景效果，如图 12-24 所示。

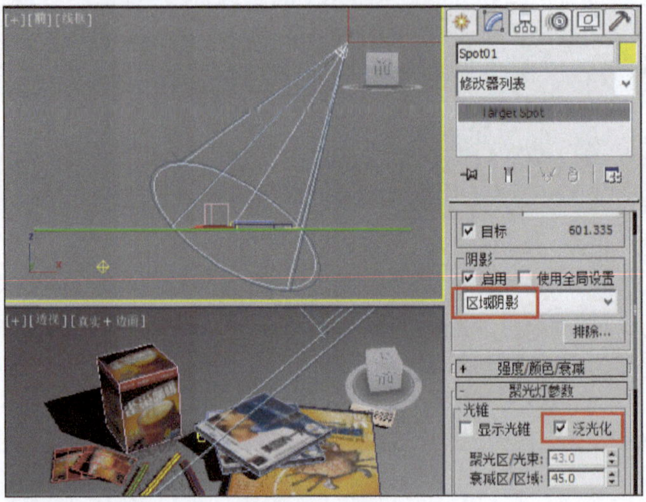

图 12-22

图 12-23

图 12-24

12.2 金元宝场景实例

下面通过金元宝场景实例（如图 12-25 所示）来了解金属材质和玉器材质的创建方法。

1）创建一个金元宝模型。使用基本体【长方体】命令创建一个长方体，单击右键，将其转化为【可编辑多边形】；进入【面】级别，使用【倒角】命令选择长方体左右的面进行倒角挤出；同样，将底面向下挤出，然后使用【插入】命令将中间的 4 个面向内插入，使用【倒角】命令将插入的面向上挤出；调整大形后，添加【网格平滑】命令，调整平滑次数 2 次，金元宝模型创建完成，如图 12-26 所示。

图 12-25

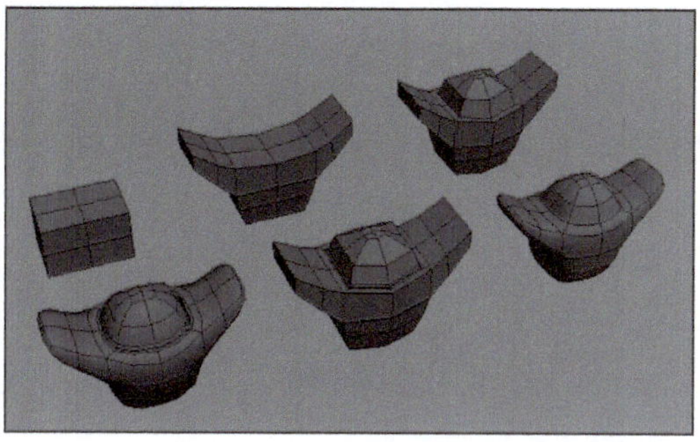

图 12-26

2）进入扩展基本体，创建切角的长方体，使用【FFD 2×2×2】修改器；进入【控制点】级别进行修改，模拟金条形态，如图 12-27 所示。

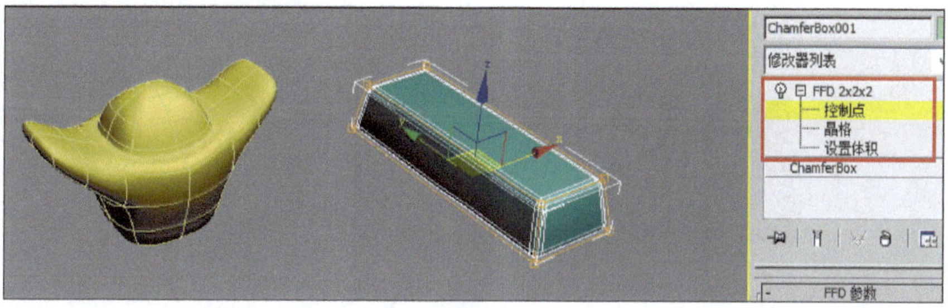

图 12-27

3）创建一个球体，添加噪音修改器，让球体发生随机变形，再为其添加【FFD 2×2×2】修改工具；进入【控制点】级别，调整球体大形，使之呈现碎银两的造型，如图 12-28 所示。

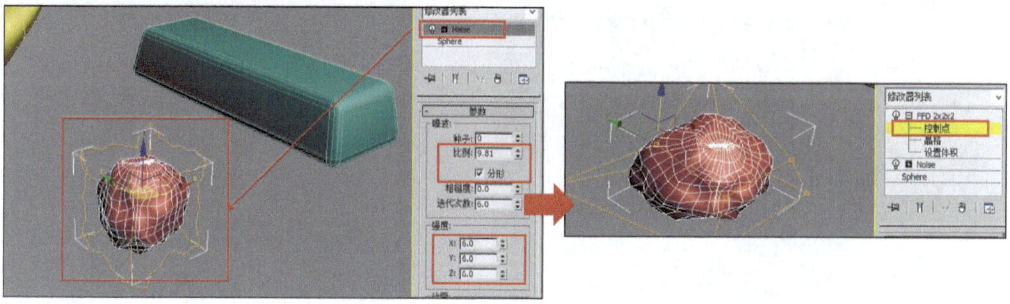

图 12-28

4）将创建好的模型复制，摆放出一个静物场景的效果，如图 12-29 所示。

5）创建一个球体和一条直线，将线形调整成自然弯曲的曲线，使用球体和曲线模拟一串珍珠项链，如图 12-30 所示。

6）选择珠子，进入【间隔工具】面板，选择项链曲线，再设置复制数量，项链制作完成，如图 12-31 所示。

7）打开材质编辑器，选择一个新材质并赋予金元宝物体，将材质的明暗类型设置为金属类型；调整颜色和高光，单击【贴图】展卷栏中【反射】后的【无】按钮，为其添加光线贴图类型，如图 12-32 所示。

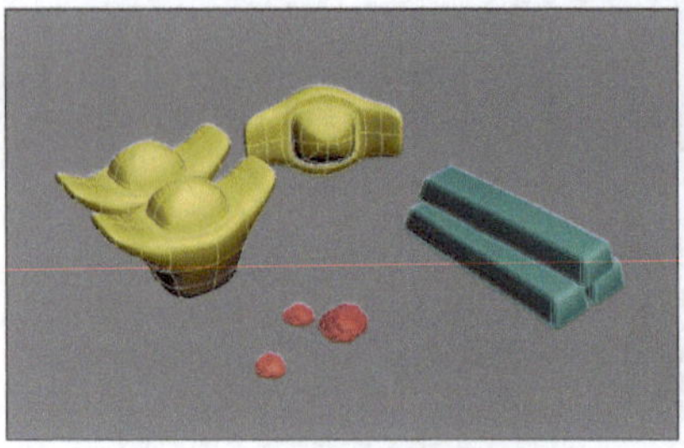

图 12-29

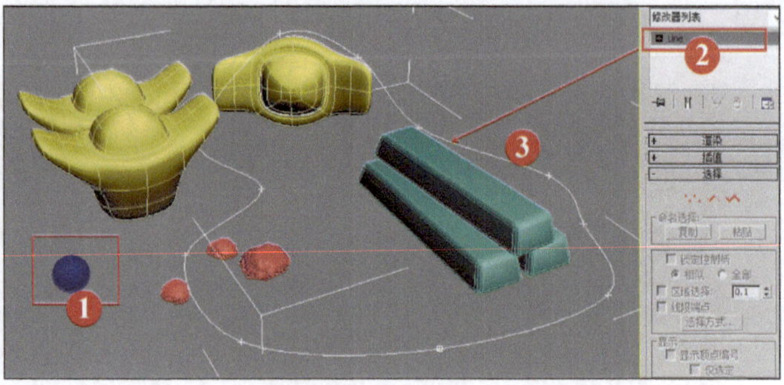

图 12-30

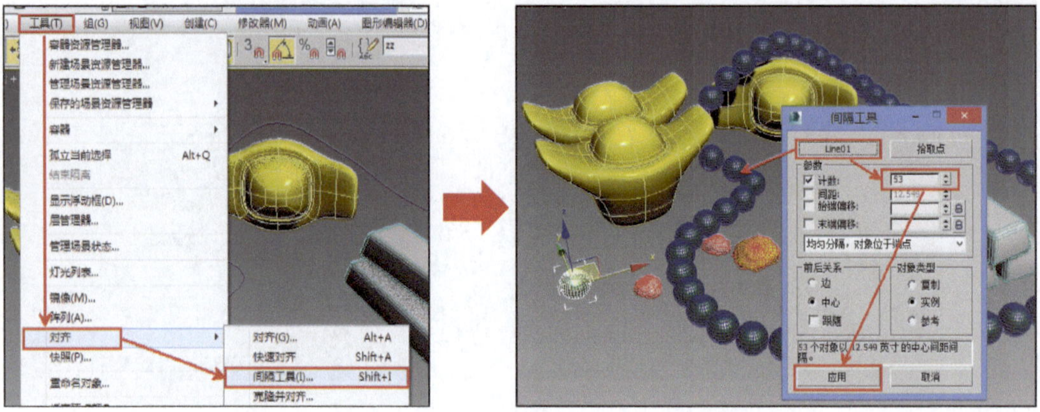

图 12-31

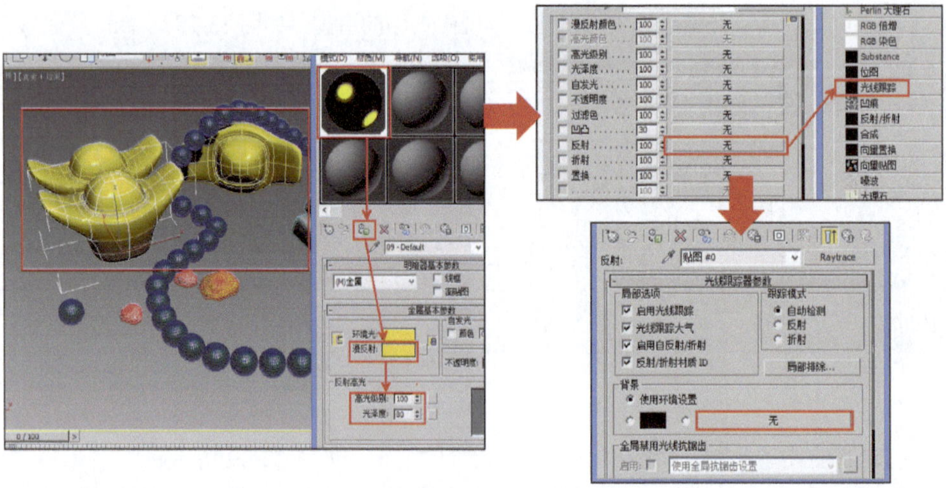

图 12-32

8）在【位图】部分中选择金色湖面贴图，模拟金属反射，如图 12-33 所示。

9）为三根银条赋予银的材质。选择三根银条物体，将一个新的材质赋予物体，调整材质的明暗类型、颜色和高光，如图 12-34 所示。

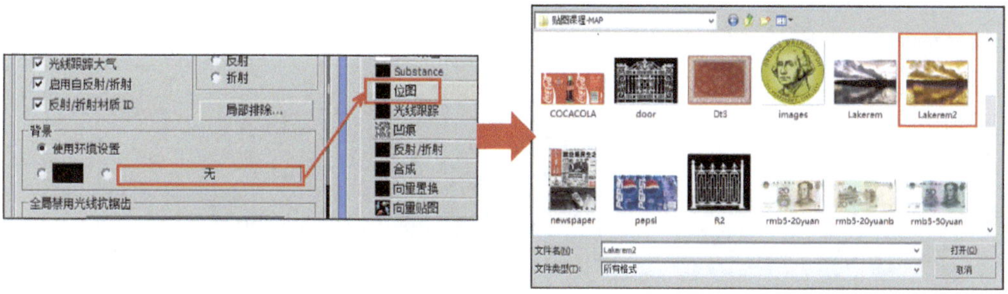

图 12-33

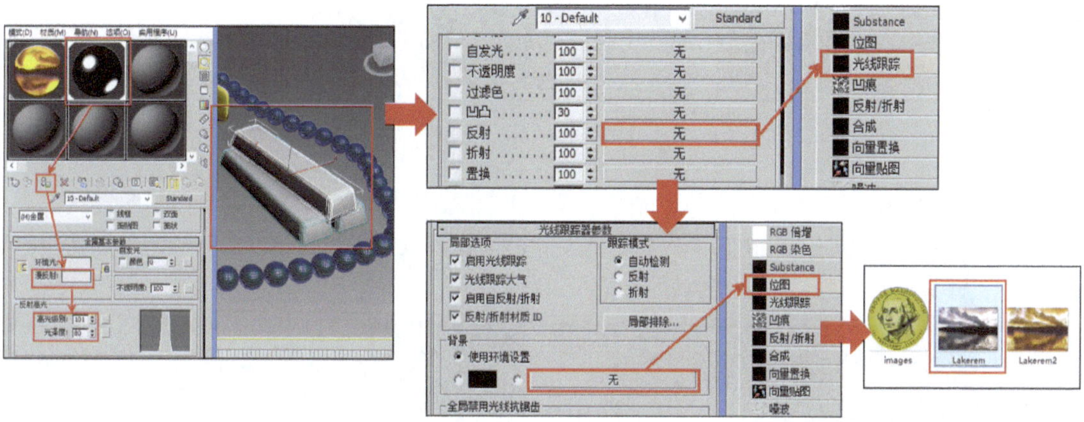

图 12-34

10）两个金属材质制作完成，如图 12-35 所示。

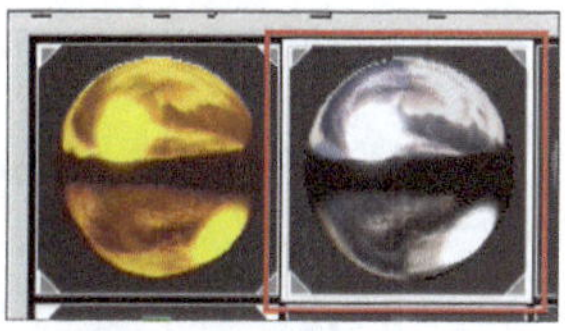

图 12-35

11）选择所有的项链珠子，将一个新材质赋予物体，将明暗生成器更改为【半透明明暗器】，调整【高光级别】、【光泽度】和【半透明颜色】，如图 12-36 所示。

12）为场景添加平面物体并赋予材质，如图 12-37 所示。

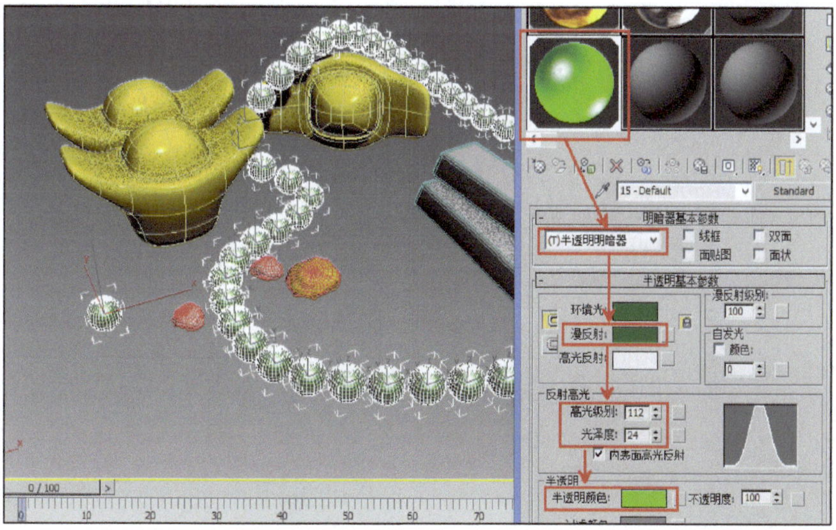

图 12-36

13）为场景创建【目标聚光灯】，调整灯光位置，如图 12-38 所示。

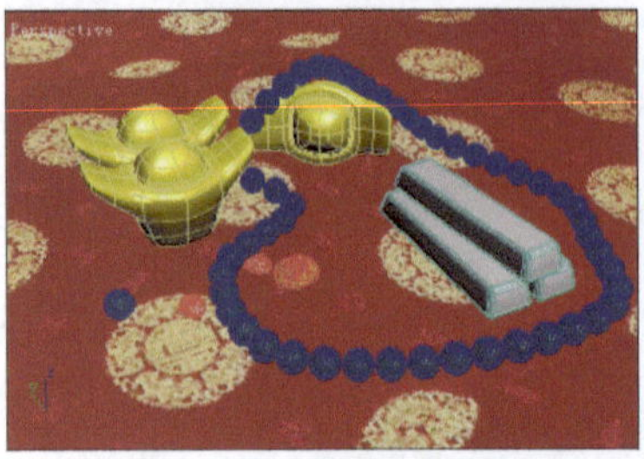

图 12-37

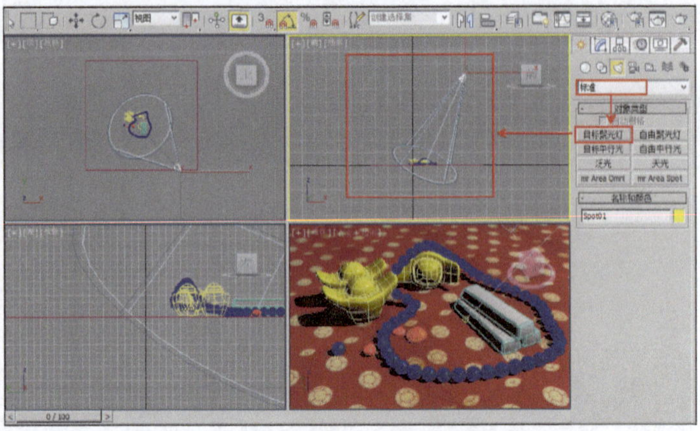

图 12-38

14）为场景创建【泛光】灯，与聚光灯形成一定夹角，作为辅助光源。对场景进行测试渲染，发现阴影效果不好，如图 12-39 所示。将阴影类型改为【区域阴影】类型，对区域阴影的【质量】和【灯光尺寸】进行修改，如图 12-40 所示。

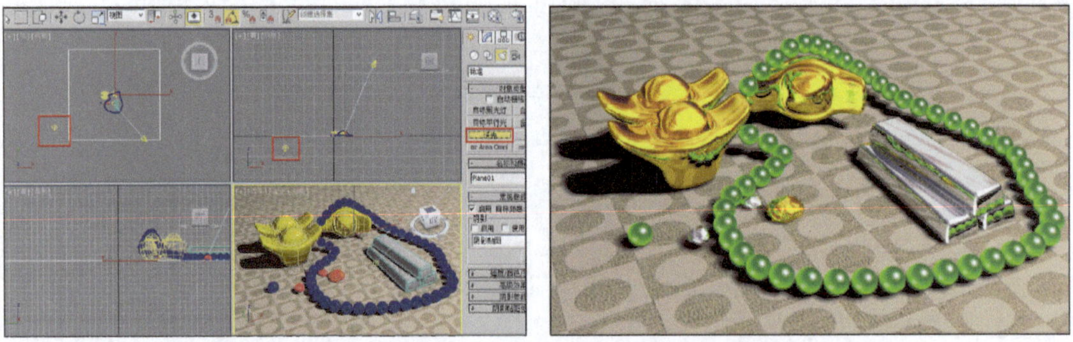

图 12-39

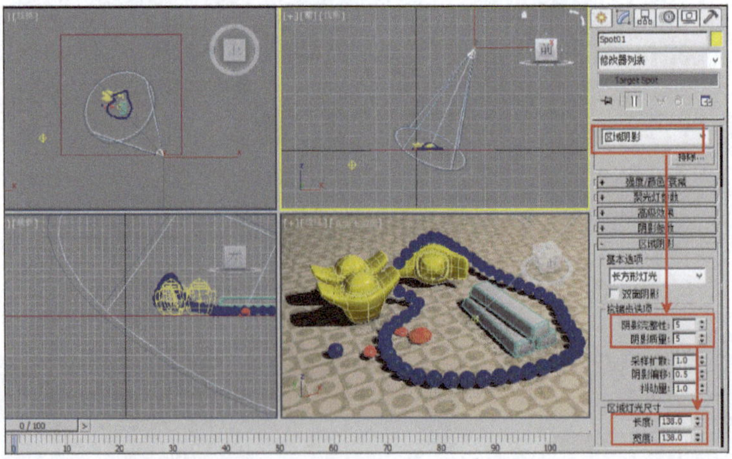

图 12-40

15）对创建场景进行渲染，如图 12-41 所示。

图 12-41

16）在凹凸贴图通道贴入噪波贴图，可以模拟磨砂金属的效果，如图 12-42 所示。

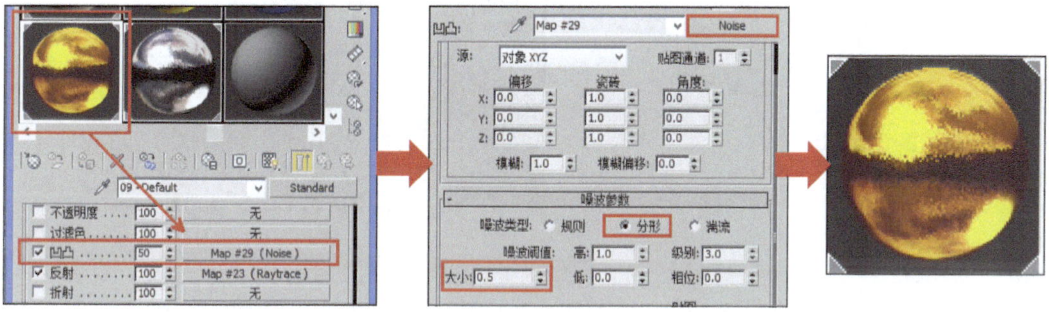

图 12-42

17）对场景进行渲染，磨砂质感的金属完成，如图 12-43 所示。

图 12-43

18）更换桌面材质后再进行渲染，如图 12-44 所示。
19）用同样的方法可以完成如图 12-45 所示的场景。

图 12-44

图 12-45

12.3 易拉罐场景实例

易拉罐场景实例（如图 12-46 所示）主要讲述被踩扁的易拉罐模型创建方法和如何区分易拉罐裂开后正面和内面材质。

1）通过【放样】命令完成裂口易拉罐模型。

2）在顶视图画出二维圆形，将其转换为【可编辑样条线】；在【顶点】级别中选择上方的顶点，单击【设为首顶点】命令，如图 12-47 所示。

图 12-46

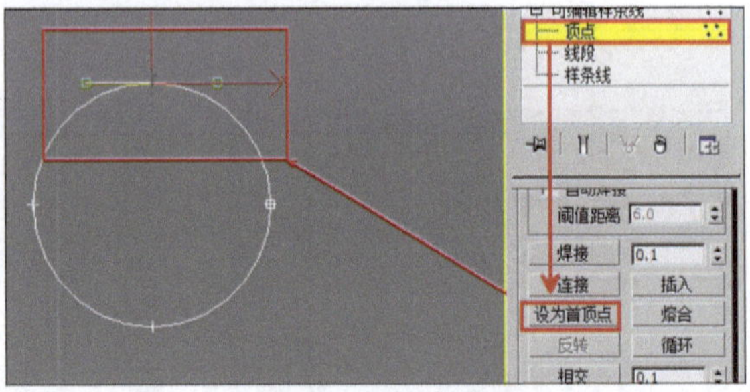

图 12-47

3）将圆形复制，选择上方的顶点，使用【断开】命令将顶点断开，调整形状；用同样的方法复制出第三个开口图形。这三个图形就是易拉罐的三个不同截面图形，如图 12-48 所示。

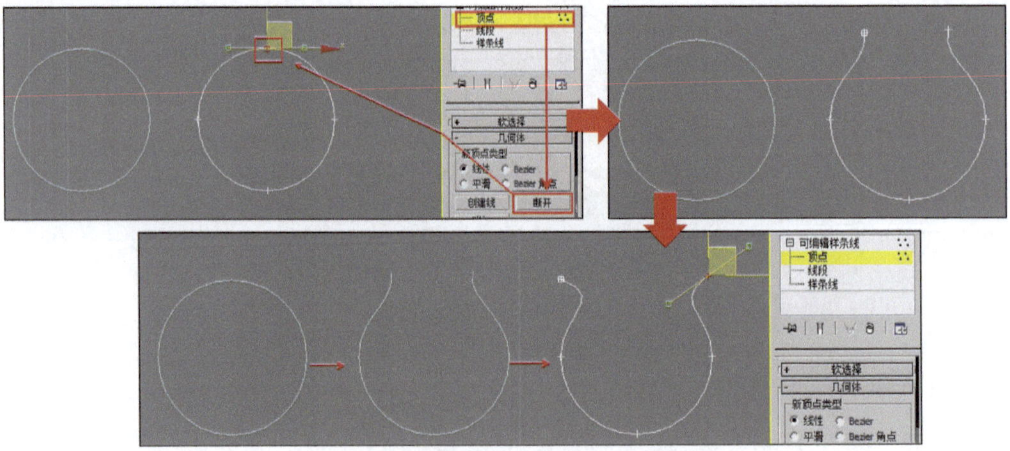

图 12-48

4）在顶视图完成一条直线，作为易拉罐放样的对象，如图 12-49 所示。

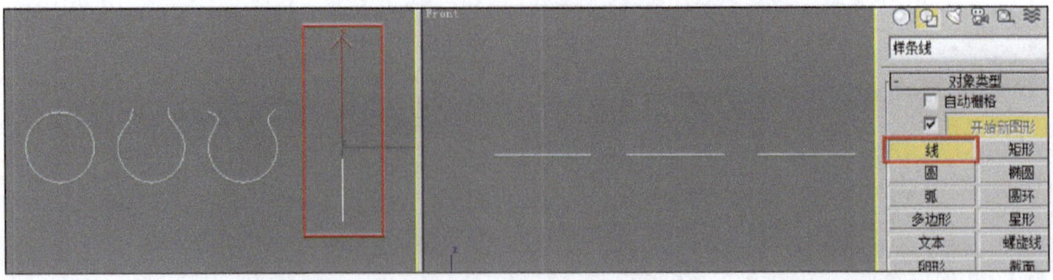

图 12-49

5）选择直线，进入复合几何体建模中的【放样】，通过【获取图形】来选择圆形，如图 12-50 所示。

图 12-50

6）改变【路径】位置，通过【获取图形】来获取其他图形，如图 12-51 所示。

7）将【封口始端】开始和【封口末端】尾端去除，如图 12-52 所示。

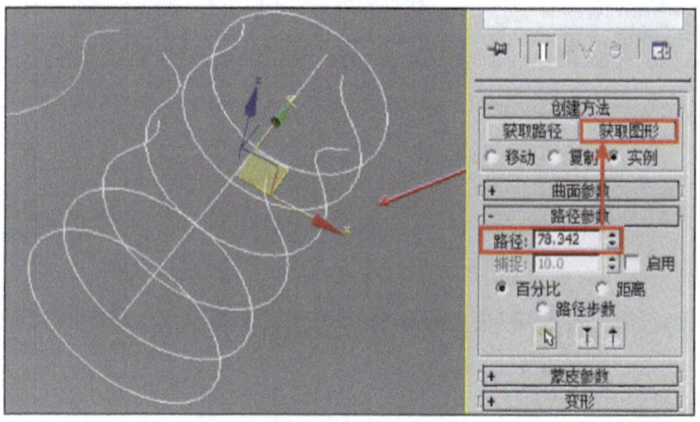

图 12-51

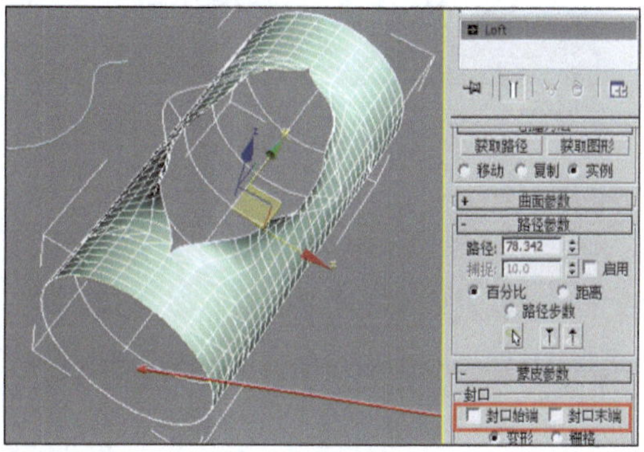

图 12-52

8）进入放样变形展卷栏，选择【缩放】命令，在弹出的曲线图标中添加控制点，再将最后的控制点向下移动，在视图中发现易拉罐的顶部缩小了，如图 12-53 所示。

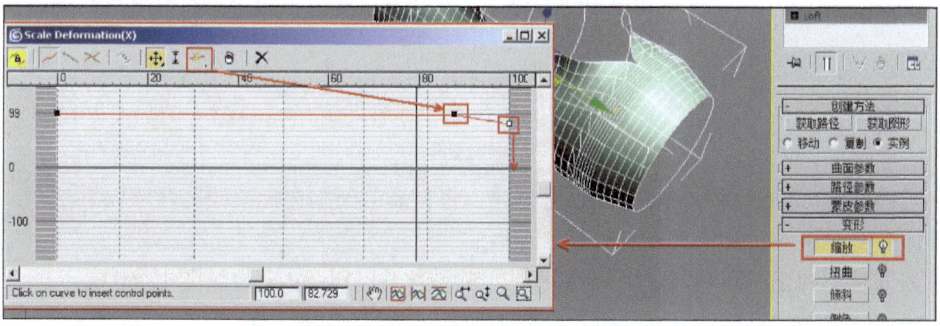

图 12-53

9）在顶视图中画出易拉罐底部横截面，使用【车削】对其进行旋转成型，使用同样的方法完成易拉罐顶部造型，如图 12-54 所示。

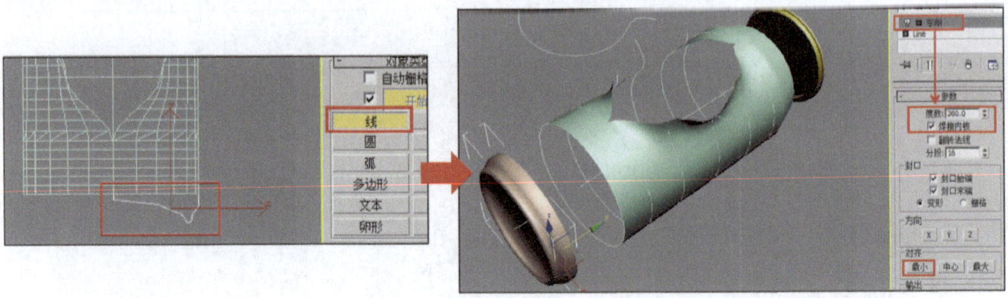

图 12-54

10）创建二维曲线并挤出，使其与易拉罐底部完全相交；选择顶盖物体，使用复合几何体建模中的【布尔】命令，将挤出的物体减去，如图 12-55 所示。布尔运算完成后的结果如图 12-56 所示。

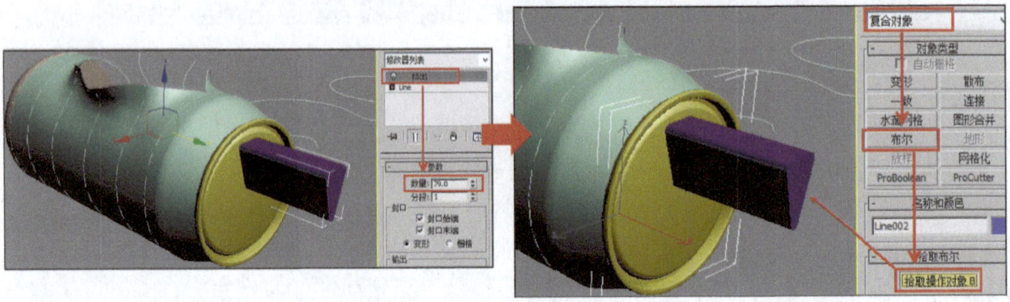

图 12-55

11）选择易拉罐的中间部分，添加【FFD 3×3×3】变形工具，选择【控制点】对易拉罐造型进行变形，使其类似于踩扁的效果，如图 12-57 所示。

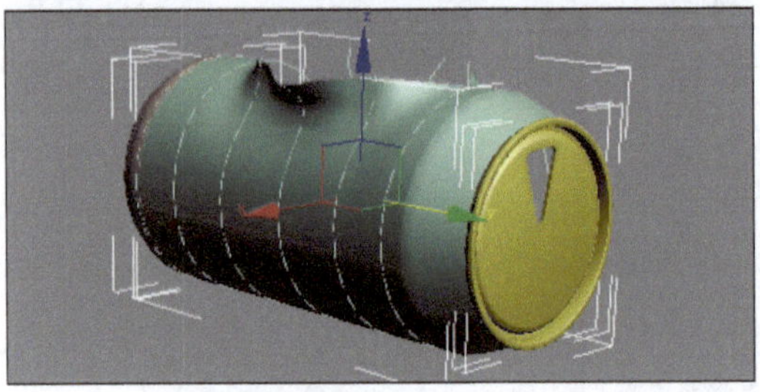

图 12-56

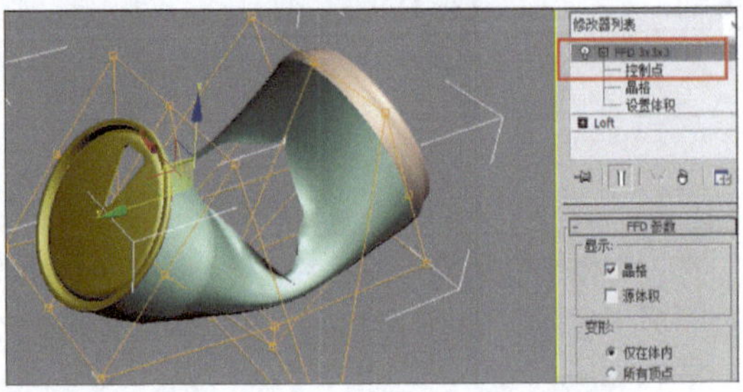

图 12-57

12）选择易拉罐的顶盖和底盖，为其添加不锈钢材质，将光线跟踪中的环境贴图进行模糊处理，这样能体现顶盖和底盖的铝质特性，如图 12-58 所示。

13）选择易拉罐中间部分，给它一个新材质，将材质的类型由标准改为【双面】材质，这种材质支持物体内表面和外表面异同，如图 12-59 所示。

14）双面材质的正面贴上百事可乐的贴图，背面创建一个铝材质，如图 12-60 所示。

15）复制几个易拉罐物体，分别给它们添加材质，如图 12-61 所示。

16）为场景添加一些装饰小球，并给它赋予带有反射的彩色材质，如图 12-62 所示。

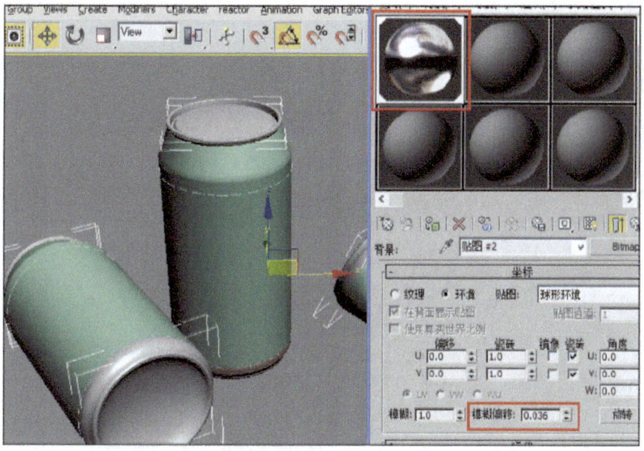

图 12-58

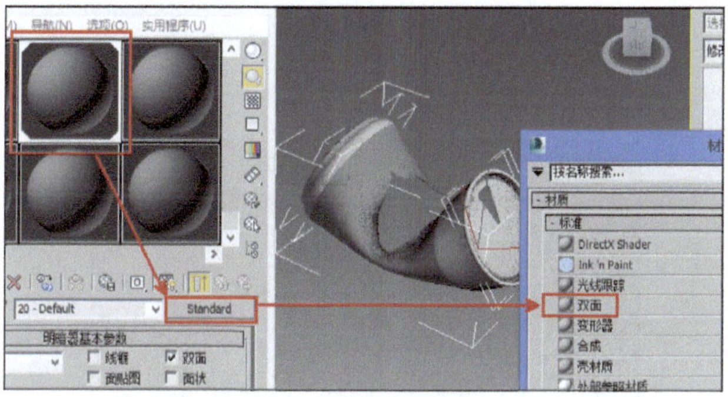

图 12-59

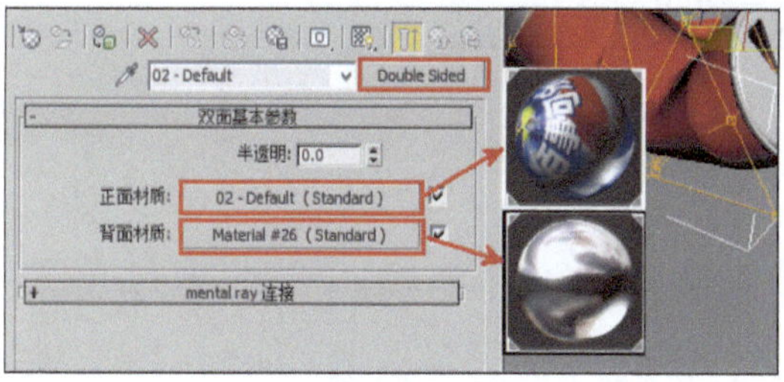

图 12-60

图 12-61

图 12-62

17）创建【目标聚光灯】和【泛光灯】，目标聚光灯模拟主光源，泛光灯模拟环境反射光，调整它们的位置和强度，将聚光灯的阴影打开，如图 12-63 所示。

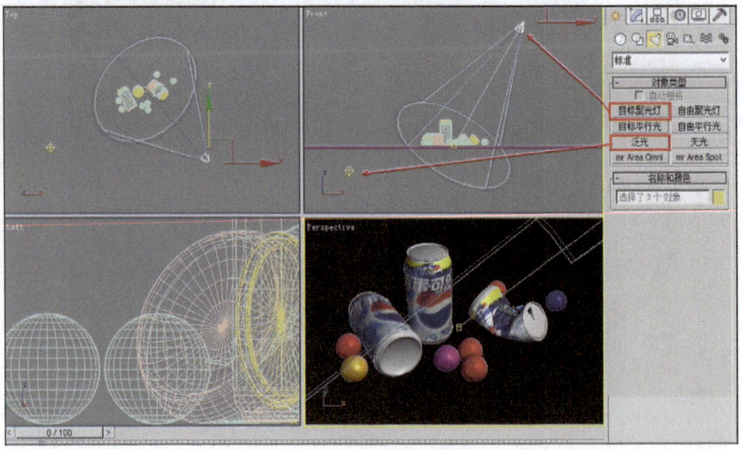

图 12-63

18）易拉罐场景渲染完成，如图 12-64 所示。

图 12-64

12.4　蜡烛台上实例

前面几个案例学习了 3ds Max 一些常用材质的制作方法，如多维/子对象材质、金属材质和双面材质，我们能做出一些很漂亮、崭新的材质。但是，在三维世界中会用到很多旧材质，这些材质赋予场景更多的历史痕迹，带给观众更多的联想。本节我们重点学习 3ds Max 中混合材质的制作方法，看看旧材质是如何产生的。

首先创建蜡烛台上场景模型，如图 12-65 所示。

蜡烛模型的创建方法如下：创建圆柱体，增加高度段数，转化为【可编辑多边形】，选择一些侧面表面向外进行倒角挤出；再选择蜡烛中间的顶点并向下移动，形成一个凹槽，使用【网格平滑】命令对整个物体进行网格平滑，为了增加蜡烛随机扭动的效果，最后添加噪波，如图 12-66 所示。

蜡烛台的创建方法如下：在前视图画出二维直线，使用【车削】得到蜡烛台底座的基本形状（注意调整其中的旋转边数分段为 8，过多的分段数不利于后期编辑修改）；在前视图画出二维扭曲曲线，在【可编辑多边形】中选择车削底座物体的 4 个多边形，使用【沿样条线向外挤出】命令对齐向外挤出，最后添加【网格平滑】命令，如图 12-67 所示。

图 12-65

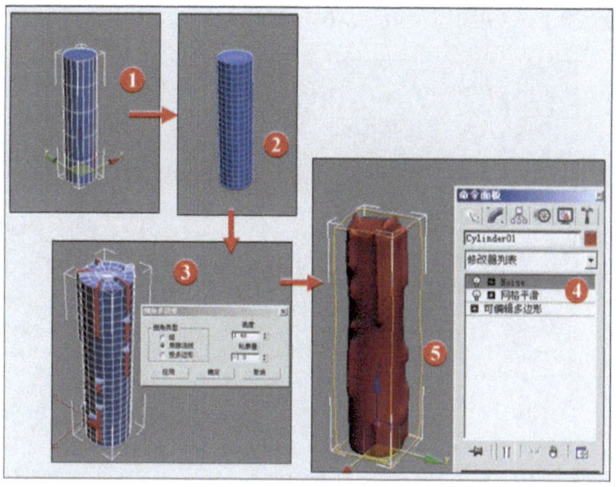

图 12-66

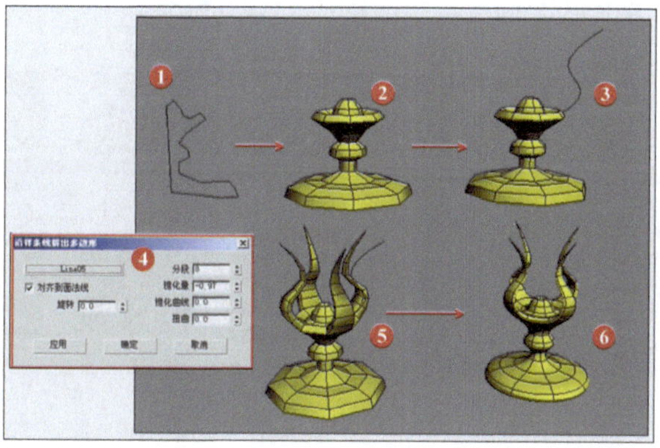

图 12-67

匕首的制作方法如下：创建长方体，调整合适的段数，使用【可编辑多边形】中的【倒角】命令进行修改，再添加【网格平滑】，手柄完成。在顶视图上创建刀刃二维图形并挤出，转换为【可编辑多边形】，使用【切割】命令对其表面进行切割，完成血槽布线；将中间的血槽直线向下移动，使用 FFD 变形工具将刀刃的一侧压扁（使其锋利），匕首模型创建完成，如图 12-68 所示。

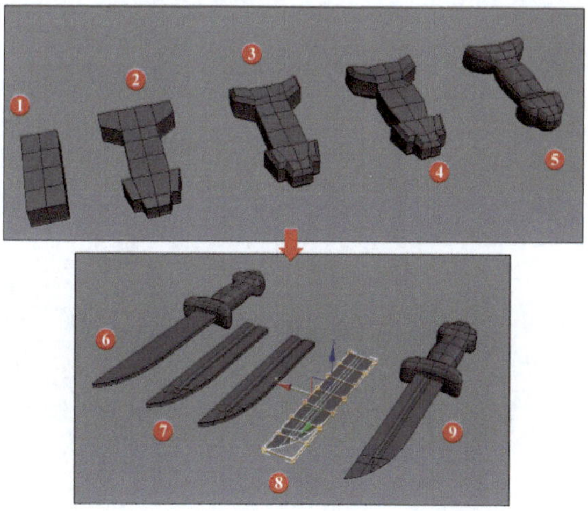

图 12-68

旧银票的建模方法如下：创建平面物体，调整适应的段数，添加噪音修改器（表现褶皱效果），再添加弯曲，如图 12-69 所示。

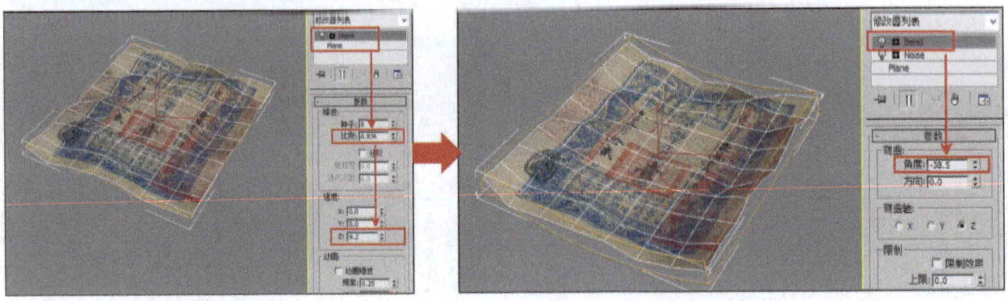

图 12-69

把场景模型摆放一下，模型部分基本完成，如图 12-70 所示。

下面来看场景中材质的创建过程。在贴图创建前，需要为场景寻找贴图素材，如图 12-71 所示。在素材中有两张黑白贴图，它们是用来完成混合材质的。

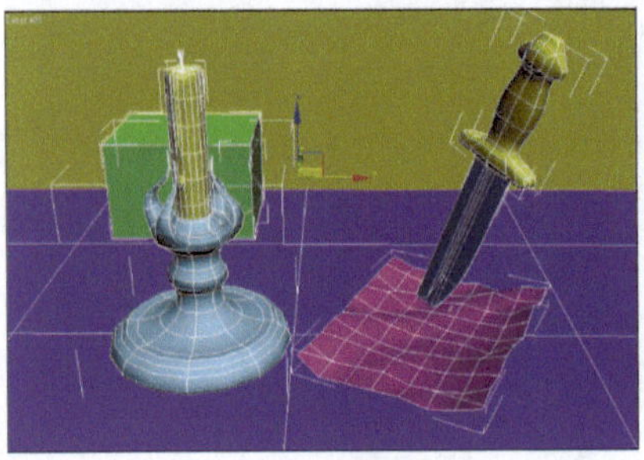

图 12-70

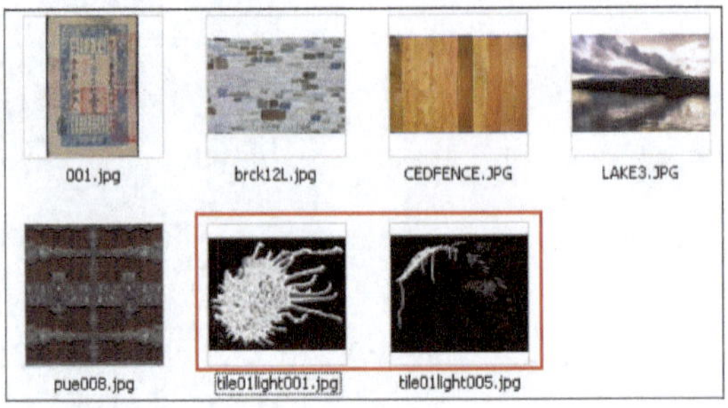

图 12-71

首先来完成银票混合材质。

1）将一个新材质赋予银票物体，将标准材质更改为【混合】材质，在弹出的对话框中单击【确定】按钮（询问是否保留原始材质为混合的子材质），进入混合材质后，材质制作思路如下：材质 1 使用银票，材质 2 是暗红色（模拟血滴），遮罩（混合通道）是一张黑白血滴的位图。在贴图完成后，黑色部分将使材质 2 透明，白色部分将保留并显示材质 2，Interactive 代表激活（在视图中显示某种材质贴图），如图 12-72 所示。

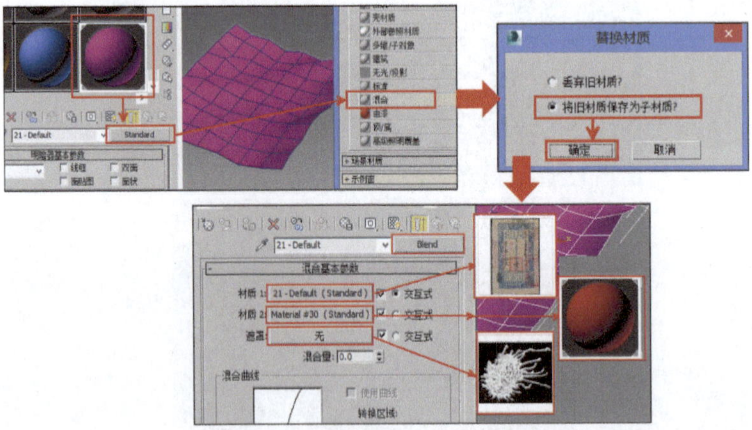

图 12-72

2）单击材质 1，贴上银票图，发现图片有黑边（贴图素材上的黑边），可以使用【裁剪/放置】功能下的【查看图像】命令，在弹出的裁剪栏中将黑色部分切除，如图 12-73 所示。

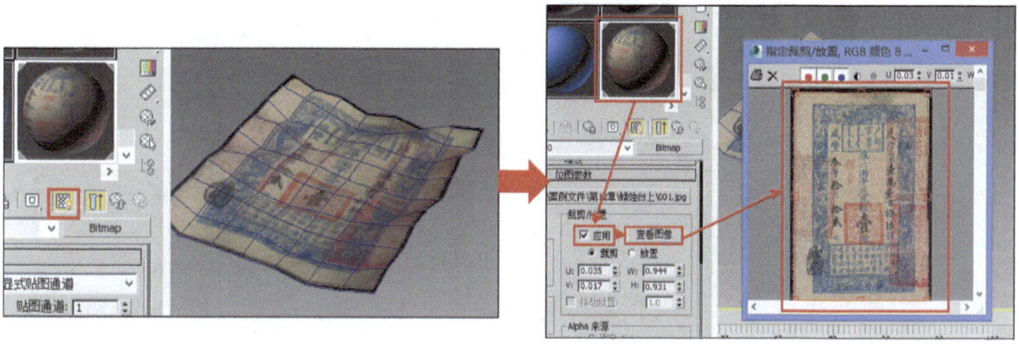

图 12-73

注　意

这种裁切贴图的方法在实际工作中是非常有效的。

3）返回上一级，单击材质 2，将材质 2 漫反射改为暗红色，如图 12-74 所示。

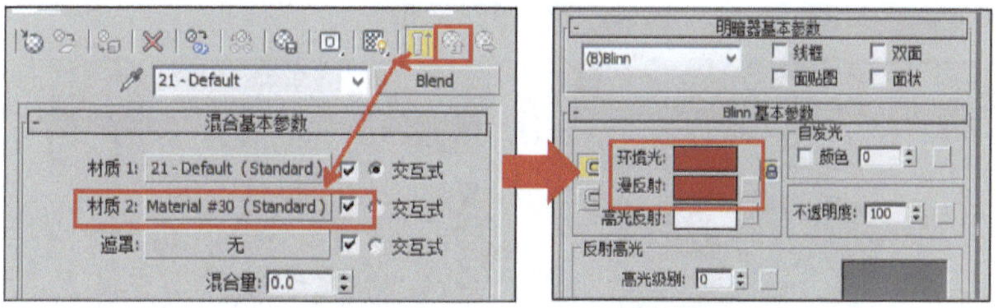

图 12-74

4）返回上一级，将遮罩贴图通道贴入血滴黑白图，如图 12-75 所示。

5）渲染场景，发现材质已经混合，只是血滴太大。下面通过贴图坐标调整血滴的大小，如图 12-76 所示。激活遮罩的画面交互，这时在视图上能够看见血滴的黑白图，进入遮罩贴图，将【贴图通道】改为 2，为银票添加【UVW 贴图】坐标命令，将它的【贴图通道】改为 2，调整贴图坐标大小，银票上出现了很多血滴，如图 12-77 所示。

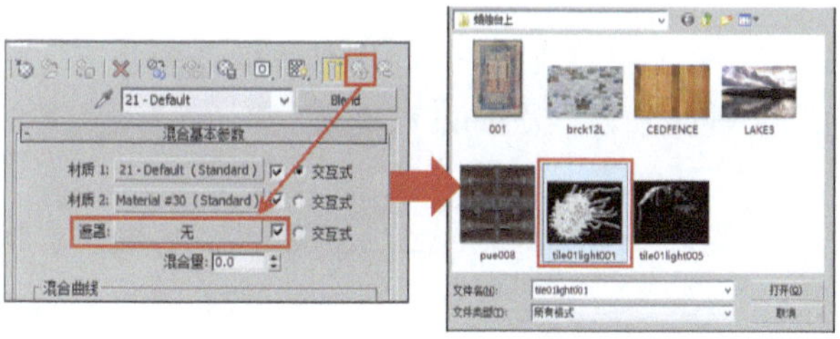

图 12-75

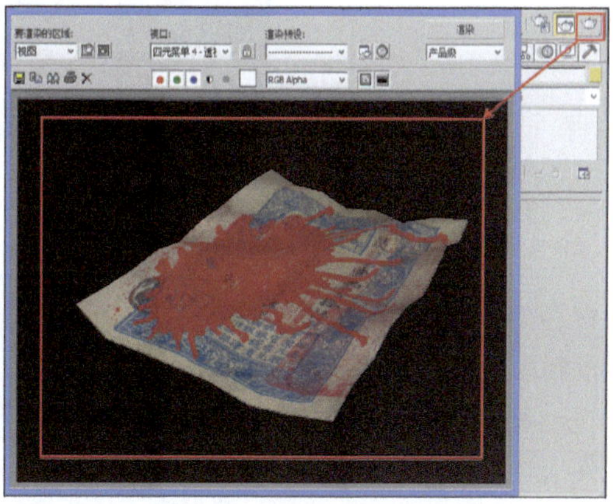

图 12-76

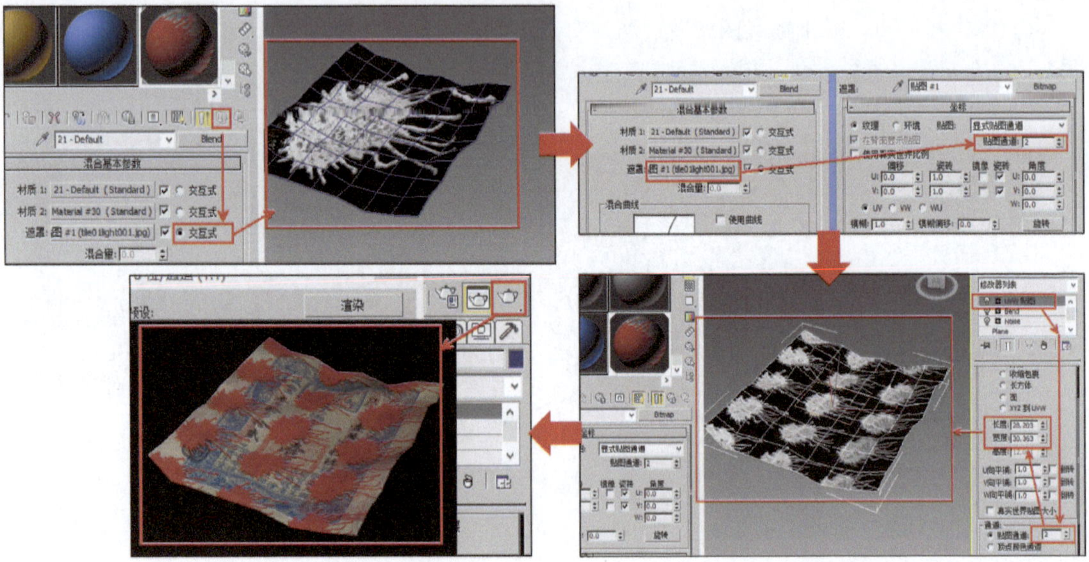

图 12-77

6）将平铺去除，遮罩血滴贴图的数量减少，可以选择【UVW 贴图】中的【Gizmo】线框移动并旋转到不同位置，得到不同的混合结果，如图 12-78 所示。

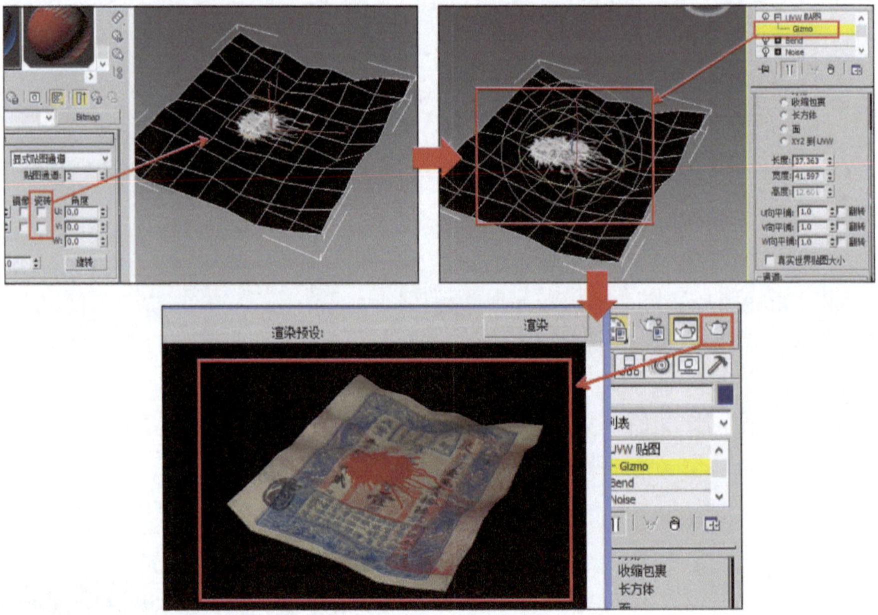

图 12-78

7）混合贴图可以完成多次混合。单击【Blend】，在弹出的类型中选择【混合】，选择将旧材质保存为子材质，然后单击【确定】按钮，如图 12-79 所示。第一次 Bend 材质成为第二次 Bend 混合的材质 1 了，如图 12-80 所示。

8）使用前面讲到的创作方法，可以为银票物体的材质进行多次混合，达到按设计者的要求制作旧场景的效果，如图 12-81 所示。

9）本书所附光盘中包含很多遮罩黑白贴图，可以完成各种混合材质，如图 12-82 所示。

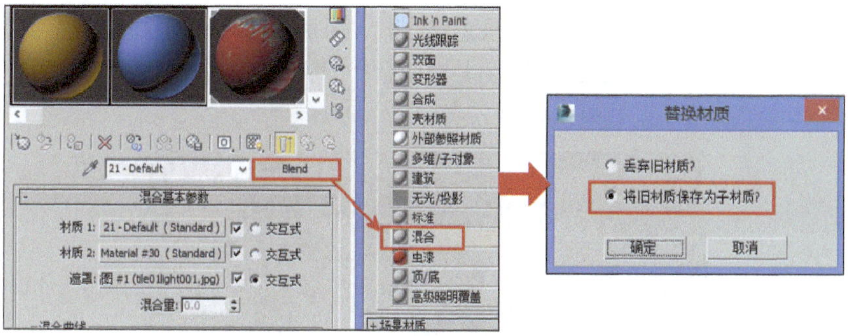

图 12-79

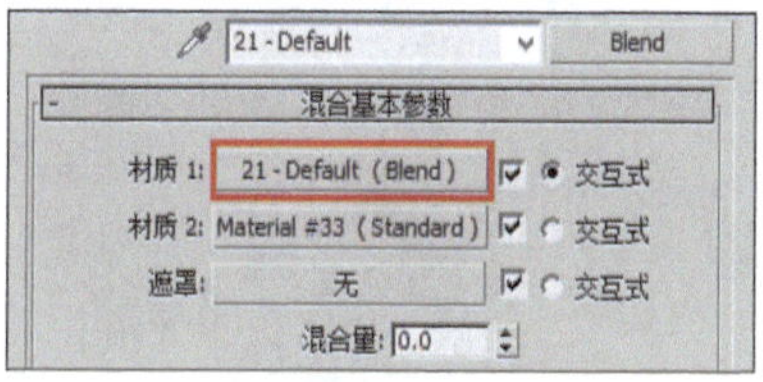

图 12-80

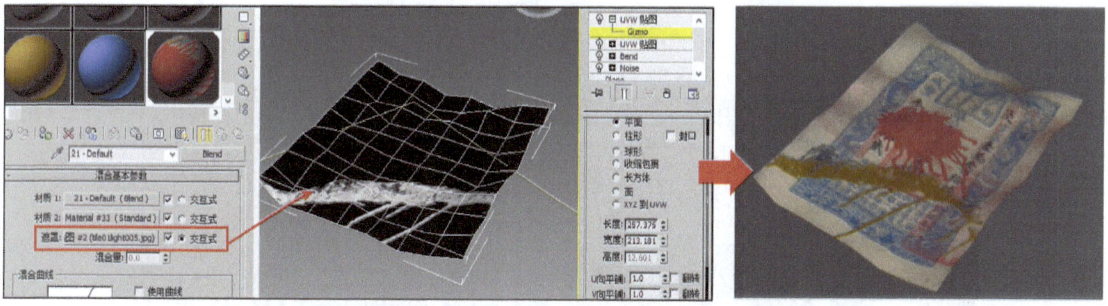

图 12-81

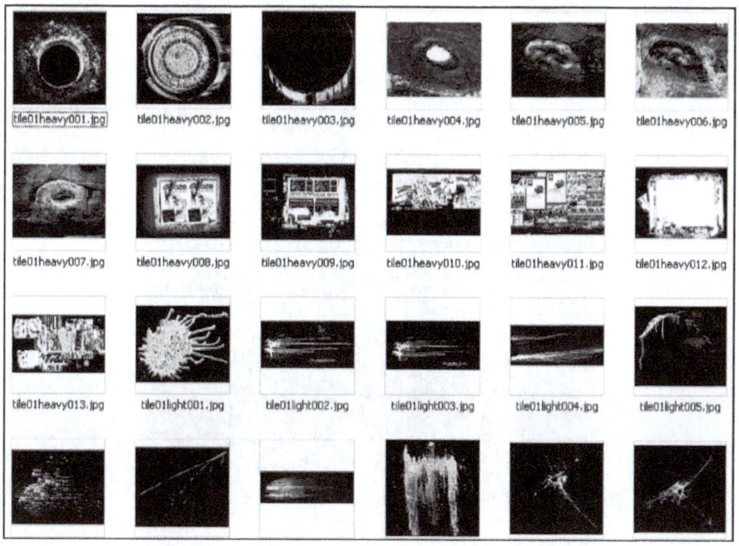

图 12-82

蜡烛材质类似前面学习的玉器材质，设置【半透明明暗器】，调整【漫反射】、【高光级别】、【透光参数】，如图 12-83 所示。创建帮助物体中的【大气装置】，选择球形的大气装置，完成后进入修改面板，为其添加火焰环境效果，如图 12-84 所示。

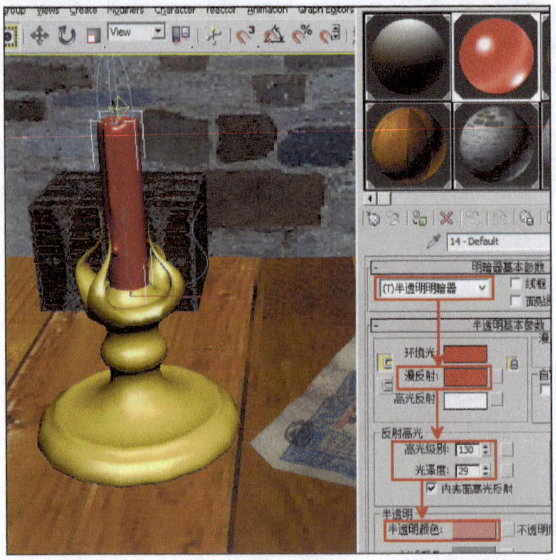

图 12-83

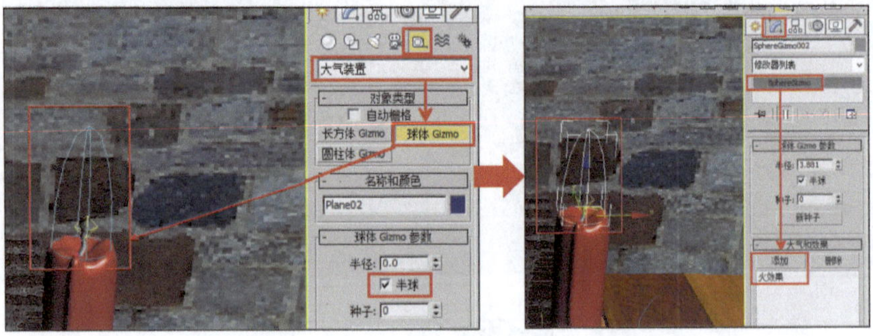

图 12-84

完成其他物体材质贴图，添加聚光灯为场景的主光源，泛光灯为场景的辅助光源，激活透视图，按 Ctrl+C 组合键，将透视头切换为摄像机视图，在三视图上调整摄像机位置，如图 12-85 所示。

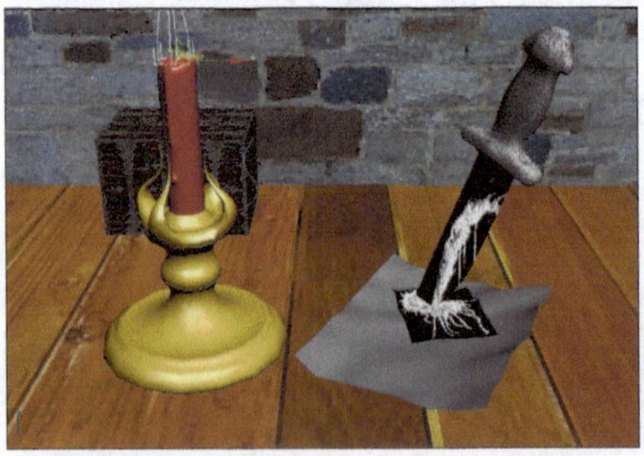

图 12-85

对场景进行渲染，如图 12-86 和图 12-87 所示。

图 12-86

图 12-87

12.5 卡通角色贴图

卡通角色贴图由于模型的复杂程度较高，使用前面学习的 UVW 贴图坐标展开不能满足贴图的要求。3ds Max 提供了【UVW 展开】贴图坐标编辑命令作为角色贴图的补充方案，是通过将模型的网格展开为原理进行工作的。本节学习卡通角色小毛驴的建模和贴图方法，最终完成效果如图 12-88 所示。

图 12-88

卡通毛驴角色分建模和贴图两个部分完成，下面先来完成角色模型。

1）使用【线】命令画出卡通角色的侧面，单击右键，将其转换为【可编辑多边形】，如图 12-89 所示。

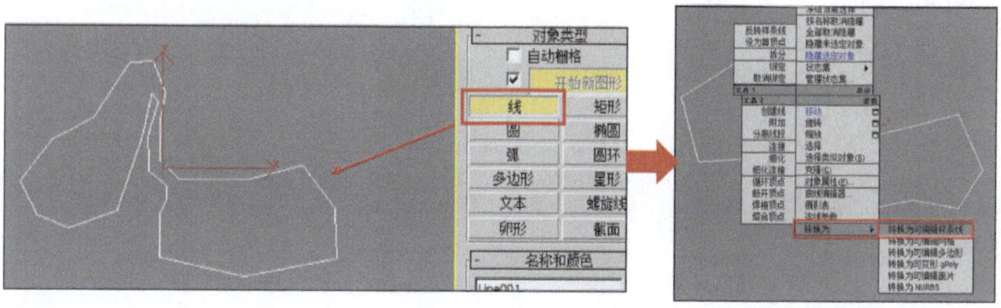

图 12-89

2）使用【挤出】命令将侧面挤出，如图 12-90 所示。

3）取消面的选择，为模型添加【对称】命令，调整对称的轴向，如图 12-91 所示。

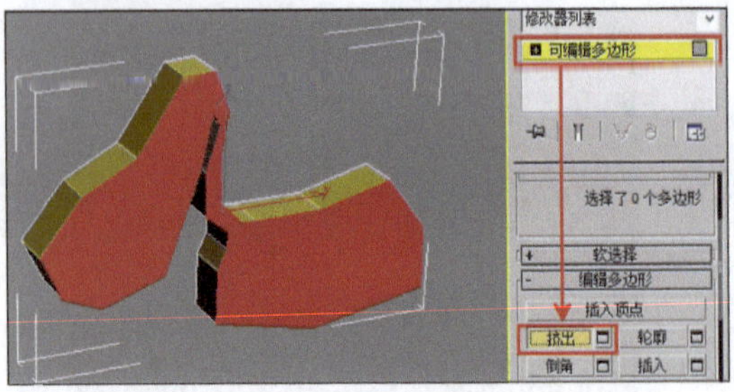

图 12-90

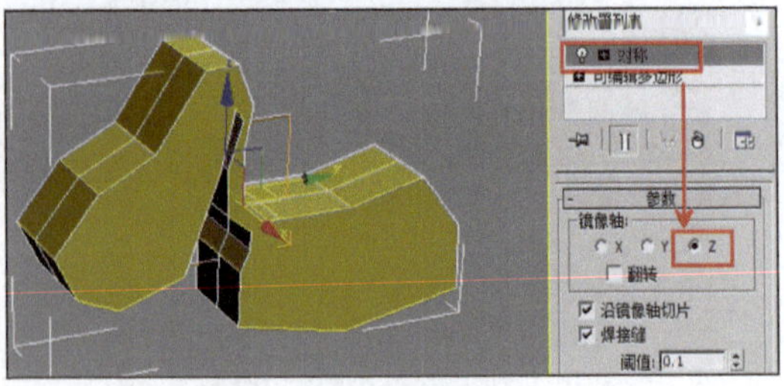

图 12-91

注　意

在完成对称的模型时都采取这种工作模式，做出一半，然后自动完成另一半。

4）进入【可编辑多边形】的【层】级，勾选【显示最终结果】，使用【切割】命令对模型表面进行点对点切割，完成毛驴头部和身体部分的网格布线，如图 12-92 所示。

5）进入【顶点】级别，使用【移动】工具对毛驴的切割的顶点进行调整，如图 12-93 所示。

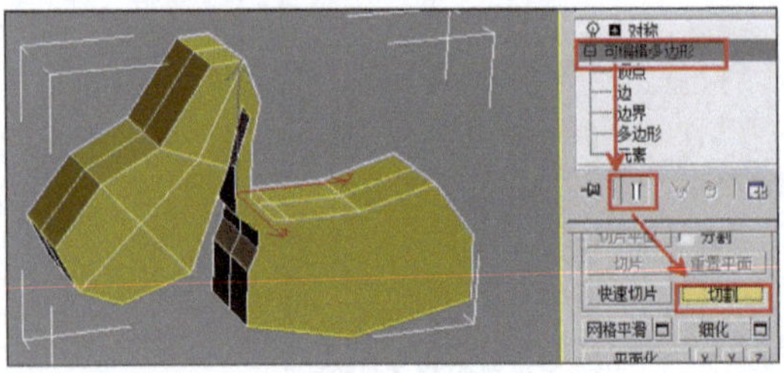

图 12-92

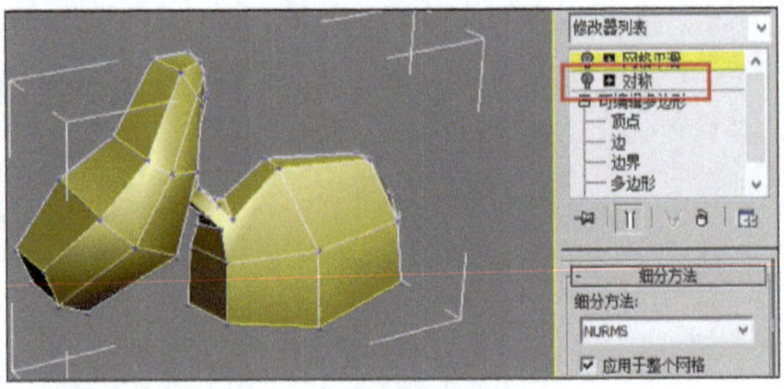

图 12-93

6）使用【可编辑多边形】的【切割】、【挤出】命令对模型进行细化，通过移动顶点调整头部形状，完成眼睛部分时，可以使用三维球体作为参考，如图 12-94 所示。

7）添加【网格平滑】命令，毛驴角色头部和身体基本形态完成，如图 12-95 所示。

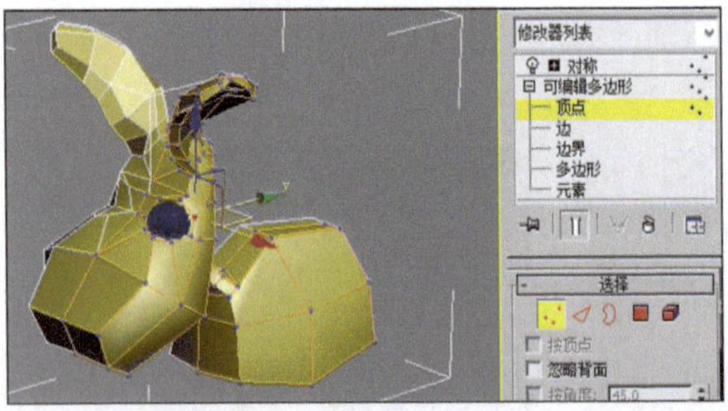

图 12-94

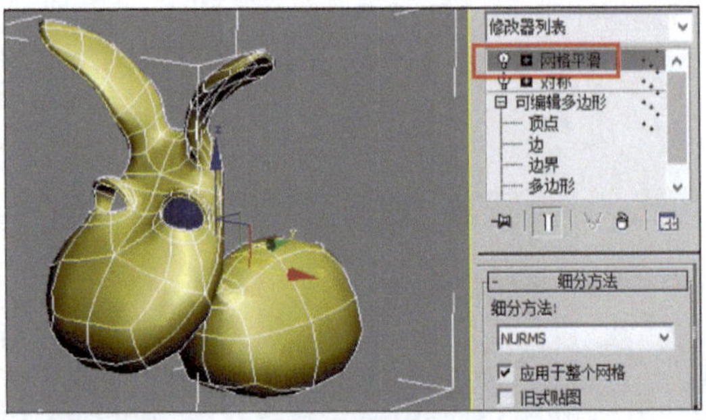

图 12-95

8）使用【挤出】、【倒角】等命令将腿部模型完成，如图 12-96 所示。

9）毛驴模型细化后，添加【网格平滑】，结果如图 12-97 所示，模型部分创建完成。

下面为毛驴模型添加贴图。

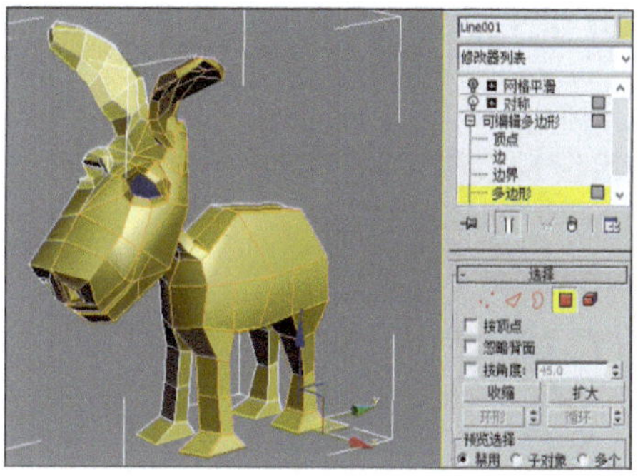

图 12-96

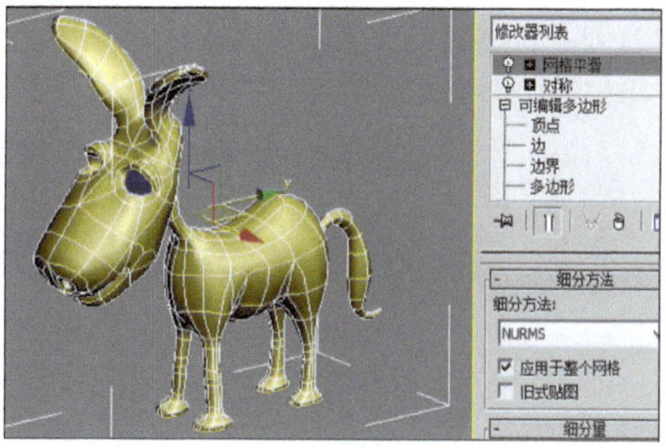

图 12-97

1）将毛驴模型的【对称】、【网格平滑】命令删除，如图 12-98 所示。为模型添加【UVW 展开】贴图坐标命令，如图 12-99 所示。

注 意

模型比较复杂时，我们无法用以前学习过的【UVW 贴图】坐标修改器来模拟模型表面，只能通过【UVW 展开】坐标命令来将三维模型展平。

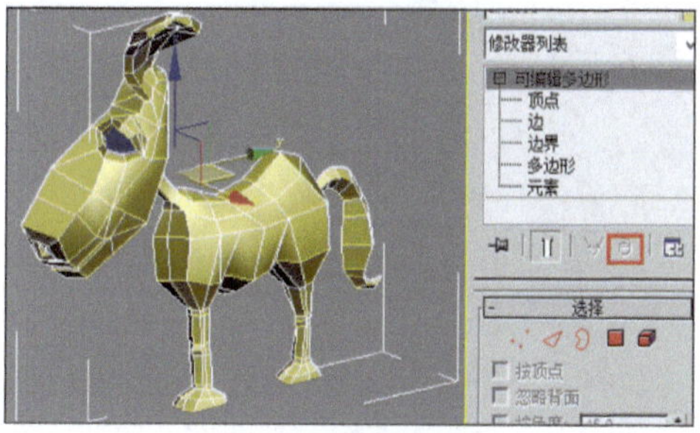

图 12-98

图 12-99

2）进入【UVW 展开】贴图坐标的编辑命令，弹出编辑 UVW 面板，发现毛驴模型在编辑区内，但是没有展开，如图 12-100 所示。

3）单击主工具栏显示对话框中的【活动贴图】命令，将背景黑白棋盘格贴图去除，如图 12-101 所示。

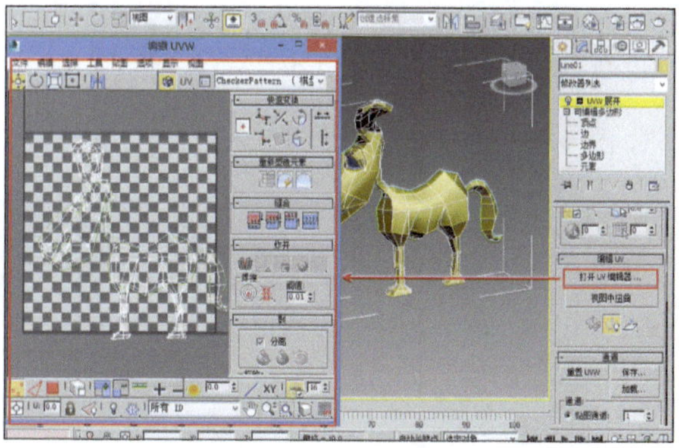

图 12-100

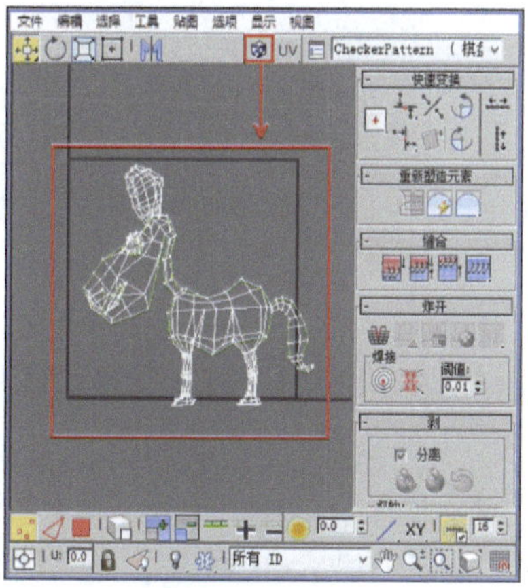

图 12-101

4）进入编辑网格的【面】级别，选择模型的全部表面，将其从【编辑 UV】的蓝色方框中移出，如图 12-102 所示。

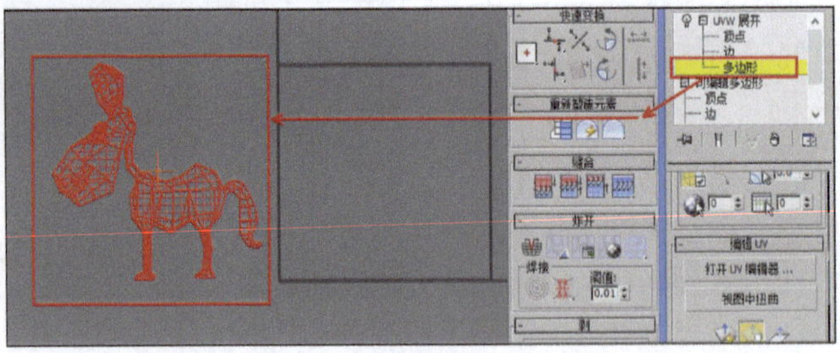

图 12-102

5）将毛驴贴图展开。进入【UVW 展开】贴图坐标的【面】级别，选择耳朵背面表面，使用【平面化】命令将其展开，再使用最好的对齐将贴图坐标对齐到耳朵内表面的平均法线夹角上，这时耳朵贴图也展开在 UV 编辑框中，如图 12-103 所示。

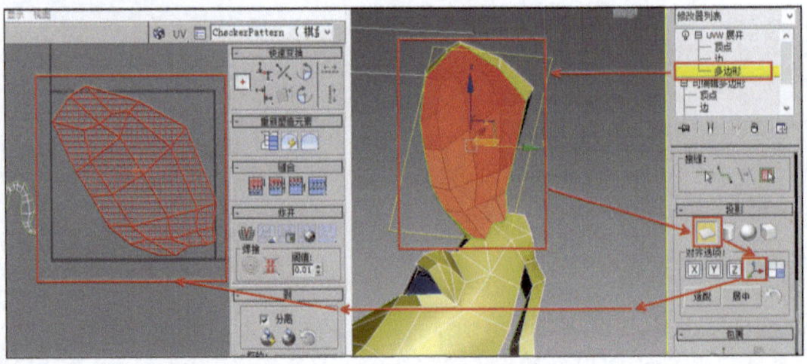

图 12-103

6）在 UV 编辑工作区将耳朵 UV 缩小，再使用相同的方法（根据模型表面转折选择表面，使用平面化和最好的对齐展开，放置到合适的位置），将毛驴角色的其他表面进行展开，如图 12-104 所示。

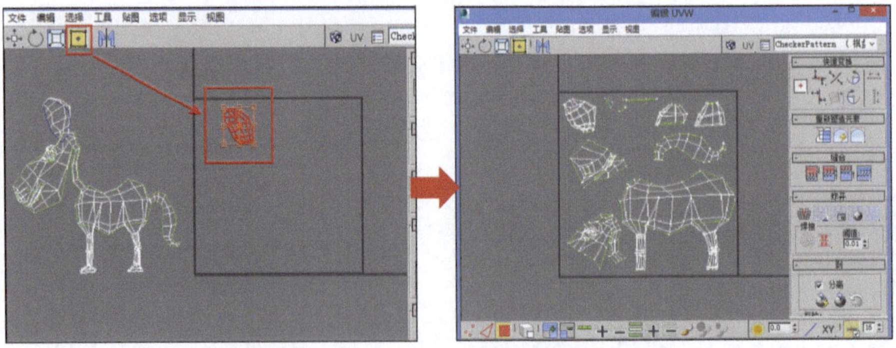

图 12-104

7）使用工具菜单中的【渲染 UVW 模板】命令将 UV 渲染保存为 JPEG 文件，如图 12-105 所示。

8）进入 Photoshop，将渲染 UV 打开，如图 12-106 所示。

9）将背景层拖入【新建图层】命令按钮，将背景图层复制，如图 12-107 所示。

10）创建新图层，并将其填充为白色，如图 12-108 所示。

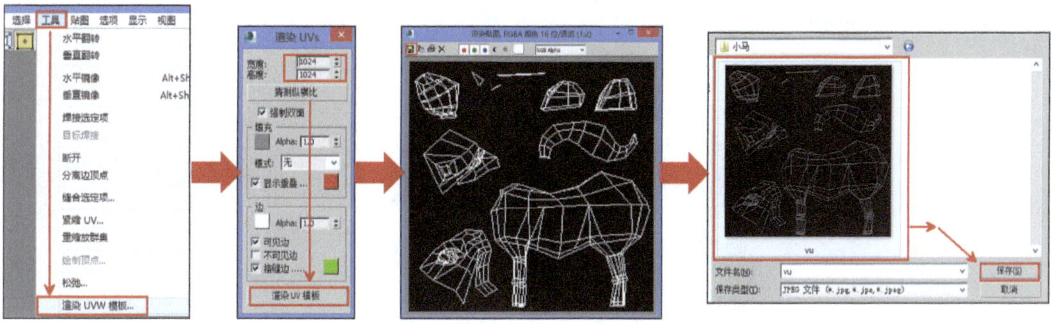

图 12-105

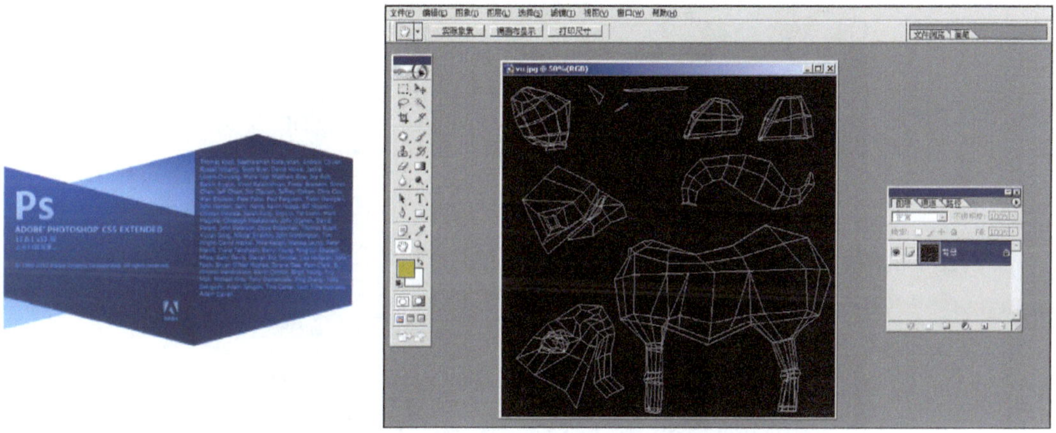

图 12-106

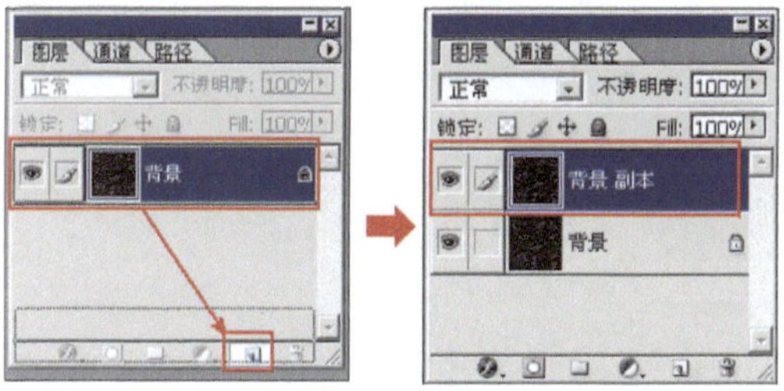

图 12-107

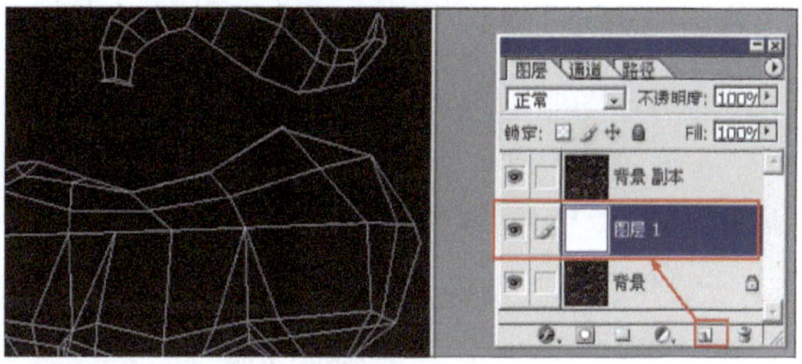

图 12-108

11）选择复制的背景层，将其图层模式更改为差值，这样它就不会阻碍下面图层的显示了，如图 12-109 所示。

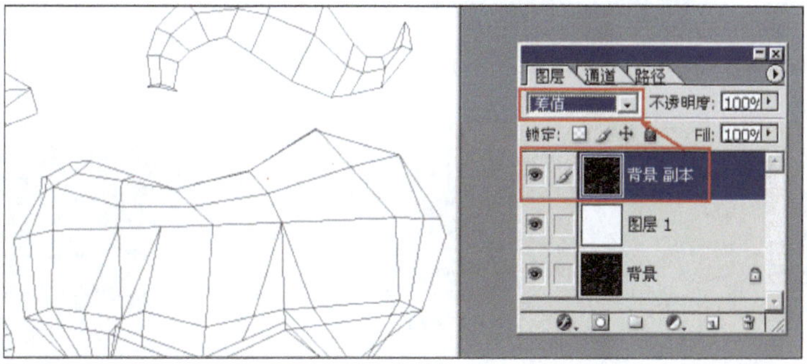

图 12-109

12）使用 Photoshop 的画笔工具对模型进行绘制，有线框作为参考，在模型颜色位置上是比较容易定位的，绘制贴图时可以利用 Photoshop 的图层功能，绘制多个图层，如图 12-110 所示。

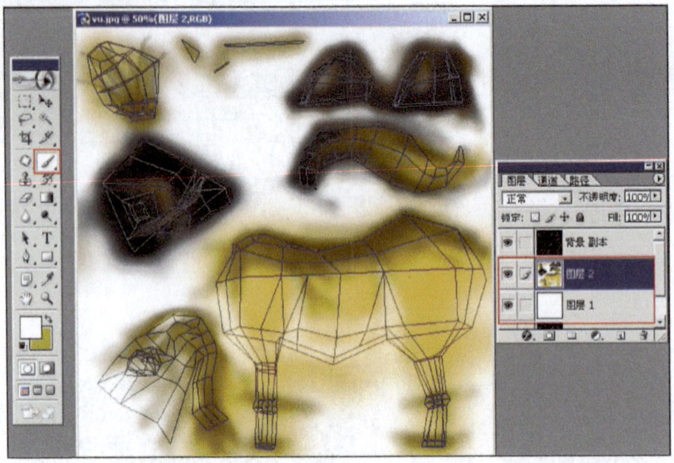

图 12-110

13）关闭背景层的显示，将画完的贴图保存为 JPEG 文件，如图 12-111 所示。

图 12-111

14）进入 3ds Max，将绘制的贴图赋予角色模型。为模型添加【对称】和【网格平滑】命令，毛驴卡通角色模型材质完成，如图 12-112 和图 12-113 所示。

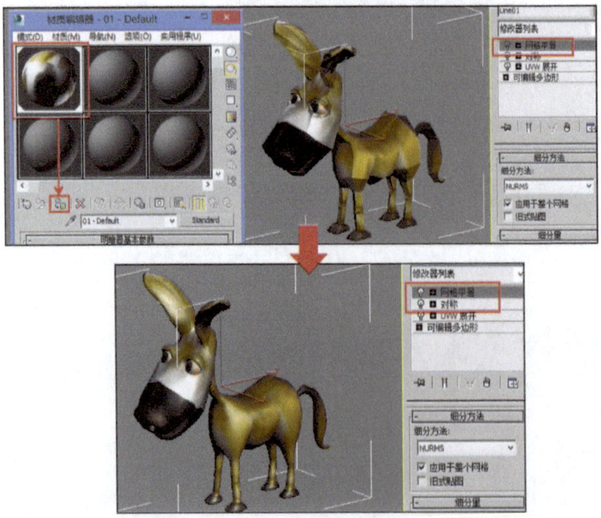

图 12-112

图 12-113

习题 12

1. 完成简单贴图场景 CD 盒实例。
2. 完成金元宝场景实例。
3. 完成易拉罐场景实例。
4. 完成蜡烛台上实例。
5. 完成卡通角色贴图。

参考文献

[1] 张慧临. 动画艺术史. 西安: 陕西人民美术出版社, 2002

[2] 孙立军, 张宇. 世界动画艺术史. 北京: 海洋出版社, 2007

[3] 黄心渊. 3ds Max 7 标准教程. 北京: 人民邮电出版社, 2005

[4] 火星时代. 3ds Max 8 白金手册. 北京: 人民邮电出版社, 2006

[5] 王琦. Autodesk 3ds Max 9 标准培训教材. 北京: 人民邮电出版社, 2007

[6] 向华, 喻晓, 胡中亚. 三维动画制作. 武汉: 武汉大学出版社, 2007

[7] 廖建民, 彭国华. 3ds Max 全面攻克. 哈尔滨: 哈尔滨工程大学出版社, 2008

[8] 宋广波. 3ds Max 入门与进阶. 北京: 人民邮电出版社, 2002